纺织高等教育“十二五”部委级规划教材

纺纱机械

（第2版）

毛立民　裴泽光　主编

内容提要

本书介绍了纺纱机械的类型、机构组成、工艺理论与工作原理，分析了它们的工作性能及应用特点，还介绍了近年纺纱机械的新装备和新技术，特别是机电一体化在纺纱机械上的应用技术。

本书可作为有关大专院校机械类专业的教材，也可作为纺织企业科技人员、管理人员和营销人员的参考书。

图书在版编目（CIP）数据

纺纱机械/毛立民，裴泽光主编.—2版.—北京：中国纺织出版社，2012.8（2017.7重印）
纺织高等教育“十二五”部委级规划教材
ISBN 978-7-5064-8581-4

Ⅰ.①纺…　Ⅱ.①毛…　②裴…　Ⅲ.①纺纱机械—高等学校—教材　Ⅳ.①TS103.2

中国版本图书馆CIP数据核字(2012)第080763号

策划编辑：江海华　　责任编辑：王军锋　　责任校对：王花妮
责任设计：李　然　　责任印制：何　艳

中国纺织出版社出版发行
地址：北京市朝阳区百子湾东里A407号楼　　邮政编码：100124
邮购电话：010-67004422　传真：010-87155801
http：//www.c-textilep.com
E-mail：faxing@c-textilep.com
中国纺织出版社天猫旗舰店
官方微博　http://weibo.com/2119887771
北京通天印刷有限责任公司印刷　　各地新华书店经销
2012年8月第2版　　2017年7月第6次印刷
开本：787×1092　1/16　　印张：19.75
字数：368千字　　定价：46.00元

前言

为适应纺织机械领域科学技术的发展，满足高等学校纺织机械专业方向的教学需要，我们对1999年出版的《纺纱机械》（周炳荣，中国纺织出版社）进行修订编写，减少了对正在逐步淘汰的纺纱工艺和设备的介绍，补充了新型的纺纱机械和装置，特别重点补充机电一体化技术在纺纱机械上的应用理论和技术方面的内容。

本书主要介绍纺纱机械的类型、机构组成、工艺过程与工作原理，补充了近年纺纱机械的新装备和新技术，特别是机电一体化在纺纱机械上的应用技术。本书对少数章节做了调整：生产实际中细络联是今后的发展趋势，络筒工艺与纺纱更加密切，可能会成为配套设备，因此，将“络筒机”部分的内容纳入本书中；删除了“毛麻纺机械”，增加了“并纱机与捻线机”章节；基本淘汰的技术和设备只做了简单说明，重点补充了一些新技术和新设备。

本书可用于纺织机械专业方向的专业课学习，主要介绍纺织生产过程中将纤维加工成纱线所对应的相关纺纱设备。通过本书的学习，可以掌握纺纱机械的类型、结构组成、工艺过程与工作原理，还可以了解光机电一体化在现代纺纱机械上的广泛应用，为现代纺织机械的设计打下基础。本书还可作为纺织工程专业的选修课用书。

本书由东华大学毛立民、裴泽光主编、统稿，毛立民负责全书审稿。各章编写人员如下：第一章、第二章由东华大学毛立民编写；第三章、第四章、第六章、第九章由东华大学裴泽光编写；第五章由东华大学叶国铭编写；第七章由天津工业大学杨建成、赵永立编写；第八章由天津工业大学杨建成、袁汝旺编写；第十章由东华大学孙志宏编写。

由于纺纱工艺和装备技术的发展十分迅速，编者的水平有限，本书在反映新工艺、新技术、新装备方面可能会有所疏漏和错误，不当之处恳请读者指正。本书参考了其他教材和论文的内容，编者谨在此表示感谢。

编者

2012年3月

出版者的话

《国家中长期教育改革和发展规划纲要》中提出“全面提高高等教育质量”，“提高人才培养质量”。教高［2007］1号 文件“关于实施高等学校本科教学质量与教学改革工程的意见”中，明确了“继续推进国家精品课程建设”，“积极推进网络教育资源开发和共享平台建设，建设面向全国高校的精品课程和立体化教材的数字化资源中心”，对高等教育教材的质量和立体化模式都提出了更高、更具体的要求。

“着力培养信念执著、品德优良、知识丰富、本领过硬的高素质专门人才和拔尖创新人才”，已成为当今本科教育的主题。教材建设作为教学的重要组成部分，如何适应新形势下我国教学改革要求，配合教育部“卓越工程师教育培养计划”的实施，满足应用型人才培养的需要，在人才培养中发挥作用，成为院校和出版人共同努力的目标。中国纺织服装教育协会协同中国纺织出版社，认真组织制订“十二五”部委级教材规划，组织专家对各院校上报的“十二五”规划教材选题进行认真评选，力求使教材出版与教学改革和课程建设发展相适应，充分体现教材的适用性、科学性、系统性和新颖性，使教材内容具有以下三个特点：

（1）围绕一个核心——育人目标。根据教育规律和课程设置特点，从提高学生分析问题、解决问题的能力入手，教材附有课程设置指导，并于章首介绍本章知识点、重点、难点及专业技能，增加相关学科的最新研究理论、研究热点或历史背景，章后附形式多样的思考题等，提高教材的可读性，增加学生学习兴趣和自学能力，提升学生科技素养和人文素养。

（2）突出一个环节——实践环节。教材出版突出应用性学科的特点，注重理论与生产实践的结合，有针对性地设置教材内容，增加实践、实验内容，并通过多媒体等形式，直观反映生产实践的最新成果。

（3）实现一个立体——开发立体化教材体系。充分利用现代教育技术手段，构建数字教育资源平台，开发教学课件、音像制品、素材库、试题库等多种立体化的配套教材，以直观的形式和丰富的表达充分展现教学内容。

教材出版是教育发展中的重要组成部分，为出版高质量的教材，出版社严格甄选作者，组织专家评审，并对出版全过程进行跟踪，及时了解教材编写进度、编写质量，力求做到作者权威、编辑专业、审读严格、精品出版。我们愿与院校一起，共同探讨、完善教材出版，不断推出精品教材，以适应我国高等教育的发展要求。

中国纺织出版社

教材出版中心

课程设置指导

本课程设置意义　本课程可使学生掌握纺纱机械的类型、结构组成、工艺过程与工作原理，了解近年纺纱机械的新装备和新技术，特别是机电一体化在纺纱机械上的应用技术，为现代纺纱机械的设计和使用奠定基础。

本课程教学建议　本书可作为纺织机械专业方向的专业课用书，建议48课时，教学内容包括本书全部内容，每课时讲授字数建议控制在4000字以内；如果采用36课时，可以减少对部分内容的讲授。

本课程还可作为纺织工程专业的选修课，建议课时为36课时，每课时讲授字数建议控制在4000字以内，选择与专业有关内容教学。

本课程要求学生已学习机械原理和机械设计相关课程，已了解一般机械的组成以及主要的典型机构和机械零件相关知识。

本课程教学目的　现代纺纱机械是集现代设计方法学、先进机械制造技术以及智能化机电控制于一体的机电一体化产品。通过“纺纱机械”这门课程的学习，可使学生了解现代纺纱生产的基本工艺知识和实现这些工艺要求的相关设备及机构，并通过从特殊到一般的学习方法，使学生结合纺织机械这一载体，掌握一般机械和机电产品的分析和设计方法。

目录

第一章　纤维原料及纱

第一节　纤维原料

一、纺织纤维的种类及必备性能

纺织纤维是制造纺织品的原料，具有柔软和细长的特点，用于纺纱的纤维长度与直径之比为1000∶1以上（表1-1）。纺织纤维种类很多，按其生成来源可分成两大类：天然纤维和化学纤维。天然纤维由自然界生成，常用的有棉、毛、丝、麻等。化学纤维是用天然或合成高聚物为原料制成的纤维。按其原料来源，可分为再生纤维和合成纤维。再生纤维是以天然的高聚物为原料，经化学处理和机械加工而制得的纤维，其纤维的化学组成与原高聚物基本相同。合成纤维是以石油、煤、天然气及一些农副产品等天然的低分子化合物为原料，经一系列化学反应，合成高分子化合物，再经机械加工而制得的纤维（如涤纶、腈纶、锦纶、维纶、丙纶、氯纶、芳纶等）。

表1-1　纤维长径比

纤维种类	代表直径（μm）	代表长度（mm）	长度：直径
棉	17	27	1588
麻	25	75	3000
苎麻	50	150	3000
亚麻	20	25	1250
丝	11	几十米或几百米	

根据我国标准规定，再生纤维的短纤维叫“纤”（如粘胶纤维、富强纤维），合成纤维的短纤维叫“纶”（如锦纶、涤纶）。如果是长纤维，就在名称末尾加“丝”或“长丝”（如粘胶丝、涤纶丝、腈纶长丝）。

影响纺纱工艺和成纱质量的纤维性能如下：

1. **纤维长度**　纤维长度是指纤维在伸直状态时长度。除了蚕丝外，天然纤维的长度都较短（表1-1）。化学纤维有长丝和短丝两类，后者有棉型、毛型和中长型三种。这类短丝和棉、毛、麻纤维合称为短纤维，由它们制成的纱称为短纤纱。短纤纱的结构因纺纱方法而异，长纤维在纱内纤维之间抱合接触长度较长，纤维不易相对滑移脱外，有利于提高纱的强力。

反之，对于一般长度小于 15mm 的短纤维，由于纱内纤维之间抱合接触长度短，纤维易从纱中滑移外脱，影响纱的强力。因此，在纺纱工艺中需在开清棉和梳理工序阶段将短纤维排除掉。

细长纤维适于制高档纱和织物，除了细长纤维纺制的纱线强力高外，还因为纤维长，纱表面的毛羽相对地减少，外观光洁。并且在达到同等纱强要求时，纺纱所需的捻回数可适当减少，因而纱的质地柔软，织物的悬垂性和可弯曲性都较好。粗短的纤维适于制作表面多茸和保暖性好的纱和织物。

天然纤维的长度随其品种和生长环境不同而有差异，如细绒棉纤维长度为 23～33 mm，长绒棉为 33～45 mm，新疆羊毛为 65～75 mm，西宁羊毛长度达 193 mm。化纤短丝由于丝束在切断时张力不匀，约有 10%的长度差异。纤维长度的整齐度差，不利于罗拉牵伸装置有效地控制纤维运动，会造成纱条干不匀，降低纱的强力。

纤维长度的测量方法和仪器很多，分组称重法是其中的一种。其测量方法为，将试样梳理成一端整齐和平直的纤维束，接着送入单罗拉钳口；每当罗拉回转输出 2 mm 长度时，就有一组长度的纤维脱离该钳口（长度短的纤维先脱离出来），用夹子收集后逐次称重并绘出纤维长度—重量百分率曲线图（图 1-1）。主体长度 L_m 是试样中含量最多的纤维长度（手扯长度与主体长度相接近）；品质长度 L_p 又称右半部平均长度，是长于主体长度各组纤维长度的平均值；短绒率是指长度短于某界限长度 L_s 的纤维质量百分率；平均长度 $\bar{L}$ 是按分组质量计算的加权平均长度。

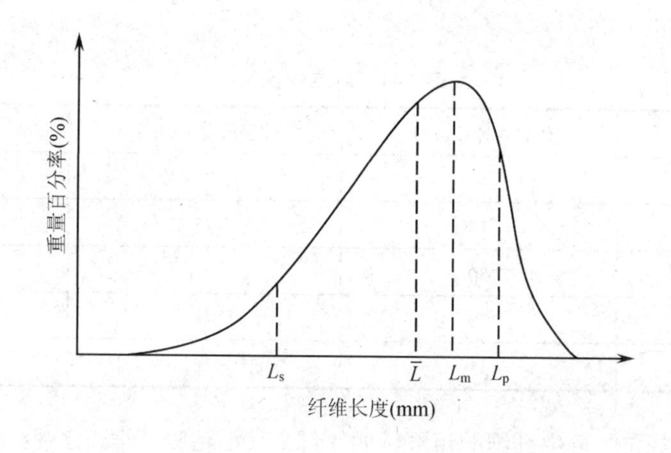

图 1-1　纤维长度—重量百分率图

2. **纤维细度**　纤维细度对纱和织物的性能有重要影响。若纱的细度已定，所选用的纤维较细则纱截面内所含的纤维根数就较多，不但纱强增高，而且成纱条干较均匀。织物的光泽也较佳。此外，细纤维吸足染液的时间比粗纤维短，这将有利于染色织物的外观。织物的挺括性、悬垂性和手感在很大程度上受到纤维的弯曲性或柔软性影响，由于粗纤维的弯曲刚度大，故粗纤维织物的硬挺性要比细纤维的好。

线密度是我国法定计量单位，表示纤维细度，其单位常采用 dtex（分特）。棉和化纤的纤维细度由切段称重法测得。

3. *纤维强度*　短纤纱的拉伸性能取决于纤维本身的强力及加捻后纤维之间的相互抱紧程度。如果纤维拉伸强力太差，成纱易断，会影响后续工序生产和产品质量。作为纺纱用的纤维，其最小拉伸强度约为 6cN/tex。

单纤维断裂强力是单纤维受拉伸至断裂时能承受的最大载荷，单位是 cN。为了比较不同种类或同一种类而不同粗细的纤维（或纱）强力差别，照理应使用“应力”概念。但要测出纤维或纱的截面积是困难的，况且重要的是多少质量的纤维承受着载荷。因此采用了“比应力”概念，比应力＝载荷 /（质量 / 单位长度），单位是 cN/tex。纤维强度就是纤维断裂时的比应力大小。

一些常用纤维的强度如下：棉 15～40cN/tex,毛 12～18cN/tex，苎麻 50～57cN/tex，涤纶 42～62cN/tex，粘胶纤维 18～27cN/tex。

纤维的弹性对纱和织物的弹性、悬垂性、折皱恢复能力、手感等都产生影响。例如，羊毛和涤纶纤维弹性好，织物制品较柔软，折皱恢复能力好；而棉和麻纤维弹性弱，织物制品较硬挺，折皱恢复能力较差。

4. *纤维形态特征*　各种纤维都具有各自的形态——横截面形状和纵向形态，它与天然纤维的生长环境和化学纤维的制造条件有关。纤维形态对纱和织物的光泽、手感、膨松性、透气性产生影响。例如，棉、毛纤维的转曲或卷曲有利于成纱时纤维之间相互缠合，并使纱体膨松而外观丰满，使织物具有良好的保暖性和透气性，合成纤维的长丝经过变形加工，可使之形成永久的环圈或皱曲，其制品可做到具有同样的性能。采用异形截面的喷丝孔，可制取异形纤维，以改善合成纤维存在的一些缺陷，如金属光泽、蜡般手感、透气件差、易起球等。

二、纤维性状简介

（一）棉

世界各地种植的棉种主要有两种。一种是细绒棉，纤维长度为 23～33 mm，线密度为 1.5～2dtex，天然转曲 50～80 转/㎝，可纺制 10～60tex 的纱。我国 98%地域产细绒棉，产量高，质量也好。另一种是长绒棉，纤维长度 33～45 mm，线密度 1.2～1.4dtex，天然转曲 80～120 转/cm，可纺 5～12tex 的纱。我国新疆等少数地域产长绒棉，产量稍低，质量优良。

原棉根据其成熟程度、色泽特征和轧工优劣评级；细绒棉分为七个品级，三级为标准级，七级以下为级外棉；长绒棉分为五个品级。每只棉包都刷上唛头，如标志 $\widetilde{427}$ 的意义是：4 表示原棉品级，27 表示棉纤维手扯长度（mm），～～表示锯齿棉，即由锯齿轧棉机加工而成的；若标志上面没有符号的则是皮辊棉。

棉纤维的成熟度决定纤维的细度、色泽、强力和弹性，也与生长的自然环境和收花期有关。正常成熟的纤维截面大，颜色白，强力高，弹性好，天然转曲多。工厂常采用中腔胞壁对比法来检验纤维成熟度。

原棉的含湿量用含水率表示，而化纤、纱、布的含湿量用回潮率表示。

杂质是指混在原棉内非纤维物质，如棉籽、铃壳、枝叶等碎屑，砂泥或煤屑，小金属物，包皮碎片等。原棉中的杂质会影响用棉量和纱线质量。国家标准规定了原棉的含杂率：锯齿棉为2.5%，皮辊棉为3%。

棉结是若干根纤维纠缠在一起形成的小结，一般有纤维结和籽壳结两种。纤维结由纤维形成，其中以不成熟纤维和死纤维形成者占多数。结的生成也与纤维线密度和加工方法有关，如细纤维的弯曲刚度差、易被搓成纤维结。籽壳结由纤维和其他杂质如籽、叶、枝的碎屑共同组成。原棉中的棉结，大都在机械摘棉和剧烈轧棉过程中产生的；棉结数量一般经过清棉工序会有所增加，而在梳棉工序会有所减少。棉结不仅在纱上产生明显的粗节，而且在布面上形成斑点。

尘屑是指那些能悬浮在空气中的物质微粒；原棉中的尘屑大多由加工造成，其中有50%～80%的纤维碎屑和碎叶皮屑，10%～25%的砂土，10%～25%的水溶性物质。尘屑大多存在于原棉中或黏附在纤维上。尘屑污染工作环境，危害工人健康，加速机件磨损。

（二）麻

麻的品种很多，作为纺纱原料的主要有苎麻、亚麻和黄麻等。麻纤维取自植物茎杆韧皮层内部，它由纤维素构成，靠胶质（果胶和木质素）黏合在一起，故韧皮要经过脱胶过程才离析出纤维。苎麻纤维平均长度约60 mm，可以单纤维纺纱。亚麻纤维平均长度约20 mm。须用纤维束（半脱胶后，部分单纤维仍保持粘连而成较长纤维）纺纱。麻纤维强度高，且湿强高于干强，伸长小，较硬挺，吸湿性好。苎麻和亚麻织物适于作夏季服装和装饰用布，也可作工业用织物如帆布和水龙带等。黄麻纤维较粗，适于做包装布、麻袋、绳索等。

（三）羊毛

纺织用的羊毛是从绵羊身上剪下的，按纤维细度、长度分级。羊毛一般呈圆柱形，从根部到顶梢逐渐变细，具有螺旋状卷曲。品质好的羊毛多数呈白色或奶油色。羊毛比棉轻，强度比棉低，但弹性好，即在小变形之后能恢复到原来形状，故其织物挺括或不易折皱。羊毛的湿强低于干强，耐酸不耐碱，受碱破坏后强力下降而颜色发黄。山羊绒是开司米山羊换毛时脱落下来的绒毛，山羊绒极细，其直径为15～17μm，用于生产高档织物，手感柔软，悬垂性好。

（四）丝

蚕在变成蛹之前吐出细的长丝，并将自己包藏其中形成茧。长丝呈两根并列，外面包覆着丝胶。抽取蚕丝时须把茧浸泡在热水中，使丝胶软化，然后从几只茧上索取长丝集合绕在丝框上，做成丝绞。这种生丝即可用于织造。制丝过程中留下的短丝和下脚可用于制绢纺纱或细丝纱，或与棉、毛等其他短纤维混纺。生丝具有密度小、弹性好、强度高、光泽好、染色性好、吸湿性好、绝热性好等多种优点；但不易与其他纤维混纺，抗酸能力与羊毛相似，易受碱破坏。

（五）粘胶纤维

粘胶纤维是一种利用棉短绒、木浆粕和甘蔗渣等原料制成的再生纤维素纤维，资源丰富，制造成本低。粘胶纤维的干强度比棉低，其湿强只有干强的66%左右，弹性回复能力差，不耐磨，不耐晒，耐碱而不耐酸；但粘胶纤维吸湿性好，易于染色，织物穿着舒适。

它与合成纤维混纺，还可增进织物的服用性能；在原液中放入适量的二氧化钛可生产出无光纤维。

富强纤维（即高湿模量纤维）是一种改进型粘胶纤维，其聚合度高，强度也较高，湿强对于干强之比达到80%，常用于与涤纶混纺。

（六）涤纶

涤纶是聚酯纤维的商品名称。它的强度高，弹性好，耐磨、耐日晒、耐酸而不耐碱，作为衣着原料尚存在一些缺点，如吸湿性和染色性差，易起球等。故涤纶短丝常与棉、毛、麻、粘胶纤维等混纺，从而使其织物既保持了涤纶的坚牢、耐磨、挺括、易收藏等特点，又兼有天然纤维吸湿、保暖、静电少等特点。全涤织物通常由长丝制成，主要用于针织衬衫、工作服、经编装饰品、窗帘等。工业用长丝则用于制绳索、渔网、帐篷、传动带等。

（七）锦纶

锦纶是聚酰胺纤维的商品名，主要品种有锦纶6和锦纶66，其物理性能相差不多。锦纶强度高，弹性回复能力好，耐磨性特好，吸湿件和染色性都比涤纶好，耐碱而不耐酸，长期暴露在日光下，其强度会下降。锦纶具有热定型特性，能保持住加热时形成的卷曲变形。长丝可制成弹力丝；短丝对与棉、腈纶混纺，以提高其强度和弹性。除了在衣着和装饰品方面的应用外，其还广泛用在工业方面，如生产帘子线、传动带、软管等。

（八）腈纶

腈纶是聚丙烯腈纤维的商品名。性能近似羊毛，具有中等强度和较大伸长能力，质轻而软。腈纶热弹性好，与常规纤维混纺可制成膨体纱，作为针织品原料，与羊毛或其他纤维混纺可制成毛型或仿毛织物。腈纶适合做地毯、装饰织物和非织造布。

（九）丙纶

丙纶是聚丙烯纤维的商品名。丙纶的密度小，不吸湿，对酸、碱有良好抵抗力，强度中等，耐磨和耐弯曲。最重要的是，在合成纤维中其价格最便宜。丙纶广泛用于做渔网成绳、包装袋布等，用于衣着原料时可以纯纺或与粘胶纤维混纺。

第二节　纱

一、纱的分类

纱是纤维或长丝经过第一次加捻制成的细而长的产品，具有拉伸强力和柔软性。股线则是由两根或多根纱并合，经过第二次加捻制成的产品，其细度、强力及均匀程度都较纱有所提高。绳是股线并合经过第三次加捻制成的产品。三者的构成如图1-2所示。

纱的品种很多，分类方法也各有不向，本书按其结构特点来划分。

（一）短纤纱

棉、毛等纤维以捻回缠合组成的纱称短纤纱，其结构因纺纱加捻方法不同而有差异。一般说，环锭纺的纱中心是由纤维密集组成的纱芯，而在纱的表面有纤维头露出而形成的绒毛区。

一根退捻短纤纱的结构表明，在纱芯各层表面之间，比长丝纱有更多更复杂的牵连。在低质量的短纤纱内还有许多纤维结。由于纤维为随机排列，加上捻度和细度的变化，造成了纱长方向上的粗细节。随着加工方法的不向，短纤纱的质量和均匀度还会有很大的差异（图 1-3）。短纤纱结构蓬松，外观丰满，具有良好的绝热性和舒适感，这主要是由于纱内空隙含有空气的缘故。

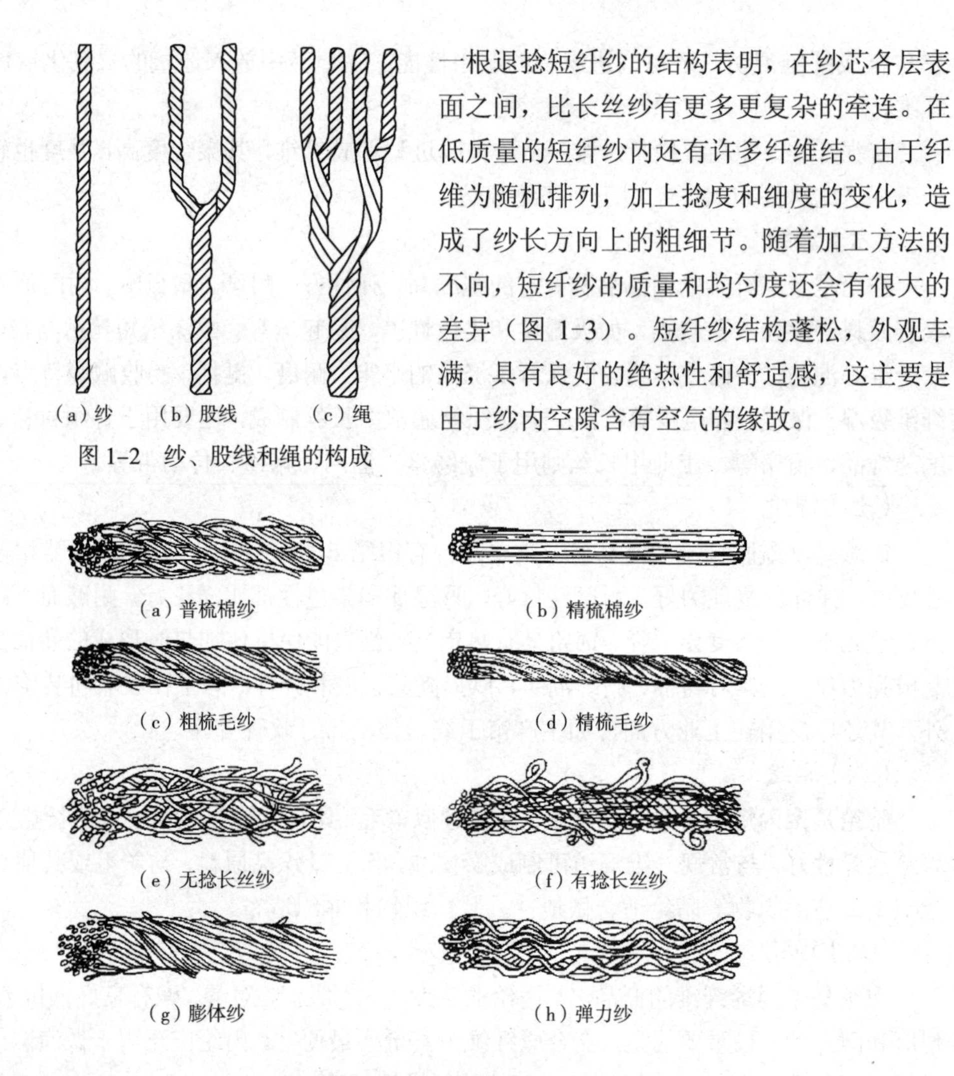

（a）纱　（b）股线　（c）绳

图 1-2　纱、股线和绳的构成

（a）普梳棉纱　（b）精梳棉纱

（c）粗梳毛纱　（d）精梳毛纱

（e）无捻长丝纱　（f）有捻长丝纱

（g）膨体纱　（h）弹力纱

图 1-3　短纤纱和长丝纱

（二）长丝纱

蚕丝或化纤单丝多根并合，加上少量捻回就形成长丝纱。光滑长丝纱（未经变形加工）均匀，有光泽，强力好。化纤长丝纱用于衣着原料，其特点是织物光滑，有色泽，易洗快干；但缺乏天然纤维织物所具有的保暖性和舒适性。单纤长丝纱往往较粗，用于做渔网等。

（三）膨体纱

膨体纱本身是短纤纱或长丝纱，但比原纱具有较大的表观体积，蓬松而柔软。它包括下列三种。

1. *膨体纱*　腈纶具有热塑性，在加热情况下抽伸，则产生较大的伸长，然后冷却固定便形成高收缩纤维。这种纤维和普通纤维混纺制成短纤纱，经过气蒸加工后，其中高收缩纤维产生纵向皱缩而聚集于纱芯，普通纤维则形成卷曲或环圈而鼓起，使纱结构变得蓬松，表观体积增大，此即膨体纱。

2. **变形纱**　即经过变形加工的长丝纱。在生产过程中，应用一些方法使丝纤维产生永久性的卷曲、环圈和皱曲，因而纤维之间空隙增大，纱体蓬松。因此，变形纱具有短纤纱的重要特性——既保暖又透气。

3. **弹力纱**　弹力纱具有高度的伸长（3～5 倍）和复原能力，当它充分伸张时，如同普通的长丝纱一样；当它充分松弛时，则如同膨体纱一样。绝大多数弹力纱是内热塑性长丝（锦纶）制成。长丝经过假捻和热定型后产生永久性卷曲，但各根之间没有纠缠，用它制成的针织内衣具有紧贴感。

（四）花式纱（线）

花式纱具有供装饰用的花式外观，其品种很多，生产方法也有多种。花式纱的结构由芯纱、饰纱、固纱组成。芯纱承受强力，是主干纱；饰纱以捻回包缠在芯纱上，形成花式效果；固纱以相反的捻向再包缠在饰纱外周，以固定花纹，但也有不用固纱的情况。以下介绍几种常见花式纱（线）的名称及组成特点。

（1）结子线[图 1-4（a）]，饰纱在同一处作多次捻回缠绕。

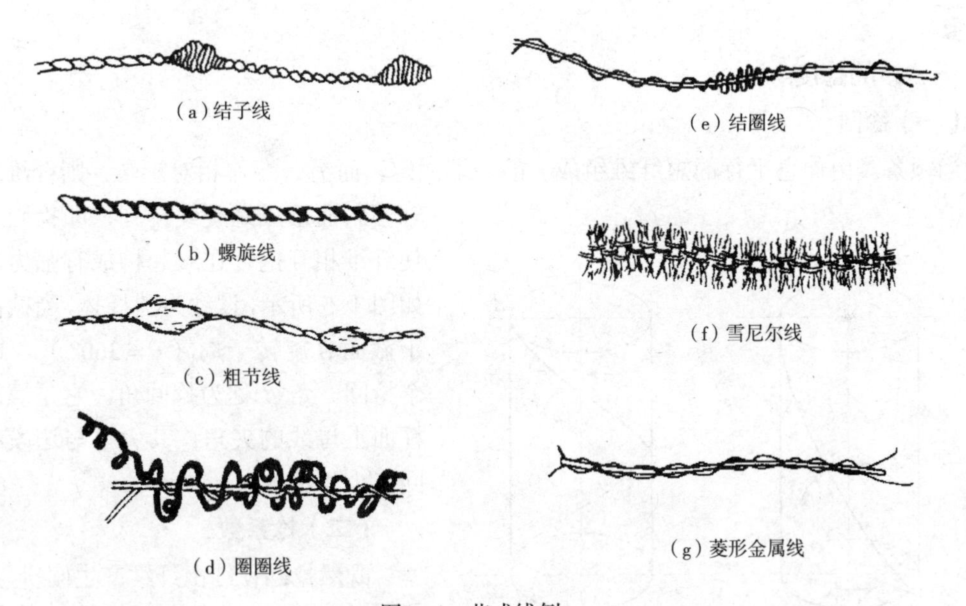

图 1-4　花式线例

（2）螺旋线[图 1-4（b）]，由线密度、捻度以及类型不同的两根纱并合和加捻制成。

（3）粗节线[图 1-4（c）]，软厚的纤维丛附着在芯纱上，外以固纱包缠。

（4）圈圈线[图 1-4（d）]，饰线形成封闭的圈形，外以固纱包缠。

（5）结圈线[图 1-4（e）]，饰纱以螺旋线方式绕在芯纱上，但间隔地抛出圈形。

（6）雪尼尔线[图 1-4（f）]，在芯纱中间夹着横向饰纱。饰纱头端松开有毛绒。

（7）菱形金属线[图 1-4（g）]，在金属芯线（由铝箔或喷涂金属的材料外套着透明的保护膜制成）的外周缠绕另种颜色、细的饰线和固线，具有菱形花纹效果。

（五）复合纱（线）

复合纱（线）由不同组分的纱组成，主要有下列两种。

1. **包芯纱** 它的中心纱被纤维或另一种纱所覆盖。如松紧线，其中心为一橡皮筋，其外周以纱包缠。又如涤棉包芯纱，它用高质量棉纤维包裹在涤纶长丝外面，外层棉纤维使纱蓬松柔软，而涤纶芯使纱具有强力。

2. **包缠纱** 在无捻纤维束（短纤或长丝）的外周以长丝包缠。

二、纱的线密度（细度）

纺织纱线及其纤维都是松软的，非均一的，没有一个明确的截面形状及尺寸，所以采用线密度来间接表示它们的粗细（或称细度）。线密度的定义是线状材料单位长度具有的质量，单位为 tex（特），1tex＝1g/km。

由于纱线或纤维的吸湿性，其质量与从环境中吸取的水分多少有关。为了解决检验、贸易上需要，就推出公定回潮率作为统一标准：纱或纤维在公定回潮率时的质量视为标准质量，是线密度计算的依据。

三、纱的捻度

（一）捻回

当须条（由伸直平行的短纤维组成）的一端固定，而另一端作相对旋转，则纤维对于纱轴倾斜而形成螺旋线排列，即捻回。捻回使纤维相互抱合在一起构成有强力的纱。如图 1-5 所示，设纱为圆柱体，当截面 B 对于截面 A 旋转一周（$\theta=360°$），即为一个捻回。角 β 称为捻回角，它是螺旋线与柱面上母线的夹角；其大小与这段纱的捻回多少相关。

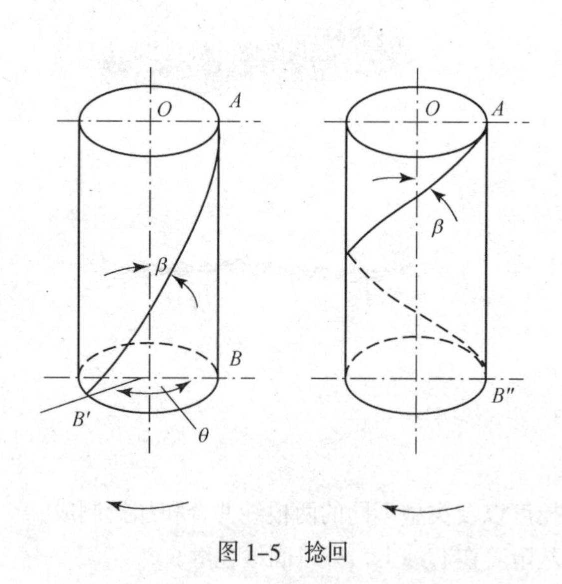

图 1-5 捻回

（二）捻系数

既然捻回使纱上纤维产生倾斜，那么就能用捻回角 β 的大小来表达纱的加捻程度，且与纱的粗细无关。例如，有资料曾以 $\beta<15°$ 为低捻纱，$\beta=15\sim29°$ 为中捻纱，$\beta>30°$ 为强捻纱（图 1-6）。可是捻回角测量和运算不便，故在实际生产中取用另一参数——捻系数，来表达纱的加捻程度。

如图 1-7 所示，将圆柱面上螺旋线展开，设 h 为螺距，则 $h=10/T_w$（cm），式中 T_w 单位为捻/dm。

$$\tan\beta=\pi d/h=\pi d T_w/10$$

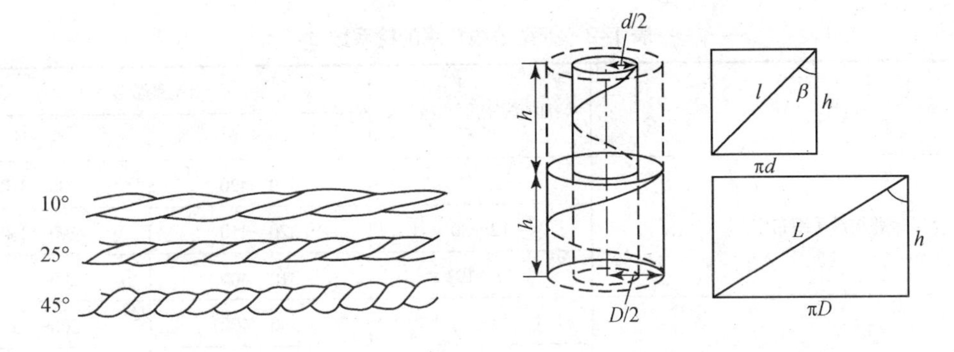

图 1–6　不同捻回角的纱　　　　图 1–7　圆柱面上螺旋线展开图

纱线直径 d 用线密度 Tt 表示为：

$$d=\sqrt{\frac{4\text{Tt}}{10^5\pi\gamma}}$$

式中 γ 为纱的体积密度（g/cm^3）。

故

$$\tan\beta=2T_{\text{w}}\sqrt{\frac{\pi\text{Tt}}{10^7\pi\gamma}}$$

$$T_{\text{w}}\text{（捻/dm）}=\frac{\tan\beta}{2}\sqrt{\frac{10^7\gamma}{\pi\text{Tt}}}=\frac{\alpha}{\sqrt{\text{Tt}}}$$

$$\alpha=\frac{\tan\beta}{2}\sqrt{\frac{10^7\gamma}{\pi}}$$

α 称为捻系数（tex 制）。

当纱线体积密度变化不大时，可认为 α 与 $\tan\beta$ 存在一定的比例关系。在生产中，根据纤维性能和纱的用途选用 α，可算出纺纱捻度 T_{w}。

用细长纤维纺纱时 α 取低值；用粗短纤维纺纱时 α 取高值。经纱的强度要高些，α 应取高值；而棉纱和针织纱要求柔软和不起圈，α 应取低值。起绒织物的用纱，α 值也较低。对于薄爽织物和针织外衣，一般要求滑、挺、爽，不起毛和不起球，所用纱的 α 也应取值高些。一些棉型纱线常用的捻系数见表 1–2。

（三）捻缩

加捻后纱线长度较原来的略有缩短，这个缩短量称为捻缩。捻缩率 μ 的定义如下：

$$\mu=\frac{\text{无捻纤维束长度}-\text{加捻后纱长度}}{\text{无捻纤维束长度}}\times100\%$$

影响捻缩的因素很多，例如纺纱张力大，捻缩小；车间温、湿度越高，捻缩越大；同一纱的捻系数越大，捻缩也越大；粗特纱的捻缩大于细特纱等。棉纱捻缩率一般为 2%～3%。

捻缩实际上增加了纱线细度，在纺纱时应将罗拉牵伸倍数调得稍大些，才会纺出正确特数的纱；在捻线时捻缩率表示了纱线特数增加的部分。

表 1-2　棉型纱线常用的捻系数 α

类别		细纱线密度（tex）	捻系数 α	
			经纱	纬纱
普梳纱（织布用）		8～11	330～420	300～370
		12～30	320～410	290～360
		32～192	310～400	280～350
精梳纱（织布用）		4～5	330～400	300～350
		5～15	320～390	290～340
		16～36	310～380	280～330
梳棉纱（织布起绒用）		10～30	不大于 330	
		32～88	不大于 310	
		96～192	不大于 310	
涤棉混纺纱	单纱织物用纱		362～410	
	股线织物用纱		324～362	
	针织内衣用纱		305～334	
	经编内衣用纱		382～400	

（四）捻向

加捻纱上纤维的倾斜方向称作捻向。如图 1-8 所示，将纱作下垂放置，纤维倾斜方向如与字母 Z 的中段斜向一致称为 Z 捻；反之与字母 S 的中段斜向一致称为 S 捻。纱的捻向与纱的强力、耐磨等性质无关，但对织物的外观和手感有很大影响。例如在平纹组织中，经纱取 Z 捻，纬纱取 S 捻，则在经、纬纱的交织点上，两根纱上的纤维不会相互嵌入（图1-9），织物手感厚而软，其表面反光方向一致，光泽好。在斜纹组织中，经、纬纱的捻向却以相同为佳，因在经、纬纱交织点上的纤维斜向相反，使得斜纹的纹路格外清晰。

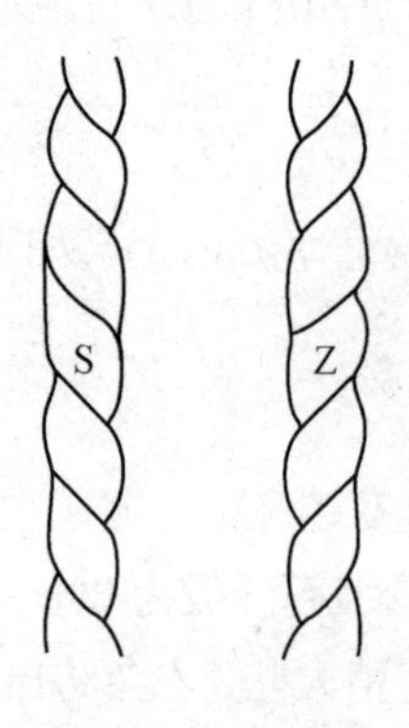

图 1-8　捻向

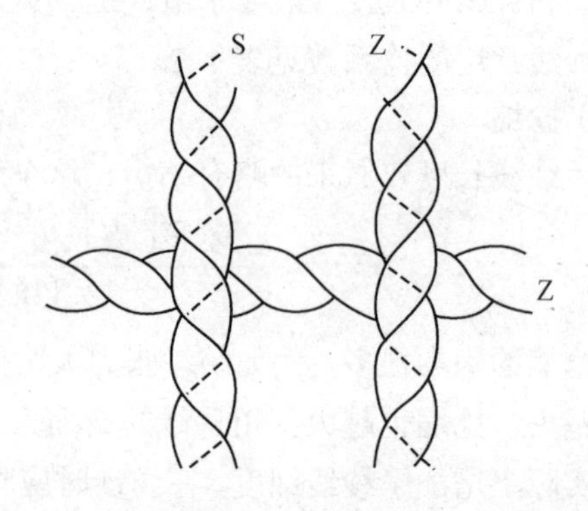

图 1-9　不同捻向经、纬纱组成的效果

股线由单纱并合和加捻制成。若股线的捻向与单纱的捻向相反，例如单纱取 Z 捻和股线取 S 捻，则股线柔软而光泽好，捻回稳定，不扭结。但当股线捻向与单纱捻向相同时，则股线硬挺而光泽差，捻回不稳定和易扭结。

（五）纱线捻度检验

测定单纱或股线的捻度主要有直接计数法和退捻一加捻法两种。

（1）直接计数法即在放大镜下直接计数试样在单位长度上的捻回，也可以将试样退捻，直到所有纤维完全平行为止，计数纱的捻回。由于纱上的捻回分布不匀，因此需要大量观测才能获得有代表性的数据。

（2）退捻—加捻法即先将试样退捻至零，接着用相等的回转数作反向加捻，使试样恢复到初始时的长度和张力，由此测得试样的捻度。

四、纱的强度

单根纱线（断裂）强度及其变异系数是衡量纱线质量的指标之一，它们比缕纱强度更能直接地反映纱线的实际品质。在单纱强力仪上有一对夹持纱样的上下夹头，上夹头静止而下夹头以一定速度移动，直到纱断裂为止。测定单纱强力的次数不能少（一般 300～500 次）。

拉断一根纱的力称为单纱强力（cN）；而相应的比应力称为单纱强度（cN/tex），它表示在 1km 长的纱线中 1g 质量纤维能承受的最高载荷。显然，它仅与所用原料的品质及纺纱生产技术优劣有关，所以它成为不同粗细、不同原料和加工的纱的品质对比指标。如乌斯特统计给出 8.4～59 tex 环锭纱的单纱强度（cN/tex）（95%厂水平）如下：普梳棉纱 11.5～11.6、涤棉纱 14～14.2、精梳棉纱 11～14.2、精梳毛纱 3.9～4.3、毛涤纱 9.5～10.3 等，供生产厂参照。

五、纱质量评定

任何纱线都应符合规定的质量标准，要在抽样检验合格之后才可出售或投入生产用来制作各类纺织品。我国关于环锭纺的棉、毛、麻纱线质量要求，纱线试验方法，纱线包装和标志，纱线验收规则等均已制定了国家标准。在国际上有“国际标准化组织”（ISO）制定的国际标准。

纱线质量应在下列方面达到指标：线密度（即特数）和百米重量偏差、单纱强度及其变异系数、百米重量变异系数、条干均匀度、1g 质量纱含有的棉结粒数、捻度。

棉纱按下列四项指标来评等：单纱强度变异系数、百米重量变异系数、条干均匀度、1g 内棉结粒数和棉结杂质总粒数，参阅表 1-3。评等时要按四项中最低一项来定等。如果前两项指标超出允许范围时，要在原等基础上作下降一等处理。对优等纱另需考察万米长度内纱疵个数。

毛麻（苎、亚）纱的技术要求与此大同小异。

表 1-3　梳棉（普梳）纱的技术要求（摘自 GB/T 398—93）

线密度（tex）	等别	单纱强度变异系数 CV（%）	百米重量变异系数 CV（%）	单纱强度 (cn/tex)	百米重量偏差（%）	条干均匀度		1g 内棉结粒数不多于	实际捻系数		1g 内棉结杂质总粒数不多于
						黑板条干均匀度 10 块板比例（优：一：二：三）不低于	条干均匀度变异系数 CV(%) 不大于		经纱	纬纱	
21 ~ 30	优	10.0	2.5	11.4	± 2.5	7：3：0：0	16.5	35	330～420	300～370	60
	一	14.5	3.7			0：7：3：0	19.5	80			120
	二	19.0	5.0			0：0：7：3	22.5	140			185

第三节　短纤纱的纺制

一、原料的混和

混和有两个目的：同品种的纤维原料经过均匀混和可达到性能一致，以便制成质量稳定的纱线。例如，由于原棉生长地区或耕种条件不同，因而包与包之间，甚至每包内的质量都会有差异。因此，原棉在加工之前就应将各批号的原棉充分混和，再投入各道机器加工，以制得质量均一的纱线。尤其对于那些长期生产运转的纺纱厂，为了保证长期稳定的成纱性能，这样做是很有利的；另一方面，原料成本约占纱线成本的 70%，不同等级原料差价也较大，采用混合原料就可做到优次共用，还可搭配一些回花（如回卷、回条、胶辊花）和再用棉（如斩刀棉、抄针棉等），达到节约原料和降低纱线成本的目的。不同品种的纤维原料经过均匀混和后，可制成具有综合性能的混纺纱。目前已开发了许多化纤品种，其性能各异。两种或两种以上纤维制成的混纺纱在性能上具有综合特点，能取得折中互补的效果，避免了纯纺纱的缺陷。如涤纶与毛（或棉）混纺纱，强力好而耐磨，织物挺括和有透气性。粘棉纱的织物柔软而有光泽，吸湿性更好些等。

要求获得绝对均匀的混和效果，使纱线各截面上的纤维组分与设定的比例一致，是不可能做到的。混和实际能达到的效果只是纱线纵、横截面上的纤维呈随机分布。倘若纤维尚有成束状态存在，那么这种不匀情况比“随机分布”还差。因此，为了得到良好的混和效果，各组分原料应尽可能彻底开松，并注意根据开松程度的逐步提高，及时进行再次混和。

混和可在不同机器上用不同方法完成，参见表 1-4。

1. **棉堆混和**　先将初步开松的各组分原料，按设定的混和比平铺在混棉帘上成较薄的纤维层和送入打手室（图 1-10），一只打手再从棉堆的垂直方向切取原棉，因此每次抓取都包括各组分的原料，然后送入前方机器均匀混和。少量混棉时，原料称重和铺放靠人工完成；大量混棉时，则由称量给棉机完成。此法的优点是混合比准确，适于两种以上化纤混纺。

表 1–4　原料混和形式

混 和 方 法		机 器 名 称
原棉混和	棉包型	自动抓棉机
	棉堆型	混棉帘（图 1–10）
	棉层型	多仓混棉机，自动混棉机
半制品混和	棉网型	并卷机，粗纺梳毛机，亚麻梳理机
	条子型	并条机，条卷机
纤维混和	单纤型	转杯纺纱机

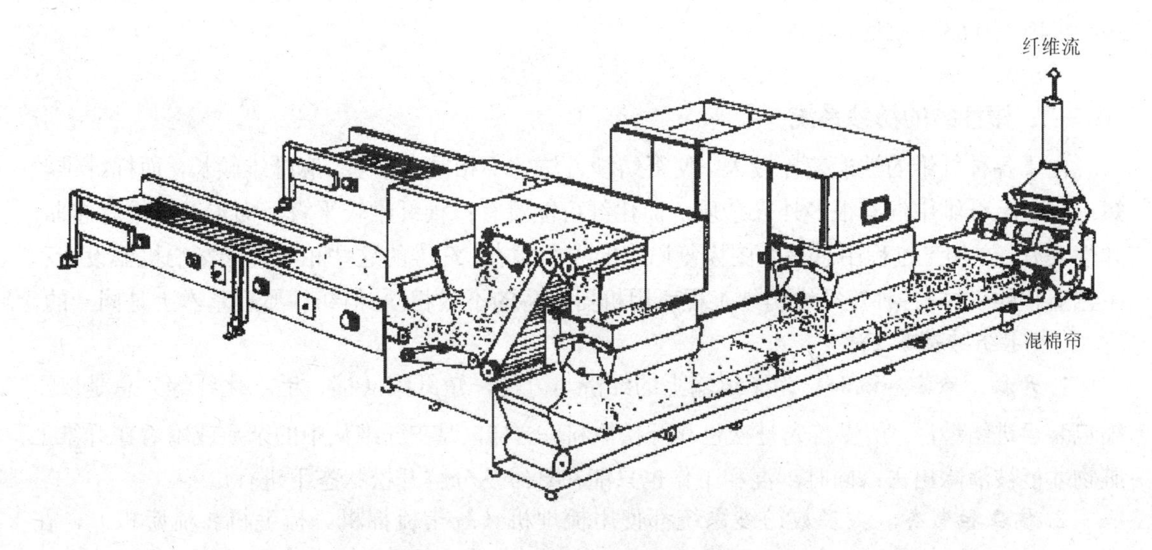

图 1–10　混棉帘及称量机组

2. **棉包混和**　各种棉包基本上按混和比排列在该机的工作台上，高速回转的抓棉打手从各包里抓取大致相等数量的原棉，供应给生产线上混棉机实行均匀混和。这种方法适于单一种原料纺纱。

3. **条子混和**　当棉与化纤混纺时，化纤不需除杂，它需要开松梳理；棉的杂质主要靠多次开松打击去除。所以涤纶和棉需分别经各自的开清梳机器加工做成条子，又因为涤条不含短绒，不需精梳；而棉条则应经精梳做成精梳条，它们同并条机（二至三道）上进行反复混和便制成混纺条，然后再进行常规的牵伸和纺纱。

例 1　设涤棉干重混合比为 65/35（涤/棉），在头道并条机上涤条为 4 根，棉条为 2 根，已知涤条线密度为 Tt_1，求棉条线密度 Tt_2。

解：

$$\frac{4Tt_1}{2Tt_2}=\frac{0.65(1+0.4\%)}{0.35(1+8.5\%)}$$

故得

$$Tt_2=1.165Tt_1$$

4. **纤维混和** 转杯纺纱的转杯每转一转凝聚槽上就被铺放一层新的纤维，在成纱中喂入的纤维约铺上了110～140层，亦即成纱过程中出现了110～140纤维并合或混和，大大增进了成纱条干的均匀程度。

为了适应统一加工条件，各组分原料的性能差异不能太大。例如，混棉时原棉品级差异1～2级，纤长差异2～4 mm，线密度差异0.2～0.4dtex，含杂差异1%～2%等，否则纺纱工艺难以拿握。混和原料的各种性能参数可近似用各组分原料性能参数的质量加权平均值表示。

例2 某混合棉中唛头 329占43%，429占20%，227占22%，327占15%，则混合棉的品级＝3×（0.43＋0.15）＋4×0.2＋2×0.22=2.98；混合棉的纤长=29×（0.43＋0.20）＋27×（0.22＋0.15）＝28.26（mm）。

例3 已知涤纶公定回潮率为0.4%，棉公定回潮率为8.5%，则65/35涤棉纱的公定回潮率＝0.4%×0.65＋8.5%×0.35＝3.2%。

二、短纤纱的纺纱系统

由于各种纤维的性能差异较大，使得纺纱方法各不相同。如毛、麻纤维较长，而棉纤维较短；棉、毛纤维中混有很多外来杂质，而化纤可能没有；棉纤维较平直，而羊毛纤维有卷曲，弹性又好，在加工过程中总是企图恢复原来的卷曲状态。纤维的这些相异性能影响机器设计和工艺流程的安排。各种短纤维纺纱工程所用机器设备的不尽相同，但纺纱原理基本上是同一的。

（一）纺纱基本工序

1. **开松、除杂和混和** 为了运输上的经济与方便，短纤维（棉、毛、化纤等）总是以压缩包装运进纺纱厂，所以首先是松包和开松原料；这样，混在纤维从中的杂质或附着在纤维上脏物才能被清除出去；同时，混和工作也只能在纤维从分解开松状态下进行。

2. **梳理和制条** 大多数纺纱系统都使用梳理机（统指梳棉机、梳毛机、梳麻机），在该机上纤维束被分离成单纤状态，同时完成较彻底的除杂和混和工作；经过梳理后，纤维获得定向排列和形成很薄的纤维网，并通过一喇叭口输出聚集成条子。仅在粗梳毛纺和废棉纺系统里，纤维网并不成条，而是被同时分割成约1cm宽的纤维片，再经过搓条器搓成无捻粗纱。

3. **精梳** 为获得高质量纱线所采用的工序。条子经过精梳加工，其中的短纤维及棉结杂质等被去除；纤维伸直平行程度提高；成纱光滑和光泽好，强力高。是否采用精梳工序，主要决定于经济合理性。例如，精梳毛纱一向都经过精梳加工，较长和较贵的羊毛就可制成高档纱线和织物，完全能挣回花在精梳加工上的成本。至于棉纱，只有质量好（纤维细而长）的原棉才用来制成精梳纱，而短的或中等长度的纤维则不进行精梳加工，仅用于生产一般的纱、布。

在亚麻的长麻纺工艺中，采用栉梳机（类似精梳加工）去除其中的短麻，以制得高质量的长麻纱；除下来的短麻，可再经过精梳加工，以制得精梳短麻纱。通过充分利用原料，也可以降低成本，增加收益。

4. **条子被牵伸拉细** 从梳理机出来的条子因纤维不够伸直平行，需经罗拉装置牵伸加工。该装置是由表面速度不相同的两对或多对罗拉组成，其中喂入罗拉以慢速向前喂入，而输出罗抓以快速向前输出，于是纤维间发生相对运动，喂入条子被牵伸拉细，纤维得到伸直平行；同时还由于多根条子并合喂入而产生混和作用。经过罗拉牵伸制成的纱紧实而有光泽，强度较高。

5. **成纱和卷装** 须条达到规定的细度后，加以适量捻回便制成细纱。纺出的纱必须绕成一定的卷装形式，以便于储放、运输和后续加工。

（二）基本纺纱系统及工艺流程

纺纱时，纤维经历的加工工序和所用机器设备的总体统称为纺纱系统。

1. **棉纺系统及工艺流程** 以棉纤维或棉型化纤为原料的纺纱系统称为棉纺系统，所采用的机器设备称为棉纺机器设备。按纤维原料品级及成纱质量的不同，有三种棉纺纺纱系统（表1-5）。其中，粗梳系统是生产上用得最多的一种，用于一般织物所用中、细特纱（统称普梳纱）的纺制；精梳系统所用原棉品级稍高（3级以上），适用于纺细特纱（统称精梳纱）和高档纱，以制高档织物；废纺系统所用原料很广，有纺织厂的下脚（如破籽，梳棉车肚落棉，绒板绒辊上积花、回丝）、低级原棉、碎布（须预开松）等，由于纤维短而不整齐，不能采用罗拉牵伸装置，其制纱方法是将棉网分割，搓成粗纱，再通过细纱机制成粗特纱。该种纱线结构松软而多毛茸，可制织棉毯等。

表1-5 棉纺的三种纺纱系统及流程

粗梳系统	原棉→开清棉→梳棉→并条（头道、二道）→粗纱→细纱
精梳系统	原棉→开清棉→梳棉→精梳前准备→精梳→并条（头道、二道）→粗纱→细纱
废纺系统	原料→开清棉→梳棉→细纱

2. **毛纺系统及工艺流程** 毛纺有粗梳和精梳两种系统（表1-6）。首先，原毛须经初加工以去除脏物和草刺，成为洗净毛，方可进行纺纱。粗梳毛纺原料除了洗净毛外，还有毛纺厂的下脚。除个别较高档织物外，对纤维细度和长度无严格要求。粗梳毛纺工艺过程短，不采用罗拉牵伸，所以纱内纤维没有得到伸直，排列紊乱；纱表面有毛茸；纱线强力较低，但手感丰满，弹性好，保暖性好。织物品种有大衣呢、毛毯等。精梳毛纺的原料较好，纤维长度和细度较均匀，不掺回用原料；纺纱工艺流程长；纱内纤维排列较平顺，伸直度好；纱线表面光洁，强度较高；织物轻薄，手感滑挺。织物品种有哔叽、华达呢、绒线等。精纺工艺流程可分为毛条制造和纺纱两部分，根据原料特性，加工工艺又有法式纺、英式纺、混合纺之分，其设备也各有特点。

表1-6 毛纺系统及工艺流程

羊毛初加工		原毛→开毛→洗毛→烘毛→去草→净毛
粗梳毛纺系统		净毛→和毛（加油）→梳毛（2~3次）→细纱
精梳毛纺系统	毛条制造	净毛→和毛（加油）→梳毛→针梳（1~3道）→精梳→复洗→针梳（4~5道）→毛条（打包）
	纺 纱	混条→针梳（1~3道）→粗纱（1~2道）→细纱

3. **苎麻纺纱系统** 原麻是从茎干剥取韧皮，经过脱胶处理制成的精干麻。苎麻单纤维长（最长可达 500 mm），强度高，但整齐度差。该系统有长麻纺和短麻纺两种工艺，分别制成长麻纱和短麻混纺纱。长麻纱工艺流程是：精干麻→软麻→开松→梳麻→精梳→并条（四道）→粗纱→细纱。短麻纺的原料为切成段的精干麻和精梳落麻，通过棉纺粗梳系统（环锭纺或转杯纺工艺）及毛纺粗梳系统，分别制成棉麻和麻与化纤混纺纱。

4. **绢纺系统** 绢纺所使用的原料是不能缫丝的疵茧，缫丝厂的废丝及下脚。它们先经过脱脂和脱胶制成精干绵，再经过开松、切段和精流等制成精梳绵片，进一步延展成绵带以制成条子，然后在并条机上进行 2～3 次并合和牵伸加上成较细和均匀的条子，最后通过常规的粗纱、细纱、并捻和烧毛制成绢丝纱。

细丝纺的原料是上述加工过程的精流落绵及下脚。细丝纱的工艺流程与废棉纺或粗梳毛纺的相类似。

中英文名词对照

美：fiber; 英：fibre　纤维
spinning　纺纱
cotton　棉
wool　羊毛
silk　丝
flax　亚麻
ramie　苎麻
yarn　纱
thread　线
rope　绳
cable　缆
thick but loosely woven silk　绢

第二章　开清棉机械

第一节　概　述

一、开清棉机械的任务

开清棉是纺纱工艺的第一道工序，由不同类型开清棉单机组成的联合机完成下列任务：将紧压的原棉开松成约 0.1mg 的棉束；清除混在原棉小的杂质和棉结，除杂效率达到 40%～70%；将各种品级的原棉进行均匀混和；制成均匀的棉卷或棉丛供梳棉工序使用。

二、开清棉机械类型及联合机组成

开清棉机械按其功能划分有三种。开棉机械：如自动抓棉机、棉箱给棉机等，其主要作用是开棉和给棉，无明显的除杂作用；混棉机械：如多仓混棉机、混棉帘等，其主要作用是完成原棉的混和；开清棉机械：如双辊轴流开棉机、豪猪式开棉机、单打手成卷机、锯齿辊筒清棉机等，其主要作用是开松原棉和清除杂质。

根据纱线品种和用途、原棉等级和含杂、生产加工方法等选用有关的开清棉单机，用气流输送管道联接起来组成生产线，称为开清棉联合机，开清棉联合机具有工艺流程短、适纺性强、工作效能高等特点。开清棉联合机可有多种流程组合，如郑州宏大新型纺机有限责任公司制造的一种开清棉联合机组成如下：

FA002A 型圆盘式抓棉机（2 台）→TF37 型手动配棉器（选用）→AMP3000 型金属火星及重杂物三合一探除器→FAl03A 型双轴流开棉机（附 FA051A 型凝棉器）→FA022-6 型多仓混棉机（附 TF27 型桥式吸铁）→FA106 型开棉机→FA135-Ⅱ型气动配棉器→FA046 型振动棉箱给棉机[附 FA051A（5.5）型凝棉器]（2 台）→FA141 型成卷机。

开清棉联合机的终端是成卷机并且制成棉卷，该棉卷在梳棉机上退绕喂入。近年来，这种棉卷喂入方式逐步被摒除，多采用开清梳联合机。在开清梳联合机上，棉丛经最后一个清棉打手处理之后就进入气流输送管道，由输棉风机吹送到各台梳棉机的喂棉箱内，形成均匀棉丛而喂给梳棉机刺辊。每套开清机组可供应 6～8 台梳棉机，实现了开清棉与梳棉生产连续化和自动化。例如，经纬纺织机械股份有限公司生产的纯棉（环锭纺）开清梳联合机组成如下：

FA006 型往复抓棉机→TP27 型桥式吸铁→AMP3000 型金属火星及重杂物三合一探除器 TF45 型重物分离器→FA113 型单轴流开棉机附 FA051A 型凝棉器）→FA028B-160 型多仓混棉机（附 TV425 系列风机）→JWF1124-160 型清棉机→JWF0011 型异性纤维分拣仪（选用）→

JWF1051 型除微尘机→FA177 型清梳联喂棉机→高产梳棉机。

三、联合机的作用

开清棉或开清梳联合机大致有如下作用及作用区域。

1. **开松**　使用自动抓棉机从排列好的各只棉包里抓取原棉，并将混合原料送往前方机器进行加工。现在所用的大多是往复抓棉机，其高速回转的打手从排列好的各棉包顶面移过即抓走一层原棉；然后，打手降位再抓走一层，一直到棉包被抓完为止。这种抓棉机的优点是可以安排较多的棉包进行排列加工。

2. **粗清**　使用单轴流、双轴流开棉机等，其加工特点是棉块在自由状态下受打手打击而开松。打手上刀片或角钉轴向排列间距稍大，故棉块的开松程度不大，但能避免纤维受到过大的损伤；由于这类机器装有尘格，能排出较大的杂质，达到大杂早落的要求。

3. **混和**　使用的机器为多仓混棉机。原棉经初步开清之后进行混和。

4. **细清**　使用精开棉机或类似机器。棉块在握持状态下受打手打击开松，打手上刀片轴向间距稍小，制成棉块的体积小、开松好，并能清除出细小杂质。

5. **梳棉机喂给**　向梳棉机刺辊的喂给方式有棉丛喂给和棉卷喂给两种。采用棉丛喂给方式时，棉丛须保持质量密度均匀恒定，才能制出均匀的棉条。在棉卷喂结方式中，棉卷做成定长和定重，而且保持在一定的精度范围内，做到均匀喂给。

四、开清棉工艺质量要求

据有关试验介绍，应用开清棉打手开松原棉，棉束质量大致达到 0.1mg（相当于 16 根纤维聚在一起）就可，反复开松加工并不能再显著地降低棉束质量，反而会增加纤维损失和损伤。

开清棉机的落棉中包括有落杂和落纤两部分，开清棉机组一般只能去除原棉中 40%～70% 的杂质。具体结果决定于原棉含杂率大小、机器隔距配置及生产环境条件等。原棉含杂多，落杂也较多；含杂少，落杂也较少。在一般情况下，落棉中的纤维含量占 40%～50%。

在考核开清机器除杂效能时，常用到下列算式：

落棉率＝落棉总质量/喂入棉总质量×100%

落棉含杂率＝试样含杂质量/试样总质量×100%

单机除杂效率＝单机落棉含杂质量/喂入品中含杂质量×100%

统破籽率＝所有开清棉机械车肚落棉总质量/喂入原棉总质量

联合机除杂效率≈各组成单机除杂效率之和

第二节　抓棉机

抓棉机为开清（梳）联合机的第一道工序，用于抓取各种不同等级的原棉、棉型化纤。被抓取的棉束被气流输送到下一台开清设备作进一步处理。抓棉机的形式可分为环行式和往复式两类。

一、环行式自动抓棉机

FA002 系列自动抓棉机由抓棉小车、输棉管、中心轴、圆墙板和地轨等组成，如图 2-1 所示。适用于抓取各种等级的原棉、棉型纤维以及 76mm 以下的中长纤维。该机抓棉打手的三项动作如下。

1. **抓棉打手自转**　该机有一只高速回转的抓棉打手，包括锯齿刀片 1、打手轴 2 和圆盘 3。在打手轴 1 上装着 31 把锯齿圆盘刀（图 2-2）。每把刀头都能伸出肋条以下 2.5～7.5 mm 。当

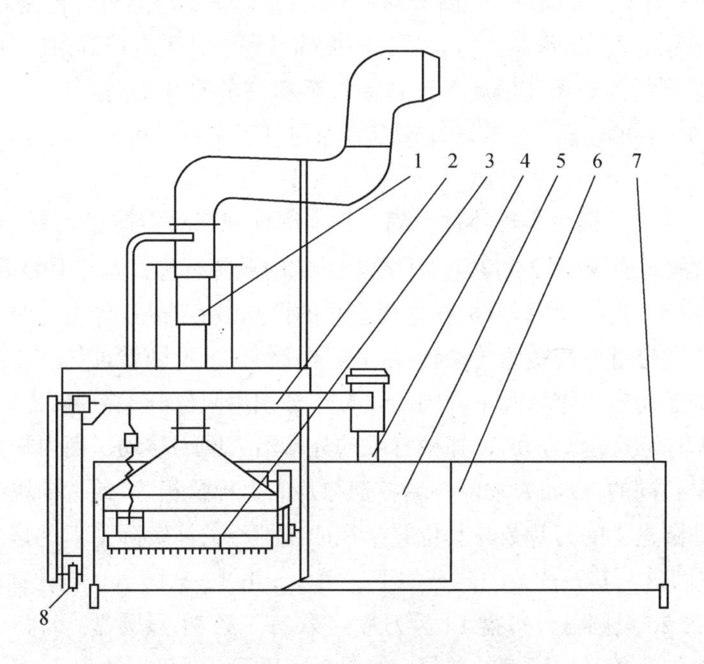

图 2-1　环行式自动抓棉机

1—输棉管　2—抓棉小车　3—抓棉打手　4—中心轴　5—内圈墙板
6—堆棉台　7—外圈墙板　8—行走轮

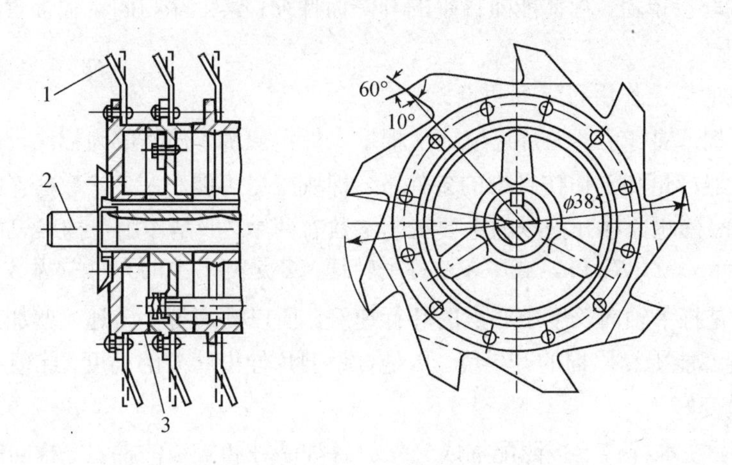

图 2-2　抓棉打手结构

肋条紧贴着棉堆表面，各刀头就轮流地自肋条下抓走原棉，抛入打手上方的罩盖，即输棉管的进口内被气流带走，完成抓棉和输棉动作。抓棉打手属于高速回转件，不适宜频繁启停。因此，抓棉机工作过程中，抓棉打手总是保持转动。

2. **抓棉打手环行** 抓棉打手在自转同时须相对于排列的棉堆表面作环形移动，才能实现连续抓棉。抓棉机的打手和罩盖等机件都固装在一个作环行的支架上而构成抓棉小车。该支架外端装有行走轮，与地轨滚动接触；其内端则搁在中心轴上构成转动副。依靠第二只电动机传动行走轮，抓棉小车即绕中心轴回转而作环行移动。此动作受前方机台控制。当前方机台不需供棉时小车停止环行，反之则继续环行。又若在抓棉过程中打手绕花导致转速下降甚至被堵住不转，与打手轴联接的离心调速器就关停传动打手和小车的电动机，并亮指示灯。小车绕中心轴的转速为 0.59～2.96r/min。小车环行速度方向与打手工作速度方向相反，以形成顺向抓棉动作。

3. **抓棉小车升降** 抓棉小车每环行一周，打手部件须相对于棉堆表面下沉 3～6m，沿棉堆表面继续抓棉。故对应于棉堆高度，打手须有一定的升降行程；但打手的最低工作位置与堆棉台底面之间要保持一定的间距。本机在抓棉小车的四角装有螺母，分别与四根直立螺杆配合。依靠第三只电动机通过链条和链轮传动使这四根螺杆作正或反回转，以完成抓棉小车的升降运动。小车每次下降运动的启停以及下降的极限位置分别用限位开关控制。

由于抓棉小车作环行运动，所以抓棉打手的外端沿大圆周移动，而内端则沿小圆周移动。但打手轴的转速是共同的，故如要求内外端各把刀片的抓棉量相等，或者棉块的开松程度相同，则在结构上就须使圆盘上的刀片数与其位置半径成线性相关，实际上，这是难于完全做到的。本机打手的 31 只圆盘，其刀片数的分布如下：第 1～第 12 只圆盘（自内向外数起），每盘 9 齿刀片；第 13～第 20 只圆盘，每盘 12 齿刀片；第 21～第 31 只圆盘，每盘 15 齿刀片。这样便适当减少了内外端原棉开松程度的差异。如图 2-2 所示，圆盘上的刀齿以三齿为一组，相对于圆盘平面分别作平行、左斜或右斜三种分布，使刀片的击棉点互相错开，从而也提高棉块开松的均匀性。

输棉管下端联接罩盖，管体能随打手的升降而伸缩；其上端与固定输棉管联接，应能随小车打手环行而回转。

自动抓棉机的工艺作用有下列两点。

（1）开松原棉：棉打手各刀片连续地从棉堆内抓定原棉，使其成为棉块，从而实现原棉的开松。在满足机器产量和不损伤纤维的条件下、棉块应尽可能小些，松散些，以利于后道工序进行除杂和混和。影响原棉开松度的主要工艺参数有两个。一是作用在棉堆表面单位面积上的抓棉点数 C，$C=n\times Z/(B\times v)$，式中 n 是打手转速；Z 是打手上的刀片总齿数：B 是打手的轴向作用长度，v 是打手轴向长度中心点的环行速度。所以提高打手转速，增加刀片总齿数，降低小车环行速度都能提高原棉的开松度。二是打手刀片伸出肋条的高度，此值小则棉块质量相对小，原棉开松度好。

（2）混配棉：在堆棉台上按照配棉成分摆放各种品种和等级的棉包。相同品种和等级的棉包不但要纵向分散而且要横向错开，才有利于混和均匀；从提高混和均匀性来看，参与混和的棉包数目宜多不宜少；但从减少生产面积来看，这数目又不宜太多。推荐棉包数为 20～48 只，化纤包数为 6～12 只。本机台可容纳棉包 20～25 只，如两台并联使用则参与混棉的棉包数可增加到 50 包（一般不同时使用）。单机产量为 800kg/h。

环行式自动抓棉机的优点是占地少，机器轻巧；缺点是堆棉台面积偏小，混配作用较差。

二、往复抓棉机

FA006 系列往复抓棉机如图 2-3 所示。抓棉机两侧均可堆放棉包，可处理 1～3 组不同高

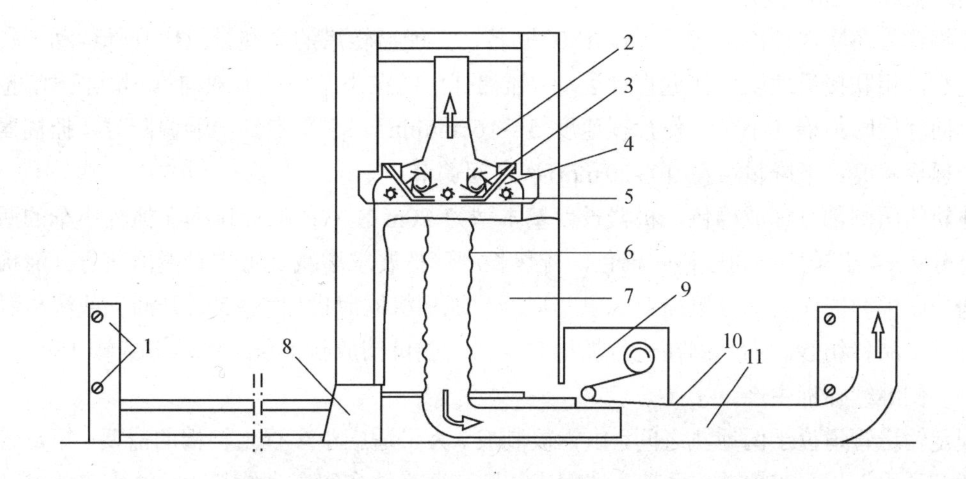

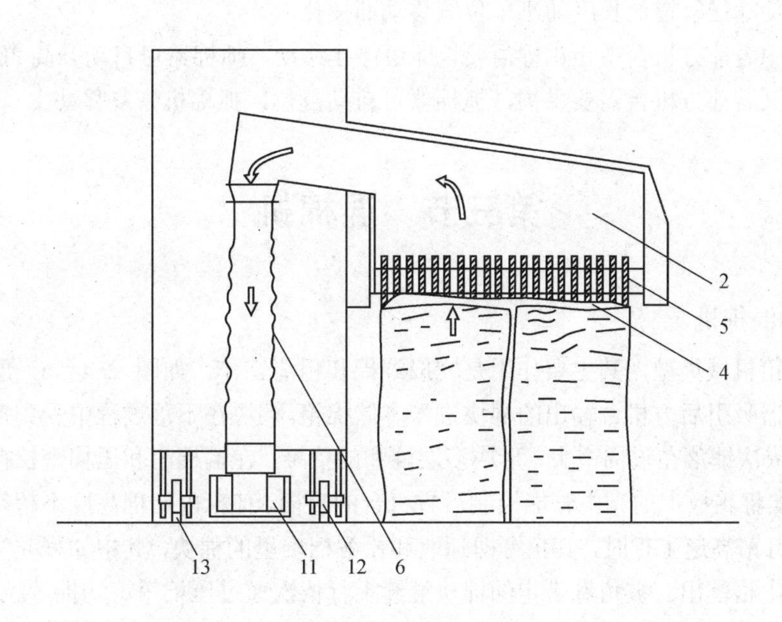

图 2-3　直行式自动抓棉机

1—光电管　2—抓棉器　3—抓棉打手　4—肋条　5—压棉罗拉　6—伸缩管　7—转塔　8—行走小车
9—卷带装置　10—覆盖带　11—输送管道　12—行走轮　13—轨道

度和密度的棉包。该机有两只抓棉打手、两组肋条和三只压棉罗拉。每只抓棉打手由于抓臂工作宽度不同，每个抓棉打手分别装有 17、23 个抓棉刀盘，每片刀盘分别有 102、138 个抓齿，转速 1250 r/min。左右抓棉打手的转向相反，在抓棉时两只打手分别作顺向或逆向抓棉。为了能生产体积小而均匀的棉块，本机设有抓棉打手倒挂系统，可使逆向抓棉打手自动升高，防止抓棉深度过大。肋条装在打手下方，刀头伸出肋条的高度可以调节；左右肋条相互错开地压在棉堆表面上，在肋条和压棉罗拉都压住棉堆的情况下，打手刀片即相继抓取棉堆表面上的原棉并开松成较小棉块（重 30 mg 以下）。接着，棉块被打手上抛到罩盖内，并由气流输送经伸缩管和固定输送管道而输出。

抓棉臂装在转塔顶部，塔身可作 180° 回转，并能沿转塔的立柱导轨作升降运动。转塔则与行走小车相联接沿地轨作往返直行运动。抓棉打手能在小车作往返双向行程时抓棉，也能在小车单向行程时抓棉（小车工作行程速度 5～16 m/min）。小车走到一端调向时，抓棉器即下降一个抓棉深度，下降量可在 0.1~20 mm /次之间调节。

地轨的两侧都可铺放棉包，机器长度基本型为 20m 左右；原棉排列在抓棉小车的两侧，每侧可分 2～4 组排列不同原料的棉包，排包长度可按要求增减。工作时根据前方开清棉生产线或清梳联生产线作自动分组抓取，以实现一台抓棉机同时供应 2～3 条开清棉或清梳联生产线，进行多品种纺纱。当一侧在进行抓棉时，另一侧可铺放新棉包。将转塔旋转 180°，就可在新的一侧继续抓棉生产。

固定输送管道位于两地轨之间，由钢板制成。为了适应小车行走输棉的需要，矩形管道的上边敞开采用一根平带覆盖。平带一端固定，另一端联结在小车卷绕轮上，随小车的移动作收放带的动作，使输送管道的长度随小车位置移动而变化。

该机运行中若前方机台中止供棉需要，即可停止移动，抓棉器可自动升高 300 mm，脱离抓棉工作区。又若前方机台需要供棉，抓棉器可自动复位，抓棉机恢复移动。

第三节　混棉机

一、自动混棉机

该机属棉箱机械类型，其主要作用是完成混棉和粗清工作。如图 2-4（a）所示，装在该机上方的凝棉器吸引后方机台输出的棉块进入本储棉箱。棉块在下落过程中受到摆斗横向来回摆动的控制，依次铺落在输棉帘上，形成多层混和的棉堆；在输棉帘和压棉帘挟持输送下喂给角钉帘。装在储棉箱板上的光电管能控制后方机台的喂棉，使箱内储棉高度不超越光电管的安装高度。当角钉帘高速上行时，其角钉即抓取和松解棉堆里的棉块，其中如籽壳等大杂质则从角钉帘下方的尘格落出。被角钉带走的棉块继续上行依次通过压棉帘、均棉罗拉等作用区时，又受到进一步开清；而未被角钉帘带走的棉块则仍返回箱内，被继续开松混和。角钉帘上的棉块被剥棉打手击落，并在尘格上获得进一步开松后输出；而混在棉中的杂质则从尘棒间隙下落。在棉块输出部位装有间道隔板，以满足上出棉或下出棉要求；在下出棉口装有吸铁装置，可排

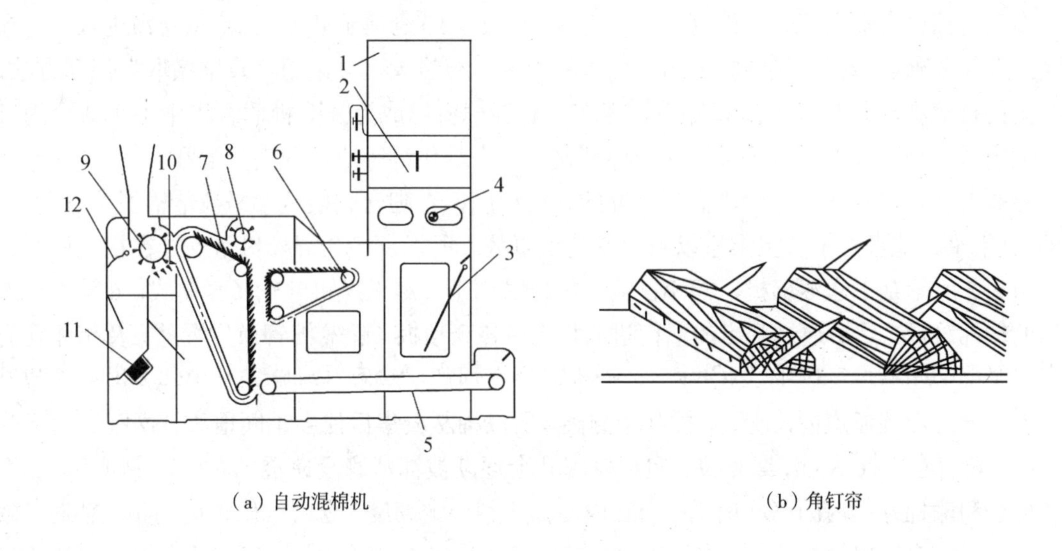

（a）自动混棉机

（b）角钉帘

图 2–4 自动混棉机

1—凝棉器 2—摆斗 3—摇栅 4—光电管 5—输棉帘 6—压棉帘 7—角钉帘
8—均棉罗拉 9—剥棉打手 10—尘格 11—吸铁装置 12—间道隔板

除棉块中铁杂物。自动混棉机的工艺作用有：

1. 开松 该机主要用角钉来扯松原棉或棉块，所以纤维损伤较少，杂质也不易被击碎。影响角钉扯松作用的工艺参数有以下几个。

（1）角钉的倾角和植钉密度。角钉倾角小，棉块易被它抓住，扯松效果好；但过小则降低角钉的抓棉就量，一般采用 30°～50°。植钉密度是指单位作用面积内的角钉数，但是常用“纵向钉距×横向钉距”来表示。植钉密度过小则扯松作用弱；密度过大，棉块会浮在钉面上使抓棉量减小。该机的植钉密度一般是 64.5 mm ×38 mm 。

（2）角钉帘与压棉帘以及角钉帘与均棉罗拉之间的隔距。此隔距小则扯松效果好；前者采用 60～80 mm ，后者采用 40～80 mm 。

（3）角钉作用面的相对速度。速度大则扯松作用好。

2. 混和 该机采取“横铺直取，多层混和”的方法，将喂给棉块组成混和棉堆之后再由角钉帘直向抓取输出，从而大大提高了原棉的混和作用。本机的缺点是棉箱容积有限，输出棉丛在较长片段上的混和不够均匀。

3. 除杂 该机在角钉帘下方和剥棉打手下方装有尘格，以增加原棉开松和排落一部分杂质。该机除杂效率约 10%。扁钢尘棒厚 3～4 mm ，顶面斜 45°，共有 21 根，其隔距略大于棉籽，为 10～12 mm 。剥棉打手与尘格的隔距在棉丛进口处小（8～15 mm ），出口处大（10～20 mm ），以利棉块松解后输出。

二、多仓混棉机

多仓混棉机由多只相邻的棉仓组成（有4、6、8、10仓等形式），棉丛从仓顶进入，逐仓装满，并经各仓底给棉罗拉同时输出。由于棉仓多，容量大，又采用“直铺横取”混和方法，故给出的棉流在较长片段上混和均匀。现在多仓混棉机已成为开清棉联合机中不可缺少的机台，适用于经初步开松的各等级原棉、棉型化纤、中长化纤等原料的充分混和。

经验表明，进入该机的棉块需有足够的开松程度，否则仓底棉丛不易被给棉罗拉10（图2-5）夹下来，或者打手负担太重以致引发轧车事故。所以，多仓混棉机常安排在粗清机器之后。图2-5所示是十仓混棉机，棉流在输棉风机吸引下，经过风机叶轮（直向式，6翼）进入机顶的输棉管道，然后通过开启的活门进入棉仓。各仓顶板（除输棉管道位置外）及相邻仓的隔板上半部均布满透气网眼（ϕ3mm）；当棉流进入棉仓，仓内气流就会从小孔逸出，经回风管进入下方的混棉通道内，使气、棉互相分离，所以棉丛凝集后便会不断地离开网眼板而下落到仓底。随着仓内棉丛的不断堆高，隔板网眼孔会逐渐被棉丛遮没使透气面积逐步减小，从而导致棉仓和输棉管道内的气压增高。当仓内储棉达到一定高度，仓内气压也达到预定值时，微差压控制器就会发出换仓信号；通过步进选线器和电磁方向阀的作用，气缸就会关闭本仓活门和开启下一仓活门。但第一仓顶无活门设置，其进棉与否受总活门控制。

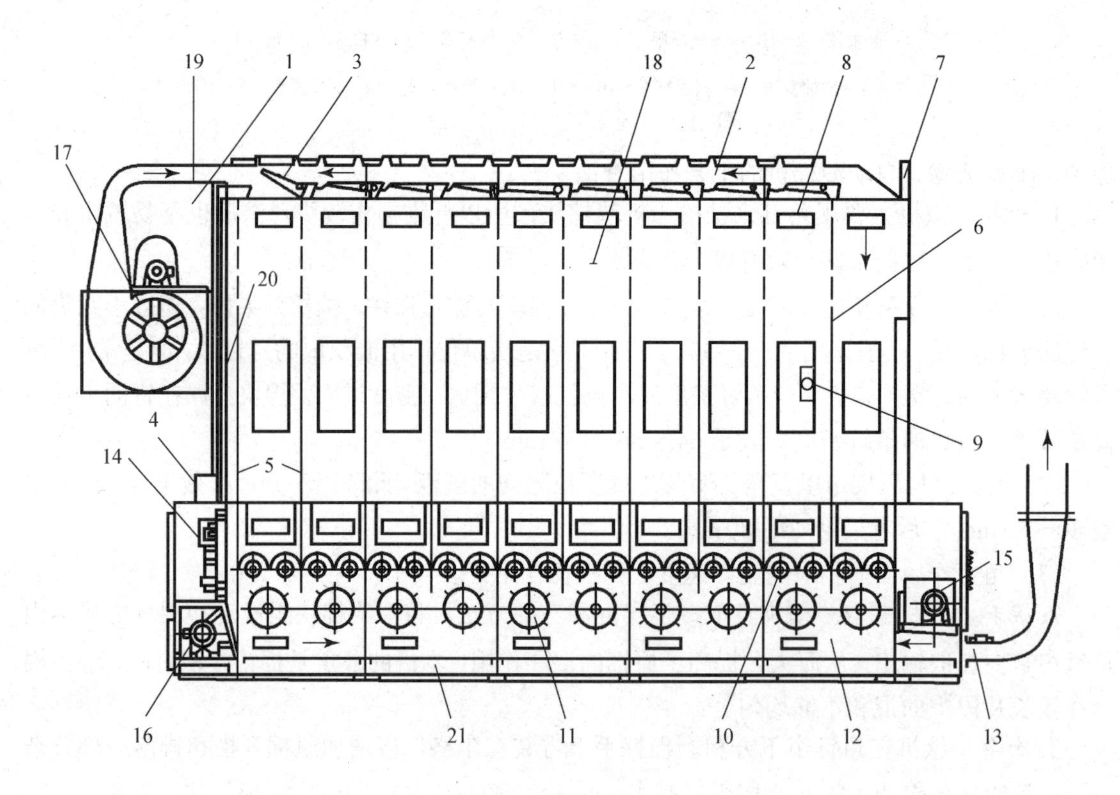

图2-5 多仓混棉机

1—气流旁路管 2—输棉管道 3—挡盖 4—压力开关 5—隔板 6—网眼板 7—排气管道 8—窗 9—光电管 10—给棉罗拉 11—开棉辊筒（打手） 12—混棉通道 13—出棉管 14—电气控制 15—变速齿轮箱 16—电动机 17—风机 18—棉仓 19—总活门 20—回风管道 21—机架

在第二仓的观察窗口装有一只光电控制器，监视着仓内棉丛的高度。当第十仓刚改装满时，如果第二仓内的棉丛存量高度低于光电射线位置，则开始第二巡回的逐仓喂料过程；如果第二仓内棉丛存量高度高于光电射线位置，则后方机台即停止供棉。与此同时，本机的总活门关闭，输棉风机送出的气流则经旁路管而进入垂直回风管道和混棉通道。

在各仓的底部均有一对给棉罗拉和一只打手，图 2-6 为给棉罗拉和打手的结构示意图。棉丛经罗拉钳口输出和打手打击运送之后，便落入下方的混棉通道，与垂直回风管送来的气流混在一起面形成棉流，被前方机台的凝棉器吸走。这样就完成了十仓混棉机中棉丛的混和和输出过程。要使混棉通道内的棉丛能够顺利地输出，前方机台凝棉器的吸风量必须大于本机输棉风机的送风量。一般，在混棉通道出口处能产生 98.2Pa（10 mm 水柱）的真空度即可。

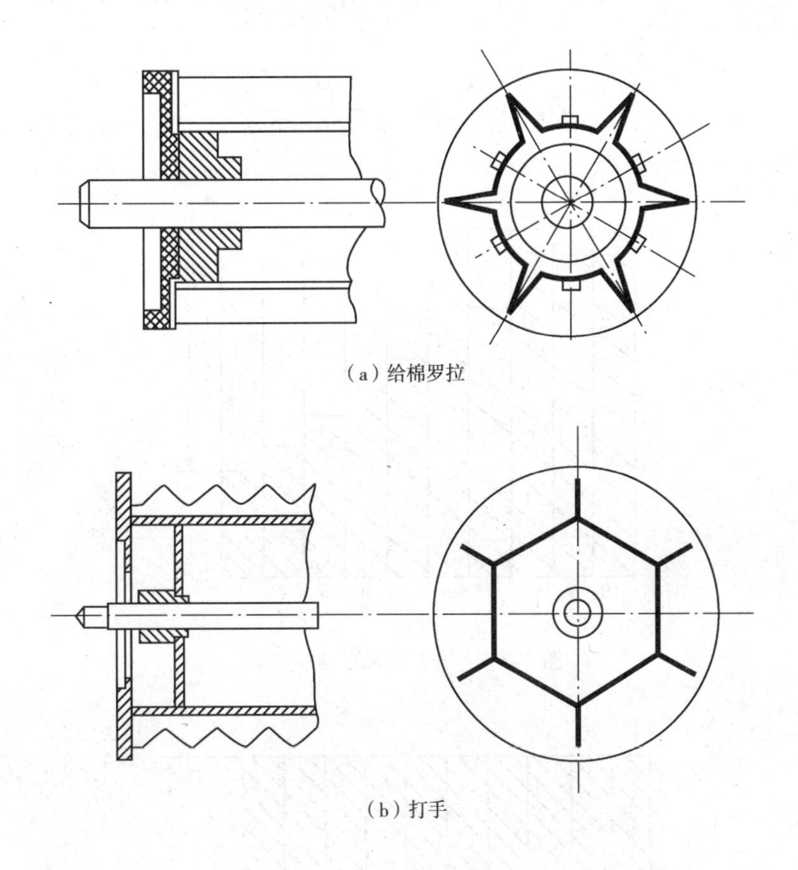

（a）给棉罗拉

（b）打手

图 2-6　给棉罗拉和打手

本机特点是逐仓进料，各仓同步输出。因此，在未仓（第十仓）刚装满时，首仓（第一仓）由于连续输出，其存棉量与末仓相差最大，以高度差 H 表示，H 是九只仓依次装满棉丛所需时间内首仓存棉量的下降高度，可见在棉丛装满某一只仓时间内前一仓棉丛的下降高度为 $H/9$。所以在正常生产过程中，自第一到第十仓的存棉高度应形成图 2-7 所示的等差（$=H/9$）阶梯差。通常，形成阶梯差的方法有两种。人工操纵：在空仓情况下，由人工操纵自第一仓起逐仓喂料，直到第十仓喂满：相邻两仓存棉且保持 $H/9$ 的高度差。自动形成：对 10 只空仓用自动喂料法装满后开机运转，当10只仓内存棉量下降达到一预定高度 H_p 时，光电管被接通，从而开始第二巡回喂料和自动形成阶梯状高度差；预定高度 H_p 是各仓棉丛最少留存量（也是光电管的最低位置），以保证在第二巡回从第一到第十仓喂新料过程小不出现空仓现象。

在第二巡回各仓顺序装满新料过程中，各仓棉丛从留存量减少而高度顺次降低 $H_P/9$，如图2-8所示。设 H_T 是满仓时棉丛高度，第二巡回喂送的新料总量比例于图2-8中影线面积 F，$F = 10(H_T - H_P) + (1+2+\cdots+9) \times H_P/9 = 10H_T - 5H_P$。又设 h_o 和 h_i 分别是各仓在单位时间内棉丛输出和输入高度，第十仓存棉高度 H_P 全部输出时间至少应等于第二巡回中第一到第十仓棉丛充满时间 T，得式如下：

$$\frac{H_P}{h_o} = \frac{10H_T - 5H_P}{h_i - h_o} = T$$

故可解出：

$$H_P = \frac{10H_T h_o}{h_i + 4h_o} = \frac{H_T}{h_i/10h_o + 0.4} \tag{2-1}$$

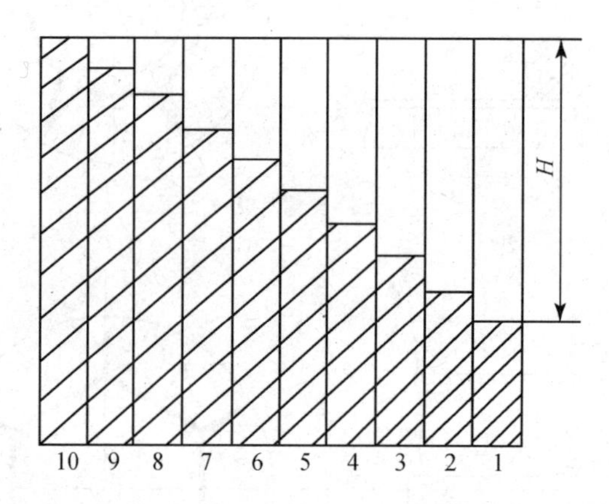

图2-7 各仓存棉高度成阶梯差

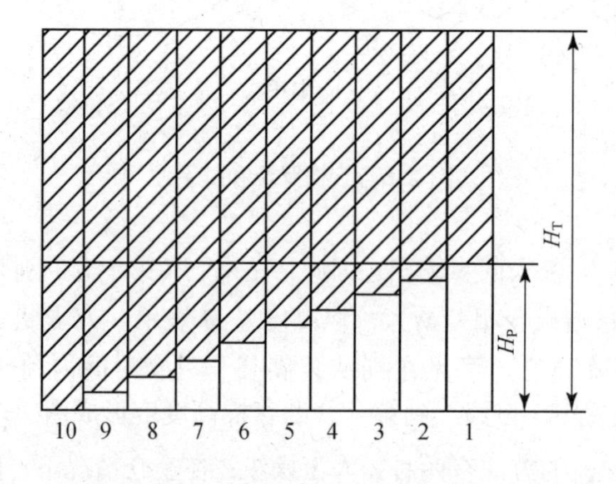

图2-8 光电管位置高度 H_P

例1　棉仓截面积 $A=0.5\times1.4=0.7$（m^2），仓内棉丛密度 $\gamma=25$ kg/m^3，每仓充满容量 Q=40.5 kg；10 仓输出总量 500 kg/h，每仓喂入量为 600kg/h,求 H_P。应用式 $Q=\gamma AH$，可算得 $H_T=40.5/(25\times0.7)=2.314$（m），又 $h_i/h_o=6/5$，故解得 $H_P=2.314/(6/5+0.4)=1.466$（m）。

对多仓混棉机的混棉作用可作如下分析：将自动抓棉机堆棉台上整齐排列的棉包依次分为六种（A～F）混和单元。在逐仓进料之后它们形成叠层（图 2-9）。自仓底一对给棉罗拉钳口输出的混棉单元形成各种排列组合，并随时间而变化，实现了混棉目的。一般认为六仓混棉机较适用，除了它的混和效果居中之外，在占地和投资方面也属中等之列。另外，也有人认为采用两台四仓混棉机串联使用，其混和效果比一台六仓或八仓混棉机混和效果好。

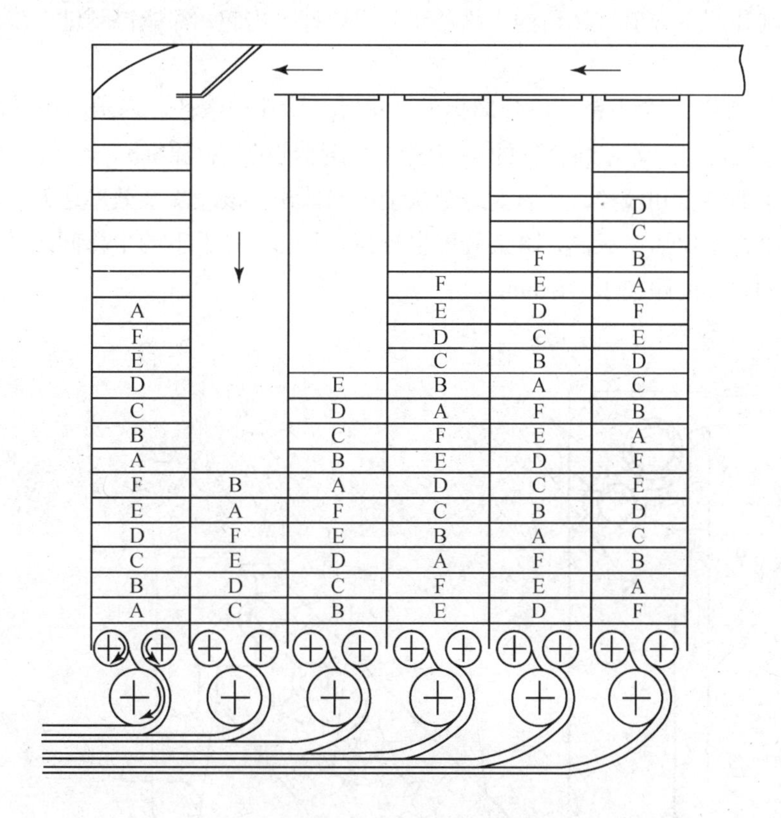

图 2-9　多仓混棉作用分析

第四节　开棉机

一、六辊筒开棉机

如图 2-10 所示，六辊筒开棉机的凝棉器将后方机台输出的棉块送入它下部的储棉箱，箱内装有光电管，能保持储棉高度和控制后方机台对本机是否喂棉。箱的下方有一对喂给罗拉（其转速根据产量设定）向六辊筒开棉机给棉。该机有六只角钉辊筒打手，其轴心沿 45° 斜线自下向上排列。每只打手的直径为 455 mm，有四排截头圆锥角钉，每排角钉 7～8 只。各打手的转向相同，其转速自下向上逐级递增，速比为1.1～1.2。在第1～第5打手下方装有尘格，尘棒由31根（1、2、3打手下）和34根（4、5打手下）扁钢尘棒（厚4.5 mm）组成，尘棒间距可以调节。打手到尘格的隔距在棉丛进、出口处稍大而中间稍小。为了防止角钉带花返回，各打手上方装有V形剥棉刀，位置也可调节。棉丛受各打手开松并落杂后便自下向上输送，最后在上部靠前方机台气流吸引而输出机外。为了补充风力，在第6辊筒下方不用尘格，而采用了有补风口的铁板。六辊筒外棉机的作用如下：

1. **开松** 该机利用图2-11所示的角钉打手对自由状态（无握持）下的棉块进行打击和撕扯，使其获得进一步的松解。优点是作用较缓和，纤维损伤少。被打手击落在尘格上的棉块，还可在打手继续作用下或沿有棱角的尘格移动，或被打手击起，都能得到进一步的松解。杂质则从尘棒间隙落出。

2. **除杂** 该机有5个尘格，落杂面积大，角钉开松作用缓和，大杂质不易破碎，有利于大杂早落少碎。该机常配置在联合机的粗清区。由于抓棉机已将原棉充分开松，所以接下来再经该机多只打手的打击和搅拌，杂质就纷纷从尘棒间落出，该机除杂效率达到18%～20%。前三只辊筒打手落棉率比后三只高，除杂效率也较高。前三只打手下的尘棒间距较大（10 mm），后三只打手下的尘棒间距较小（8 mm）。

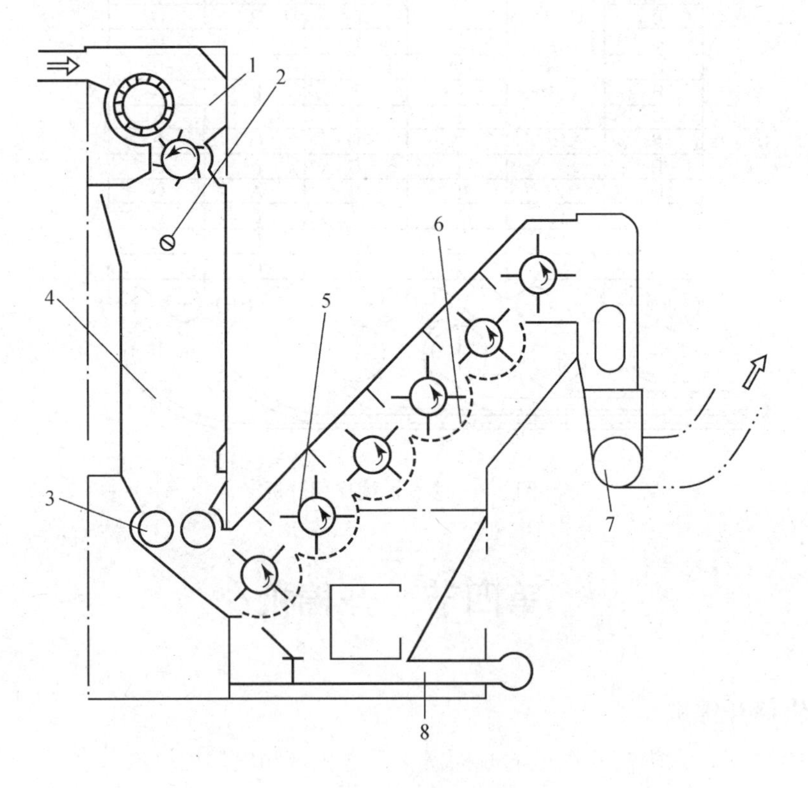

图2-10 六辊筒开棉机

1—凝棉器 2—光电管 3—进棉罗拉 4—储棉箱 5—辊筒打手
6—尘格 7—出棉口 8—落棉出口

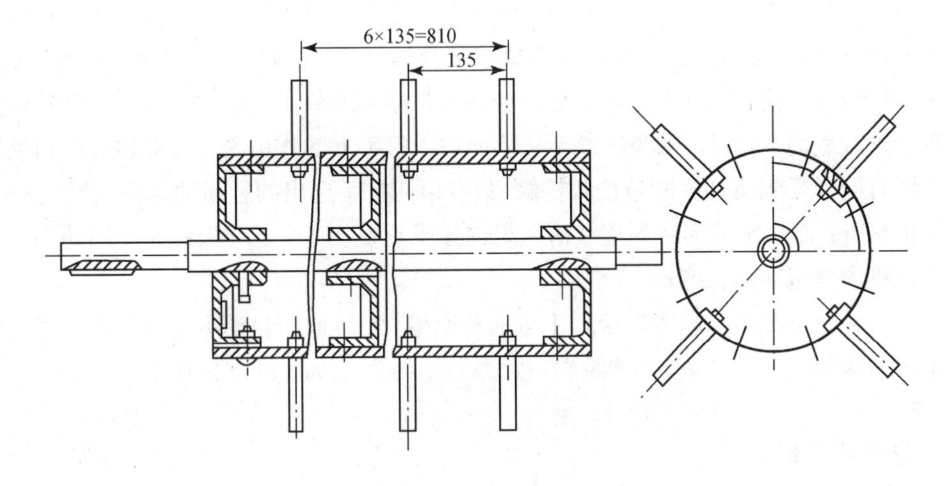

图 2-11　辊筒打手

但品质较好的原棉含杂较少，所需除杂工作量不大；而且较长纤维（包括化学纤维）受多只打手打击后会有损伤甚至缠辊筒，故不宜选用该机。

二、轴流式开棉机

轴流式开棉机是一种使用一只或两只角钉辊筒打手（前者称单辊筒，后者称双辊筒），对自由状态下原棉或棉块进行打击和扯松而完成开清作用，原棉在机内沿辊筒轴向流动的开棉机器。图 2-12 所示双辊轴流式开棉机，原棉在前方凝棉器的气流吸引下进入机器。由于该机的出口管道位置高于入口管道位置，因此气流只能带走一些已被充分开松的小棉块或棉束，自重较大的棉块则继续停留机内经受反复打击和进一步开松。在进棉口管道旁侧装有一块安装角度可调的上导板，用来引导那些由打手 b 抛出的较重的棉块再次进入打手 a 的作用区。

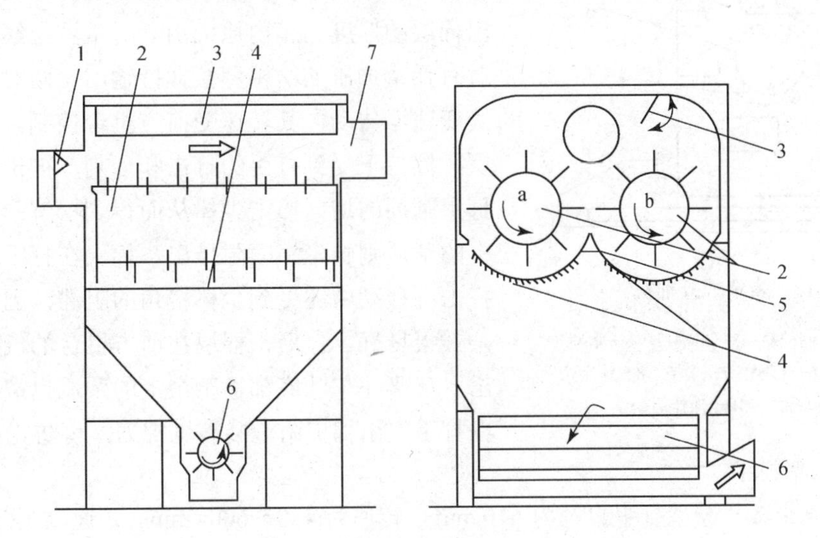

图 2-12　双辊轴流式开棉机

1—进棉口　2—角钉辊筒打手　3—上导板　4—尘棒　5—下导板　6—排杂辊　7—出棉口

在尘格的进棉口上方装有一根角钉棒，棉块随角钉打手 a 回转，会受到角钉棒的拉扯阻滞，继而与尘格棱角弧面碰撞，从而得到充分的松解，并分离出杂质。这些杂质可从尘棒间距中排出并下落到车肚底面。此后，棉块越过下导板而进入打手 b 的作用区。与上述过程相类似，棉块进入此区时同样受到角钉棒的拉扯和松解。只有由两打手选出的轻质棉块在上抛过程中才会被气流输出机外；而质重的棉块则继续落入机内接受重复加工。下导板装在不同的高度上，可调节棉块在机内停留时间长或短。

排杂辊回转时可将落棉和落杂排入下方的排杂槽内，继而由自动吸落棉系统引走。本机适用于含杂多的原棉，对含杂率 3%的原棉，除系效率约为 15%，纤维损伤小。

三、豪猪式开棉机

本机的加工特点：原棉在一对给棉罗拉握持输送下承受打手刀片的打击，因各刀片的轴向间距较小，故可产生更松解的小棉块，排出较小杂质；尘格包容打手圆周的 3/4，能使棉块获得较好的开清作用。本机常配置在联合机的细清区。打手形式基本上有豪猪打手和梳针打手两种，前者适用于棉，后者适用于化纤。20 世纪 80 年代以后发展起来的锯片打手可用来替代豪猪打手，从而能提高原棉的开清效果。打手形式虽然不同，但开棉机的结构和基本作用是相同的。

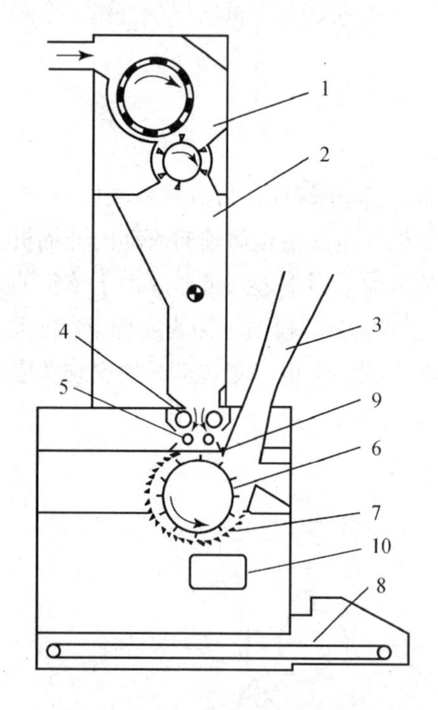

图 2-13　豪猪式开棉机

1—凝棉器　2—储棉箱　3—出棉口　4—木罗拉　5—给棉罗拉　6—打手　7—尘格　8—输杂帘　9—剥棉刀　10—操作门

图 2-13 所示为 FA106 型豪猪式开棉机简图。本机依靠凝棉器将后方机台输出的原棉吸引过来并纳入储棉箱，箱内装有光电管，以维持该棉箱的储棉高度。棉箱后壁有调节板，改变其安装位置可调节储棉箱输出棉层的厚度。箱内原棉由一对木罗拉继而输送给一对有弹簧加压的给棉罗拉握持输出。两对罗拉都由无级变速器传动，其转速受前方机台控制。棉层在给棉罗拉握持下受到打手的打击和分割，被击落的棉块沿打手圆周的切向撞击尘棒从而得到松解；而夹在棉块中的杂质则自尘棒间隙排出。棉块在打手室内经多次打击；移动中还受到尘棒棱角的阻滞，因而松解和除杂效果良好。最后，棉块在前方机台的气流吸引下输出。沉落在车肚底部输杂帘上的杂质也被及时排走。在打手室出棉口附近装有剥棉刀，可防止打手返花。

（一）豪猪打手

1. **打手与尘格**　豪猪打手直径为 610 mm，转速为 480～600r/min。转速高则开清作用好，但杂质易被击碎和落白花。如图 2-14（a）所示，在打手轴上装有 19 个圆盘，间距 54 mm，每只圆盘上装着 12 把矩形截面刀片（截面尺寸 6 mm ×30 mm），刀片头端各以不同距离偏离盘面，这样在打手转一周时，12 把刀片的击棉点沿轴向（54 mm 长度上）彼此相互错开成均匀分布，如图 2-14（b）所示。于是，整个打手 228 把刀片的击棉点在轴向总长度（1020 mm）上，应无重复无空档地排列，而连成一根直线，且要求打手回转时不产生轴向气流。

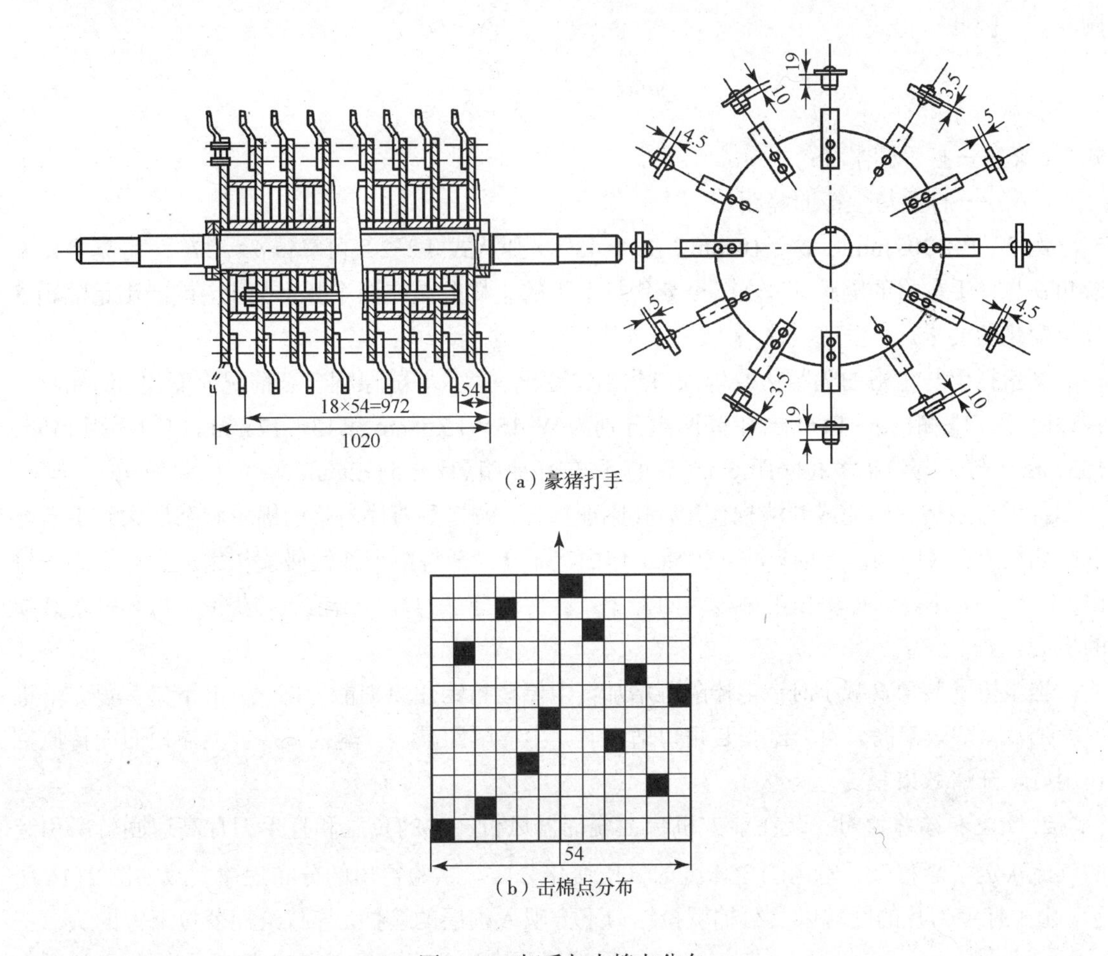

（a）豪猪打手

（b）击棉点分布

图 2-14　打手与击棉点分布

在豪猪打手周围 3/4 的圆周上设有尘格，由四组共 63 根尘棒组成，入口组 14 根，中间两组各 17 根，出口组 15 根，分装在四个弧形架上：尘棒之间的隔距以及打手与尘格的隔距均可分组调节。本机所用的尘捧为三角形截面[图 2-15（a）]，图中 *abef* 为顶面（*ab* 长 12 mm），用以托持打手室内的原棉；*acdf* 为工作面（*ac* 长 26 mm），用以承受杂质和纤维的撞击；*bcde* 为底面，它与相邻尘棒的工作面形成间隙，可以排落杂质和短纤等。α 角称为清除角，一般为 40°～50°，α 角小则开松除杂作用好，但尘棒顶面的托持作用差。尘棒工作面与打手圆的径向线所形成的夹角 θ 称

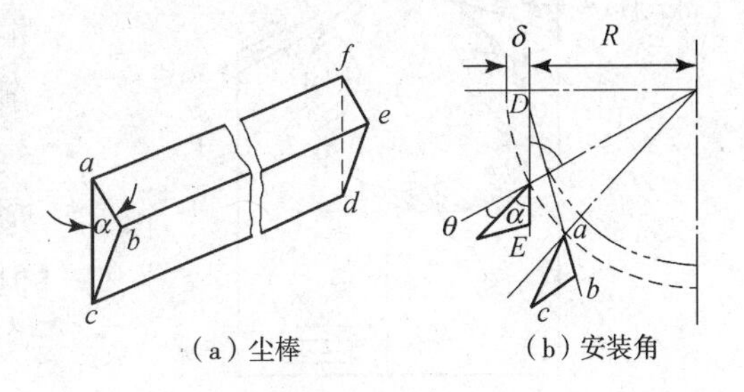

（a）尘棒　（b）安装角

图 2-15　尘棒与安装角

为安装角[图 2-15（b）]，调节θ角可改变尘棒之间的隔距。从尘棒上的b点到相邻尘棒工作面ac的垂距，则是这两根尘棒的隔距。尘棒之间的隔距随安装角θ的不同而变化，而尘棒安装角则借助弧形架的转动来调整。尘棒的初装（或设计）位置如下确定：使尘棒的顶面与打手圆相切，因此可得式

$$\sin(\alpha+\theta)=\frac{R}{R+\delta} \tag{2-2}$$

式中：R——打手圆半径；

δ——打手与尘棒的隔距。

例 2　R=305 mm，δ=10 mm，α=48°，则从式（2-2）可算得θ=27°。可见尘棒安装角θ与打手尘格的隔距δ有关。今豪猪打手下的尘棒分装在四个弧形架上，就能满足隔距δ分组变化的要求。

豪猪打手与尘格的隔距从原棉入口到出口逐渐变大，并随原棉含杂情况而变化。例如纺中特纱时，入口隔距 10～14 mm，中间两组分别为 W115～15.5 mm 和 13～17 mm，出口隔距 145～185 mm。打手与给棉罗拉隔距 6 mm，打手与剥棉刀隔距 1.5～2 mm。

打手与尘格共同完成开清棉作用。其原理如下，被打手刀片击落的棉块和杂质大致沿着打手圆切线方向（即动量方向）冲向尘棒工作面，部分大杂将由于弹性碰撞作用从尘棒间距中排出。留在打手室内的棉块在尘棒棱角阻滞下，再次被打手刀片打击前进，获得开松和排落杂质的机会。

当尘棒安装角θ减小时，尘棒隔距增加，尘棒棱角钩住原棉能力增大，开清效果好，落棉率增加，除杂效率高。当尘棒安装角口增大时，尘棒隔距减少，落棉减少；尘棒顶面托持原棉作用好，开清效果差。

2. **气流和落棉控制**　装在前方机台上凝棉器风机产生的负压和打手刀片高速回转所引起的气流决定了豪猪打手室周围尘棒区的气压变化分布。试验得出的分布规律大致如图 2-16 所示。由于打手刀片的回转以及给棉罗拉钳口下方喂入棉层的遮挡。导致给棉罗拉下方的头二三根尘棒区表现为负压，气流由打手室外向内补进；自这以后的十几根尘捧区则表现为正压，气流由打手室内向外溢流，并且随着尘棒位置的前移，这个正气压是按渐增→最大→渐减规律变化的。在第 30 根尘棒以后，因受前方凝棉器风机负压的影响，渐渐进入正负气压交替区域，但愈靠近打手室出口，气压愈稳定为负值。上述气压变化规律虽然随打手形式、尘捧隔距和车肚落棉结构形式而有所差异，但其基本规律是一致的。

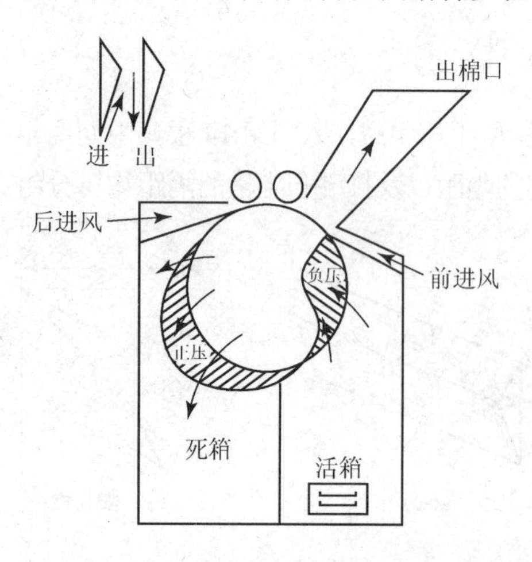

图 2-16　豪猪式开棉机尘棒区气流压力分布

由于尘棒上的气流正压区与工艺落杂区基本上一致，为了充分排杂，该区内的尘棒隔距宜大不宜小；但也要防止纤维的过分失落，最好控制为“流

而不畅”的正压气流状态。如将车肚隔成死、活两箱，如图 2-16 所示。死箱因各通风门“封而不闭”，有利于杂质落出而成为主要的除杂区。活箱因各通风门洞开，在前方凝棉器吸风作用下有利于气流补入，同时，也可使部分已排出的纤维返回打手室内。

在加工含杂多的原棉时，往往在后箱上方另开一进风口，放大进棉口处的尘棒隔距；在前箱上方加装补风口，收小出口处的尘棒隔距，以扩大尘棒落杂区的空间，达到多落杂质的目的。

豪猪式开棉机的落棉大部分是棉籽、不孕籽和破籽等。加工含杂 3%的原棉时，落棉含杂率为 60%～75%，除杂效率为 10%～16%。两台连用时的除杂效率为 18%～23%。

（二）锯片打手

锯片打手类似于抓棉打手，用于替代豪猪打手。该打手装有 41 个刀盘，各盘间距 25 mm；每只刀盘上装有 30 只刀齿，每三只刀齿为一组，刀厚 3 mm，刀齿前角 10°，刀尖角 60°；刀头相对于盘体分别作平行、左斜、右斜三种配置。这样，打手整转一周时共产生 1230 个击棉点，放在转速及作用直径相同条件下，锯片打手的开松效能和除杂效率均高出豪猪打手。并且，锯片打手的应用还为清棉机清除细小杂质、成卷均匀提供了有利条件。

由于刀齿露出打手筒体的高度不同（锯片打手的露出高度约为 40 mm，豪猪打手约为 150 mm），锯片打手回转所产生的气流较弱，因而打手室内的气流正压有所降低。只有增大前进风口的面积或减少前方凝棉器的吸风量，才能改善尘棒区的气压分布，有利于落棉量和除杂效率的提高。

（三）梳针打手

梳针打手用于加工棉型化纤。FA106A 型梳针辊筒打手由 14 块梳针板组成，梳针直径 3 mm，梳针倾斜 65°，打手直径 600 mm，打手运转时对纤维进行梳理开松，作用和缓。在辊筒的 1/2 圆周上有尘格，尘棒共 49 根分成三组，原进口一组改为弧形光板，以满足一定的除杂要求。

第五节　清棉机

经过开棉机加工的棉丛已达到一定程度的开松与混和，较大的杂质已被清除。清棉机的作用是继续对棉丛作更细致的开松，清除细小杂质，最后制成密度均匀的棉卷或棉丛，供梳棉机继续加工。因输出形式的不同，目前清棉机有制卷机组、制丛机组两种形式：制卷机组由振动棉箱给棉机和成卷机组成，输出棉卷；制丛机组有多种机型，如由中间喂棉机、锯齿辊清棉机和除微尘机组成，输出棉丛。

一、制卷机组

（一）振动棉箱给棉机

振动棉箱或双棉箱给棉机都属于棉箱机械，其作用是完成棉丛的混和及输出，为成卷机提供均匀的给棉条件：这两种机器仅在输出棉箱结构上有所不同，前者由振动板而后者由一对 V 形帘组成，如图 2-17 所示。凝集在凝棉器回转尘笼表面的棉丛被皮翼打手刮落进入棉箱内，装在箱内的光电管2能操纵配棉器（图未示）开启或关闭，使箱内的储棉高度恒定。棉丛经箱底送棉罗拉9（角钉式）和输棉帘8进入储棉箱后，被角钉帘5抓取上行，在与上方的均棉罗拉6相遇时，只有小于隔距的棉从可以通过而继续上行，而较大的棉丛则被罗拉6击回储棉箱。储棉箱中送棉罗拉的机构如图2-18所示，储棉箱内的摇栅1与棘爪3相联接。当棘爪3被提升时，送棉罗拉即停止转动，储棉箱不再进棉；反之则进棉。这样就维持了储棉箱储棉量的稳定。附在角钉帘上的棉丛被剥棉打手刮落而进入振动棉箱。振动棉箱的结构是：前后两板略成V形，前板固定，后板在凸轮推动下可绕上支点作往复摆动，这样就可使箱内储棉密度增大和均匀一致。棉丛由下方的输出罗拉送往成卷机的输棉帘。

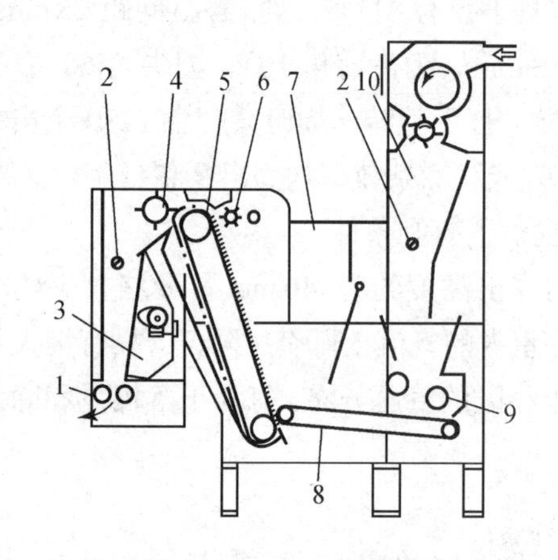

图2-17　振动棉箱给棉机

1—输出罗拉　2—光电管　3—振动板　4—剥棉打手
5—角钉帘　6—均棉罗拉　7—储棉箱　8—输棉帘
9—送棉罗拉　10—进棉箱

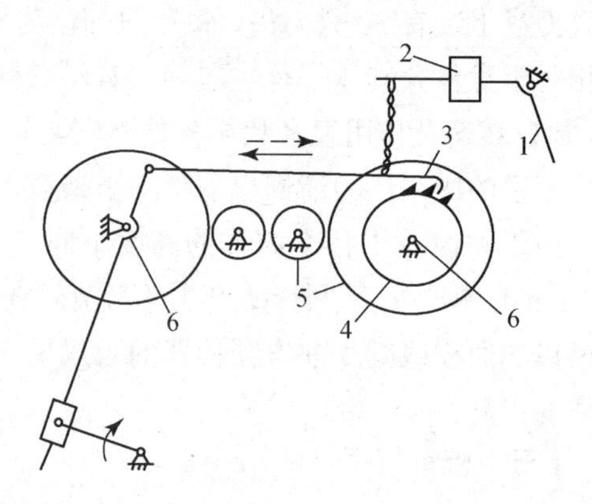

图2-18　拉耙机构

1—摇栅　2—重锤　3—棘爪　4—棘轮
5—过桥齿轮　6—送棉罗拉轴

（二）单行手成卷机

单打手成卷机的作用是对棉丛进行细致的开松，使其成为小棉束状；清除细小杂质，提高输出棉层的均匀程度，制成一定质量和长度的棉卷。它由天平调节装置、打手与尘格、尘笼、成卷和自动落卷等部分组成（图2-19）。

振动棉箱或双棉箱给棉机输出的棉丛随输棉帘前进。经角钉罗拉紧压后通过天平罗拉和天平杆组成的钳口喂给综合式打手，棉丛在打手刀片和梳针交替的打击、撕扯和梳理作用下得到进一步开松，部分细小杂质穿过尘格间隙排出。打手抛出的棉丛受到负压气流的吸引而凝集在一对回转的尘笼表面上，由一对集棉罗拉剥下再次合并成棉层向外输出。该棉层经过防粘罗拉的紧压，再进入由四只紧压罗拉重叠而组成的钳口反复地压实。最后，在导棉罗拉和棉卷罗拉的输送和压卷罗拉的紧压下，卷绕在棉卷扦上而制成棉卷。棉卷达到定长时，便自动落卷和推入棉卷秤内称重，准备送往梳棉机使用。

1. **天平调节装置**　该装置的作用是检测喂给棉层的厚度，根据棉层厚度的变化调整给棉速度，保证在单位时间内向打手室内喂入的棉丛质量恒定，达到成卷均匀的目的。

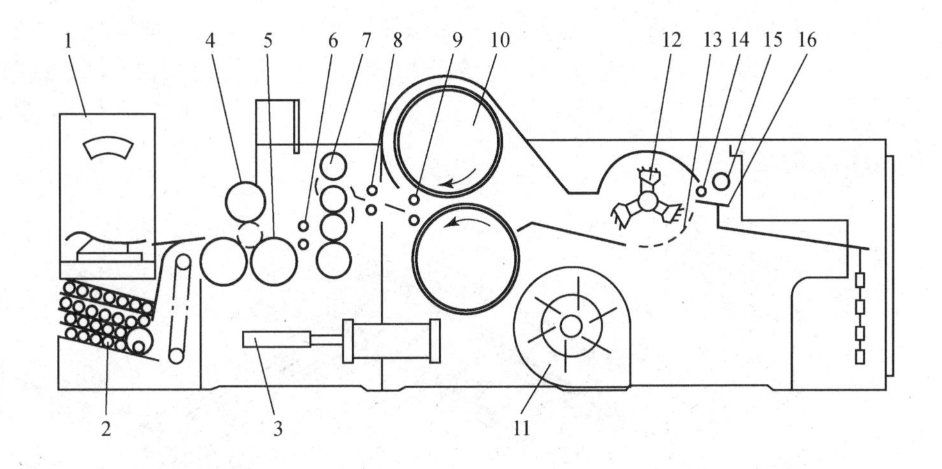

图 2-19　单打手成卷机

1—棉卷秤　2—存扦装置　3—气压增压装置　4—压卷罗拉　5—棉卷罗拉　6—异棉罗拉
7—紧压罗拉　8—防粘罗拉　9—集棉罗拉　10—尘笼　11—风机　12—综合式打手
13—尘格　14—天平罗拉　15—角钉罗拉　16—天平杆

在不计落棉等损失时，成卷机上天平罗拉给棉钳口和棉卷罗拉输棉钳口处，经过的纤维质量是相等的。所以，当成卷机生产某种定量棉卷时，给棉速度应与给棉厚度成反比例变化。天平调节装置应由棉层厚度检测装置和给棉调速装置两者组成。

（1）棉层厚度检测装置：现在仍沿用天平杆装置来检测喂给棉层的厚度。在图 2-20 中，天平罗拉（即给棉罗拉）在固定位置上回转、16 根天平杆并列地搁在刀口棒上，其头端紧压着天平罗拉而形成握棉钳口。它的尾端一般采用中点联结如下：每根天平杆的尾端悬挂一竖杆 4，相邻两根竖杆用一横杆 5 搭联；杆 5 的中点又悬挂一竖杆 4′，相邻两根竖杆又用一横杆 5′ 搭联。依此类推，16 根天平杆乃归并到一点，并且与摆臂 EO_1 上的点 S 联结。摆臂 EO_1 能绕支点 O_1 转动，故重锤的加压作用就产生了握棉钳口的压力。由于各天平杆结构尺寸相同，各钳口的压力 f 应完全相同；设点 S 上的作用力为 F，则得 $F=16\xi F$，ξ 为天平杆的杠杆比（$\xi<1$）。又设各钳口的棉层厚度为 $\varDelta_1$，$\varDelta_2$，…，$\varDelta_{16}$，点 S 位移为 $\varDelta s$，则应用输入功等于输出功原理可得：

$$F\ \Delta s=f\sum_{i=1}^{16}\varDelta_i \quad 或者 \quad \Delta s=\frac{1}{16\xi}\sum_{i=1}^{16}\varDelta_i \tag{2-3}$$

式（2-3）表明，点 S 的位移 Δs 能代表 16 根天平杆头端位移的算术平均值。实际上这是一种机械式计算装置，具有结构简单、耐用等优点。

（2）变速机构：它的作用是产生变速和传动天平罗拉变速回转。传统上使用一对锥轮（俗称铁炮），锥轮的母线一般是双曲线，但也有直线者。如图 2-20 所示，下铁炮是恒速主动的，上铁炮是变速被动的，其转速大小以皮带的作用位置来定；上铁炮轴通过蜗杆、蜗轮和两对齿轮传动天平罗拉，所以天平罗拉的给棉速度实际上随铁炮皮带的位移量而变化。

在图 2-20 中，摆臂 EO_1 的一端位移 $\varDelta_E$，经连杆机构 O_1EBO_2 和 O_2CDO_3 传递，转变成铁炮皮带的位移量 x'，设计要求两者成线性相关。按图示，若棉层厚度增大，则点 S 上移，连杆机构推动铁炮皮带右移，上铁炮转速便减慢，使给棉速度 v 降低；反之，棉层厚度减小，点 S 则下移，连杆机构推动铁炮皮带左移，上铁炮转速便加快，使给棉速度加快。图中调节螺钉 8 用于调节铁炮皮带初始工作位置；调节摆臂支点 O_1 的位置则改变了位移 Δ_E 的大小。其作用相当于改变喂给棉层的基本厚度。

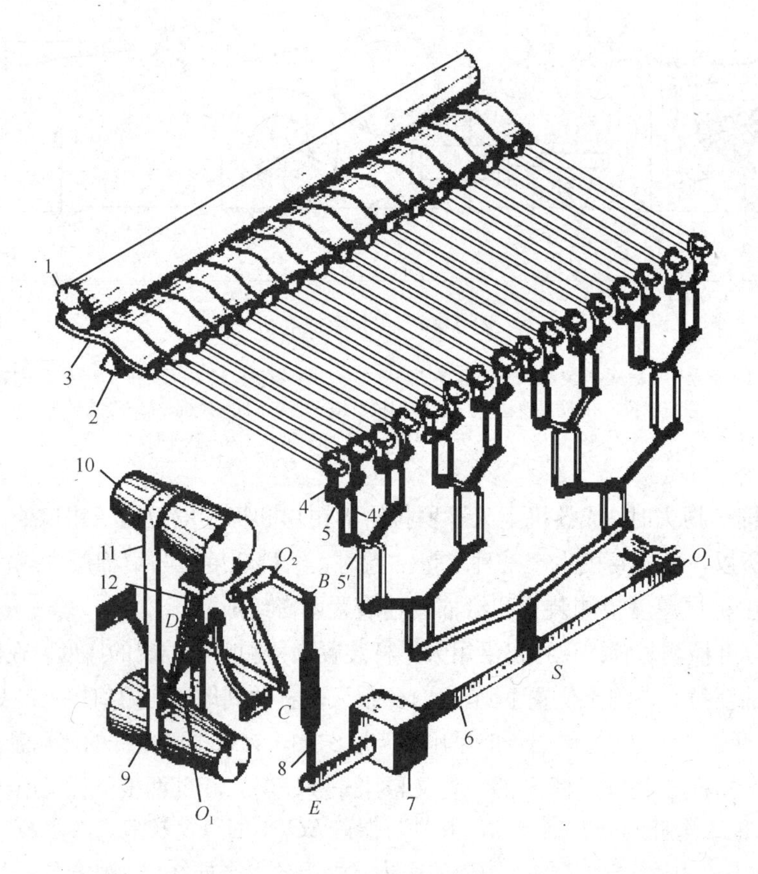

图 2–20　变速机构

1—天平罗拉　2—刀口棒　3—天平杆　4,4′—竖杆　5,5′—横杆　6—摆臂　7—重锤　8—调节螺钉　9—下铁炮　10—上铁炮　11—皮带　12—皮带叉

在使用天平调节装置时，铁炮皮带应置于铁炮长度的中央附近（使铁炮传动比大致为 1），将摆臂 O_1E 调至水平位置后，再调节天平罗拉速度，使成卷机能生产出定量合乎要求的棉卷。开车后喂给棉层厚度不断变化，铁炮即随之调速。如果所生产的棉卷保持定量合格，那么上列的调整工作即告结束，天平调节装置也就在这一值下工作。调节摆臂支点位置，虽可达到与调节天平罗拉速度同等的效果，但不及后者方便。

近几年来，在成卷机上已采用变频调速电动机取代铁炮变速装置（天平杆装置包括摆臂未拆除），具有机构简单、信号响应快和变速正确等优点。将原有的摆臂 O_1E 与一只位移传感器相联接，使摆杆的位移运转变成电压信号输出；经过专用的自调匀整仪处理，就可调整变频调速电动机的转速和实现天平罗拉变速。

2. 打手与尘格 在国产成卷机上采用的综合式打手由翼片与梳针结合组成，其结构见图2-21所示。在每一打手臂上，翼片在前，梳针在后。翼片的作用角为70°，对握持状态下的棉层在全宽度范围内进行打击，将棉块击落在尘格上而产生开清效果。由于翼片高速回转时的击棉力大，故扯下的棉块也较大；但除杂作用强，特别是排除不孕籽和带纤维破籽等较重杂质的作用较好。梳针直径为2.5 mm，其倾角为20°，植针密度为1.42枚/cm^2，在针板上作网状分布，梳针作用高度自首排到末排逐一递增。由于梳针刺入棉层进行分割、梳理与撕扯，故产生的棉束小而均匀，开松效果好；剔除籽屑、叶屑等细小杂质的作用也好。所以综合式打手同时兼有翼片打击和梳针开松的优点，不仅开松效果好，纤维损伤和杂质碎裂都少。对含杂3%的原棉，除杂效率可达5%～7%。

15根尘棒环列在打手下方的圆周上组成尘格；尘棒隔距为5～8 mm，根据原棉含杂多少而选用。打手与尖格之间的隔距沿着原棉前进方向递增，进口处为8～10 mm，出口处为16～18 mm。

3. 尘笼、凝棉和成卷

（1）尘笼：一对尘笼成上下叠放，其作用是凝集打手抛出的棉丛，使之合并成棉层而输出。尘笼为一个中空筒体，表面分布着透气网眼，两端开放而与墙板风道贯通，并与离心风机相联，如图2-22所示。当风机运转时，尘笼内部成为负压，其表面就能吸住打手抛出的棉丛，而尘屑和短绒则随气流穿过网眼进入风道，然后排入下方尘道，并作滤尘处理。一对尘笼的连续回转，使得各自凝聚的棉层合并成一层，通过尘笼前面的集棉罗拉输出。

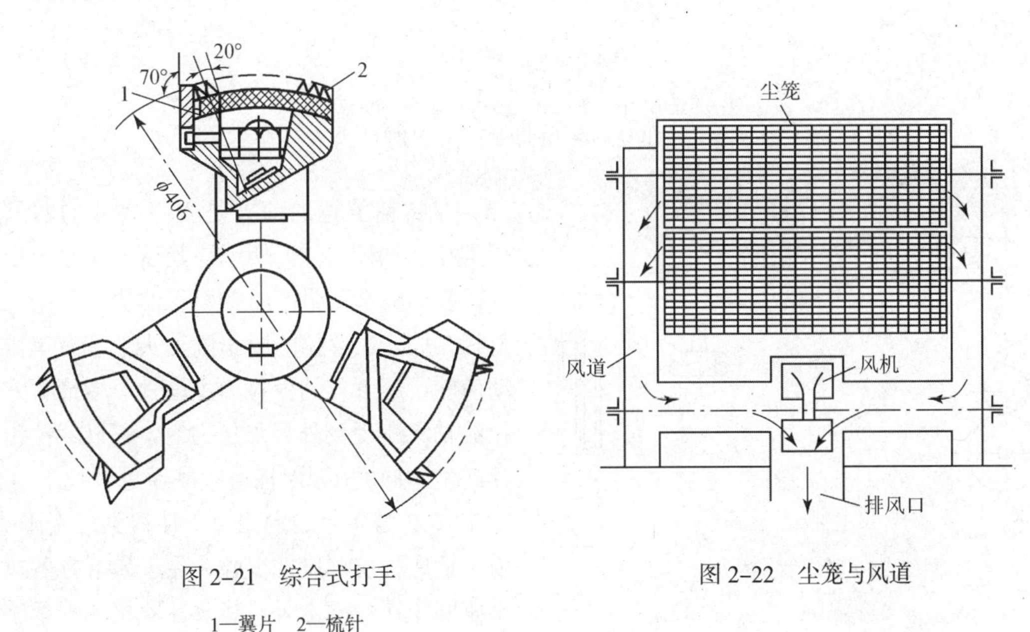

图2-21 综合式打手

1—翼片 2—梳针

图2-22 尘笼与风道

打手抛出的棉丛在质量和密度上彼此总有差异，如果上下尘笼吸棉能力相同，则大的棉块往往会分布在下尘笼表面，而小的棉块则多分布在上尘笼表面，这将造成棉层结构不匀，使以后退卷时发生粘层现象。故在下尘笼的内部加装挡板，以减少吸棉风口的面积来改进棉层的结构。通常，上、下尘笼的集棉比例为7∶3。

另外，需根据风道阻力、打手形式和转速等来选用风机转速。如果风机转速过高，尘笼表面的棉层往往是两端厚而中间薄；反之，如风机转速过低，则棉块易在尘笼前产生翻滚。

（2）紧压罗拉加压：为了防止棉卷退解时粘层，集棉罗拉输出的棉层先从一对凹凸防粘罗拉中间通过，使之轧出多条槽纹，然后再由四只上下叠放的紧压罗拉压实，制成棉卷。

这对防粘罗拉表面的凹凸形互相错开，如图 2-23 所示。它由集棉罗拉传动，但在主动齿轮内装有凸钉防轧装置。若防粘罗拉之间的棉层过厚，则凸钉会由于切向阻力过大而自动滑离齿轮，并触及电气开关使机器停车。

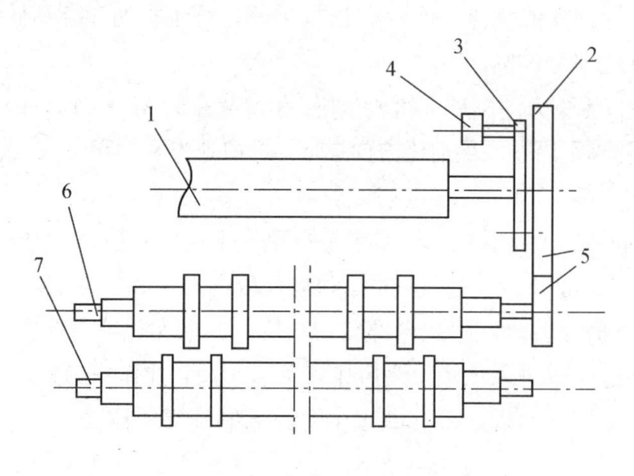

图 2-23　防粘罗拉

1—上集棉罗拉　2—凸钉　3—环板　4—电器开关
5—齿轮　6—上凹罗拉　7—下凸罗拉

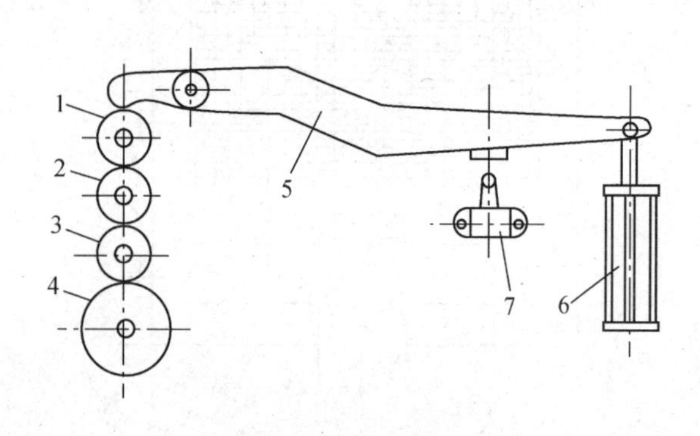

图 2-24　紧压罗拉及加压

1～4—紧压罗拉　5—加压杆　6—气缸　7—电气开关

在防粘罗拉的前方是垂直叠放的四只紧压罗拉，如图 2-24 所示。紧压罗拉是中空结构，表面光滑，最下方的直径略大，其余三只直径相同。在罗拉的同一侧轴头上装有单排传动齿轮，最下方的罗拉为主动件。当最上方罗拉的轴承座受到外界加压力时，三只罗拉钳口都产生相同的压力；棉层顺序通过罗拉 1 与 2、2 与 3、3 与 4 组成的钳口，使得到三次压实。为了适应棉层厚度的变化，除了最下方罗拉轴承座固定在机架上外，其余各罗拉的轴承座皆可沿着固定的长槽作上下活动。

为了达到增大加压杆压力及操作简便的目的，紧压罗拉和棉卷压钩的加压已多采用气动形式（图 2-25）。气缸活塞杆通过加压杆对紧压罗拉加压，其总压力可达 40kN。若紧压罗拉之间通过的棉层过厚，加压杆即触动电气开关而自动停车。气动回路中的调压阀用于调节气缸内的气压大小，二位三通电磁阀则用于控制紧压罗拉的加压或释压，操作简便。

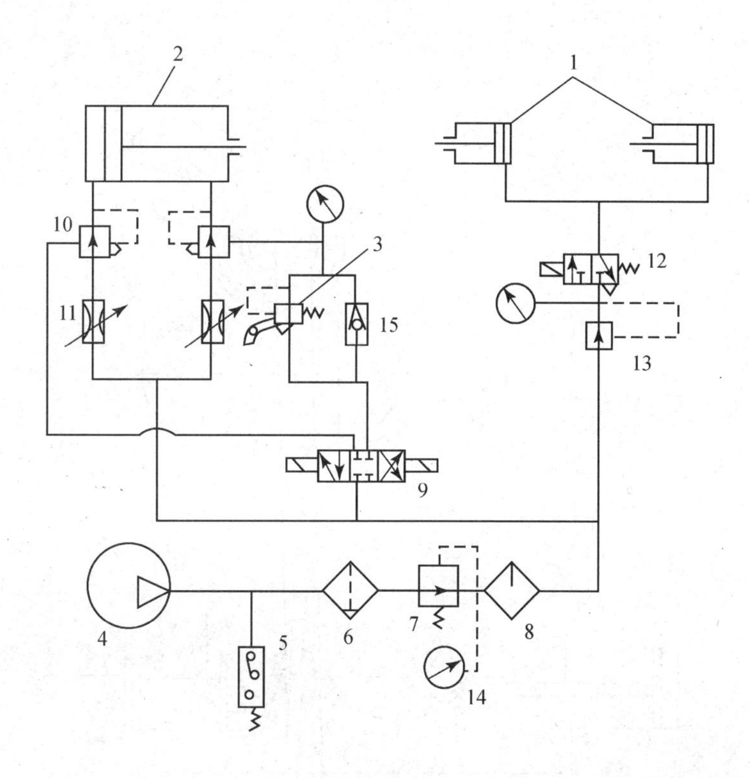

图 2–25　成卷机的气动回路

1—紧压罗拉加压气缸　2—压钩升降及加压气缸　3—机械式渐增加压阀　4—空压机　5—压力继电器
6—分水滤气器　7—调压阀　8—油雾器　9—三位四通电磁阀　10—气控调压阀　11—节流阀
12—二位三通电磁阀　13—调压阀　14—压力表　15—单向阀

（3）成卷：由紧压罗拉输出的棉层经导棉罗拉传递而送往棉卷罗拉，并绕在棉卷扦上做成棉卷。棉卷扦由玻璃钢材料制成，质量轻，使用方便。在成卷过程中，棉卷被一对棉卷罗拉和一只压卷罗拉摩擦带动而回转，同时也受到压卷罗拉的压力，使卷绕紧密而结实，如图 2–26 所示。因为成卷中棉卷的直径是变化的，所以压卷罗拉应能作升降活动。为此，压卷罗拉两端轴头分别装入左、右压钩体，其左轴头上装有链轮，由第 4 紧压罗拉传动。压钩的下部是齿条，并与小齿轮 9 相啮合，如图 2–26 所示；左、右端小齿轮共同装在一固定转轴（也称压钩升降轴）上，以确保压卷罗拉两端的同步升降。在该转轴的中央还装备小齿轮 10，它与气缸活塞杆上的齿条 12 相啮合。这样，压卷罗拉的升降和加压就都由气缸控制了。

压卷罗拉的一端轴头还装有链轮，它从第 4 紧压罗拉获得转动。

成卷过程中棉卷直径逐渐增大，迫使压卷罗拉和压钩逐渐上移，同时拖动气缸活塞杆及活塞克服气压移动，从而产生对棉卷的加压力。若（压卷罗拉的）加压力保持不变，则棉卷罗拉作用在棉卷上的压力，即棉卷所受到的压力将随棉卷直径增大而减小，这样就使棉卷的卷绕出现内紧外松的情况。因此，在气动回路里增加了一个机械式的渐增加压阀，当压钩（或压卷罗拉）上移时，导板 7 即推动渐增加压阀扦，使压钩气缸内的气压升高，从而加压力增大，棉卷所受压力也随之增大，达到棉卷内外松紧一致的目的。

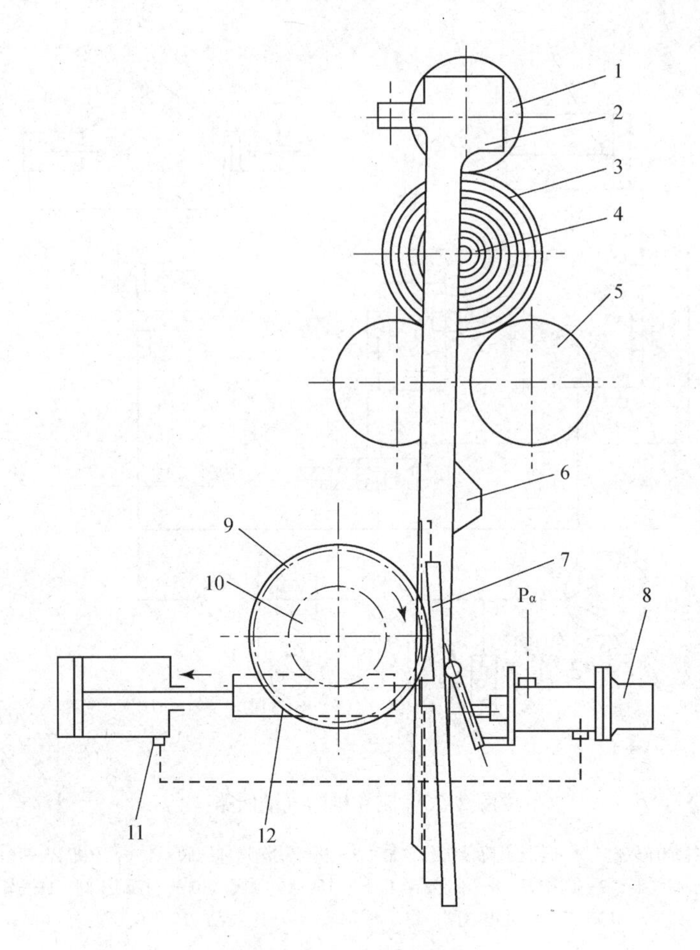

图 2-26　成卷加压装置

1—压卷罗拉　2—压钩　3—棉卷花　4—棉巻扦　5—棉卷罗拉　6—落卷压板
7—导板　8—渐增加压阀　9—齿轮　10—齿轮　11—气缸　12—齿条

（4）自动落卷：在成卷机上有一计数器来设定棉卷长度和启动自动落卷。自动落卷的动作如下：

① 气缸传动压钩快速上升，棉卷被释压而自由；同时压钩升降轴通过齿轮 45^T、44^T 及链轮 48^T [内装图 2-27（a）所示的滚柱式超越离合器]、20^T 传动棉卷罗拉快速回转，使棉层被扯断。

② 在压钩上升过程中，装在压钩体上的推扦板推出棉卷，使其该落到前方一秤盘上（图 2-28）。

③ 压钩升到顶位便触及电气开关，产生两个动作：使掣动吸铁动作，棉卷罗拉被掣制而恢复正常转速，即由齿轮 73^T [内装棘轮式超越离合器，见图 2-27（b）]和 18^T 传动。压钩气缸反向进气，传动压钩快速下降，当降落到一定高度，压钩上的压板即触及翻扦臂，使其翻转而将预备棉卷扦放进两棉卷罗拉之间，见图 2-28。此时新卷开始生头（另由生头装置完成），当压钩降落到底时，压卷罗拉又压在新的棉卷上，进行新的制卷工作。

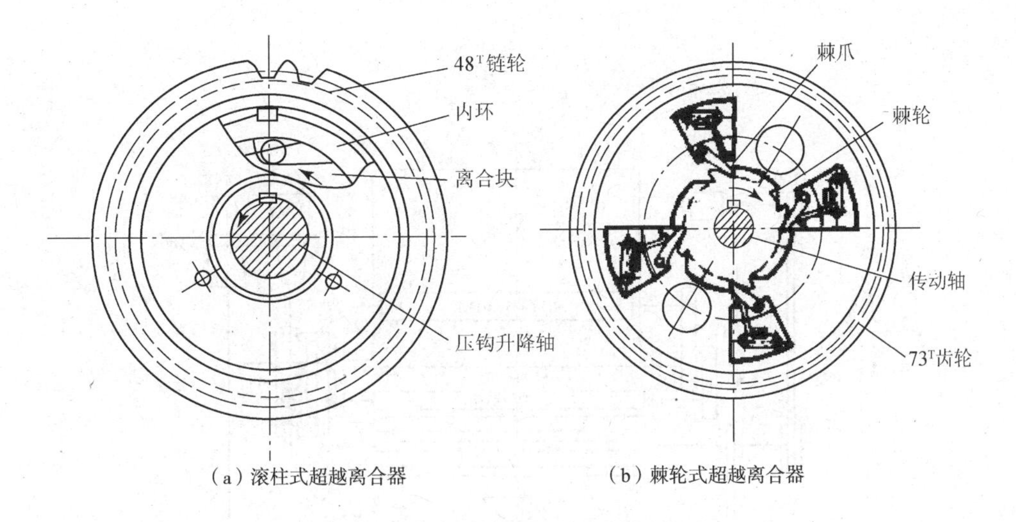

（a）滚柱式超越离合器　　（b）棘轮式超越离合器

图 2-27　棉卷罗拉快速传动件

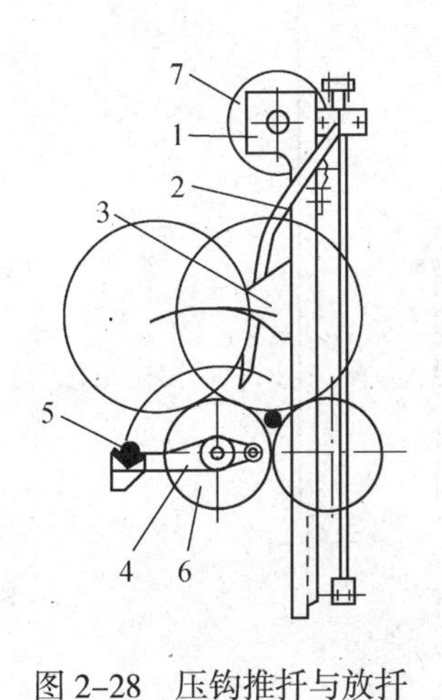

图 2-28　压钩推扦与放扦

1—压钩　2—推扦板　3—压板　4—翻扦臂
5—棉卷扦　6—棉卷罗拉　7—压卷罗拉

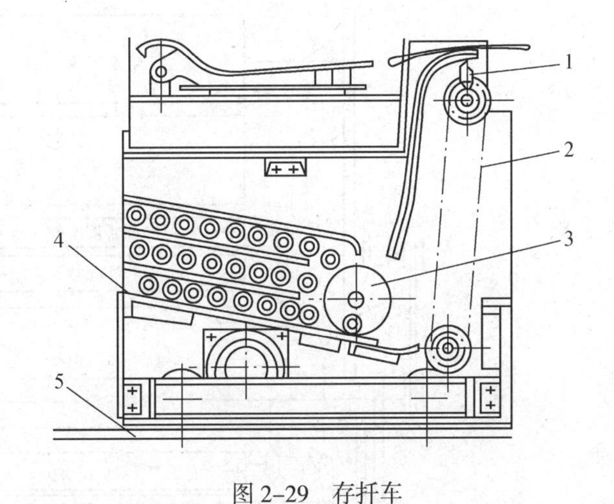

图 2-29　存扦车

1—上扦臂　2—上扦链条　3—拨扦轮
4—存扦架　5—轨道

④ 压钩下降碰到电气开关时，掣动吸铁断电，棉卷称重和运走。预备棉卷扦取自存扦车，如图 2-29 所示，多根棉卷扦搁放在存扦架上，需要上扦时，启动电动机，使拨扦轮和上扦链条运动，拨扦轮每转一转，拨出一根扦，随着上扦臂向上输送，放到预定的位置上。

（5）成卷机的工艺计算：图 2-30 是 FA141 型成卷机传动系统图。

① 主要机件的速度计算：

a. 棉卷罗拉转速 n_1（r/min）：

$$n_1 = 1430 \times \frac{D_3 \times 7 \times 14 \times 18}{330 \times 67 \times 73 \times 37} = 0.1026D_3$$

式中，D_3 为电动机上的变换轮直径，共有 100，110，120，130，140，150 mm 六种，可得 n_1=10.26～15.39r/min。

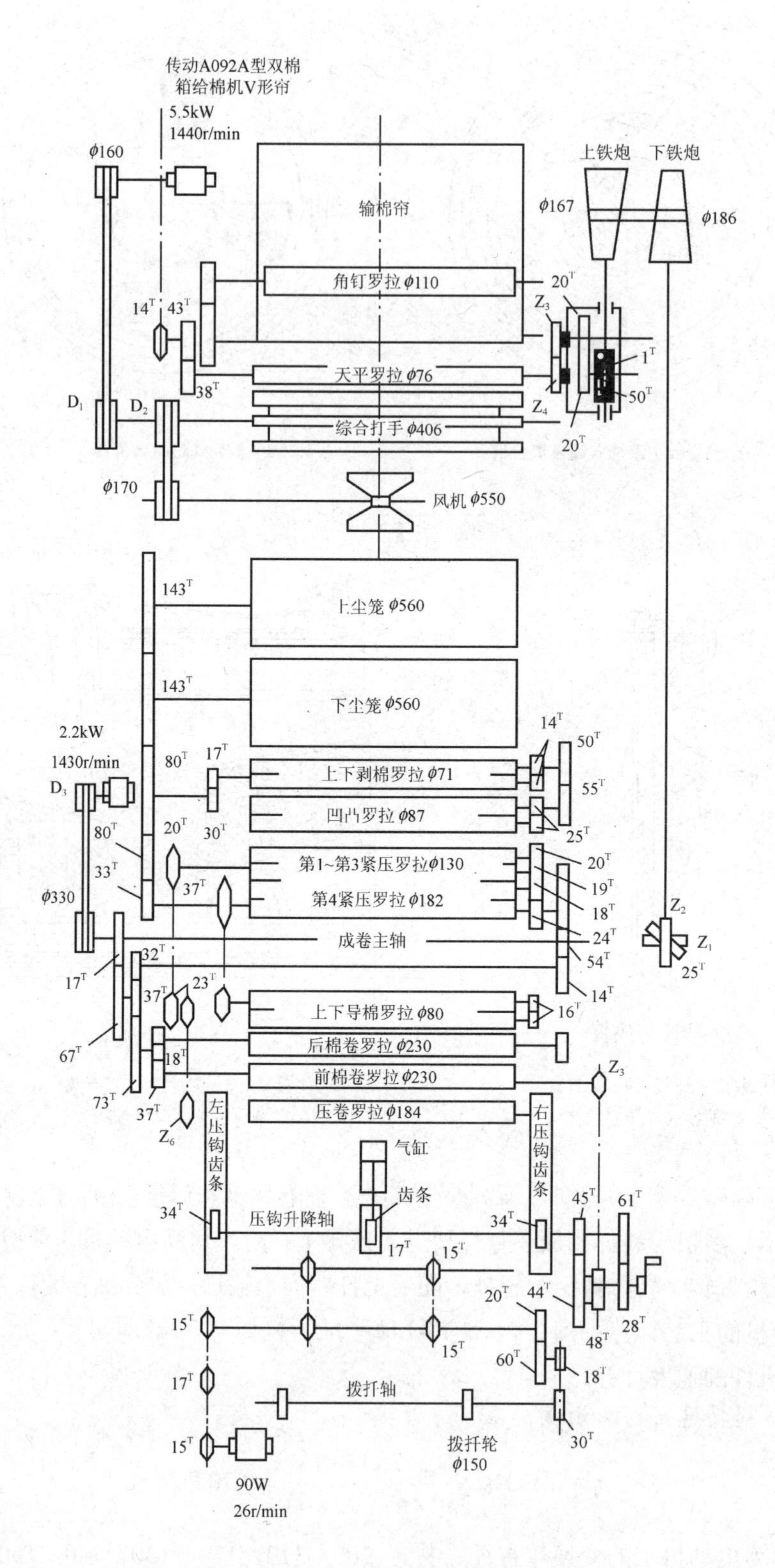

图 2–30　FA141 型成卷机传动系统图

b. 天平罗拉转速 n_2（r/min）：

$$n_2=1430\times\frac{D_3\times Z_1\times186\times1\times20\times Z_3}{330\times Z_2\times167\times50\times20\times Z_4}=0.0965\frac{D_3\times Z_1\times Z_3}{Z_2\times Z_4}$$

式中：$Z_1\sim Z_4$——牵伸变换齿轮。

② 牵伸倍数计算：

棉卷罗拉速度对于天平罗拉速度之比是机器的牵伸倍数 e（表 2-1）。

$$e=\frac{d_1n_1}{d_2n_2}=3.2176\frac{Z_2\times Z_4}{Z_1\times Z_3}$$

式中：d_1——棉卷罗拉直径，230 mm；

d_2——天平罗拉直径，76 mm。

表 2-1　机器牵伸倍数 e

Z_3/Z_4 \ Z_1/Z_2	24/18	25/17	26/16
21/30	3.446	3.124	2.827
25/26	2.507	2.276	2.058

③ 棉卷长度 L 计算：

$$L=\frac{\pi d_3Ne_1e_2}{1000}$$

式中：L——棉卷长度，m；

d_3——导棉罗拉直径，80 mm；

N——制成一个棉卷所需的导棉罗拉转数，由计数器设定，调节范围为 110～292 转；

e_1——棉卷罗拉与导棉罗拉之间的张力牵伸倍数，$e_1=1.02$；

e_2——压卷罗拉与棉卷罗拉之间的张力牵伸倍数，$e_2=1.024\sim1.07$。

④ 产量计算：

$$Q=\pi d_1n_1\text{Tt}\times e_1\times\frac{60}{10^9}$$

式中：Q——产量，kg/h；

Tt——棉卷线密度，tex。

二、制从机组

开清梳联合机由一套开清棉机组与 6～8 台梳棉机组联结组成，从清棉机最后一只打手输出的棉从，通过气流输送管道连续供给梳棉机生产加工。这样不仅可以减轻梳棉机的梳理负担，而且还能改善梳棉机上喂给棉层的均匀性，使成条质量提高。这里介绍其中的两种：由 FA031 型中间喂棉机和 FA108E 型锯齿辊筒清棉机组成的清棉系统，直接使用 FA109 型三辊筒清棉机（在上述的全工艺流程中取消使用 FA106B 型豪猪式开棉机）。

（一）中间喂棉机和锯齿辊筒清棉机

FA031 型中间喂棉机的作用是向 FAl08E 型锯齿辊筒清棉机均匀给棉，其结构特点是在通常只起储棉作用的棉箱下方增添了一只角钉打手及尘格装置，如图 2-31 所示，在棉箱上方仍装着凝棉器，吸引后方机台输出的棉丛。棉箱中部装有光电管监控棉丛高度和控制后方机台的给棉与否。棉箱下部的一对给棉罗拉将棉丛连续喂给角钉打手。打手具有六排角钉，转速为 800r/min，打手下方有三角尘捧组成的尘格。箱内棉丛经开松和除杂后被抛落到输棉帘上，供给锯齿辊筒清棉机加工。试验表明，加工含杂率 25%的原棉时，除杂效率为 8%～10%。本机给棉罗拉为变速传动，随梳棉机上方气流输送管道内的气压大小而作调整，以满足喂棉箱的给棉要求。

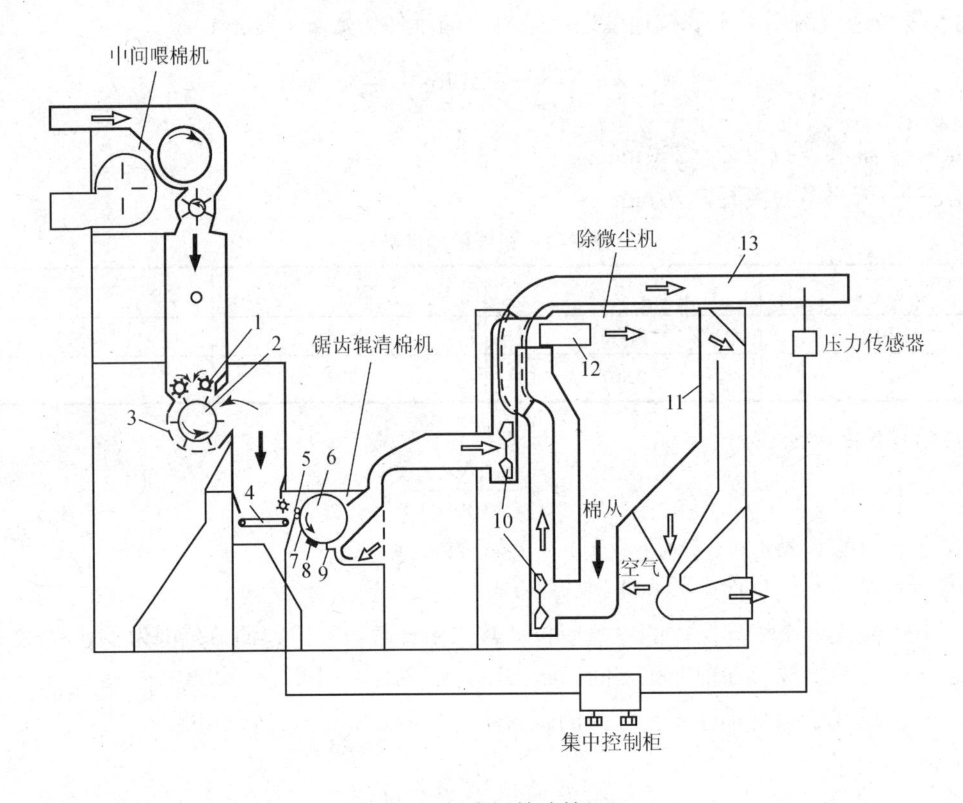

图 2-31　锯齿辊筒清棉机组

1—给棉罗拉　2—角钉打手　3—尘格　4—输棉帘　5—给棉罗拉
6—锯齿辊筒打手　7、9—第一、二除尘刀　8—分梳板
10—风机　11—网孔板　12—分配管　13—出棉管

FA108 型锯齿辊筒清棉机的作用是对棉丛进行较细致的开清。它有一只锯齿辊筒打手，其直径为 406 mm，转速为 700～900r/min，辊筒表面包着较大齿距和齿高的金属锯齿条。在打手下方排列着第一除尘刀、分梳板和第二除尘刀。分梳板由许多锯齿片叠合组成，它与锯齿辊筒打手一起对棉丛进行分梳，大大增进了棉丛的开松程度：细小杂质则从分梳板旁的落杂区排出。采用梳棉刺辊的梳理方式来并清棉丛，目的在于提高棉丛的开清程度，减轻高产梳棉机的梳理负担，改善梳棉机喂棉箱内棉丛密度的均匀性，获得条干均匀的梳棉条。梳棉罗拉直径为 80 mm，转速为 0～40r/min，与中间喂棉机的给棉罗拉一样，转速随输送管道内的气压大小而变化。运转试验表明，加工含杂 25%的原棉，其除杂效率达 10%～15%。短绒率则增加不多，棉丛开松度有较大的提高。

（二）新式开清棉机

FA109 型清棉机是一种新式结构的开清棉机，它排列在多仓混棉机之后（省去了常规的豪猪式开棉机），将开棉和清棉作用集中在一台机器上完成。它有三只不同形式的打手，分别为角钉式、粗锯齿式和细锯齿式，相互平行排列，以期对喂进的棉丛进行连续增效的开清工作，如图 2-32 所示。

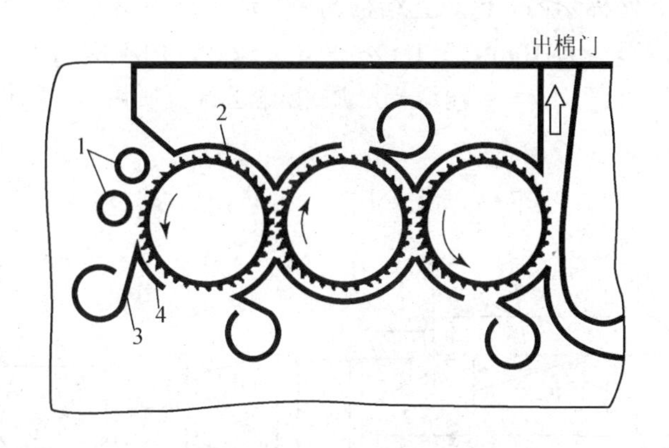

图 2-32　三辊筒打手

1—给棉罗拉　2—打手　3—除尘刀和吸杂管　4—分梳板

棉丛经一对给棉罗拉喂入后，首先遇到角钉打手，接着是粗锯齿和细锯齿打手，打手的作用直径都是 250 mm，相邻两只打手的转间互异，而转速是顺序提高的，分别为 1191r/min、2104r/min、3428r/min；角钉或锯齿的作用密度也是逐一增加的，以便逐步提高棉丛分解效果。在每只打手的棉丛进入区都装有分梳板，它与打手共向完成开松棉丛的作用。除尘刀与吸尘管联成一体，刀体可将打手附面层气流和细小杂质引入除杂管内，再由管内负压气流引走而完成除杂作用。每个除杂点还设有微机控制的活动阀门，在机器运转中可以调节，以获得最大的落杂率和较好的清棉效果。由细锯齿打手抛出的棉丛由气流输送经出棉口输出。

（三）除微尘机

其作用是在输棉过程中吸收棉丛中的微尘和短绒，使之净化，尤其适用于加工转杯纺用棉。

如图 2-31 所示，在输棉风机的吹送下，棉丛从作左右摆动的分配管口喷出而落入棉斗；行进中因受负压气流作用，混在棉丛内的微尘和短绒等便穿越棉斗的网孔板，随除尘气流而排出机外。净化后的棉丛则由棉斗下方的风机吹送到前方机台。

第六节　凝棉器、配棉器和除金属杂质装置

一、凝棉器

在联合机上，棉丛从一台机器输送到下一台机器，由气流输送装置完成。气流输送装置由

风机、凝棉尘笼、输送管（圆形或矩形截面）和滤尘装置等组成。其中，凝棉尘笼和风机联成的组件称为凝棉器（图 2-33）。装在前方机台储棉箱的上端，其进口通过一根输送管联接到后方机台的出棉口。当风机高速运转时，凝棉器和管道都产生负压，后方机台的出棉便随同气流涌入输送管并向前输送，当到达凝棉器时，棉丛便凝聚在回转尘笼的表面，而气流则带着尘屑和短绒进入尘笼内部，通过风机叶轮排向滤尘装置。在尘笼回转过程中，皮翼打手就剥刮其表面的棉丛而落入下方的储棉箱内。该装置结构简单，适于长距离输送，不污染环境，输送速度快。管道中的气流速度至少为 10m/s，以 12～15m/s 较好，但不应超出 20～24m/s。另外，物气比 μ 值取 0.1～0.25 为宜（μ = 被输送棉丛质量/输送气流质量）。输送管道的弯头总数以不超出 2～3 为宜。

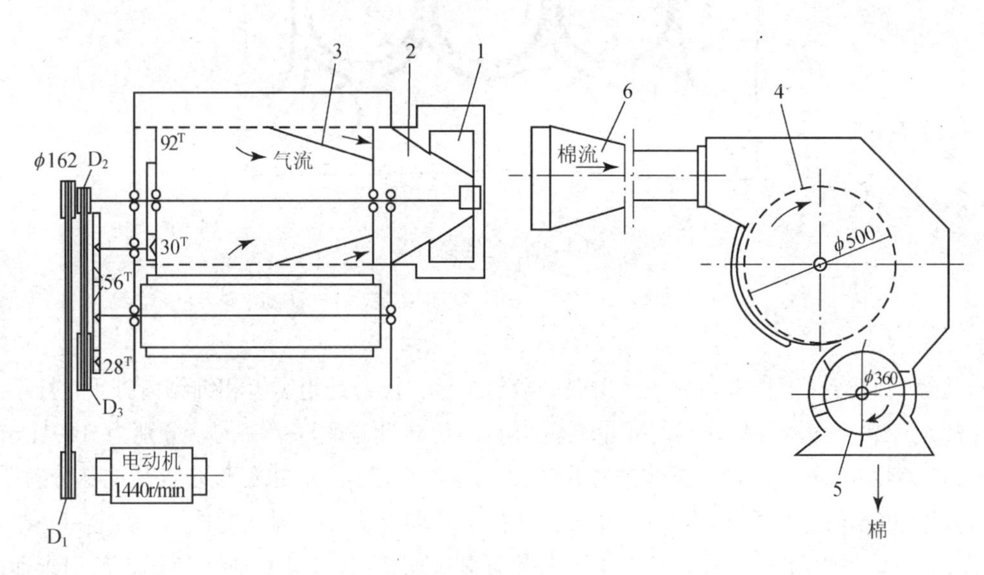

图 2-33　凝棉器

1—叶轮　2—进口　3—喇叭筒　4—尘笼　5—皮翼打手　6—进棉管

在图 2-33 中凝棉器的风机系径向式离心风机，叶轮有 12 个径向直叶片，转速为 1200～1600 r/min，叶轮与尘笼共轴回转，尘笼转速为 80～100r/min，被活套在叶轮轴上。叶轮的进风口与尘笼内腔相通，交接部位的活动间隙很小。在尘笼的内腔装有均棉圆筒，其作用是削弱近叶轮一侧尘笼表面上的气压，使在尘笼整个表面上气压相差不大，以保持凝棉均匀。皮翼打手上有 6 排皮翼。转速为 260～310r/min，转向与尘笼相反。

二、配棉器

一套开棉机组的产量足够供给两台清棉机生产，所以从开棉机引出的输送管道中需装有二路配棉器，同时在每台给棉机的凝棉器进口处装上进棉斗，才使开棉机轮流地向两台清棉机供棉。

1. **配棉器**　如图2-34所示，在一个三通管道里装有二个活门，它们以连杆联结，仅用一个气缸和电控滑阀，就能完成开通和堵闭输出管道的动作。

2. **进棉斗**　如图2-35所示，进棉斗由活门和扩散管组成。活门控制凝棉器进棉口的开启或关闭，活门的动作可内电磁铁（或重锤）、气缸和电控滑阀来传动。

在每台双棉箱给棉机的后储棉箱上，装有光电管控制各进棉斗和配棉器的活门位置。当储棉箱进棉时各活门开启，否则关闭。若两台后储棉箱都不需要进棉时，则先停止开棉机的给棉，再关闭上述两个活门，使输送管中不留剩余棉丛。

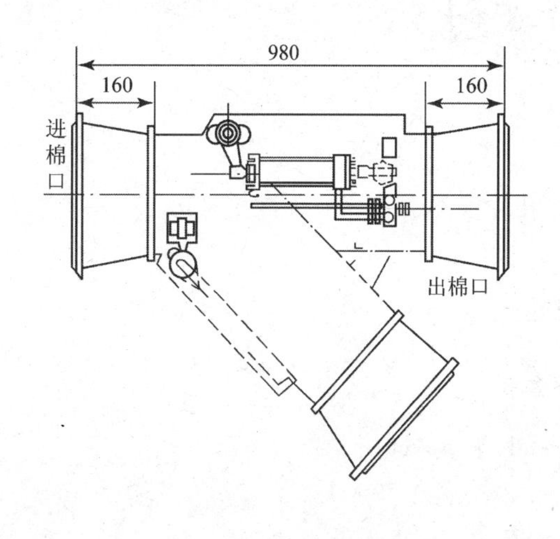

图2-34　配棉器

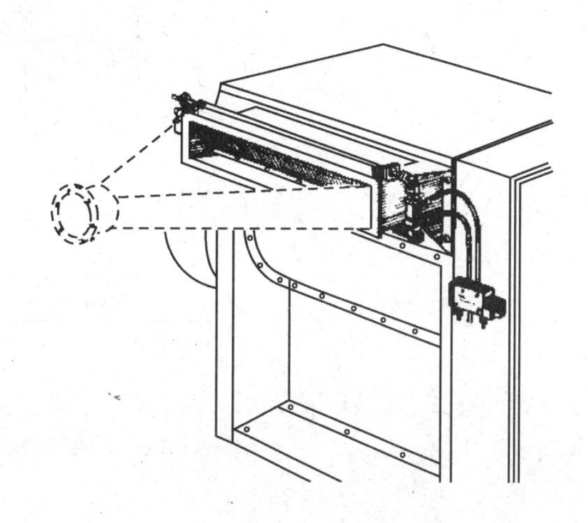

图2-35　进棉斗

三、除金属杂物装置

为避免轧坏机件和引发火灾，混杂在原棉中的金属碎物需及早清除出去。本装置常装在抓棉机的前方，它的两端与输送管道联接，以监控流通的棉丛，如图2-36所示。当探测出棉流中含有金属杂物时，探测器即发出信号使活门关闭，夹带金属物的棉流即从旁路进入排杂棉箱；棉流中断2～3s，然后活门复位和恢复正常输送。

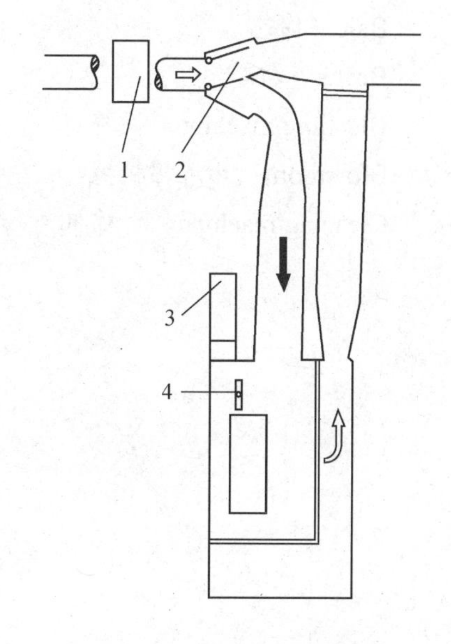

图2-36　除金属杂物装置

1—探测器　2—活门　3—电器箱　4—排杂棉箱

四、重物分离器

重物分离器用于排除棉块中夹带的非金属重物，其结构较简单，但效果显著。如图2-37所示，该装置的上部是凝棉器，用于连续吸引后方机台输出的棉块，这些棉块在下行过程中受到从管道侧口（主要的）和活门排杂口补入气流的作用，经过下方的输出管道而形成新的输出棉流。在棉流输送过程中，重的杂物则从活门落杂口（大小可调节）落入集杂箱。

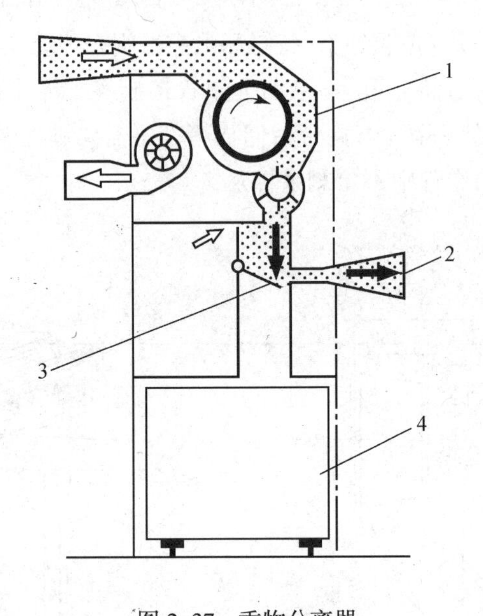

图 2–37　重物分离器

1—凝棉器　2—输出管道　3—活门　4—集杂箱

中英文名词对照

Bale　棉包

Beater　打手

Blending machine　混棉机

Blowroom　开清棉机械

Cleaning machine　清棉机

Dust removal　除杂

Lap　棉卷

Opening machine　开棉机

Spike　角钉

Tuft　棉束

第三章　梳棉机

第一节　概　述

一、梳棉机的任务

梳棉机是纺纱生产的中心，被称作“纺纱厂的心脏”，对后续工序和最终成纱质量的好坏起到至关重要的作用。梳棉机的任务是：

1. **将棉束开松成单纤维状态**　由于开清棉机械只能将原棉开松成小块的棉束，因此，必须经由梳棉机继续对棉束进行细致的梳理，将棉束分离成单纤维状态。这是为了清除细小杂质和进行后道工序所必需的。另外，梳棉机还能够将棉结梳理松解，少量未松解开的进入盖板被清除。

2. **清除杂质和短绒**　原棉中的杂质在开清棉工序中只能除去60%左右，留存在棉卷或棉层中的杂质、短绒等必须进一步清除。梳棉机清除杂质的任务主要由刺辊区承担，它能除去喂入棉层含杂的50%～60%，另有一小部分尘杂则进入盖板花而被排除或在其他部位落出。由于现代梳棉机的除杂效率为80%～95%，所以由开清棉和梳棉机共同完成的除杂效率可达95%～99%，最后在梳棉条中的含杂只有0.05%～0.3%。梳棉机还能去除部分短绒和短纤维，在锡林—盖板梳理区内，长纤维与锡林针齿接触面积较多，容易被锡林针齿带走；而短绒和短纤维则停留在盖板针齿并被压入针齿内，形成盖板花而被除去。盖板花的约一半由这些短绒和短纤维组成。

3. **纤维混和**　在道夫凝集纤维的过程中剩留在锡林表面的纤维多次返回到锡林—盖板区接受针齿的重复梳理，完成了纤维沿棉流纵向的混和；随后在成网过程中，又完成了纤维沿棉流横向的混和。这种混和作用是单根纤维之间的充分混和。

4. **纤维纵向定位**　一般通过锡林的梳理作用可使纤维产生平行化的效果，但在向道夫凝集和输出过程中纤维是相互重叠和交错的，最后仅达到沿顺向排列和定位的程度（不完全平行）。

5. **成条**　为便于下道工序继续加工，梳棉机将纤维聚拢成棉条输出，并规则地圈放在条筒内。

二、梳棉机的工艺流程

图 3-1 为 FA203A 型梳棉机的剖视图。为适应不同纺纱厂的生产需要，在梳棉机后部可采用两种棉层喂给方式。棉卷喂给：棉卷扦的两端分别置于棉卷架的左、右沟槽内，棉卷靠自重紧压在下方的棉卷罗拉上随其回转而退解，并向前输送至给棉装置；棉丛喂给：在梳棉机后部装有喂棉箱，接受由输棉管道从开清棉机械送来的棉丛，并制成均匀紧压的棉层，经由给棉箱底

部的出棉罗拉向前输送至给棉装置。棉丛喂给的方式适用于清梳联合机。梳棉机的给棉装置由给棉罗拉、给棉板和弹簧加压机构组成。棉层在给棉罗拉和给棉板的共同握持下，接受高速回转的刺辊的开松与梳理，并排出杂质。刺辊的下方装有分梳板及除尘刀，一方面托持纤维、排除尘杂和短绒，另一方面可使留在刺辊表面上的薄棉层再次得到梳理。在刺辊和锡林相遇处，锡林的针齿将刺辊表面的薄棉层剥下，经过后固定盖板的预梳理区，进入锡林、回转盖板工作区。梳棉机的盖板通常有 80～116 根，用链条连接形成回转盖板，其中有约 30～46 根（现代梳棉机 27 根）参与分梳工作。纤维在锡林与盖板的两个针面作用下被分梳成单纤维，其中的细小尘杂和短绒被排出。短绒多半充塞在盖板针面上，被盖板带出工作区后，由斩刀剥下来成为盖板花。附着在锡林表面上的纤维在通过前固定盖板区时又得到分梳理直；当与道夫相遇时，锡林上的部分纤维在分梳过程中被凝集转移到道夫的表面，形成薄纤维层输出；而剩余的纤维部分留在锡林表面，在经大漏底后与新喂入的纤维一起重新进入锡林—盖板区接受重复梳理。道夫表面上凝集的纤维层经剥棉罗拉剥下，再经上下轧辊成网进入喇叭口集拢成条，然后通过大压辊，在圈条器的作用下规则地被圈放在棉条筒内。梳棉条常被称作生条，以区别于并条机输出的熟条。

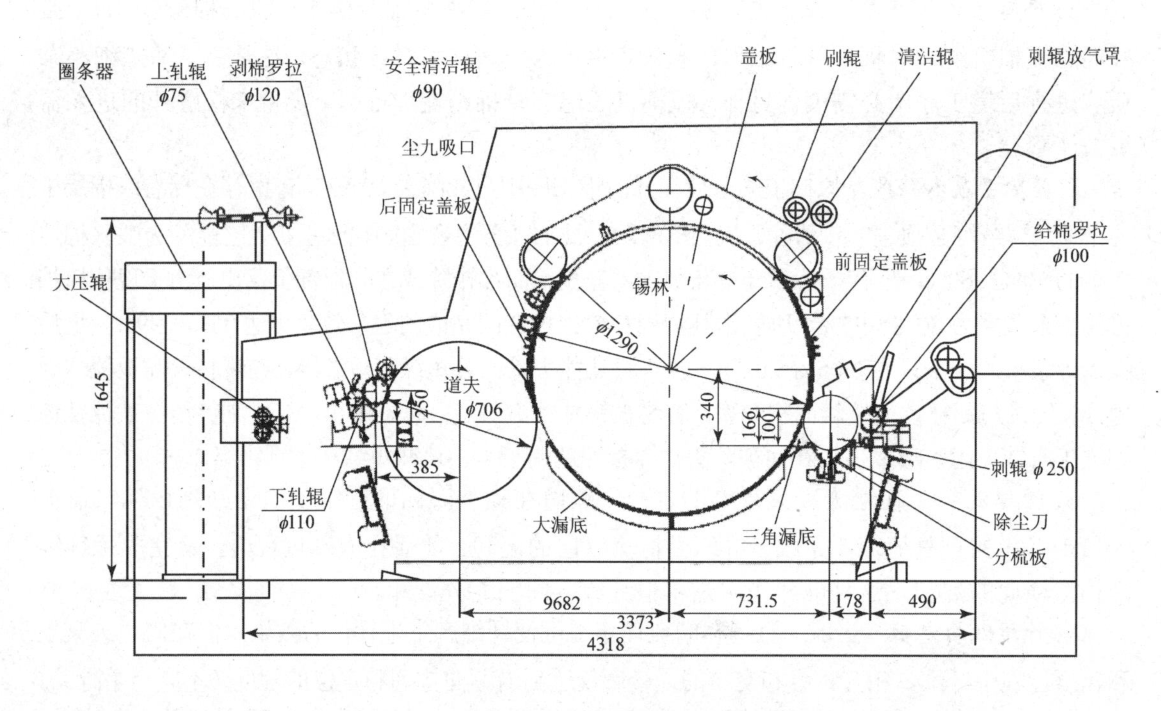

图 3-1　FA203A 型梳棉机剖面图

第二节　喂棉箱

一、梳棉机的连续喂给系统

传统梳棉机上通常采用棉卷喂给。将成卷机制成的棉卷放置在梳棉机上，经由棉卷罗拉退绕形成厚薄均匀的喂给棉层。随着清梳联合机的应用和推广，由最后一台清棉机输出的棉丛直接通过由一台直叶型风机和输送管道组成的气力输送装置，分送给各台梳棉机上的喂棉箱，完成清梳设备的生产联接，这种给棉装置称为梳棉机的连续喂给系统。连续喂给系统避免了退卷时粘层和换卷不良等引起的梳棉喂棉不匀问题，取消了落卷、运卷、上卷、换卷等操作，降低了劳动强度，节省了占地面积，实现了生产的连续化。连续喂给系统原本有两种——无回棉形式和有回棉形式，由于前者无重复输送而棉结少，并且现代技术又能做到适应“多品种，小批量”的纺纱生产要求，故现在只用无回棉形式一种。

图 3-2 所示是无回棉连续喂给系统简图。输送管道 2 的左端与风机 1 的出口直接联接，右端封闭，其中间部分与各台梳棉机 5 喂棉箱的上棉箱 4 进口贯通。风机气流可从各箱侧壁上的排气口排出。若各箱已充满棉丛，排气口被完全堵住，则管道内的气压会增至最大。若其中个别箱内储棉下降，其排气口没有完全堵没，则管道内的气压就下落，所形成的棉流便向其自动输送，直至管道内气压又恢复到最大。在这一过程中，输送管道内的气压一直是随各箱排气总面积大小而变化的。在输送管道的侧壁安装一个气压传感器 3，用以探测管道内气压的大小并转换成电压信号输出，以调节清棉机给棉速度和喂给系统风机 1 的转速，使管道气压低时棉流量大，管道气压高时棉流量小。这一喂给自调系统不仅可以保证各上箱的充棉要求、维持各箱储棉高度恒定，同时也可维持管道内气压恒定（800±50）Pa，这样就能增进各上箱储棉密度的一致性，进而提高各下箱输出棉丛的均匀程度。管道内气压最大的恒定值与喂棉箱的工作台数（或开出台数）无关，无论梳棉机开出几台，联合机及连续喂给系统都能正常工作。这也说明，清梳联合机能适应小批量纺纱生产的要求。

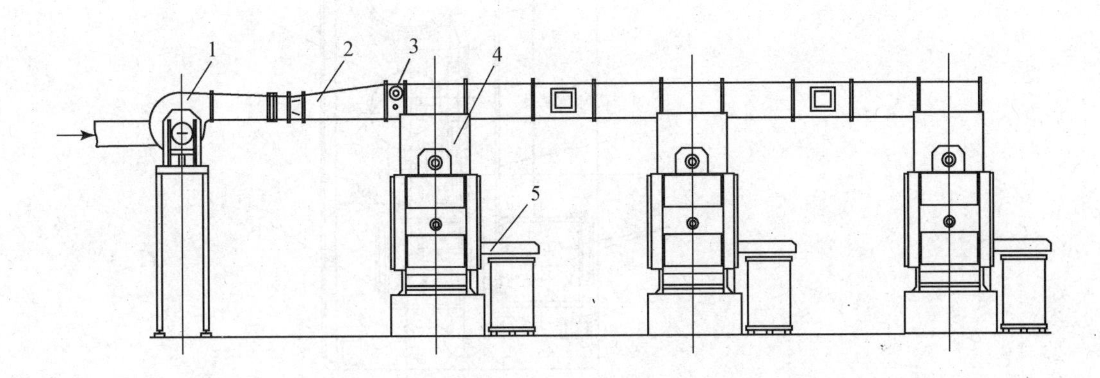

图 3-2　无回棉连续喂给系统

1—输棉风机　2—输送管道　3—气压传感器　4—喂棉箱　5—梳棉机

二、喂棉箱

图 3-3 所示为双节式喂棉箱，由上棉箱和下棉箱两部分组成，上箱用于接纳由输送管道送来的棉丛，并能保持一定的储棉高度。在给棉罗拉和给棉板握持下，该棉丛受到角钉打手开松、梳理后被抛入下棉箱。

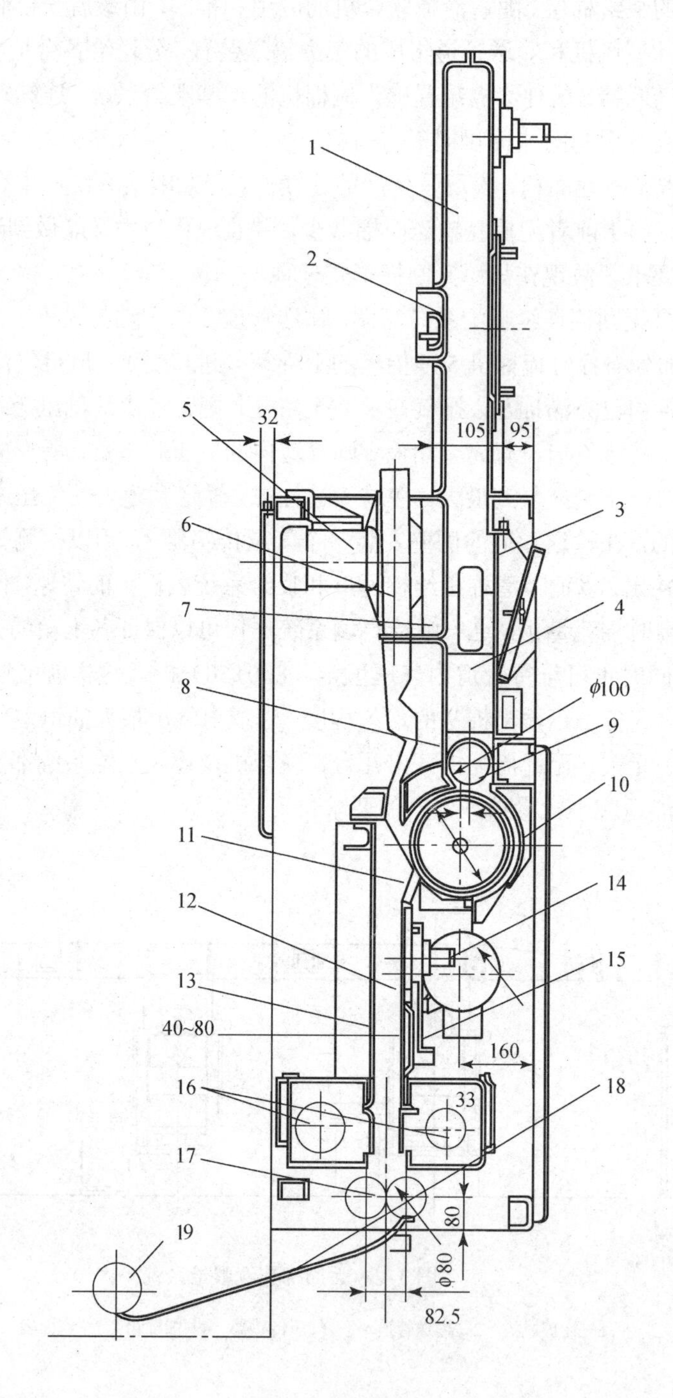

图 3-3　喂棉箱

1—配棉头　2—排气口　3—后挡板　4—L 棉箱　5—风机电动机　6—离心风机　7—回风箱　8—给棉板　9—喂棉罗拉　10—开棉打手　11—剥棉刀　12—下棉箱　13—前侧板　14—压力开关　15—后侧板　16—回风管　17—出棉罗拉　18—导棉板　19—给棉罗拉

在上棉箱侧壁上方开有一只用滤布遮盖的排气口，装在箱外的盖板可将该排气口部分或全部关闭。当排气口畅通时，管道中的棉流便进入该箱，其中气流经排气口进入一滤尘系统后排放到大气里，而棉丛则下落箱内。当上箱的储棉高度增加到遮没排气口时，箱内即停止进棉。

在上棉箱侧壁的下方装有一只离心风机，其气流通过扩散管而产生600～700Pa的静压，紧压在下棉箱的棉丛表面上，使储棉密度均匀稳定。然后气流从下棉箱前后侧板上的排气口逸出，重新返回风机。为了使下棉箱储棉高度保持稳定，在下棉箱侧壁上装有一只气压传感器，用于探测下棉箱气压和调节喂棉罗拉9的转速。当下棉箱储棉高度堵没排气口时，下棉箱气压升高，从而可将给棉罗拉转速调慢，使下棉箱进棉量减少；反之，使进棉量增加。棉丛经下棉箱底部的一对出棉罗拉输出喂入梳棉机的给棉罗拉，其速度与梳棉机给棉罗拉速度一致。

第三节　给棉和刺辊部分

给棉和刺辊部分的作用是使棉丛在握持的状态下经受刺辊的分梳和除杂，形成较薄的棉层输送给锡林—盖板区继续加工。中、低产梳棉机的给棉和刺辊部分由给棉罗拉、给棉板、刺辊、除尘刀和小漏底组成（图3-4）。高产梳棉机为了加强对喂给棉丛的分梳作用，取消了小漏底而加装了1～2块分梳板，除尘刀则往往装在分梳板上（图3-5）。

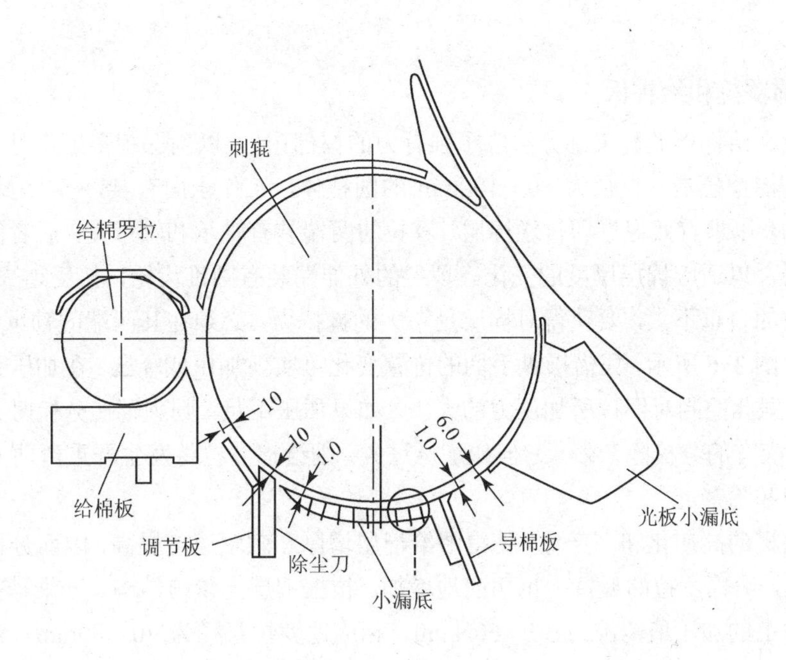

图3-4　中、低产梳棉机的给棉和刺辊部分

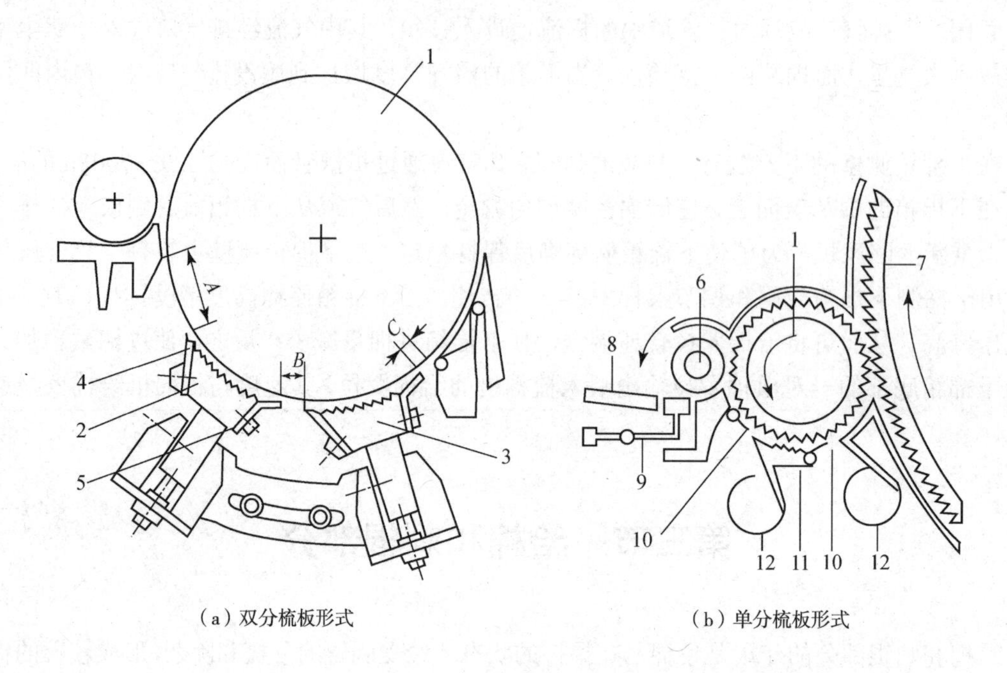

图 3-5　刺辊下分梳板

1—刺辊　2—第一分梳板　3—第二分梳板　4—除尘刀　5—导棉板
6—给棉罗拉　7—锡林　8—给棉板　9—棉层厚度测量杆
10—排杂阀门　11—分梳板　12—除尘刀及吸尘管

一、给棉罗拉和给棉板

给棉罗拉和给棉板的鼻尖部分组成了强有力的握棉钳口，以确保刺辊工作时棉层的有效握持和输送。给棉罗拉是一直径为 80～100mm 的圆柱体，工作表面有 48～54 道斜沟槽，也有锯齿条包覆的，以求有效握持和传送棉层。罗拉的两端装有轴承和轴承壳，后者能沿给棉板上的滑槽作滑动，以适应棉层厚度的变化。罗拉的外伸端装有圆锥齿轮，接受道夫侧轴的传动。由于给棉罗拉的自重不大，要获得对棉层足够大的握持力，必须在其两端的轴承壳上加压。弹簧加压装置如图 3-6 所示，凭借操纵手柄的位置变化可实现加压或释压。在加压弹簧盒上有压力值刻度，可据此控制对罗拉所加压力的大小。如果加压不足，则刺辊在分梳时会抓走大束的纤维，达不到应有的分梳除杂效果；但如加压过大，则给棉罗拉将发生严重弯曲（中部拱起），也不利于分梳和除杂。

随着梳棉机的高速化和高产化，使得喂给棉层增厚和刺辊速度提高，因而分梳力也成倍地增加，相应地，给棉罗拉的握持力也相应地增加。根据棉层定量与结构、纤维种类、罗拉表面齿形等，罗拉上的加压值范围为 35～60N/cm，相应地罗拉直径为 70～80mm。给棉罗拉轴承壳在槽内的上下滑动应自如，以保证钳口握棉压力稳定。给棉罗拉的材料为 45 号钢，工作表面淬硬。

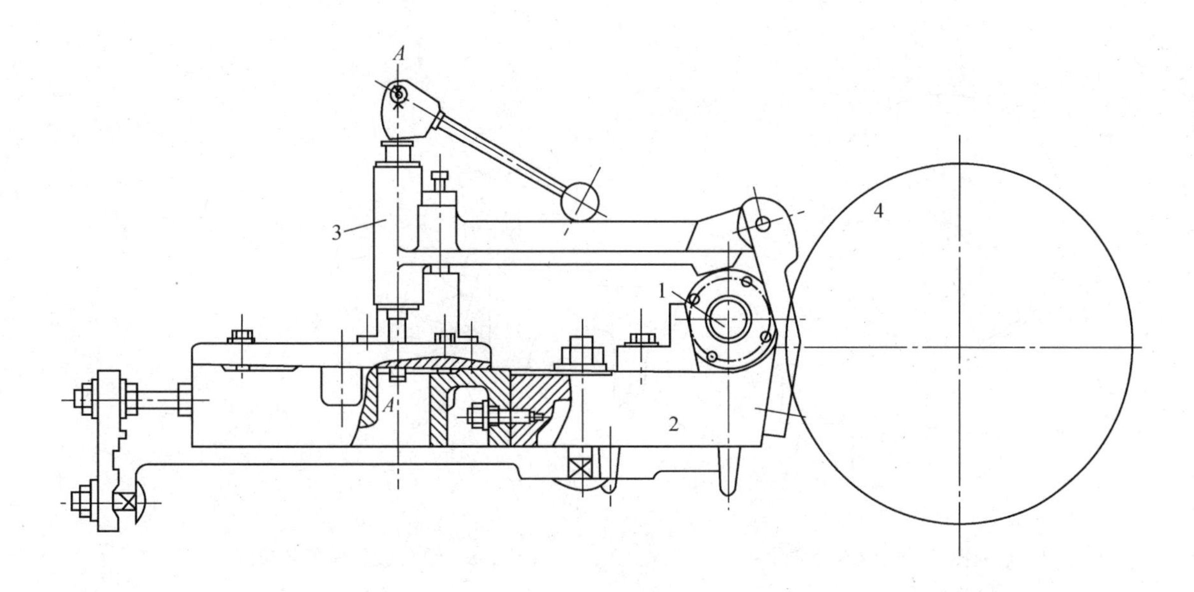

图 3-6 给棉罗拉弹簧杠杆加压装置

1—给棉罗拉 2—给棉板 3—弹簧加压装置 4—刺辊

给棉板如图 3-7 所示，其工作表面平滑，前端有一与给棉罗拉配合的圆弧面，在向上凸起一定高度后转为水平面，然后向下形成与刺辊相对的斜面，这个凸起部分称为给棉板的鼻尖。给棉板圆弧面所对应的中心角 $\angle AOB$ 一般为 50° 左右。该中心角太大，则给棉罗拉容易缠棉。给棉罗拉和给棉板所组成的握棉钳口应保证棉层在前移过程中逐步被紧压，在靠近鼻尖处时握棉力增加到最大，因此握棉钳口的隔距（给棉罗拉与给棉板之间）从入口到出口应该是逐渐减小的。据此，给棉板圆弧中心 O 和给棉罗拉 O_1 之间有一偏距 e，如图 3-7 所示。

给棉板托持棉层的斜面长度 L 称为给棉板工作面长度，见图 3-8。设刺辊和给棉板之间有任意隔距点 f，它将长度 L 分为 l_1 和 l_2 两段，其中 l_1 与鼻尖宽度 l_0 之和称为给棉板分梳工艺长度 S，即

$$S = l_0 + l_1 = l_0 + l_3 + (R + \Delta)\tan\alpha \qquad (3\text{-}1)$$

式中：l_3——给棉鼻在刺辊水平中心线以上的一段长度；

R——刺辊半径；

Δ——刺辊和给棉板在 f 点的隔距；

α——给棉板斜面的斜角。

长度 S 与刺辊分梳质量密切相关。可以设想，若分梳工艺长度小于纤维主体长度，则纤维在一端受钳口握持而另一端受锯齿梳理的情况下，很可能会被拉断。反之，若分梳工艺长度远大于纤维主体长度，则纤维还未得到梳理之前就可能被锯齿刮落或带走。所以，给棉板分梳工艺长度，理论上应取在原棉主体长度和品质长度之间。

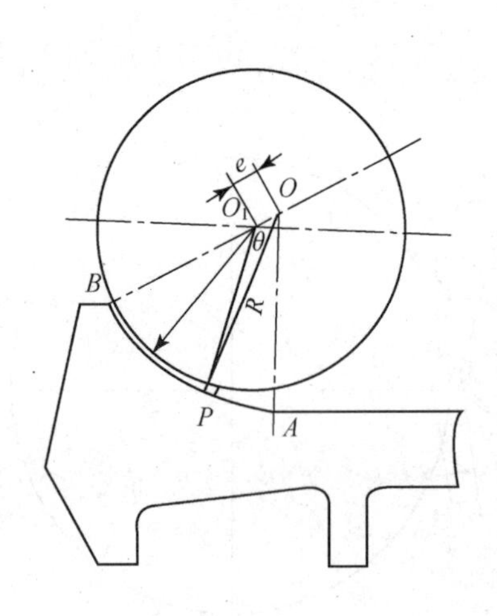

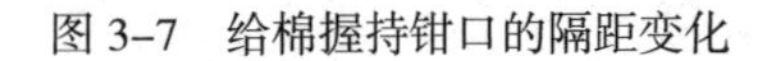
图 3-7　给棉握持钳口的隔距变化

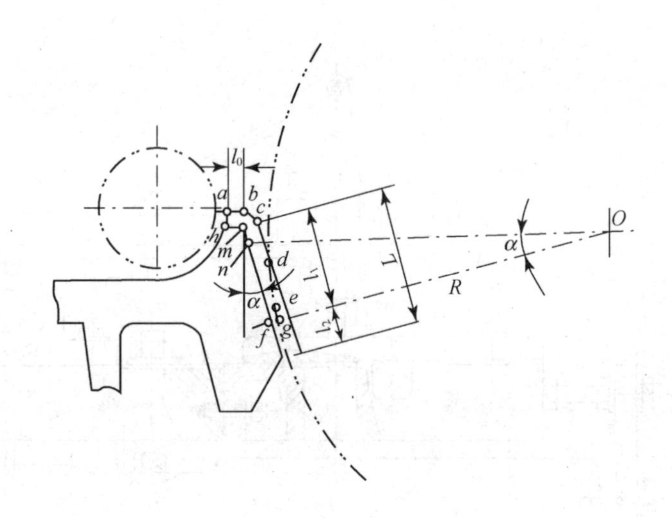

图 3-8　给棉板分梳工艺长度

如图 3-8 所示，刺辊分梳时锯齿从棉层表面点 d 切入，然后沿着圆运动轨迹直至切入深度最大的 g 点。由于在锯齿切入范围内的部分纤维被锯齿抓走，所以伸出给棉板钳口之下的棉层厚度逐渐变薄而成楔状。由图 3-8 可知，该棉层内各纤维受锯齿梳理的始梳点位置是变化的，棉层表面纤维的始梳点位置最高，底层纤维的始梳点位置最低。始梳点位置较高的一些纤维能得到较多锯齿的梳理，因而分梳透彻，但也易出现扯断。而靠近给棉板斜面底层的纤维得到较少甚至未得到锯齿梳理。经刺辊锯齿梳理后的纤维丛内棉束数减少，但短绒率增加。

刺辊与给棉板的隔距 Δ 对始梳位置 d 也有影响，Δ 大则 d 点位置低，锯齿深入棉须较浅，分梳后棉束较多，短绒率较小。在机械状态允许的条件下应尽量偏小些。

图 3-9　顺向给棉

在传统的给棉机构中，棉丛的输送方向与刺辊的转动方向相反，棉丛必须经过一个显著的弯曲过程后才受到刺辊的梳理作用，对纤维的作用剧烈。因此，许多新型梳棉机采用了倒置式给棉机构，即给棉罗拉位于给棉板的下方，在给棉板的上方采用弹簧加压，使得棉丛沿刺辊的转动方向喂入，如图 3-9 所示。弹簧原件可控制棉网直接进入刺辊表面接受开松。这种给棉方式又叫顺向给棉，其最大的特点是对各种纤维的加工适应性强，纤维可以从握持点顺利地抽出，减少损伤。同时可通过调节给棉板的位置调节给棉握持点到刺辊梳针始梳点的距离，方便调节。

二、刺辊

刺辊是一铸铁圆筒，筒的两端用堵头和锥套固定在轴上，如图 3-10 所示。刺辊的表面包覆着锯齿条，其作用直径一般约为 250mm。锯齿条嵌在筒体槽内形成八头螺旋线，导程 25.4mm。如图 3-4 所示，在刺辊下方装有除尘刀、漏底或分梳板；在刺辊上方装有罩盖和排气罩。刺辊的转速较高，在高产梳棉机上加工棉时，转速为 800～2000r/min；加工合成纤维时为 600r/min。刺辊与周围相邻机件（如给棉板、除尘刀和锡林）的隔距很小，为 0.13～0.4mm，因此对其形位公差和动平衡精度方面的技术要求较高。

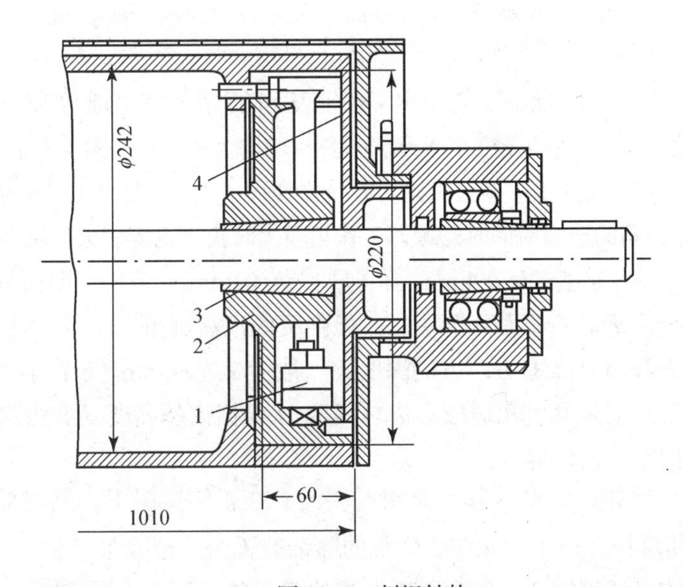

图 3-10　刺辊结构

1—平衡铁　2—堵头　3—锥套　4—镶盖

1. **刺辊的分梳**　喂给棉层的主要开松和除杂工作都由刺辊来完成——要求刺辊能将 50% 左右的棉束开松成单纤维，余下的由锡林加工完成，因此刺辊的工作负担是很繁重的。刺辊上的锯齿高速切入喂给棉层后，其齿尖和齿侧同时对纤维进行梳理，分解棉束和棉结，并且击落纤维上的尘杂。刺辊与给棉罗拉之间的牵伸倍数大致为 1000～1600，厚的喂给棉层经分梳后变成薄的棉网依附在刺辊表面上被送走。由于刺辊加工方法的剧烈性，在分梳过程中出现纤维损伤是难以避免的。为了控制损伤程度，应注意正确选用分梳工艺长度、刺辊和给棉板的隔距、刺辊的齿密与转速、锯齿规格与锋利程度以及改善喂给棉层的纤维定向程度等。刺辊的分梳效果可用棉束百分率和短绒率进行鉴别。

刺辊采用的齿条齿形如图 3-11 所示，在齿形参数中，以工作角 α、齿距 P 和齿尖厚度 b 对梳理作用的影响最大。

（1）工作角 α：它是锯齿工作面对于底面的倾角。α 小则锯齿抓取纤维的能力强，但过小对排杂不利。目前，加工棉时取 75°～80°，加工化纤和中长纤维时取 80°～90°，以减少纤维绕齿现象。

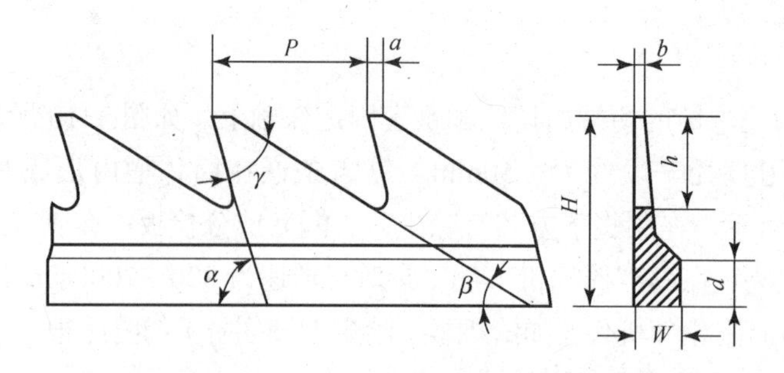

图 3-11　刺辊齿条的技术参数

α—工作角　β—齿背角　γ—齿尖角　P—齿距　h—齿尖深　H—总齿高
d—基部高　W—基部厚　b—齿尖厚度　a—齿顶宽度

（2）齿距 P：即两齿之间的距离，它决定了刺辊表面的锯齿密度。通常刺辊表面单位面积内的锯齿数称为锯齿密度 N（或简称齿密），N=周向齿密×轴向齿密。N 值大，表示每齿抓获的纤维根数相对地少，纤维分离程度好；但，N 过大则对纤维损伤程度大，且易产生纤维绕齿。加工化纤时，N 宜小些。齿密与工作角的选用应同时兼顾，工作角较大时齿密也应稍大，反之则齿密稍小。

（3）齿尖厚度 b：有厚型（b=0.4mm）和薄型（b=0.3mm）两种。薄齿易刺入须丛，分梳作用好，损伤纤维少，落棉率低而落杂率高；但强度低，易倒齿。

（4）齿尖深度 h 和齿总高度 H：齿尖深度 h 一般为 2.7～4mm，h 较小可增加齿强，纤维易向锡林转移，但要与棉须厚度相适应。齿总高度 H 根据齿基高度 d 和齿尖深度 h 而定。锯条材料采用中、高碳钢，齿尖淬硬。

2. 刺辊的除杂　刺辊的除杂工作也是很重要的。在正常情况下，刺辊部分能除去棉卷含杂的 50%～60%，其落棉含杂率达 40%。传统的除杂装置由一把除尘刀和一只漏底组成。除尘刀是一块矩形截面的光滑钢板，上端有 19° 左右的刀刃角。混合式漏底则由 1～4 根尘棒和一块网眼圆弧形钢板构成。在分梳过程中，较大的杂质被锯齿击落或因离心力作用而下落，故由给棉板和除尘刀背形成的空间区成为主要落杂区（第一落杂区）。细小尘杂和短绒等虽能脱离锯齿尖，却难以穿越刺辊表面的气流附面层而不易下落，它们随附面层气流向前流动，遇到除尘刀阻挡后即沿刀背滑落到车肚底，所以除尘刀常有三种调节。

（1）高低调节：如图 3-4 所示，除尘刀位置可上移或下移，但要保持紧靠刺辊表面。这主要用于调节给棉板和除尘刀背形成的落杂区的空间大小。低刀落棉多，高刀落棉少。

（2）角度调节：调节刀体倾斜位置，使之适应附面层气流下滑流畅，避免生成涡流而有利于落杂，刀背无积杂之弊。

（3）隔距调节：除尘刀与刺辊表面的隔距大小应保证齿面上的好纤维顺利通过而不致被刮落下来。

小漏底只是一种引导和保护装置，它引导纤维向锡林表面输送，防止其下落车肚。刺辊高速回转带着部分气流从除尘刀与小漏底入口之间的区域（第二落杂区）进入漏底内部（因此，第二落杂区有回收纤维的作用），但因漏底与刺辊的隔距是成楔形变化的，即进口大而出口小，从而导致气流带着部分短绒和尘杂从尘棒间和网眼孔中排出。漏底落杂空间称为第三落杂区。在高产梳棉机上没有漏底，而装有 1～2 块分梳板（图 3-5），以加强对喂给棉丛的分梳作用。

除尘刀则安装在分梳板上。

三、辅助梳理装置

提高梳棉机产量即意味着有更多的纤维要经过机器加工。因此如要获得与以往相同的梳理效果，则必须增加梳棉机在单位时间内的梳针齿数。一般有三种途径：增加原有的针齿密度（即单位面积内的针齿数），但是针齿密度与加工纤维的粗细相适应，粗纤维要求低密度而细纤维要求高密；提高刺辊和锡林的转速，但进一步提高转速尚有困难，最主要的是纤维损伤大；增加梳理面或梳理点，这是目前常采用的措施。一般有两种方案：

1. **增加刺辊只数**　传统梳棉机一般单刺辊，为提高梳理与开松的效果，目前许多制造商如特吕茨勒等将高产梳棉机的刺辊个数增加为多只。图 3-12 为三刺辊系统，配有三个分梳刺辊，每个刺辊都配有一个带吸风管的除尘刀组合件和一块分梳板。第一个刺辊为全针辊（或角钉）刺辊，实现柔和地预开松。第一刺辊使梳棉机的主要清洁区，根据落棉量可对吸风除尘刀 5（可绕第一刺辊中心做圆周运动）与刺辊间的距离进行精确调节。第二、第三刺辊为锯齿形针布刺辊，且速度逐渐增加，使棉层形成薄网。各刺辊上的针布按剥取配置，而速度按纤维输出方向逐一提高，实现渐增性精细开松和除杂。该系统的作用不仅是附加除杂作用，还采用分段开松纤维的方式使锡林获得较好的梳理条件，可以在锡林更高转速更细针布及更紧隔距下运转。

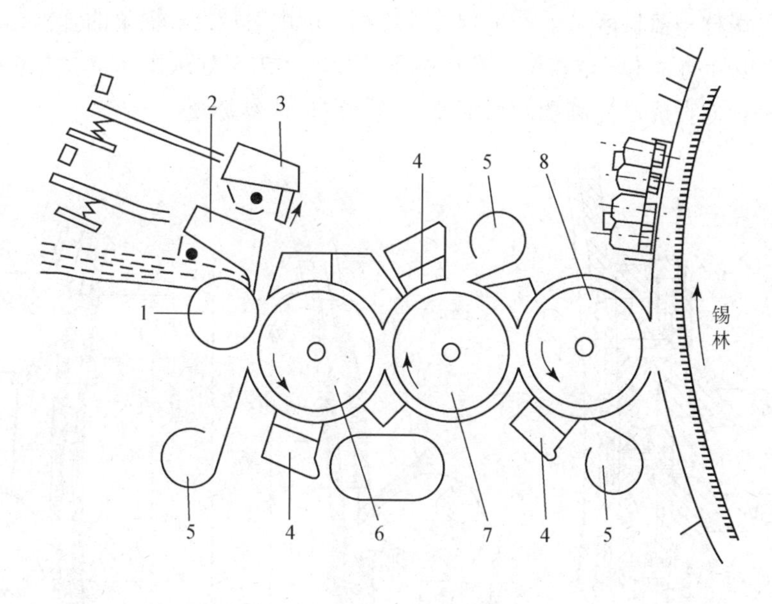

图 3-12　三刺辊系统

1—给棉罗拉　2—喂棉板　3—感应板和感应杠杆　4—预分梳板　5—吸风除尘刀
6—第一刺辊　7—第二刺辊　8—第三刺辊

2. **附加梳理元件**　通常可以在刺辊下方、锡林后方（刺辊上方）、锡林前方（道夫上方）三个位置上加装分梳板。如图 3-5（a）所示，在刺辊下方装有两块分梳板，由除尘刀、分梳齿板、导板组成，共同装在一托座上，图中 *A* 为第一落杂区，长度 38～50mm；*B* 为第二落杂区，长度为 14～18mm；*C* 为第三落杂区，长度为 6～8mm。*A* 区排除较大杂质，*B* 区和 *C* 区排除较小杂质和短绒。分梳板由多只厚 0.8mm 的齿板和厚 2.5mm 的隔片互相间隔而组成，各齿板对于周向线成角 7° 倾斜，齿板齿深 2.5mm，工作角 85°，齿距 5mm。它与刺辊上的锯齿形成分梳配置，当纤维或棉束的一端被刺辊锯齿握持而快速前进时，另一端因离心力作用而外扬，便在上、下锯齿面作用下得到分梳，特别是较大的棉束更易受到上下锯齿面的阻截而获得分解，梳理下来的尘杂和短绒则从 *B*、*C* 落杂区排出。刺辊齿面上的棉束数量减少后，形成了又薄又均匀的纤维层；当转移到锡林针面上继续分流时就减轻了锡林—盖板的梳理负荷。故这一装置有几个优点：减少棉结；增加除杂；保护针布，特别是提高了盖板针布的寿命；实现了高产优质。

如图 3-5（b）所示，在刺辊下方只装有一块分梳板，但采用了由活动阀门、除尘刀和吸尘管组成的新式排杂系统。落杂经由除尘刀和阀门形成的落杂口进入吸尘管后由气流带走。当加工含杂率较低的原棉或化纤时应把阀门角度调小，以降低其落棉率。

锡林上前、后固定盖板在结构上是相同的，如图 3-13（a）所示，它们都固装在曲轨上与锡林配合产生分梳纤维作用，分别构成后梳理区和预梳理区。固定盖板由许多齿片组成，齿片厚 0.5～1.6mm，按齿密要求选用。它们共同串在一根矩形芯棒上，其两侧以夹头固联在铸铁骨架上，后者再与托架联接。齿的工作角为 49°，齿距 4.47mm 左右，盖板上的齿尖分布均匀且相互错开。一般后固定盖板齿密较前固定盖板为稀。后固定盖板装在锡林后罩板上方，主要对纤维丛在进入锡林—盖板区之前产生预分梳作用，增进对棉结、棉束的开松，减轻回转盖板的负荷，保护盖板针布。前固定盖板装在锡林下罩板的上方，对锡林针布上大的纤维再进行梳理，以增进其平行伸直度，提高棉网清晰度，最终保证成纱质量。

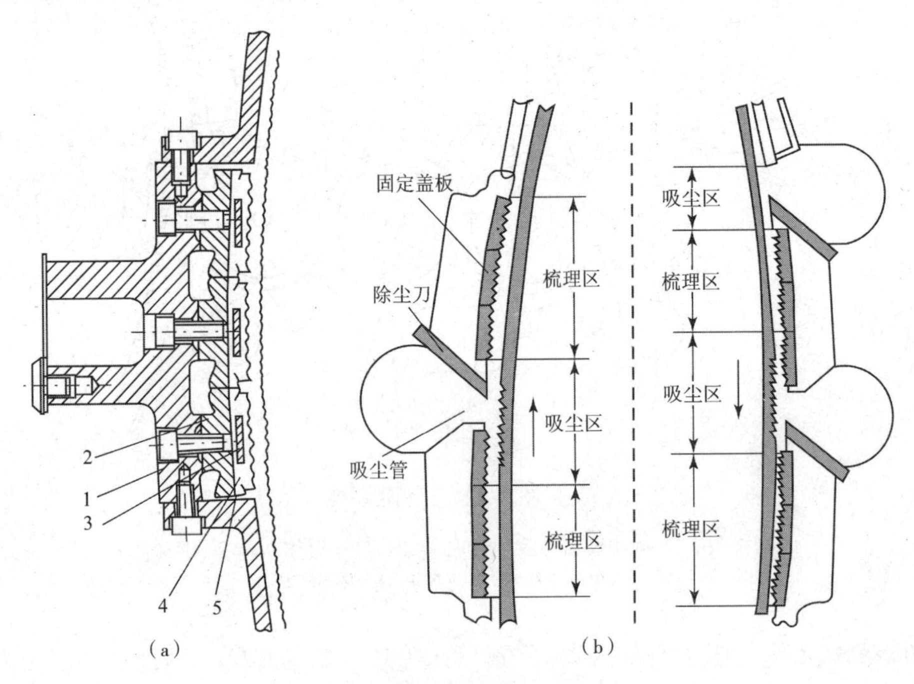

图 3-13　固定盖板

1—托架　2—盖板骨架　3—芯棒　4—齿片　5—夹头

有的梳棉机上装有固定盖板分梳除杂装置，如图 3-13（b）所示。此装置一般由 6 根固定盖板、1 把除尘刀及 1 个吸尘管组成。这种装置在加工天然纤维时，可排除棉籽、碎屑、杂质、灰尘和短绒，并起到分梳和整理纤维、提高生条质量的作用。高产梳棉机的发展趋势是固定盖板根数逐步增加，回转盖板根数逐步减少。

第四节　锡林、盖板和道夫部分

锡林、盖板和道夫部分由锡林、盖板、道夫、前后罩板和大漏底等组成；在中、高产梳棉机的回转盖板的前后方还装有前、后固定盖板。这些盖板和锡林共同组成分梳区，对锡林针齿携带进来的纤维丛进行细致的梳理，使其成为定向的单纤维，并将除去的细杂和短绒集积成盖板花排出机外。通过相互间的分梳作用，道夫将锡林送来的纤维凝集成棉网向外输出。前、后罩板和大漏底分别罩住或托住锡林上的纤维，以免飞散。

一、针面间的基本作用原理

锡林、盖板、道夫以及固定盖板上都包覆着针布而形成针面。针面对纤维的握持有以下几种形式：纤维包绕在针齿工作面上，纤维迂回在多只针齿侧面上，上述两种形式的结合。两个相对的针面只有在下列条件下才能完成对纤维的分梳和转移作用：两个针面的隔距足够小（一般为 0.1～0.22mm），纤维充分地浮在针齿尖上，两个针面上的针齿工作面成相对倾斜，两个针面作相对运动。

1. 针齿平行配置且 $v_B > v_A$ 时所发生的分梳作用　如图 3-14（a）所示，任一针面携带进来的纤维当被两个针面的针齿共同握持时，则针齿的相对运动对纤维丛产生梳理力 R，R 可分解为平行于针齿工作面的力 P 和垂直于针齿工作面的力 Q，$P=R\cos\alpha$，$Q=R\sin\alpha$，式中 α 为针齿工作角。力 P 使纤维移向针齿内部，力 Q 使纤维压向针齿工作面上。于是产生两种结果：当

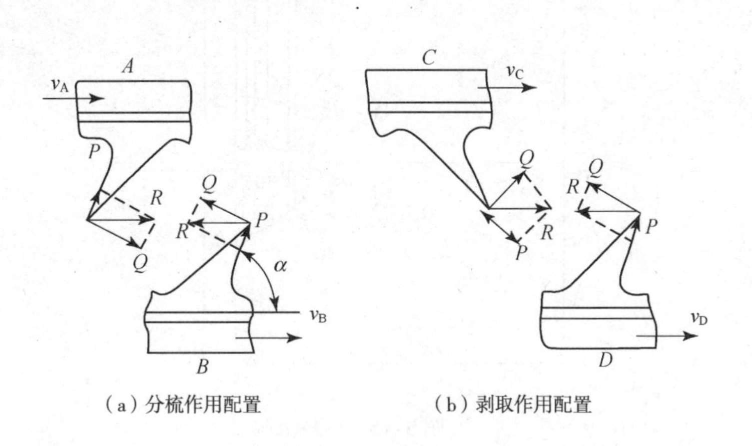

（a）分梳作用配置　（b）剥取作用配置

图 3-14　两针面间的作用

两个针面的纤维握持力都充分大时，纤维丛就被梳解开来，且两个针面都获得纤维；当其中一个针面的纤维握持力较差，那么纤维就从该针面向另一个针面转移。总之，纤维都能得到分梳和转移。锡林—盖板以及锡林—道夫之间的针齿配置都属于产生这种分梳作用的。

在图 3-14（a）中，若 v_A 与 v_B 同向，且 $v_A > v_B$，则力 P 向针齿外，表示纤维将从针内滑出。若针面 B 沉有纤维，则针面 A 就将该纤维提升到针面 B 表面，仍随针面 B 运动，称此为提升作用。

2. 针齿交叉配置且 $v_D > v_C$ 时所发生的剥取作用 如图 3-14（b）所示，在针面 D 上的力 P 使纤维向针齿内移，而在针面 C 上的力 P 则使纤维离针齿外移，因而针面 C 上的纤维就被针面 D 剥取下来。锡林和刺辊的针齿就是按照剥取作用配置的，如图 3-5（b）所示。设刺辊锯齿上某纤维，其头端行进到锡林—刺辊隔距区始点就被锡林针齿获取，则该纤维从附在刺辊锯齿上转变成附在锡林针齿上的全过程应在纤维尾端到达隔距区终点之前完成。加工棉和中长纤维时，锡林和刺辊线速度比分别取为（1.4～1.7）和（2.1～2.4）。如果速比偏小（如 1.1～1.2），虽也能实现配置的剥取作用，但纤维在转移过程中受到的伸直作用小。在速比过小时，较短纤维甚至还会被刺辊带走而成为返花，造成锡林针面上的纤维分布不匀。此外，锡林和刺辊的隔距（0.175mm 左右）宜小不宜大，隔距小则有利于纤维向锡林表面转移，否则就会产生刺辊返花和造成棉结。

二、锡林

锡林是梳棉机的主要机件，其作用是将纤维从刺辊上剥取下来带向盖板，做进一步的分解、均匀与混和，并将梳理后的部分纤维转移给道夫。锡林由滚筒、堵头和轴共同组成（图 3-15），表面包绕着金属针布。锡林工作直径在 800～1300mm，转速 250～900r/min，筒体常用铸铁，也有用钢板卷焊制成的，与铸铁相比有更长期的稳定性。筒体两端安装堵头，并用锥套与轴连

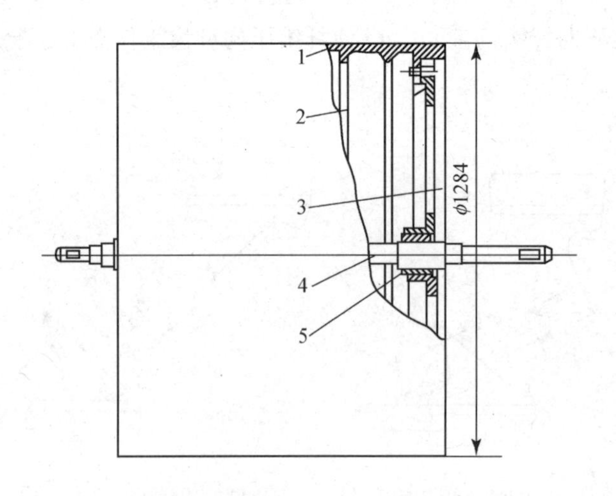

图 3-15 锡林结构

1—滚筒 2—圆环筋 3—堵头（法兰盘） 4—滚筒轴 5—裂口锥套

成一体。锡林所用轴承为双列向心球面滚柱轴承。由于直径大、转速高，且与周围机件如刺辊、道夫、盖板的隔距小（0.1～0.18mm），故锡林筒体的圆度及同轴度公差较小，动平衡精度较高。为了避免绕在筒体上的针布压力导致筒体表面产生轴向凹陷变形，影响分梳效果，所以筒体壁较厚，还用圆环筋（对铸铁筒体）或圆盘（对钢筒体）予以加固。

三、盖板

盖板与锡林组成一个大面积的纤维分梳区，主要完成下列任务：继续将纤维束开松成单纤维，清除纤维中残存的杂质，去除短绒和棉结，使纤维呈纵向定位。为实现上述目的，将100～120根（立达为79根）盖板用链条联接成环状，沿着圆弧状曲轨缓慢移动，称为回转盖板。通常有40~46根盖板（立达为27根，特吕茨勒为30根）与锡林共同组成锡林—盖板分梳区，其余盖板进行环形空程运动，如图3-16所示。在梳理过程中，盖板针齿内充塞着较多的杂质和短绒，它们缓慢移出分梳区而到达上斩刀和毛刷处即被清除干净。

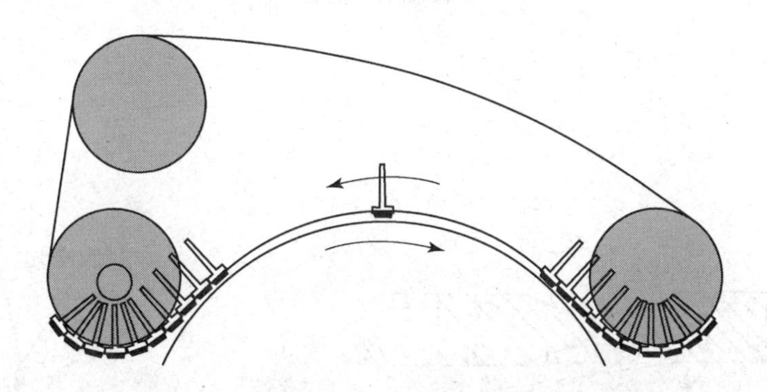

图3-16 锡林—盖板分梳区

盖板现多为铝制材料，质量轻且性能稳定，图3-17（a）为特吕茨勒TC系列梳棉机上配置的盖板结构。盖板长度比宽度大得多（长约1000mm，宽32～35mm），其骨架截面取为⊥形，以增加其抗弯刚度。它由两个凸齿带引导，通过两个凸齿连接固定。固定在盖板两端的金属销在特殊的塑料条上滑行。盖板的工作表面包覆有弹性针布或半硬性针布，针布张紧在表面上并以边夹头紧固，最后留下宽约22mm的针齿工作面。盖板两端的扁平部搁在曲轨上，曲轨支持面叫踵趾面。为使每根盖板与锡林两针面间的隔距入口大于出口，踵趾面与盖板针面不平行。所以扁平部截面的入口一侧较厚，而出口一侧较薄[图3-17（b）]，这种厚度差叫踵趾差。踵趾差的作用是使蓬松的纤维层在锡林盖板两针面间逐渐受到分梳，使锡林、盖板两针面间的平均隔距缩小，提高锡林盖板间的分梳效能。

特吕茨勒公司采用超强钕磁开发了磁力盖板系统，针布条可通过磁力固定在盖板条上，如图3-17（c）所示。这种设计通过盖板条上和每个单独针布条上的磁性黏合层减少了盖板条之间的公差，附着在磁力盖板上的针布条可保持很好的平直度，确保了纱线质量的提高，方便了盖板的装配与更换。

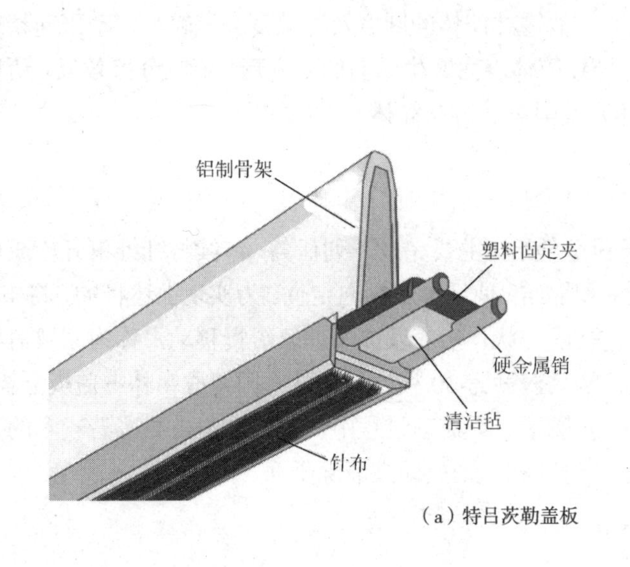

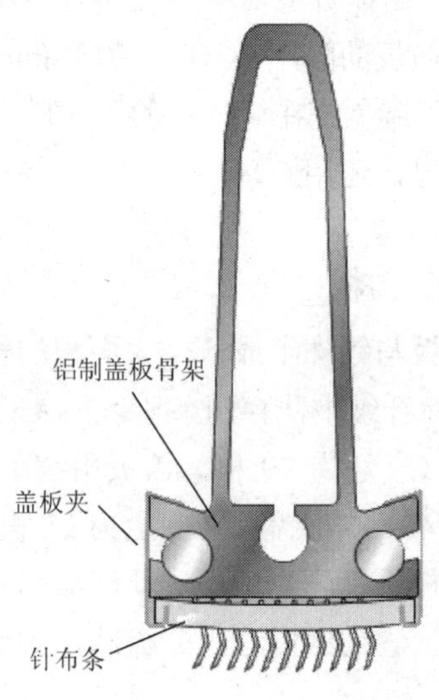

（a）特吕茨勒盖板

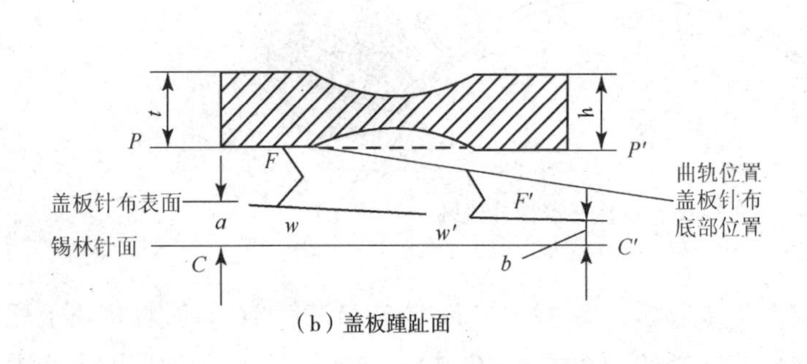

（b）盖板踵趾面

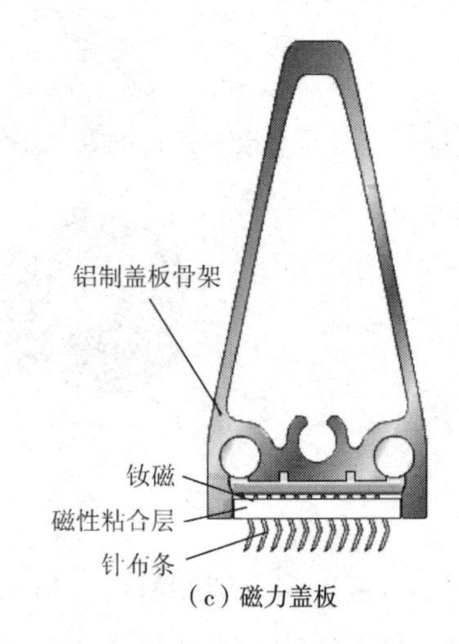

（c）磁力盖板

图 3–17　盖板结构

盖板和锡林的针齿倾斜方向按分梳作用配置，锡林速度远大于盖板速度，两者同向或反向回转。顺序靠前的几根盖板的针面负荷增加较迅速，且自由纤维量较多。这说明浮在锡林针面上的纤维在刚进入分梳区与清洁盖板相遇时，即被盖板针面握持。这些纤维在前进过程中不断地受到两个针面的分梳并相互转移，即时而被盖板针面握持，接受锡林针面的分梳；时而被锡林针面握持，接受盖板针面的分梳。经过这样多次反复分梳后，就基本上形成了单纤维状态和定向排列。大约在第 20 根盖板之后，盖板针面负荷稳定，只有纤维量逐渐减少。这说明盖板的内层已充满纤维，针齿握持纤维能力降低，分梳作用随之减弱。因此，盖板需及时走出工作区，由上斩刀剥下这一纤维层——成为盖板花而排出机外。同理，锡林针齿也需定时抄针——排出抄针花。改用金属针布后，锡林上的内层纤维很少，可以每隔 5～10 天进行一次抄针。

盖板花内含有较多的短纤维、短绒、杂质、棉结等。锡林—盖板区的反复分梳作用，使得纤维与杂质分离，大部分杂质在离心力作用下被抛到盖板纤维层上；但其中少量也可能随盖板上的长纤维转移而转移，最终大多被抛到盖板上。短绒或短纤维不易被针齿抓住，也多数被抛到盖板上。盖板花的多少决定于盖板速度、前上罩板棱口位置和前上罩板与锡林的隔距。

采用盖板反向回转的目的是使分梳负荷在锡林与盖板分梳区域内均匀分配，达到梳理的理想状况，即锡林盖板间对纤维的分梳作用逐渐加强，在锡林走出盖板区时，纤维能得到最细致的梳理。在盖板与锡林同向回转时，刚进入盖板区的纤维在清洁盖板的作用下得到了较好的梳理，而在出盖板区时，由于这时的盖板充塞已接近饱和，纤维细致的梳理效果不是最理想。而盖板反转时，进入盖板区的纤维先被略有充塞的盖板粗略地梳理，在出盖板区时又被清洁的盖板细致地梳理。这样的梳理由粗到细逐渐加强，改善了分梳效果。采用反转盖板后棉网质量有一定改善，成纱粗细节、棉结、杂质都有所改善。目前瑞士立达与德国特吕茨勒的较新机型均采用这种形式。

四、道夫

道夫结构类似锡林，直径 600～707mm，转速 20～30r/min，其作用是从锡林针面上抓取纤维，凝聚成网而输出。道夫和锡林的针齿按分梳作用配置，因纤维在分梳过程中发生部分转移，道夫针齿便由此获得纤维，但纤维后弯钩也由此产生，因为锡林针齿所转移的那部分纤维往往一端被钩牢在道夫针齿尖上，而另一端被快速的锡林针齿拉直。因此，在梳棉机输出的棉网里，50%以上的纤维呈后弯钩，15%呈前弯钩，15%为双弯钩，其余为无弯钩。由于锡林的速度比道夫快几十倍，故当锡林扫过某几排道夫针齿时，那些被转移的纤维先后交错地叠钩在道夫针齿上，形成纤维互相粘连的棉网，此即是道夫的凝聚作用。

设 M 为锡林一周针面上的纤维量（g），m 为锡林旋转一周转移给道夫的纤维量（g），则道夫转移率 r 为：

$$r = m / M \times 100\% \tag{3-2}$$

由于在盖板区内，盖板强行将纤维推入锡林针布，故纤维与锡林针布的黏附力大于与道夫针布的黏附力，因而道夫的转移率仅为 20%~30%，也就是附在锡林针面上的纤维要在锡林回转 3～15 周后方能全部转移到道夫针面上。道夫转移率的大小与针布规格、速比和隔距等的选用有关。若锡林和道夫的隔距从 0.18mm 减少到 0.08mm，道夫转移率可增加一倍。

在高产梳棉机上需要提高道夫转移率，及时输出锡林上已梳好的纤维，以降低锡林针面负荷和提高机器产量。但转移率过高时，纤维接受锡林—盖板梳理以及混和的机会将过分减少，从而导致棉网云斑增多和外观不匀。

高产梳棉机道夫的正常生产转速较高，因而条子的生头和接头操作困难。为此在机器上设有道夫变速传动装置，例如采用变频调速电动机或双速电动机等，在接头时将道夫转速降到 6~8r/min。道夫突然降速会引起输出生条的突然变粗；道夫突然加速又会引起生条的突然变细。因此道夫的升、降速过程需具有约 6～10s 的过渡时间，以避免生条质量突变。

在正常生产过程中，锡林针齿空隙积聚和拥有一些纤维。因此在梳棉机刚开车时输出棉条的质量并不立即达到正常；在关车时输出棉条质量逐渐变细变轻。这一现象正是锡林针齿空隙吸放纤维引起的。可见，当喂入纤维量波动较小而片段短时，针齿吸放纤维作用能稳定输出棉条的质量，使得梳棉机输出棉条的短片段条干均匀。

五、前、后罩板和大漏底

前、后罩板包括后罩板、前上罩板、前下罩板和抄针门。它们的主要作用是罩住锡林针面，防止纤维散失。前、后罩板用厚 4～6mm 的钢板制成，上下呈刀口形，用螺丝固装于前、后短轨上，根据工艺要求可调节其高低位置以及它们与锡林间的隔距。后罩板位于刺辊的前上方，其下缘与刺辊罩壳相接。调节后罩板与锡林间入口隔距的大小，可以调节三角小漏底出口处气流静压的高低，从而影响后车肚的气流和落棉。前上罩板的上缘位于盖板工作区的出口处，调节它对锡林的位置高低和隔距大小就能控制盖板花数量。如图 3-18 所示，若隔距小和位置高，纤维就容易被前上罩板压下来，因而增强了锡林针齿对纤维的握持能力，纤维易被它带走，结果盖板花量就减少了。

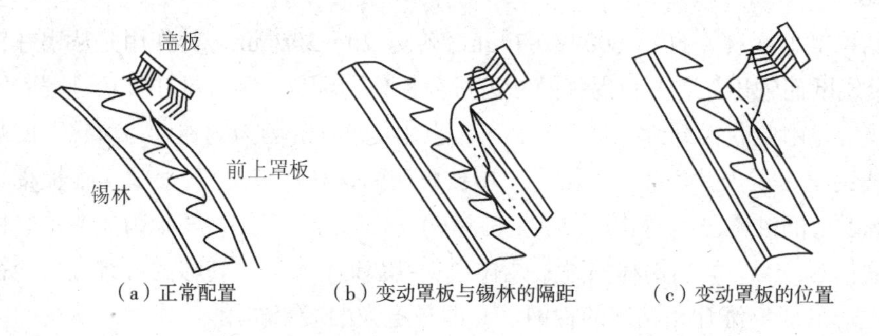

图 3-18　前上罩板棱口位置对盖板花量的影响

大漏底的前后两段是平滑的弧形板，中部为尘棒区。大漏底的主要作用是托持锡林上的纤维，部分短绒和尘杂则在离心力的作用下由尘格排除。由于这种结构的除杂效果较小，故也有做成全部弧形板的，有利于防止涡流的产生，进而提高纤维的取向程度，减少棉结。

六、梳理针布

梳棉机使用的针布对梳棉机的产量和生条的质量有很大的影响，从使用金属针布开始，单机产量已从过去的 5kg/h 增加到了当前的 220kg/h。虽然采用金属针布并不是增产的唯一因素，但它的实际作用是很明显的。

梳棉机用的针布可分为三大类。

1. **弹性针布**　在低产梳棉机的锡林、道夫和盖板上均采用弹性针布，在目前的中产梳棉机盖板上尚有应用。它的结构是将钢针倾斜地植在由硫化橡胶、棉麻织物胶合而成的底布上。这种结构在锡林高速回转时其底布易松动和起浮，因而造成碰针；再则高产之后的梳理力增加，钢针后仰变形，导致握持纤维的能力减弱和棉结增加，故趋于淘汰。

2. **半硬性针布**　现用于盖板。该针布结构类同弹性针布，但底布胶合层数增加（也有采用泡沫材料和织物胶合的）。钢针截面由圆形改为椭圆形、矩形（扁平形）、三角形等，而且无弯膝部，故它们的抗弯性能有所增强。它们也不易被纤维塞满，因而相应地盖板花量也有所减少，另外，磨针次数不多（最多四次），主要作横磨。

3. **金属针布**　目前的刺辊、锡林与道夫均使用金属针布。金属针布的针齿是从异形截面钢带上冲切出来的，各尺寸公差小。针布齿尖厚度 b 为 0.05～0.06mm。针布采用高碳钢或低合金钢材料，齿尖部分经过淬硬，硬度 HRC60。金属针布具有许多优点，如对纤维丛的穿刺能力和握持、分梳纤维的能力均较强，能阻止纤维下沉齿隙；梳理过程中针布负荷较轻，不须经常抄针；能根据纺纱工艺要求改变齿形设计；齿尖坚硬耐磨，不需经常磨针；针齿强度大，不易变形，能适应高产梳棉机上高速度、紧隔距、强分梳的工艺要求。

金属针布主要工艺参数如下：

（1）几何形状：如图 3-19 所示。

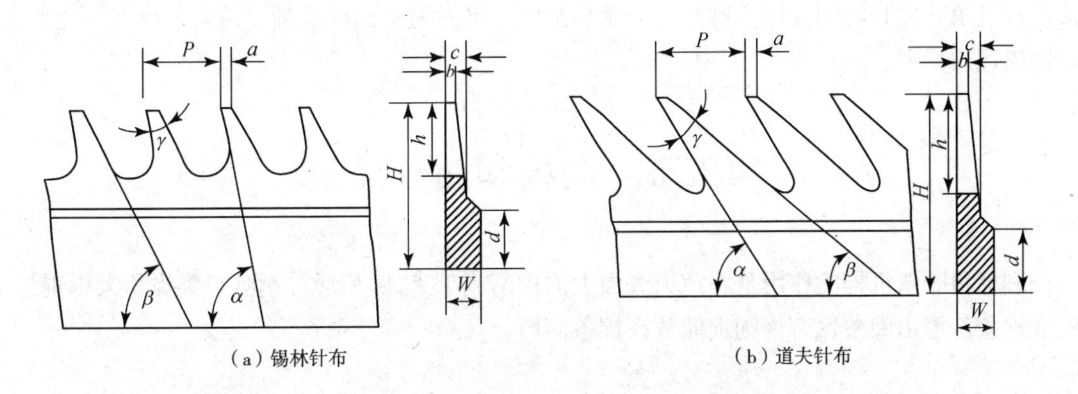

图 3-19　金属针布的齿形及尺寸

α—工作角　β—齿背角　P—齿距　a—齿尖宽度　b—齿尖厚度　c—齿根厚度
h—齿高　H—总高　d—基部高度　W—基部厚度

（2）重要参数。

① 工作角 α：即齿的工作面对于水平线的倾角。齿的穿刺能力和握持纤维能力都与角 α 大小有关。α 偏大时对纤维丛的穿刺能力强，且纤维不易沉入齿隙，故能增多纤维在齿尖处接受分梳和转移的机会，但 α 过大则握持纤维能力差，梳理效能降低。锡林针布加工棉时其 $\alpha_c=65°\sim75°$，加工化纤时 $\alpha_c=75°\sim80°$。道夫针布因需有足够的抓取和凝聚纤维的能力，其工作角 α_d 取较小值，一般 $\alpha_d=58°\sim65°$。

② 齿密 N：即针面上单位面积内的针齿总数，它由纵向齿密（齿距 P）和横向齿密（基部厚度 W）组成。齿密 N 与梳理效果密切相关。根据加工纤维量的多少，对单位时间内参与梳理工作的总齿数就有一定的要求，它应等于齿密和针面速度、针面宽度的乘积。使用低齿密针面时，其梳理效果可从提高针面速度得到补偿，而使用高齿密针面则可从降低针面速度得到效果。加工粗纤维需用齿密小的针布，以取得较大容纤量；加工细纤维则需用齿密大的针布，以取得较多针齿梳理；加工化纤也要用齿密较小的针布，以防止纤维绕齿引起转移困难。纺中

特纱用的锡林针布齿密 N_c 为 600～700 齿/（25.4mm）^{2}；道夫针布齿密 N_d 为 400～500 齿/（25.4mm）^{2}。另一方面，道夫的齿高 h_d 也较锡林的 h_c 为大。N_d 比 N_c 小有利于从道夫针布中泄出锡林道夫三角区的气流和增加道夫针齿的容纤量。在纵、横齿密相同的情况下，适当提高横向齿密（即减少基厚 W）能改善在棉丛横截面内的纤维分梳效果，目前采用的纵、横向齿密比（P/W）为 1.5～3。基厚 W 为 0.6～0.8mm。

③ 齿高 h：锡林针布的齿高 h_c 小，充塞在齿隙下部的纤维少，纤维浮在齿尖受到分梳的机会多，棉结少，纤维转移率高。h_c 小又能提高齿的强度，不易轧坏，而且不易嵌破籽。加工棉时一般取 h_c 为 0.8～1.2mm，加工化纤则取 h_c 为 0.6～1mm。道夫齿高 h_d 较 h_c 为大，一般 h_d 为 1.4～2.5mm。

④ 齿尖：齿尖直接进行梳理工作，其几何形状很重要。齿尖处应有一段齿背 a，其尺寸应尽可能小，但又不要形成针尖。为了具有穿刺、握持和分梳能力，齿背的前端应和工作面保持形成锐角。在长时间使用变圆后，应重新磨锐，磨时避免出现毛刺。总之，齿背不能变大，否则梳理质量差。

第五节　剥棉和圈条部分

剥棉和圈条机构的作用是将道夫表面上的棉网剥下来，随后通过喇叭口集拢和大压辊加压做成棉条，再由圈条器有规则地圈放在棉条筒内。

一、三罗拉剥棉装置

旧型低产梳棉机采用斩刀剥棉机构，现代中、高产梳棉机已改进为连续剥棉方式，大都采用三罗拉剥棉机构。如图 3-20 所示，它由一个剥棉罗拉和一对上、下轧辊组成。剥棉罗拉上包着山形针齿齿条，齿尖密度 12 齿/cm^2，它既能有效地从道夫表面上剥取棉网，又能让棉网被上、下轧辊拉走。剥棉罗拉和道夫之间的隔距很小，在隔距点附近两者的齿向成剥取作用配置，两者的速度方向相反，故剥棉罗拉能连续地剥下道夫上的棉网。上轧辊与剥棉罗拉隔距也很小，在隔距点附近两者速度方向相反，上轧辊是依靠对棉网的摩擦和黏附作用将棉网从剥棉罗拉上拉剥下来并输出的。上、下轧辊之间的隔距也很小，上轧辊在自重和弹簧压力（压力 15N/cm）作用下能压碎棉网中杂质，有利于在后道工序中清除。在上、下轧辊表面上各配置一把清洁刀片，以清除粘着在其表面上的飞花和杂质。图 3-20 中所示的摇板和清洁辊属于安全装置，当剥棉罗拉绕花过多时，摇板即被返花推动，触动形成开关而使道夫停转。清洁辊用来清洁罗拉上绕花，有罩盖吸口吸走。在剥棉罗拉的下方可安装在线棉结感应装置，对输出棉网的棉结进行在线检测。

在传统梳棉机上，棉网从上、下轧辊钳口到达喇叭口的自由行程为 30~50cm。为了避免棉网下坠甚至破裂，在国外高产梳棉机上现已采用导板或导向罗拉输送棉网，也有采用一对横动胶圈贴着下轧辊表面移动，将棉网送到机器中央或一侧集拢而输出的，如图 3-21 所示。

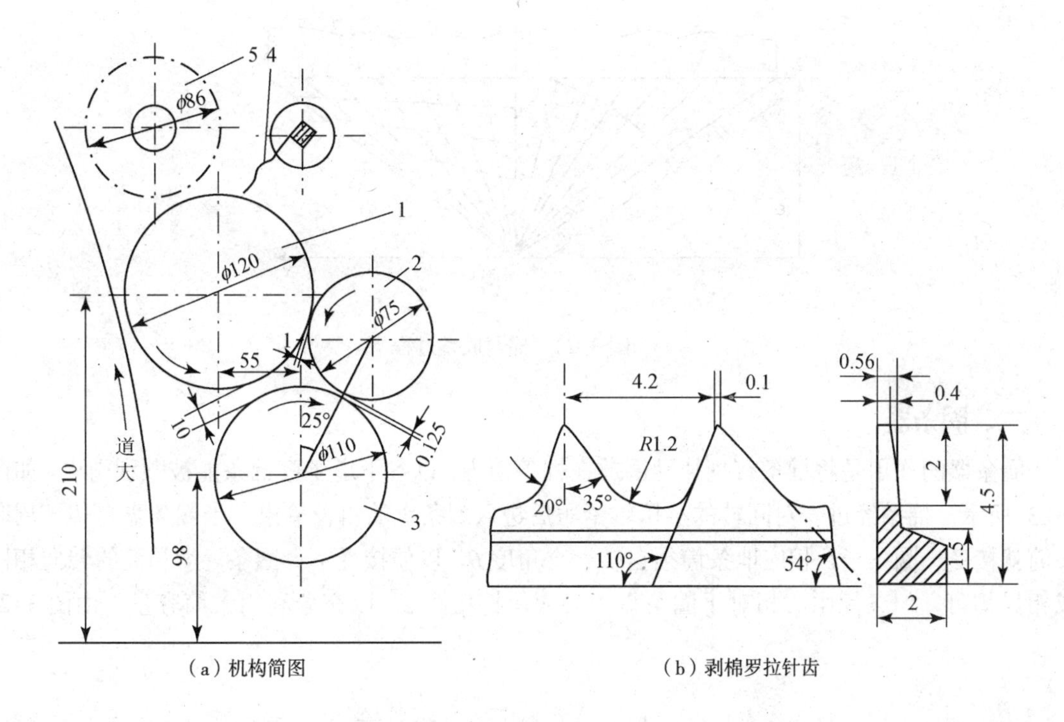

（a）机构简图

（b）剥棉罗拉针齿

图 3-20 三罗拉剥棉结构

1—剥棉罗拉 2—上轧辊 3—下轧辊 4—摇板 5—清洁辊

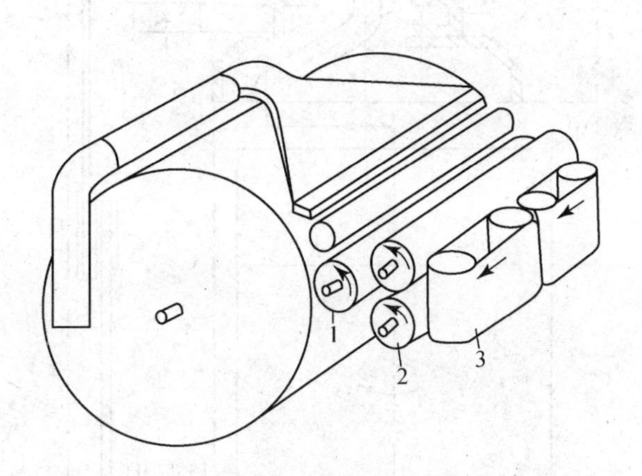

图 3-21 横动胶圈移网装置

1—剥棉罗拉 2—上、下轧辊 3—横动胶圈

喇叭口的作用是集拢棉网成条，随后经一对大压辊紧压输出而进入圈条器。在上、下轧辊与喇叭口间的一段行程中，由于棉网横向各点与喇叭口的距离不等（图 3-22），因而棉网横向各点虽由轧辊同时输出，却不同时到达喇叭口，即棉网横向各点进入喇叭口有一定的时间差，从而在棉网纵向产生了混和与均匀作用，有利于降低生条条干不匀率。

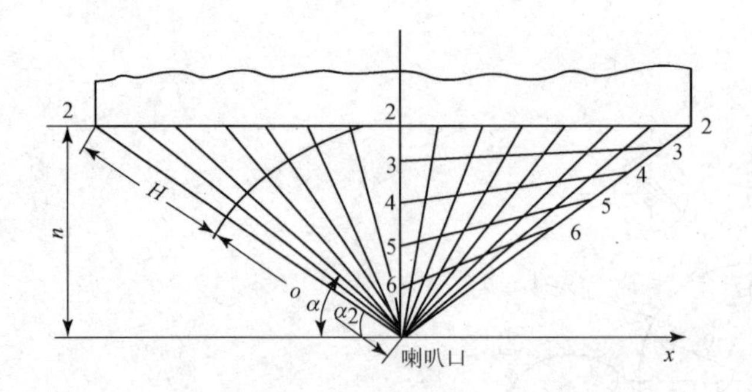

图 3-22　棉网成条过程

二、圈条器

圈条器的作用是将棉条有规律地圈放在棉条筒内，以备下道工序棉条能被顺利引出。如图 3-23 所示，棉条经过一对回转的小压辊紧压后进入圈条盘的斜管输出，当圈条盘自传一周时条筒就接受一圈条子，相应地条筒须自转一个角度 θ，以便接受下一圈条。盘和筒的转向相同或相异均可，但条筒中心相对于圈条盘中心应保持偏距 e，以充分利用条筒容量。由图 3-23

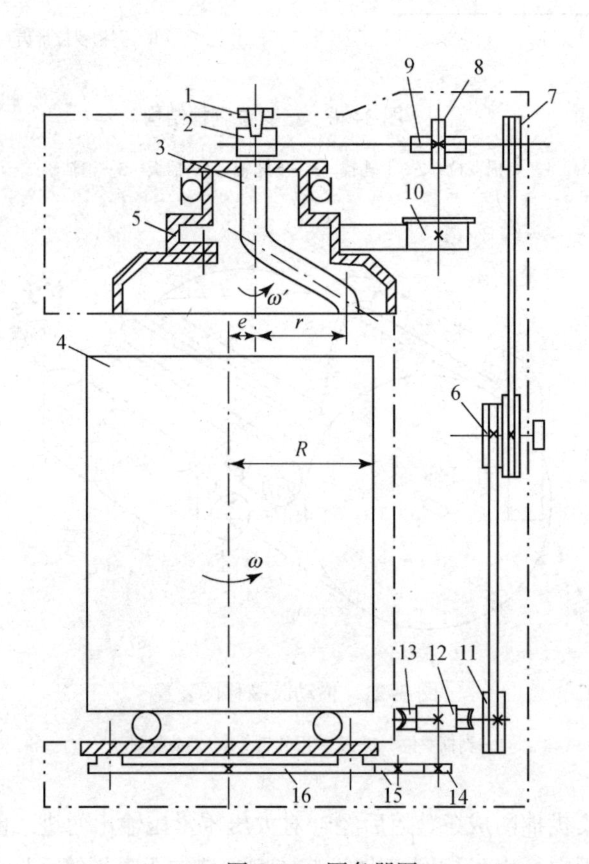

图 3-23　圈条器图

1—喇叭口　2—小压辊　3—斜管　4—条筒　5—圈条盘　6、7、11—带轮　8、9—螺旋齿轮
10—同步齿形带轮　12、13—蜗杆、蜗轮　14、15、16—齿轮

可求得 $e=R-(r+c+r_0)$，式中 R 是条筒半径，r 是圈条半径，c 是单侧间隙，r_0 是棉条的一般宽度（压扁时）。圈条形式有两种。大圈条：圈条直径大于条筒半径，故条圈越出条筒中心，如图 3-24（a）所示；小圈条：圈条直径小于条筒半径，故条圈不越出条筒中心，如图 3-24（b）所示。无论哪一种形式，在条筒中央都保留一个气孔。当条筒直径相同时，当然以小圈条的圈条盘直径为小，故其轴承直径也较小。以前低产梳棉机上，由于条筒直径小到 350mm 以下，往往采用大圈条形式。但现今在中、高产梳棉机上条筒直径已增大到 600~1200mm 或更大，因而大都采用小圈条形式，这样有利于圈条盘轴承的制造。目前的圈条机构都配有自动换筒装置，以减少人工换筒劳动和换筒停机时间。

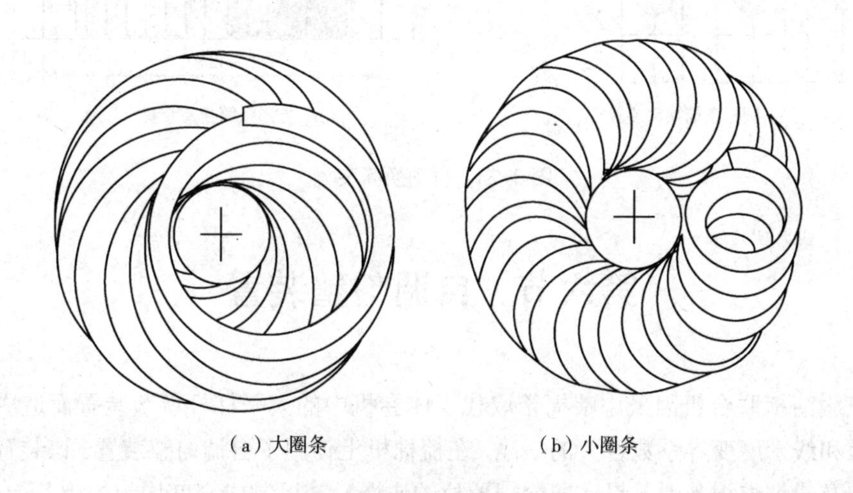

（a）大圈条　　（b）小圈条

图 3-24　圈条形式

由于大卷装的棉条筒随回转底盘回转，动力消耗大，新型高产梳棉机多采用行星式圈条器。行星式圈条器没有回转底盘，棉条筒放在地面上静止不动，圈条盘在绕自身轴线自转的同时还绕条筒中心轴公转。当圈条盘自转一周时，条筒就接受一圈条子，相应地圈条盘须同时公转一个角度 θ，以便铺放下一圈条子。行星式圈条器节省动力消耗，但设计、制造的要求较高。

三、梳并联合机

特吕茨勒的 TC 等系列高产梳棉机可与带自调匀整的连体式并条机（IDF）相结合，组成梳并联合机，使梳棉机生产的生条可省略一道并条工序，将常规的梳棉—并条 1—并条 2—粗纱—环锭细纱工艺缩短为梳棉—IDF 并条—并条—粗纱—环锭细纱，在生产转杯纱时可直接将梳棉机棉条喂入转杯纺纱机。连体式并条机（IDF）采用三上三下牵伸，上罗拉为气动加压。配备圆形或方形条筒，并条单元安装在自动换筒装置（图 3-25）上方，节约了空间。方形条筒储棉量与圆形条筒相比，在同面积下高 50%，使得一半的条筒用于更换，一半的条筒处于运输。

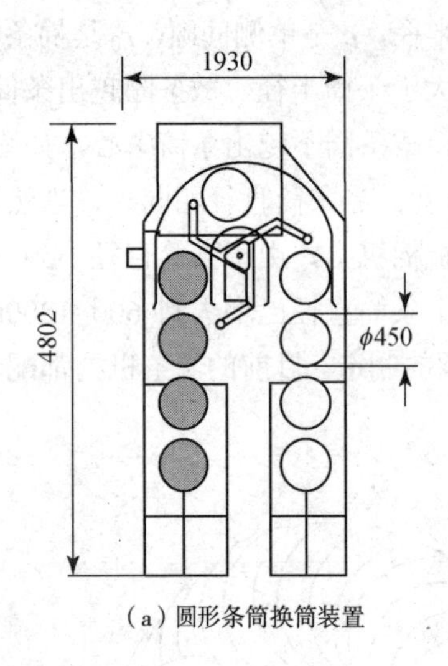

（a）圆形条筒换筒装置

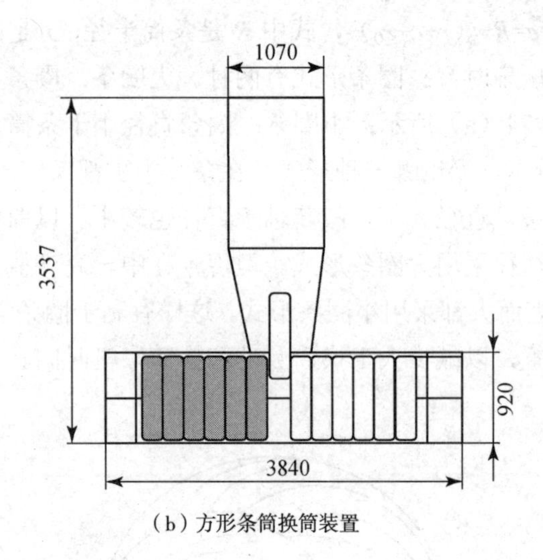

（b）方形条筒换筒装置

图 3-25　自动换筒装置

第六节　自调匀整装置

为了克服清梳联合机因采用喂棉箱取代了成卷机中的天平杠杆调节装置而造成的棉条平均质量偏差和线密度变异系数过大的缺陷，在梳棉机上使用了自调匀整装置。该装置根据输出棉条的粗细及时调整棉丛喂入量（即给棉罗拉的快慢），以制成密度均匀的棉条。

一、自调匀整装置的组成

自调匀整装置由以下几部分组成。

（1）检测部分：测出喂入品或输出品的瞬时厚度并转变成相应地电信号。

（2）比较部分：将检测量与给定量相比较后输出其误差信号。

（3）放大部分：将误差信号按比例放大，使它具有足够的能量以驱动执行机构。

（4）执行部分：对调节对象实行校正动作。

二、自调匀整装置的分类

按照不同纺纱厂的质量要求和工艺条件可选择不同的自调匀整系统。根据检测点和匀整点的相对位置，自调匀整可分为开环系统、闭环系统和混合环系统（图 3-26）。开环系统系统在喂入处检测，输出处匀整，控制回路是非封闭的，如图 3-26（a）所示。其特点是控制系统的延时与从检测点到匀整点间的时间可以配合得当；不能核实调节结果，并无法修正各环节或元件变化引起的偏差和零点漂移，缺乏自检能力；匀整片段短，可改善中短片段的均匀度。闭环系统在输出处检测，喂入处匀整，如图 3-26（b）所示。其特点是有自检能力，能修正各环节元件变化和外界干扰所引起的偏差，比开环稳定；由于滞后时差的存在，影响中短片段的匀整。混合环系统是开环和闭环两个系统的结合，兼有开环和闭环的优点，既能有长、中、短片段的匀整效果，又能修正各种因素波动所引起的偏差，调节性能较为完善，但机构复杂，如图 3-26（c）所示。

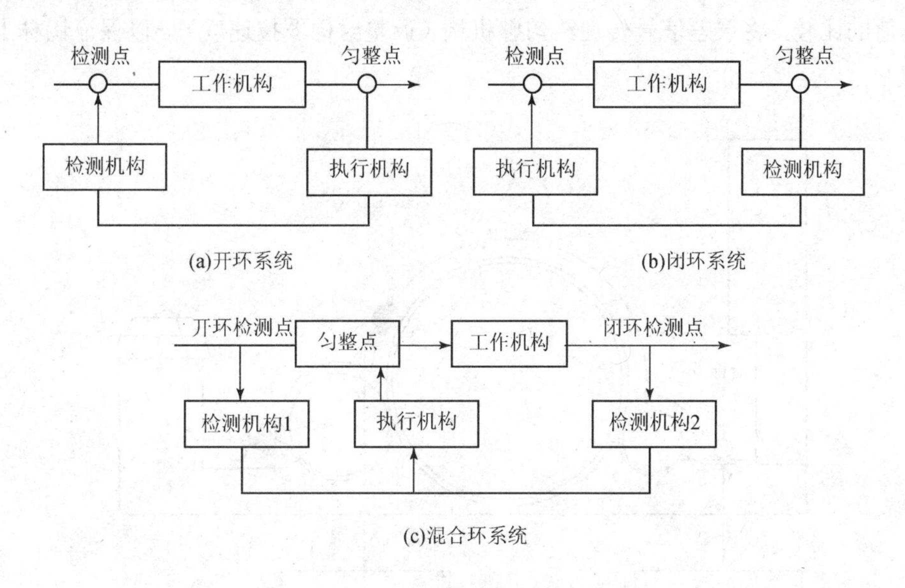

图 3-26　自调匀整示意图

从调节效果来分，自调匀整系统有下列三种。

1. 短片段自调匀整系统　制品的匀整长度为 0.1～0.12m。图 3-27 为特吕茨勒的短片段自调匀整系统，为开环（或闭环）控制系统。在棉条输出牵伸装置上方（或下方）的检测喇叭可检测输入棉条的粗细，并将相应的脉冲信号传送到控制器。控制器将产生的控制信号传送至匀整装置（位于牵伸装置下方或牵伸罗拉本身为匀整装置），以调整牵伸罗拉的速度与棉条的粗细相适应。

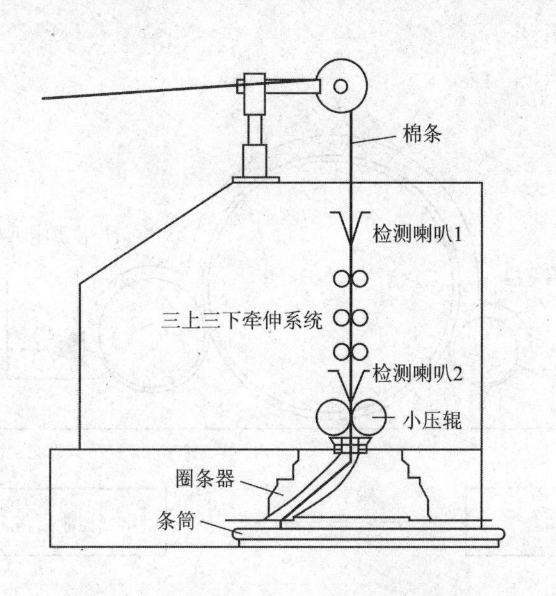

图 3-27　特吕茨勒的短片段自调匀整系统

2. **中片段自调匀整系统**　制品的匀整长度约 3m。图 3-28 为乌斯特公司的中片段自调匀整系统。在锡林的罩板上安装有光电检测装置，用来检测锡林整个宽度上棉层的厚度变化。通过与设定值的比较，将误差信号传递给匀整机构（调整给棉罗拉速度），以保证锡林上棉层厚度为常值。

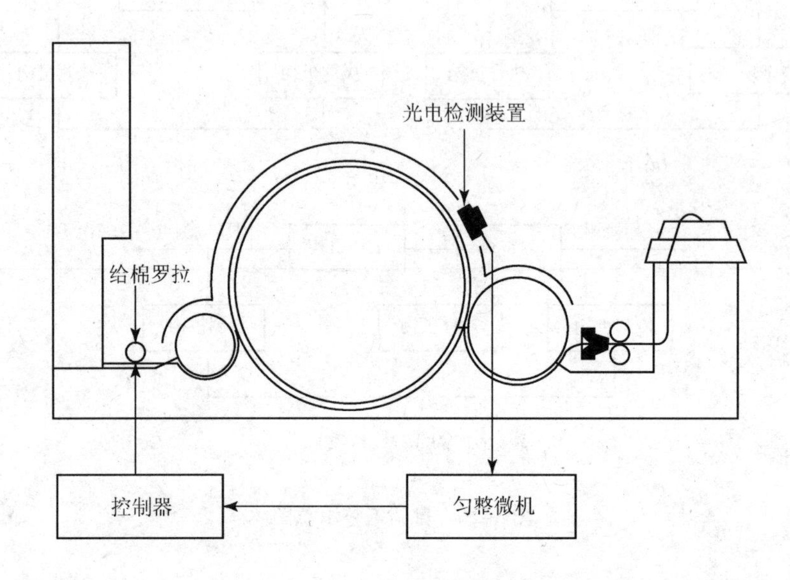

图 3-28　乌斯特公司的中片段自调匀整系统

3. **长片段自调匀整系统**　制品的匀整长度在 20m 以上。长片段自调匀整系统为现代梳棉机的必配装置，如图 3-29 所示。气压检测喇叭代替了原来的大喇叭，或一对阶梯压辊（凹凸罗拉）代替

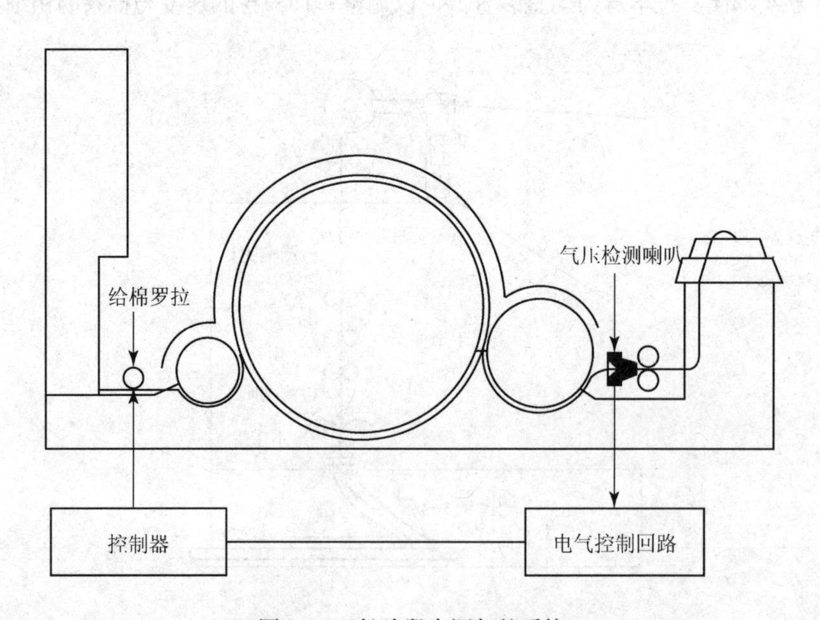

图 3-29　长片段自调匀整系统

了原来的大压辊，以检测输出棉条粗细，所得到的电信号送入电气控制回路（微机）去改变给棉罗拉速度，以调整给棉量。一般作用时间为10s左右，棉条能在70～100m长度内获得匀整效果。

三、检测装置

1. **气压检测喇叭** 在长片段自调匀整系统中，气压检测喇叭代替了原来的大喇叭口。如图3-30所示，当棉条进入喇叭口时纤维间夹带有一定量的空气。由于喇叭口为渐缩的形状，棉条在其中通过的过程中纤维间的空气被逐渐挤压出来，产生的空气压力值与棉条的体积成正比。喇叭口上的侧孔将气体压力通过压力传感器转换为电信号并传递给控制器。气压检测喇叭的优点在于其机构简单，不足在于检测易受到纤维细度及其不匀的影响而产生误差。

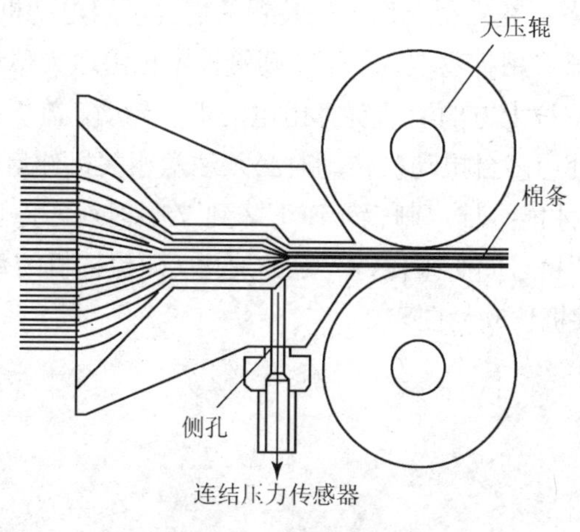

图3-30 气压检测喇叭

2. **阶梯压辊（凹凸罗拉）** 用于检测棉条厚度的阶梯压辊或凹凸罗拉如图3-31所示，其中上压辊可相对下压辊做上下运动，相对运动的幅度可即时反映通过其的棉条粗细。图3-31（c）的槽型设计可防止边缘的纤维脱离钳口导致不精确的检测。阶梯压辊检测的优点在于其检测结果不易受到纤维原料特性改变的影响。

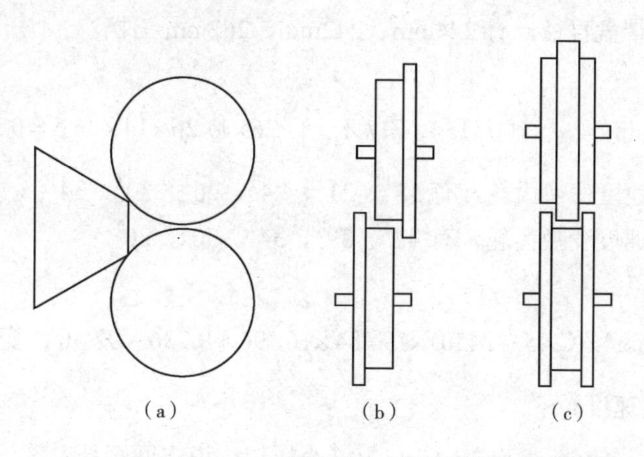

图3-31 阶梯压辊（凹凸罗拉）

第七节　梳棉机传动及工艺计算

一、传动

梳棉机的传动过去只采用一台电动机，而现代高产梳棉机则采用多台电动机传动。主电动机 1 传动锡林、刺辊和盖板。由于锡林的转动惯量大，在电动机轴上应装有离心块式摩擦离合器，以保护电动机启动时不会过载。输出部分如道夫、剥棉罗拉，上、下轧辊和圈条器等采用电动机 2 传动。道夫具有高、低两档转速，其余输出、入部件也都跟着作两档变速。给棉部分如给棉罗拉和喂棉箱输出罗拉在采用自调匀整装置的情况下用电动机 3 变速传动；在不采用自调匀整装置的情况（即机器采用棉卷喂入）下，则给棉罗拉由道夫传动，但在道夫输出停止时给棉罗拉必须停转。剥棉罗拉上方的清洁辊等由电动机 4 传动。盖板刷辊由电动机 5 传动。吸尘风机用电动机 6 传动。使用多台电动机传动时必须注意相关机件启停动作的配合，如刺辊在达到额定转速 80%以上时才能给棉，刺辊转速下降到 75%时就应停止给棉，以免刺辊绕花而轧煞。此外，道夫与给棉罗拉之间必须保持一定的速比（即梳棉机的牵伸倍数），并且能调节。图 3-32 为 FA203A 型梳棉机传动简图。

二、工艺计算

1. 速度计算

（1）锡林转速 n_1：

$$n_1（r/min）=1465\times D_1/492=2.978D_1$$

式中：D_1——电动机带轮直径，有 118mm、130mm、147mm 和 160mm 四档。

（2）刺辊转速 n_2：

$$n_2（r/min）=1465\times D_1/D_2$$

式中：D_2——刺辊皮带盘直径，有 224mm、242mm、262mm 三档。

（3）盖板速度 v_f：

$$v_f（mm/min）=n_1\times 100/134\times Z_1/Z_2\times 1/26\times 1/26\times 14\times 36.5=0.5641n_1Z_1/Z_2$$

式中：Z_1——盖板线速度变换齿轮，有 18^T、21^T、24^T、26^T、30^T、34^T；

　　Z_2——盖板线速度变换齿轮，有 42^T、39^T、34^T、30^T、26^T。

（4）道夫转速 n_3：

$$n_3（r/min）=(245\sim 2450)\times 19/84\times 16/96\approx 9.236\sim 92.36\text{（变频调速）}$$

（5）小轧辊输出速度 v：

$$v（m/min）=60\pi n_3\times\text{（小压辊～道夫间牵伸）}$$

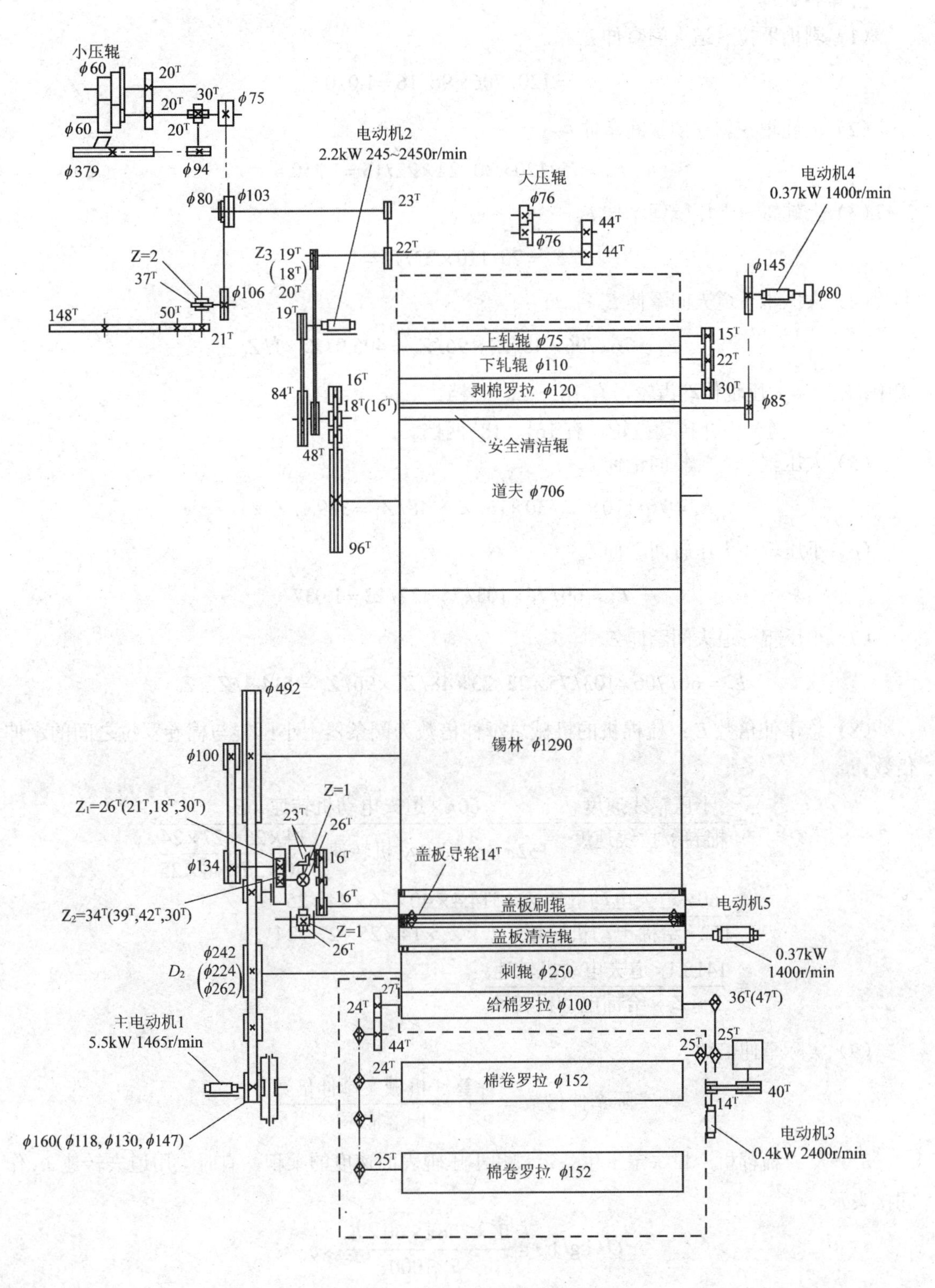

图 3-32　FA203A 型梳棉机传动图

2. **牵伸计算**

（1）剥棉罗拉～道夫间牵伸 E_1：

$$E_1 = 120/706 \times 96/16 = 1.020$$

（2）上轧辊～剥棉罗拉间牵伸 E_2：

$$E_2 = 75/120 \times 30/22 \times 22/15 = 1.250$$

（3）上轧辊～下压辊间牵伸 E_3：

$$E_3 = 75/110 \times 22/15 = 1$$

（4）大压辊～道夫间牵伸 E_4：

$$E_4 = 76/706 \times 48/Z_3 \times 96/Z_8 = 496.0/Z_3 \times 1/Z_8$$

式中：Z_3——大压辊传动齿轮，有 18^T～20^T 三档；

Z_8——道夫中介传动齿轮，有 16^T、18^T 两档。

（5）大压辊～下轧辊间牵伸 E_5：

$$E_5 = 76/110 \times 22/30 \times 16/Z_8 \times 48/Z_3 = 389.1/Z_8 \times 1/Z_3$$

（6）小压辊～大压辊间牵伸 E_6：

$$E_6 = 60/76 \times 103/75 \times 22/23 = 1.037$$

（7）小压辊～道夫间牵伸 E_7：

$$E_7 = 60/706 \times 103/75 \times 22/23 \times 48/Z_3 \times 96/Z_8 = 514.4/Z_3/Z_8$$

（8）总牵伸倍数 E：梳棉机的机械总牵伸倍数为圈条器上小压辊与棉卷罗拉之间的牵伸倍数。

$$E = \frac{\text{小压辊线速度}}{\text{棉卷罗拉线速度}} = \frac{60\pi \times \text{道夫电动机转速} \times E_7}{152\pi \times \text{给棉电动机转速} \times \dfrac{14 \times 25 \times 27 \times 24}{40 \times 36 \times 44 \times 25}}$$

$$= \frac{60 \times \text{道夫电动机转速} \times 514.4 \times 40 \times 36 \times 44 \times 25}{152 \times \text{给棉电动机转速} \times Z_3 \times Z_8 \times 14 \times 25 \times 27 \times 24}$$

$$= \frac{1418.1 \times \text{道夫电动机转速}}{Z_3 \times Z_8 \times \text{给棉电动机转速}}$$

（9）实际牵伸倍数

$$\text{实际牵伸倍数} = \frac{\text{计算（机械）牵伸倍数}}{1\text{-落棉率}}$$

3. **产量** 梳棉机产量决定于生条定量和小压辊表面速度的乘积，有时也用道夫转速 n_3 作间接表示。

$$Q(\text{kg/h}) = \frac{W \times 706\pi \times 60 \times E_7}{5 \times 1000} \times n_3$$

式中：W——生条定量，g/5cm。

中英文名词对照

Autolevelling　自调匀整
Batt　棉层
Calender roller　压辊
Can　条筒
Card　梳棉机
Carding plate　分梳板
Clothing　针布
Coiler　圈条器
Covering　罩板
Crushing roller　压辊
Cylinder　锡林
Detaching apparatus　剥棉装置
Doffer　道夫
Feed chute　喂棉箱
Feed plate　给棉板
Feed roller　给棉罗拉
Flats　盖板
Flat stripping　盖板花
Grid　尘棒
Licker-in　刺辊
Mote knife　除尘刀
Revolving flat card　（回转）盖板式梳理机
Sliver　棉条
Strip　剥取
Take-off roller　剥棉罗拉
Tuft　棉束

第四章　精梳机

第一节　概　述

一、精梳机的任务

在普梳纺纱系统中，经梳棉机得到的生条含有较多的短纤维、杂质、棉结和疵点，纤维的伸直平行度较差，不仅影响成纱的质量，也很难纺成较细的纱线。因此对于质量要求较高的纺织品和特种纱线，均需采用精梳纺纱系统，亦即使生条在梳棉机与并条机之间经过精梳设备的梳理，以提高生条的质量。

1. 精梳机的任务

（1）排除生条（即梳棉条）内较短的纤维，提高纤维平均长度及整齐度，以改善成纱条干，提高成纱强力。

（2）排除生条内的棉结、杂质和疵点，以提高成纱的外观质量。

（3）使精梳条内的纤维获得进一步的伸直平行和分离。

由精梳条制成的精梳纱较同特数的普梳纱强度提高 10%~15%，棉结杂质降低 50%~60%，成纱条干均匀，毛羽少而外观光洁。但上述纱线质量的提高是在加工成本提高的基础上获得的。

2. 精梳效果

在精梳过程中产生较多的落棉，随着落棉率的变化，精梳效果有以下几种区别。

（1）半精梳：落棉率 5%～12%，原棉中的短纤维和杂质大部分被除去，相当于原棉提高 1 或 2 个等级，纱强提高 10%，纱疵降低 10%～38%；

（2）全精梳：落棉率 12%～20%，纱疵降低 40%～62%。

（3）高级精梳：落棉率 20%以上，使用不多，仅用于纺最优纱。

棉精梳系统用于纺 7tex 以下的细特纱，纺 10～20tex 但要求光泽和美观的中粗特纱，涤棉混纺中的棉条加工，以及纯棉喷气涡流纱等。这些纱用于制作高速缝纫线、刺绣线、轮胎帘子线、高档汗衫和府绸等。

精梳机按照其结构可分为直形精梳机和圆形精梳机两种，目前应用较多的是直形精梳机，如图 4-1 所示。直形精梳机适用于加工棉纤维等较细、较短的纤维，它的特点是通过间歇式、周期性的往复运动，使纤维须丛的两端分别得到梳理。在直形精梳机中，根据其分离接合部分与给棉钳持部分的摆动方式不同，可分为后摆动精梳机（给棉钳持部分摆动）、前摆动精梳机（分离接合部分摆动）和前后摆动精梳机（分离接合与给棉钳持部分均作摆动）。

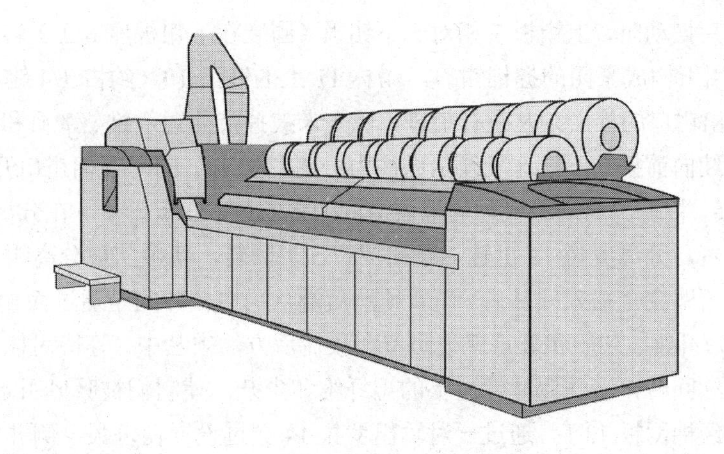

图 4–1　直形精梳机

二、精梳机的工艺流程

图 4–2 为立达 E65 型精梳机中部剖视图。精梳机的生产工艺流程如下：放置在承卷罗拉 3 上的小卷 2 因承卷罗拉的连续回转而退解。小卷 1 为备用棉卷。退出的棉层经偏心辊 4 弯折转向进入给棉罗拉 5 的钳口。偏心辊 4 可使棉层的张力在钳板往复运动过程中保持恒定。给棉罗拉 5 可随下钳板摆动和作定期转动，从而相应输出一定长度的棉层（5mm 左右）。当下钳板

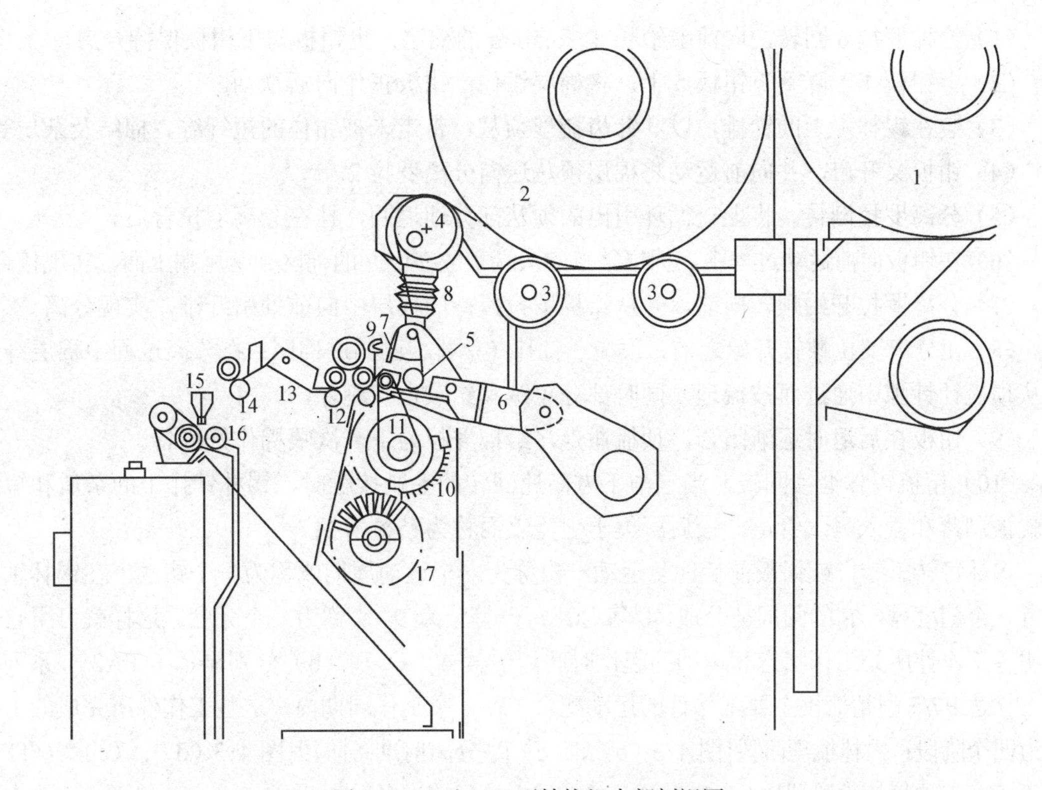

图 4–2　立达 E65 型精梳机中部剖视图

座6绕固定轴向后摆动时，上钳板7相对于下钳板（固装在下钳板座6上）转动，在加压弹簧8施加的压力作用下构成紧闭的握棉钳口。锡林11上的针齿10（约占1/4锡林圆周）转至该钳口下方，对露出钳口的棉层须丛进行梳理，梳去未被握持的短纤维、杂质和疵点。锡林梳理结束之后钳板继续向前摆动，将这段须丛送往由分离罗拉12。同时握棉钳口开启并逐渐张大，分离罗拉12倒转，将上一周期已梳过的棉层退回一定长度，使新旧须丛在分离罗拉12背面完成相互叠接。接着，分离罗拉12正转，给棉罗拉5也回转，新须丛被分离钳口牵引而挺直，这时顶梳9的针齿即完全插入须丛内。当新须丛后端从顶梳梳针间距通过而输出时，纤维即得到梳理，附着的短纤维、杂质和疵点就被阻留在顶梳后方的须丛中，等待锡林下一次梳理时去掉。毛刷 17 连续回转，清洁锡林针齿上的短纤维和尘杂，使它们被吸风引走。分离罗拉 12 输出的连续棉网经棉网板13后，通过一对输出罗拉14穿过设置在每眼一侧并垂直向下的喇叭口17收拢后再由一对导向压辊16压紧后成条。棉条沿平台输送，经导条钉转弯90°角，与其他各眼输出的条子集合，共8根条子平行合并进入牵伸装置牵伸成一根精梳条，经圈条器进入条筒中。

三、精梳机的工作顺序及运动配合

由精梳机的工艺流程可以看出，它是通过间歇式、周期性的往复运动分别梳理纤维须丛的两端。图4-3顺次地表示了直形精梳机在锡林每转一转（即一个工作循环）时间内各主要机件完成的动作（锡林匀速回转）。

（1）给棉罗拉6回转，向前喂给长4～6.5mm的棉层，上钳板与下钳板保持开启。

（2）上钳板4下降到下钳板5上，将棉层钳住；钳板正作向后摆动。

（3）装在锡林1上的针排，以其针齿梳理须丛，带走未被钳住的短纤维、棉结及杂质等。

（4）钳板又开启，并向前运动将棉层须丛送向分离罗拉2。

（5）分离罗拉倒转，将上一循环引出的须丛部分地退回，挂在分离罗拉背后。

（6）在钳板向前运动过程中，棉层须丛的头端叠放在倒回的棉网须丛尾端上面，实现接合。

（7）分离罗拉开始顺转向前，并从给棉罗拉握持的棉层中向前抽引纤维，实现分离。

（8）在分离罗拉顺转开始之前，顶梳3针排（单排）已插进棉网；在分离过程中棉层纤维端从顶梳针针隙中通过而被梳理，同时部分短绒和结杂也被剔除。

（9）钳板在后退时逐渐闭合，顶梳撤走，给棉罗拉为下一次喂棉作好准备。

（10）精梳锡林继续回转，当它与下方高速回转的毛刷接触时，锡林针排上的杂质和短纤维就被剥落和抛入吸气管道，最后凝集于尘笼表面称为精梳落棉。

锡林每转一转，或钳板前后往复运动一次称为一个运动周期或称为一个钳次。在锡林轴上装有一个刻度盘，它的圆周被分成40等分，每一等分为9°；称为一个分度。这样就可用它来表明各工作件所处工作状态和运动的起讫时间。图4-4（a）和（b）分别显示了FA251系列和瑞士立达E7/5型精梳机主要工作件的运动配合。在一个工作周期内，这些工作件所完成的工作分为四个阶段：锡林梳理阶段[图4-3（b）、（c）]、分离前准备阶段[图4-3（d）、（e）、（f）]、分离接合与顶梳梳理阶段[图4-3（g）、（h）]、梳理前准备阶段[图4-3（i）、（j）、（a）]。

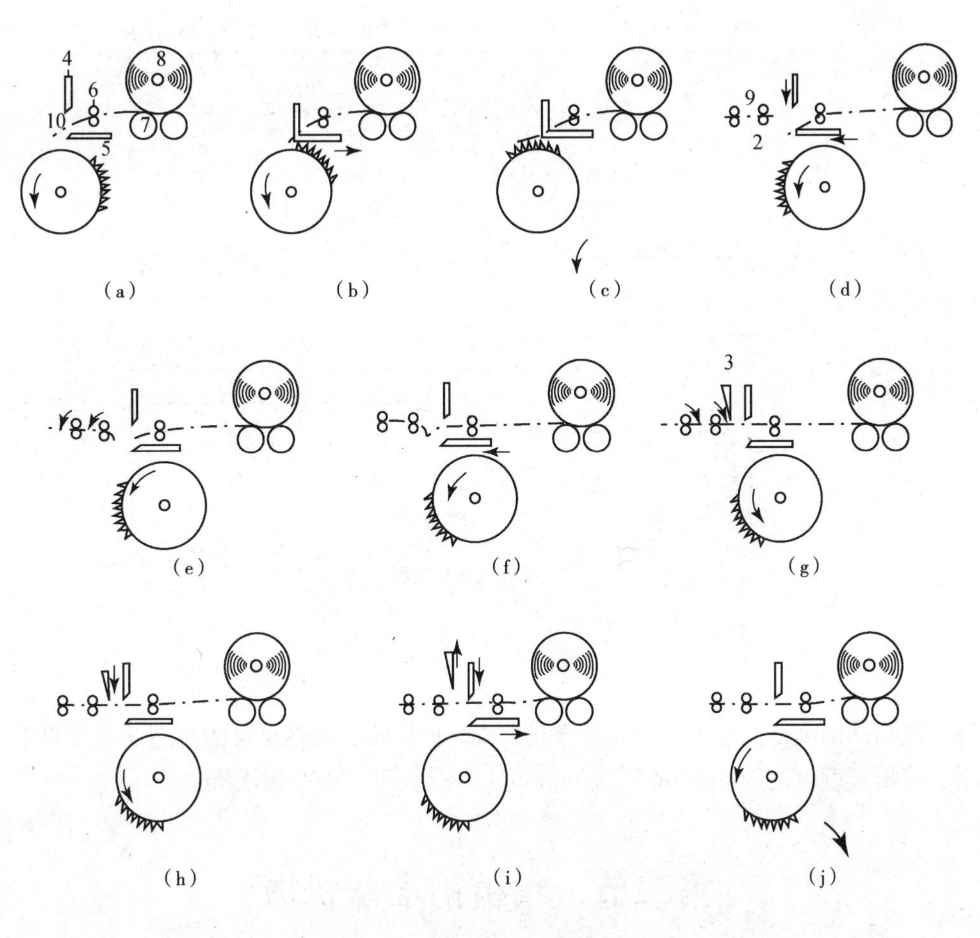

图 4-3　精梳机工作顺序

a—锡林　b—分离罗拉　c—顶梳　d—上钳板　e—下钳板　f—给棉罗拉
g—棉卷罗拉　h—棉卷　i—棉网　j—棉层

分度盘分度	20	25	30	35	40 (0)	5	10	15	20
锡林分流									
钳板运动		向前					向后		
钳板启闭		开启					闭合		
给棉运动				前给			后给		
分离罗拉运动		倒转		顺转			停		
分离过程									
顶梳分梳									

（a）FA251 系列

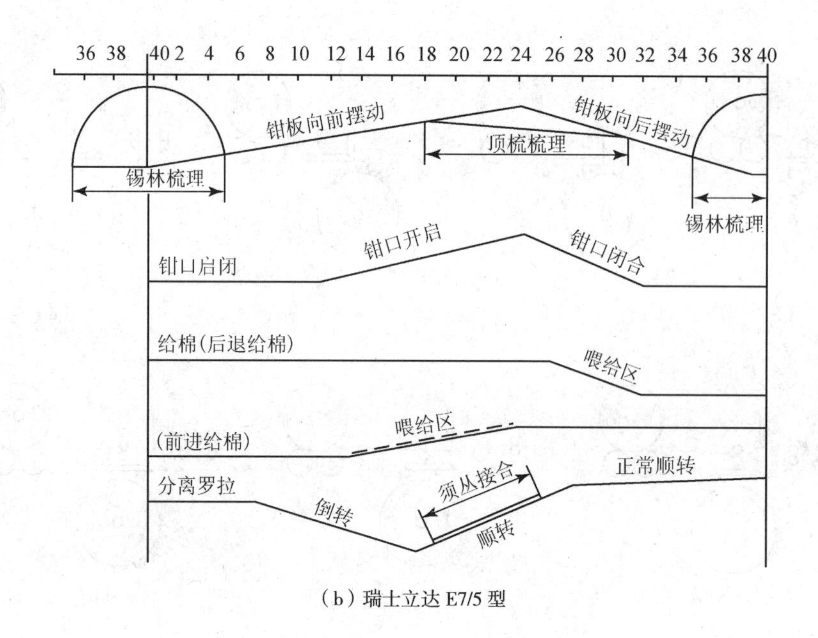

（b）瑞士立达 E7/5 型

图 4–4　精梳机各机构运动配合图

精梳机钳次的高低直接关系到精梳条的产量，也反映了机器自身的构造及质量水平。目前的新型精梳机速度可达 300～400 钳次/min 以上，最高可达 500 钳次/min。

第二节　精梳前准备机械

一、精梳准备的任务

梳棉机生产的生条在纤维结构和卷装形式上不适宜直接喂入精梳机进行加工。生条截面大小是不均匀的，纤维排列也不平直，当钳板钳持这些生条时就只能作用在几个高点位置上，不能对各生条形成最有效的握持，因而纤维会成束成块地被锡林梳针抓走。另一方面,如果纤维在棉层中杂乱地排列，那么长纤维就容易被锡林梳针抓走而成为落棉被排除。同时，锡林针齿会受到较大的梳理阻力，容易造成损伤，并会产生新的棉结。因此,梳棉生条在喂入精梳机前应经过准备工序，预先制成适合精梳机加工的小卷。精梳准备工序的任务为：

（1）改善生条内的纤维排列结构，提高纤维伸直平行度，减少精梳机加工时可纺纤维的损失。

（2）制成一定尺寸和质量的小卷；卷绕紧密，边缘整齐，横向均匀，层次清楚。

二、精梳准备机械

由于生条内（道夫输出的棉网内）的纤维有 50%呈后弯钩状态，而依靠精梳锡林将纤维梳直，则喂入棉层中的纤维最好应呈前弯钩状态；同时条内纤维弯钩状态是随条子的纳入和引出条筒而互为颠倒的，故在梳棉机和精梳机之间的加工道数须为偶数，如图 4-5 所示。

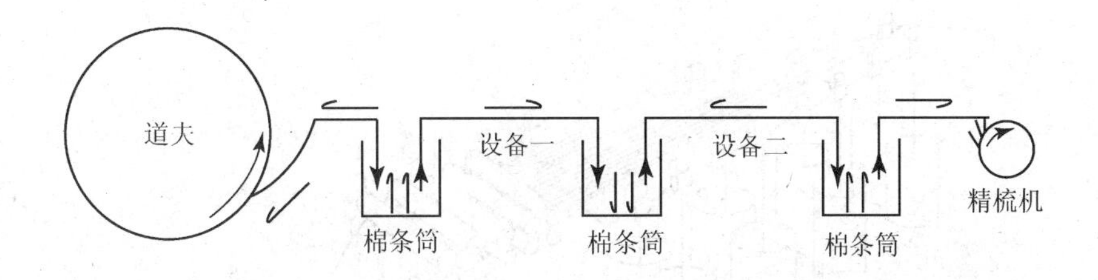

图 4–5　梳棉机和精梳机之间的加工道数与纤维弯钩状态的关系

如图 4–6 所示，目前广泛采用的精梳前准备工序有以下两种：

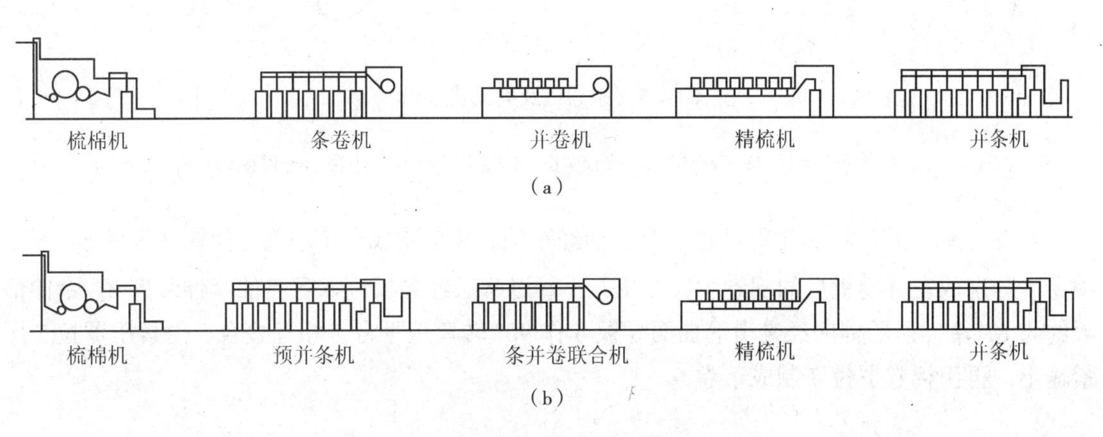

图 4–6　两种精梳准备工艺流程

并卷工艺：梳棉机——条卷机——并卷机——精梳机。

这种工艺的特点是小卷成形良好，层次清晰，横向均匀度好，无条痕，有利于梳理时钳板的横向均匀握持，精梳落棉率低，适于纺细特纱和较长纤维精梳加工。

条并卷工艺：梳棉机——预并条机——条并卷联合机——精梳机。

这种工艺的特点是并合次数多，牵伸倍数大，小卷的质量不匀率小，纤维伸直平行度好，有利于提高精梳机的产量和节约用棉。但在纺制长绒棉时，易因牵伸倍数过大而发生粘卷，且此种流程占地面积较大。

在精梳准备机械中，除预并条机为并条工序的通用机械以外，其他三种均为精梳准备专用机械。

1. **条卷机**　如图 4–7 所示，棉条由导条辊 2 从两侧 20~24 个条筒中引出，绕导条钉转过 90°，沿着 V 形导条板 1 平行地进入牵伸罗拉 3，经牵伸后制成棉层，由紧压罗拉 4 压紧后由棉卷罗拉 6 卷绕在筒管上制成小卷 5。牵伸机构由 2~3 对罗拉和胶辊组成，具有 1~1.5 倍的牵伸。筒管或小卷由棉卷罗拉表面摩擦传动，筒管两侧用夹盘夹紧。目前条卷机采用气动加压，满卷后由落卷机构将小卷落下，换放空管并移卷，并备有满卷自停装置。

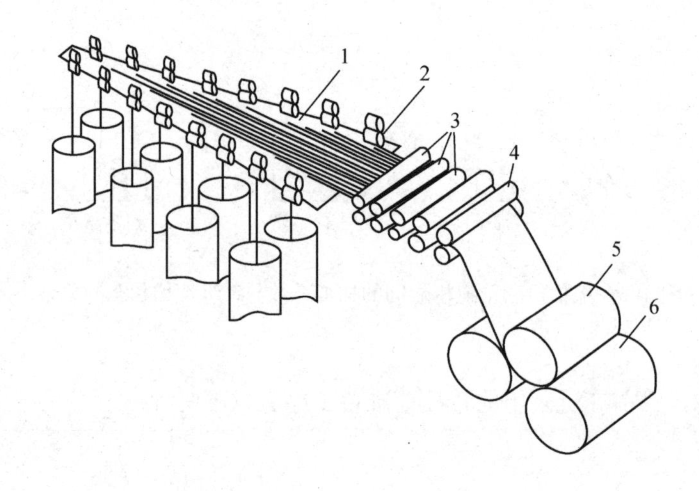

图 4-7　条卷机及其工艺过程

1—V 形导条板　2—导条辊　3—牵伸罗拉　4—紧压罗拉　5—小卷　6—棉卷罗拉

2. **并卷机**　并卷机的作用是将 6 个小卷经牵伸、并合制成一个小卷。如图 4-8 所示，6 个小卷 1 分别放在并卷机后的棉卷罗拉 2 上，小卷退解后经导板进入各自的牵伸装置 3，牵伸倍数约为 6，牵伸后的棉网经光滑的曲面导板 4 作 90° 转弯至平台上相互叠合，由紧压罗拉 5 压紧输出，再由棉卷罗拉 7 制成小卷 6。

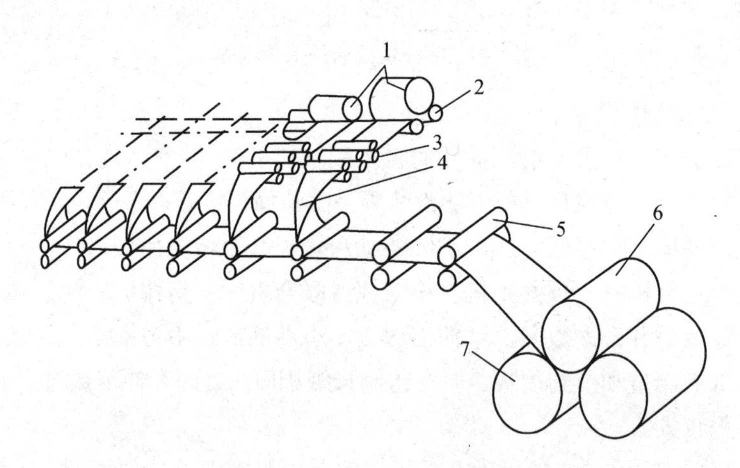

图 4-8　并卷机及其工艺过程

1—小卷　2—棉卷罗拉　3—牵伸罗拉　4—曲板导板　5—紧压罗拉
6—棉卷　7—棉卷罗拉

3. **条并卷联合机**　图 4-9 所示为条并卷联合机及其工艺过程，它共有 2～3 个头，每头有 12～20 根棉条从条筒 1 中引出，经导条辊 2 后平行地喂入牵伸装置 3，经 1.2～2.5 倍的牵伸后制成棉网，然后经过光滑的曲面导板 4 转向 90°，在输棉平台上 2～3 层棉网进行叠合，经输出罗拉进入紧压罗拉 5，再由棉卷罗拉 7 制成小卷 6。

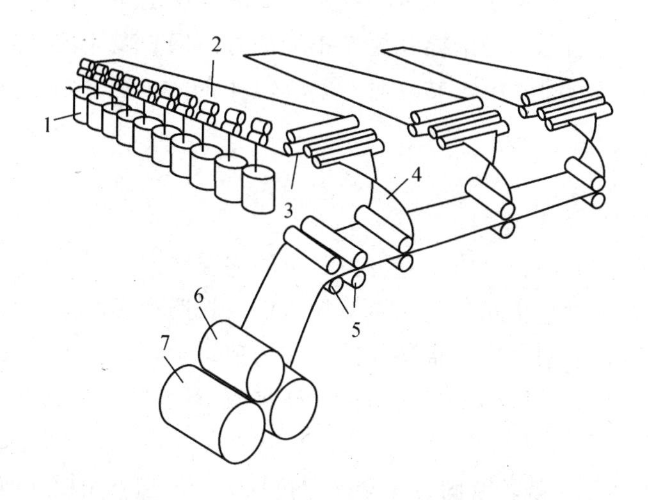

图 4-9　条并卷联合机及其工艺过程

1—条筒　2—导条辊　3—牵伸装置　4—曲面导板　5—紧压罗拉
6—小卷　7—棉卷罗拉

第三节　给棉钳持部分

精梳机给棉钳持部分包括承卷罗拉、给棉罗拉、钳板机构等，其作用是退解小卷，向机内喂给棉层，及时钳持棉层供锡林梳理和松开钳持将已梳棉层传送至分离罗拉钳口。

一、承卷罗拉

承卷罗拉的作用是托持和退解小卷，完成向给棉罗拉和钳板口给棉。承卷罗拉有两种回转方式。

1. **间歇式回转**　老式精梳机的承卷罗拉为间歇式回转，其传动机构如图 4-10 所示。装在钳板摆轴 1 上的摇杆 2 传动 L 形杠杆 4 作往返摆动，并通过棘爪、棘轮和齿轮传动棉卷罗拉间歇地输出棉层。一只紧压杆紧紧压在棘轮侧面，可消除其惯性传动。

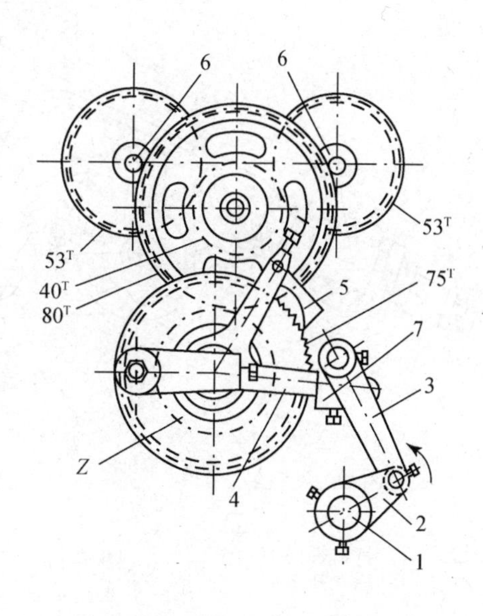

图 4-10　间歇式回转承卷罗拉传动

1—钳板摆轴　2—摇杆　3—连杆　4—L 形杠杆
5—棘爪　6—棉卷罗拉轴　7—调节块

2. **连续式回转**　精梳机的速度提高以后，间歇传动会发生惯性冲击和噪声，故现代高速精梳机的承卷罗拉已采用慢速连续式传动。但是给棉罗拉系间歇传动，定时定量喂送棉层，因此，为了保持棉层无涌皱和伸长，在承卷罗拉和给棉罗拉之间设置了一个可转动的偏心辊来托持棉层，如图 4-2 所示。当给棉罗拉 5 不转动时，偏心辊 4 的大半径端转向上，可储藏一定长度的棉层；当给棉罗拉 5 转动时，偏心辊 4 的大半径端则向下转，因而又放出这一段棉层。

二、给棉罗拉

给棉罗拉间歇地定时回转，将承卷罗拉退出的棉层输向下钳板钳唇供锡林梳理。给棉罗拉装在下钳板上，新型精梳机均采用单罗拉给棉。按照给棉时间，可分为前进给棉和后退给棉两种形式。当钳板前摆时给棉罗拉给棉称为前进给棉，当钳板后摆时给棉则称为后退给棉。部分精梳机只有一种给棉形式，而一些精梳机则两种形式兼有，并可根据需要立即调换。

如图 4-11（a）所示，棘轮 9 固装在给棉罗拉轴头上，当下钳板向前摆动时，上钳板 10 绕点 K 作逆时针方向转动而逐渐开启时，使棘爪 8 钩动棘轮 9 拉过一齿，使给棉罗拉转过一定角度而实现前进给棉；当给棉罗拉随钳板后摆时，棘爪 8 在棘轮 9 上滑过，不产生给棉动作。如图 4-11（b）所示，当下钳板 11 后退时，上钳板 10 绕点 K 顺时针方向转动而逐渐闭合，由于扇形齿轮传动小齿轮，使棘爪 8 撑动棘轮 9 转动，从而实现后退给棉。给棉长度可通过调整棘轮齿数和给棉罗拉直径进行调节。

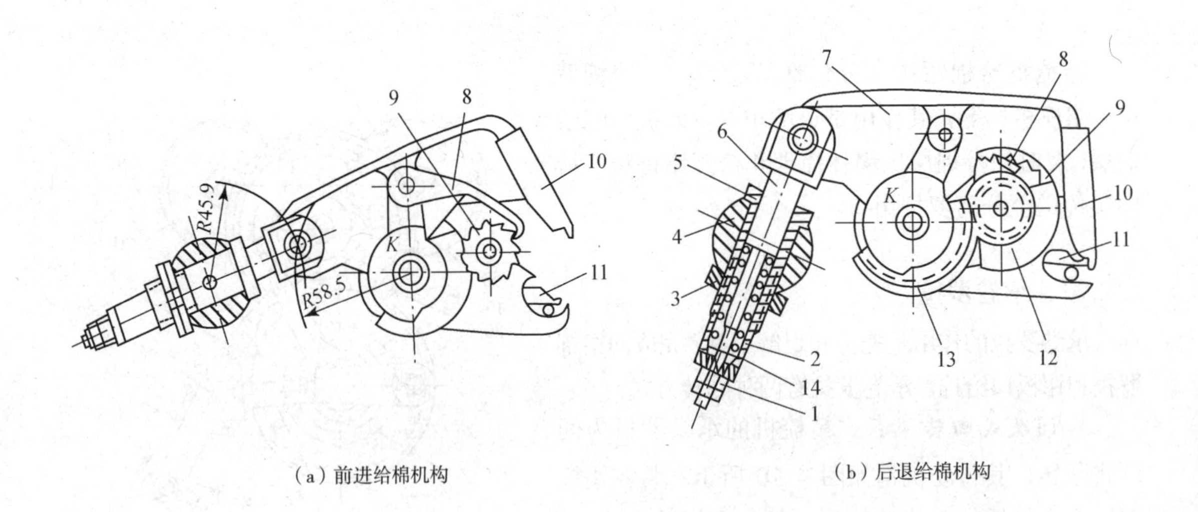

（a）前进给棉机构　　（b）后退给棉机构

图 4-11　FA251 型精梳机给棉机构

1—调节螺帽　2—弹簧　3—锁紧螺帽　4—摇块　5—套筒　6—销轴　7—上钳板臂
8—棘爪　9—给棉罗拉棘轮　10—上钳板　11—下钳板
12—小齿轮　13—扇形齿轮　14—挡圈

三、精梳落棉理论

精梳落棉率一般视原棉或生条中短绒率以及纱的最终用途和质量要求而定，国内荐用值见表 4-1。精梳落棉率及梳理质量除与小卷质量（如小卷横向均匀度、纤维平行度、短绒率等）有关外，还与给棉方式（前进给棉或后退给棉）、落棉隔距大小等有关。

表 4-1　精梳落棉率

成纱线密度（tex）	落棉率（%）	落棉短绒率（%）（纤维长度<16.5mm）
9.5 以上	13～16	60
7	16～18	
6	18～20	
5	20 以上	

1. ***后退给棉的落棉率***　对于精梳机每个工作循环，精梳落棉与分离隔距 E、给棉长度 s 的关系分析如下。如图 4-12 所示，在分离过程中，钳板钳口与分离罗拉钳口的最近距离称为分离隔距 E。凡长度大于 E 的纤维，即相应于纤维长度分布图（图 4-13）上 mn 线左侧的所有纤维，可以进入精梳条内；而长度小于 E 的纤维将成为落棉。当钳板后退而顶梳离开时，设给棉罗拉每次送出的棉层长度为 s，如图 4-12（b）所示，那么露在钳板钳口外长度为 $E+s$ 的棉层就将被锡林梳理，此时小于 $E+s$ 长度的纤维，即相应于纤维长度分布图上 qr 线右边的纤维，就可能被锡林带走而成为落棉；而大于 $E+s$ 的则进入精梳条内。故长度为 E～（$E+s$）的纤维既可能保留在被钳口握持的须丛内，也有可能称为落棉。假定以该区平均纤维长度（$E+s$）/2 来划

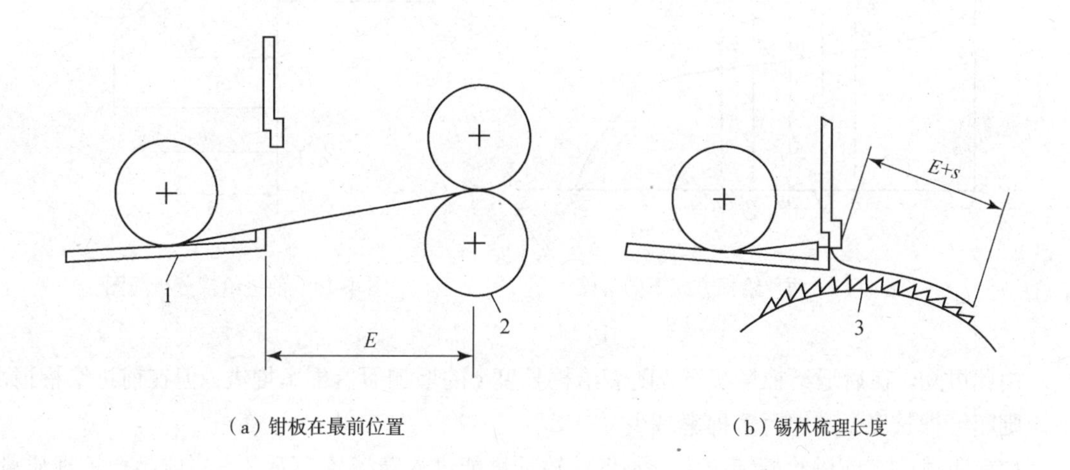

（a）钳板在最前位置　　（b）锡林梳理长度

图 4-12　后退给棉分析简图

1—钳板　2—分离罗拉　3—锡林锯齿

分，则面积 $AOPC$ 内的纤维能进入到精梳条内，而面积 OBP 内的纤维成为落棉。根据相似三角形的几何关系可知后退给棉的落棉率为：

$$后退给棉落棉率=\frac{S_{\mathrm{OBP}}}{S_{\mathrm{ABC}}}\times100\%=\frac{(oP)^2}{(AC)^2}\times100\%=\frac{\left(E+\frac{s}{2}\right)^2}{(AC)^2}\times100\% \qquad (4-1)$$

2. **前进给棉的落棉率** 如图 4-12 所示，当钳板到达距分离罗拉最近位置时完成分离过程，大于长度 E 的纤维均被分离罗拉带走。因为钳板后退时不给棉，保持以 E 长度棉层给锡林梳理，则小于 E 长度的纤维就称为落棉，如图 4-13 中面积 mnB 所示。再看图 4-14，钳板向前时给棉罗拉喂给须丛的长度为 s，分离罗拉固然能抽走长度大于 E 的纤维，但由于给棉关系，长度为 $E-s$ 的纤维也能在钳板前进过程中进入分离罗拉钳口线，换言之，长度大于 $E-s$ 的纤维均能进入精梳条内，而长度小于 $E-s$ 的纤维就将成为落棉。同理，在图 4-13 中用纤维平均长度 $o'p'$（$=E-s/2$）线分开，则面积 $Ao'p'C$ 内纤维进入精梳条，而面积 $o'p'B$ 内纤维成为落棉。根据相似三角形的几何关系可知前进给棉的落棉率为：

$$前进给棉落棉率=\frac{S_{o'Bp'}}{S_{ABC}}\times100\%=\frac{(o'p')^2}{(AC)^2}\times100\%=\frac{\left(E-\frac{s}{2}\right)^2}{(AC)^2}\times100\% \qquad (4-2)$$

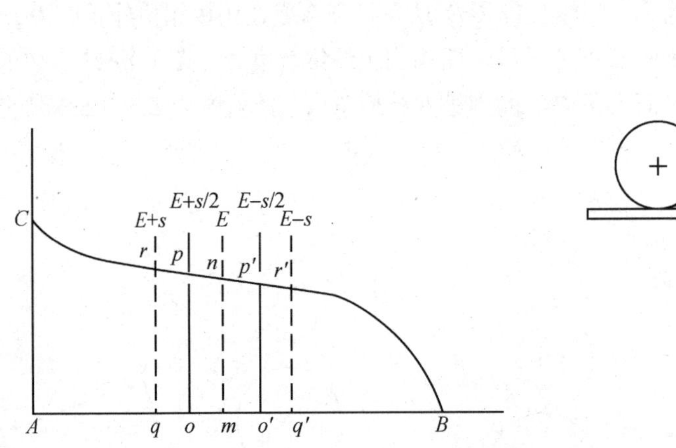

图 4-13 两种给棉方式下的落棉

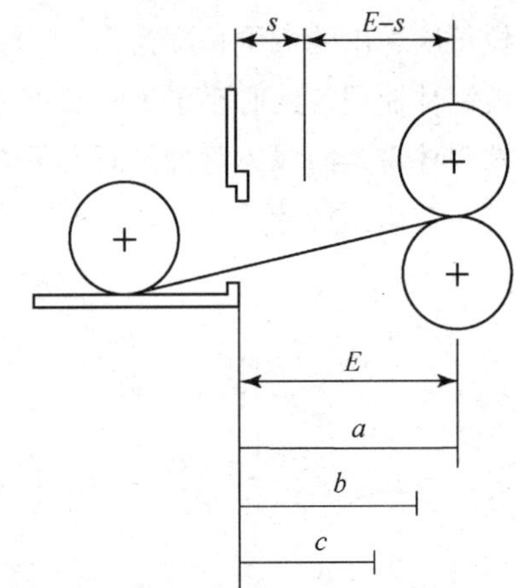

图 4-14 前进给棉分析简图

由此可知，在后退给棉情况下，随着给棉长度 s 的增加而落棉率增大；但在前进给棉情况下，则随给棉长度 s 增加而落棉率减少。

如前所述，在前进给棉情况下，不仅较短纤维能进入精梳条，而且也影响精梳梳理质量。例如钳板钳口咬住某短纤维的尾端，由于钳板向前运动和给棉，在给棉罗拉给棉时就将它推出钳口，于是该纤维就会进入棉网。

在后退给棉情况下，由于钳板在前进中无给棉发生，这一纤维仍留在棉须内，被钳口钳住和再次被梳理掉，这意味着棉结短绒排除作用加强，因而梳理质量提高。但在现代高性能精梳机上这种差别并不明显。

四、钳板机构

1. **钳板的构造**　精梳机钳板机构的作用是钳持棉层供锡林梳理其前端，再将已梳过的须丛头端递送到分离罗拉钳口进行分离接合。因此以上、下钳板为主组成的钳板机构就须做作前、后往返摆动，在摆动中上钳板对于下钳板作张口和闭口转动。当锡林轴以 400r/min 高速回转时，钳板机构往返摆动就达到 7 次/s 之多。在每次往返摆动中钳板机构受到两次加速和减速，故钳板机构的质量要轻，材料强度要高，现代大都采用铝合金加筋增强压铸结构。

上、下钳板需对相当薄的棉层做均匀有力的握持，为此上下钳板本身由钢制成，上钳板应刚坚，而下钳板略具弹性。上钳板以铰支方式架在下钳板上，两者的相对转动（即钳口张闭）由连杆机构完成，而钳口紧闭压力（即对棉层握持力）则由弹簧施加在上钳板的压力产生。为使钳口有效地握持棉层，防止其中纤维在梳理时被锡林针齿带走，夹在上、下钳唇之间的棉层应成 90° 转折形状。目前精梳机钳板钳唇的钳持方式有两种：两点握持[图 4-15（a）]和一点握持[图 4-15（b）]。采用两点握持时钳唇对棉丛的握持更加牢固可靠，例如当棉卷出现横向不匀时，一个握持点握持不足时，另一个握持点可充分发挥作用。上、下钳唇的几何形状应满足锡林对棉丛充分梳理的要求。为使锡林针齿能顺利地刺入棉丛梳理，在开始时应防止棉丛上翘。如图 4-15（a）所示，在下钳板钳唇的下部切去了一个等腰三角形，这样在钳板闭合时，上、下钳唇的几何形状可使棉丛的弯曲方向正对锡林针齿，使锡林对棉丛进行充分的梳理。

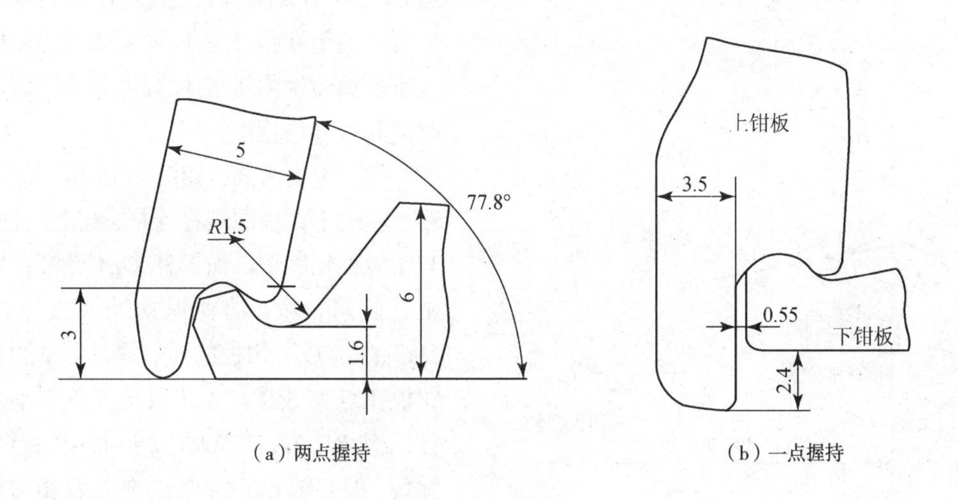

图 4-15　钳唇的形状

2. **钳板机构形式**　上、下钳板的前、后摆动和钳口的张闭都由四连杆机构完成，但机构形式彼此不同。在结构上可根据钳板轴（即下钳板的摆动中心）相对于锡林轴（与钳板摆轴高度相接近）的位置高低分为上、中、下三种支承形式，其具体机构分述如下。

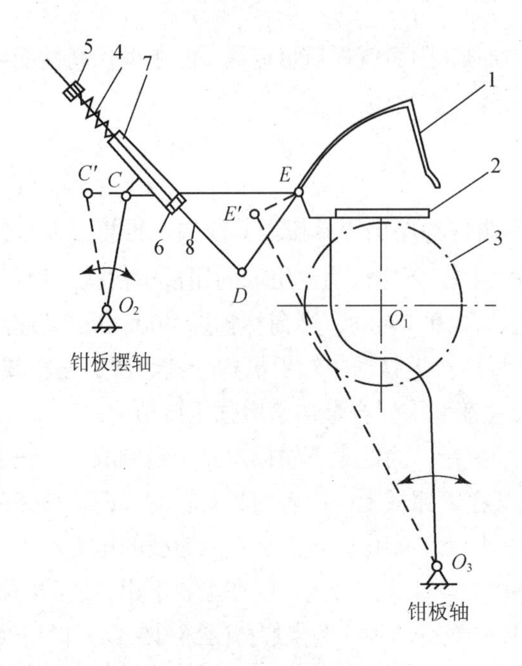

图 4-16　下支承式钳板机构

1—上钳板　2—下钳板　3—锡林　4—弹簧
5、6—螺帽　7—十字轴套　8—滑杆

（1）下支承式：图 4-16 所示为 A201 型精梳机钳板机构。下钳板固装在摇杆 EO_3 上，铰接点 O_2CEO_3 成为四连杆机构，当杆 CO_2 随同钳板摆轴 O_2 作往返摆动时就传动了摇杆 EO_3 绕支承点 O_3 作往返摆动，从而完成钳板的前、后摆动。上钳板装在杆 DE 上可绕点 E 转动。十字轴套 7 与滑杆 8 系滑动副，但因压缩弹簧的推力作用及螺帽 6 的限制，滑杆 8 与十字轴套不发生相对位移。所以，由滑杆 8 及十字轴套 7、杆 DE 及 CE 所组成的滑块连杆机构，若无外力作用，各杆不会发生相对运动，即∠CED 会保持不变。但由于连杆机构 O_2CEO_3 作往返摆动，例如摇杆 CO_2 和 EO_3 作逆时针方向摆动，则连杆 CE 绕点 E 作顺时针方向回转，杆 DE 连同上钳板也随着绕点 E 作顺钟向回转，这就驱使上钳板相对于下钳板而合拢，完成钳口关闭动作。伺候如杆 CO_2 继续逆时针方向摆动，则滑杆 8 通过螺帽 5 压缩弹簧 4，使钳口具有握棉压力并且随∠CED 增大而增大，直到杆 CO_2 摆到终止位置。调节螺帽 5 的位置可调节钳口压力的大小，调节螺帽 6 的位置可调节钳口开启的时间和张开的程度。

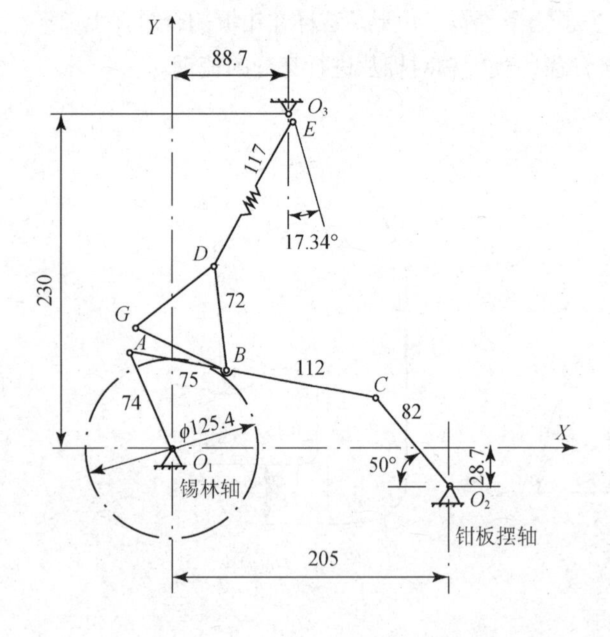

图 4-17　中支承式钳板机构

（2）中支承式：如图 4-17 所示，E7/5 型精梳机的下钳板固装在连杆 AC 上，摇杆 O_2C 与钳板摆轴联结，而摇杆 O_1A 活套在锡林轴上。摇杆 O_2C 的往返摆动通过连杆机构 O_2CAO 完成下钳板的前后摆动。上钳板与下钳板在点 B 铰接，上钳板绕 B 的转动受到连杆机构 $BDEO_3$ 的控制，DE 杆中间装有压缩弹簧，偏心轴 O_3E 绕点 O_3 的摆动由钳板摆轴通过一对齿轮传入，故两者转向保持相反。当钳板向前摆动时，上、下钳板组成的钳口开启；当钳板向后摆动时该钳口关闭。由于压簧的作用，钳口关闭无冲击响声，其压力逐渐增大。

（3）上支承式：图 4-18（a）为 FA251 型精梳机钳板机构简图。下钳板 J 与连杆 DE 成为一体，钳板摆轴通过四连杆 O_2DEO_3 传动下钳板 J 绕轴 O_3 作向前向后摆动。上钳板 I 与下钳

板 J 在点 K 铰接，G 为套筒摇块得铰接点，LM 为导杆，压缩弹簧套装在导杆 LM 上，上端紧靠导杆的轴肩，下端紧套筒挡圈平面。KLG 组成一个准摇块机构，故杆 O_2D 及 O_3E 按图 4-18（b）所示方向摆动使距离 KG 缩短时，则杆 KL 绕点 K 逆时针方向回转，上钳板便向下钳板闭合；压缩弹簧的张力驱动导杆向上，使钳口产生握棉压力。反之，当距离 KG 增大，则杆 KL 绕点 K 顺时针方向回转，如图 4-18（a）所示，上钳板上移而钳口张开，导杆上的调节螺母和挡圈便紧贴在套筒的端面上。如此时调节导杆上螺帽的位置便调节了握棉压力的大小，而调节 GL 距离便调节了钳口的闭合定时和钳口的张开程度。

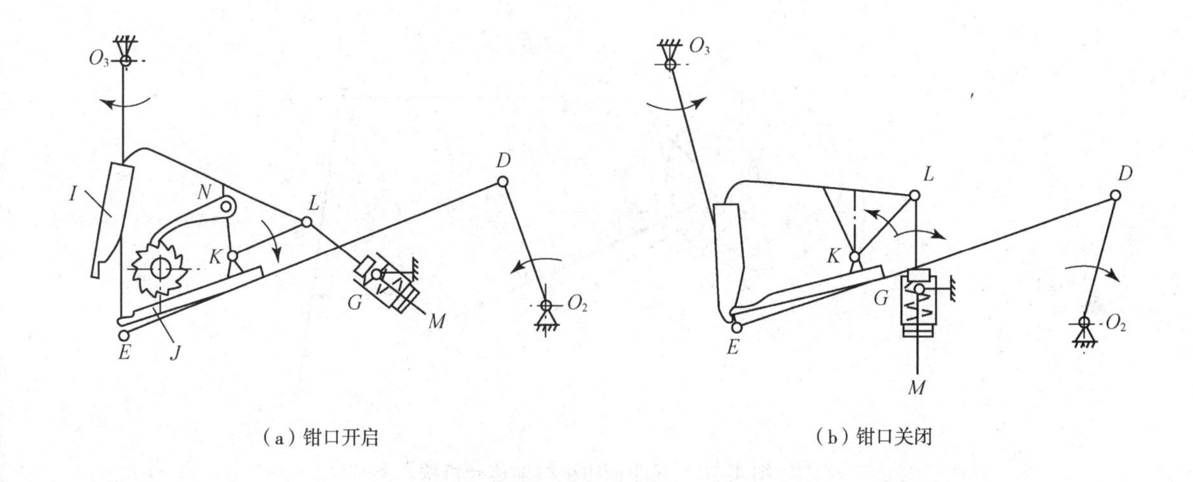

（a）钳口开启　　（b）钳口关闭

图 4-18　上支承式钳板机构

3. **钳板摆轴的摆动**　钳板摆轴传动了钳板摇架作向前向后的摆动，并且使上、下钳板启闭和顶梳升降，传动钳板摆轴摆动的机构有两种。

（1）导杆机构：在 A201 型和 E7/5 型精梳机上都采用了导杆机构，如图 4-19 所示。锡林

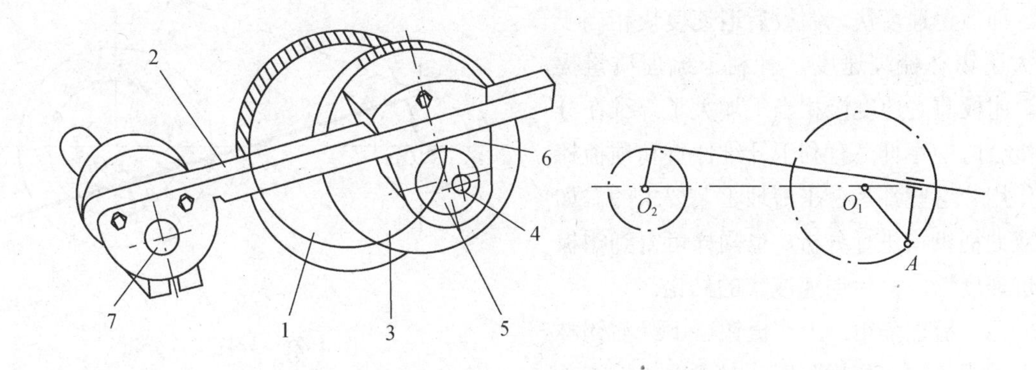

图 4-19　传动钳板摆轴摆动的导杆机构

1—分度指示盘　2—滑杆　3—落棉刻度盘　4—销轴　5—轴套　6—滑块　7—钳板摆轴

轴 O_1 通过固装在轴上的分度指示盘及装在盘上的销轴来传动滑块（与落棉刻度盘联结在一起）沿着导杆滑动，从而使导杆带动钳板摆轴 O_2 作往返摆动。

（2）双曲柄机构：FA251 型精梳机采用双曲柄机构。在图 4-20 中，O_1 表示锡林轴，轴端装着主动曲柄 O_1F，O_3 为从动曲柄轴。当锡林轴带动曲柄 O_1F 回转时，通过连杆 EF 使从动曲柄 O_3E 的点 E 作圆运动，并且通过连杆 O_3ECO_2 传动钳板摆轴作往返摆动。

4. 钳板运动的工艺要求 钳板机构的摆动动程、摆动速度、钳口开口量、开口定时等均与精梳条的质量密切相关，须注意合理选用。

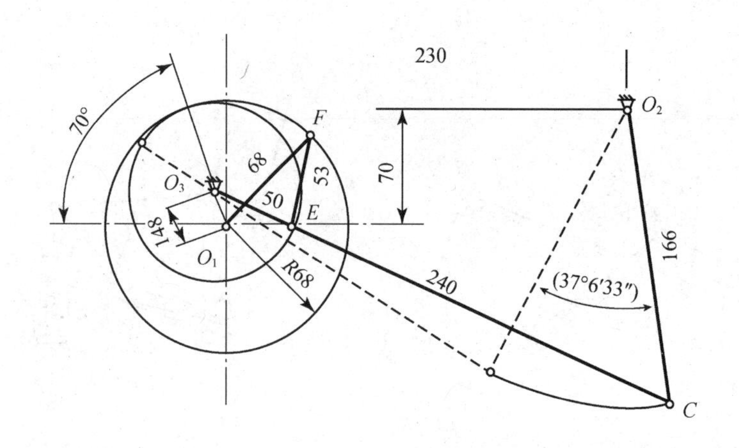

图 4-20 双曲柄钳板摆轴传动机构

（1）钳板摆动速度：钳板摆轴的往返摆动是由导杆机构或双曲柄机构实现的。如图 4-21 所示，导杆机构的导杆往返摆角是相同的，但相应的曲柄转角 ϕ_1 和 ϕ_2 则彼此不等。当曲柄转完 ϕ_1 角时，导杆向下摆动，钳板轴推动钳板前进；继而当曲柄转完 ϕ_2 角时，导杆则向上摆动，钳板轴拉动钳板后退；因为 $\phi_1 > \phi_2$，而曲柄轴即锡林轴是匀速回转的，故钳板前进速度慢，而后退速度快。钳板后退速度快相当于加大了锡林梳理速度，有利于梳理质量提高。钳板前进速度慢相当于加大了纤维在分离接合时的牵伸，有利于纤维伸直和顶梳梳理作用。这些都是合乎梳理工艺要求的。如对双曲柄机构进行分析，也同样可得到钳板前进速度慢，而后退速度快的结论。

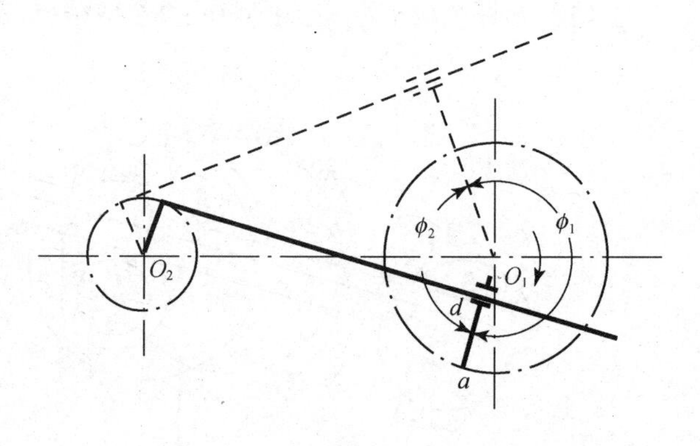

图 4-21 导杆机构分析

（2）梳理隔距：上钳板钳唇下缘与锡林针尖的距离称为梳理隔距。对于上或下支承式钳板机构来说，因钳唇下缘的运动轨迹与锡林针尖轨迹并非同心圆关系，故梳理隔距是变化的；当钳唇下缘运行到钳板轴和锡林轴的连心线上时梳理隔距最小，称为梳理隔距最紧点。而中支承式钳板机构的梳理隔距是不变化的。从梳理工艺来看，梳理隔距不变或者变化很小则梳针的负荷就较为均匀，针不易坏；梳理效果也较好。

（3）落棉隔距：当钳板机构摆动到最前位置时，下钳板钳唇前缘与分离罗拉表面的距离最近，称为落棉隔距。这一隔距可按落棉率要求进行调节，只要调节钳板摆臂相对于钳板摆轴的装配位置就可。落棉隔距大，落棉就多，反之则少；一般落棉隔距在15～25mm的范围以内，每增减1mm时，落棉率将增减2%~2.5%。

（4）钳口闭合定时：钳板钳口的闭合定时是指钳口在何时闭合。常以锡林上第一排针齿到达上钳板钳唇下方时使钳口闭合，此时分度盘上的读数即是钳口的闭合定时。这样，钳板在锡林梳理须丛之前及时紧闭和有力地握持须丛，就能防止长纤维被梳掉而称为落棉。

锡林梳理结束之后，钳板继续前摆而钳口逐步开启，为须丛分离接合作准备。这时钳口下的须丛将依靠本身弹性摆脱原来的屈曲状而逐渐抬头伸直。如果钳板开口不及时和开口量不够充分，则将有碍钳口外须丛的抬头，其头端就不能正常地到达分离罗拉钳口，造成不正确的纤维分离接合，从而出现棉网破洞和不清晰等质量问题。因此，钳板闭合的定时迟早也应顾及钳口在分离准备阶段应有一定的开口量，以利须丛充分地抬头。

第四节　梳理部分

锡林和顶梳是精梳机的梳理机件，它们分别对每段纤维丛的前端和后端进行梳理，使纤维伸直平行，除去须丛中的短纤维、杂质和疵点，对精梳条和成纱的质量有重要作用。

一、锡林

锡林轴横贯全机，机器每头装一只锡林。目前使用较多的是锯齿式锡林，如图4-22所示，

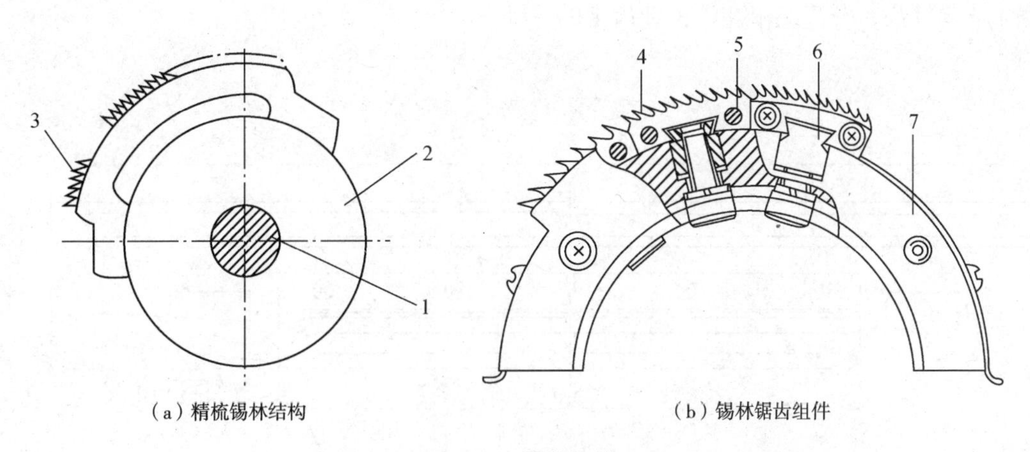

（a）精梳锡林结构　　（b）锡林锯齿组件

图4-22　精梳锡林

1—锡林轴　2—锡林体（弓形板）　3—锯齿组件　4—锯齿
5—圆轴　6—嵌条　7—弧形基座

它由锡林轴、锡林体（或称为弓形板）和金属锯齿组件组成。锡林体与锡林轴由紧固螺钉连成一体，金属锯齿组件装在锡林体上，约占锡林圆周表面的1/4。与老式精梳机锡林采用的梳针相比，锯齿更加结实，不需维修，使用中不易损坏，因而能加工定量较重的小卷。锯齿组件一般有3~5个齿组，每个齿组由多只厚0.15～0.25mm的齿片和隔片串联在两根轴上组成，并用燕尾式嵌条和螺钉固定在弧形基座上。锯齿总数根据纺纱特数、小卷定量和锡林转速等选定。前排齿组到后排齿组的锯齿密度应由稀到密分布，高度应由高变低，工作角应由大变小，这样配置可使锯齿对须丛的梳理作用逐步增强。

二、顶梳

顶梳位于钳板和分离罗拉中间，在新旧须丛分离接合过程中插入须丛；被分离罗拉钳口握持的新纤维丛的尾端从顶梳针隙中通过时就会受到梳理，混在纤维丛中的短纤维、杂质和棉结等被阻留在顶梳后方的须丛内，待在下一工作循环时被锡林梳理掉而进入落棉。故顶梳的作用是梳理每个须丛的后端。

图 4-23（a）为 FA266 系列精梳机的顶梳结构。顶梳由托脚、针板和梳针组成，顶梳针板通过螺钉与顶梳托脚连接，顶梳梳针植于针板上，与针板有一夹角，可使梳针更有效地梳理纤维。顶梳用特制的弹簧卡固装于上钳板上，由钳板摆轴通过连杆机构获得传动。

顶梳针密和针的粗细应与被梳理的原料相适应。针密一般为23~33针/cm，针密大则落棉率大。顶梳刺入须丛的深度可以调节，针刺深度也与落棉率有关，一般每增加0.5mm，落棉率约增加2%，能排除棉结。但过深则对分离接合时的纤维运动不利，导致须丛接合质量下降。顶梳对于分离罗拉的隔距应允许调节。

一些先进机型的精梳机（如特吕茨勒TCO 1型）可配备具有自动清洁功能的顶梳，如图4-23（b）所示。在顶梳的内部设有压缩空气通道，压缩空气可在极短的时间内（几微秒）从上到下吹向针齿，分离黏附在顶梳针齿上的纤维。

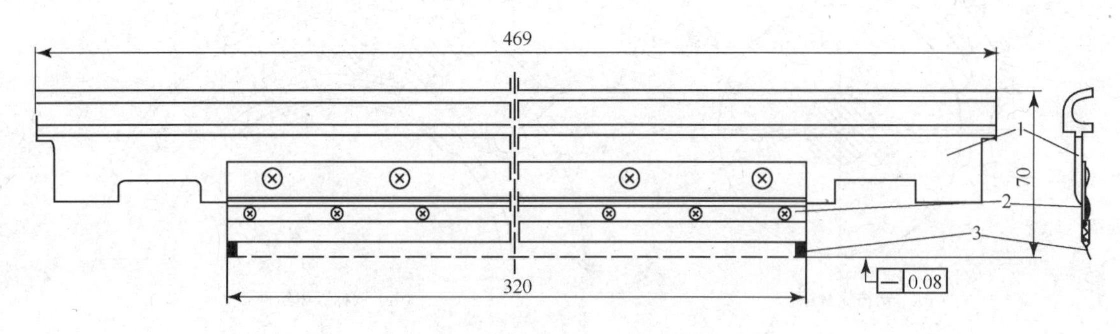

（a）FA266 系列精梳机的顶梳结构

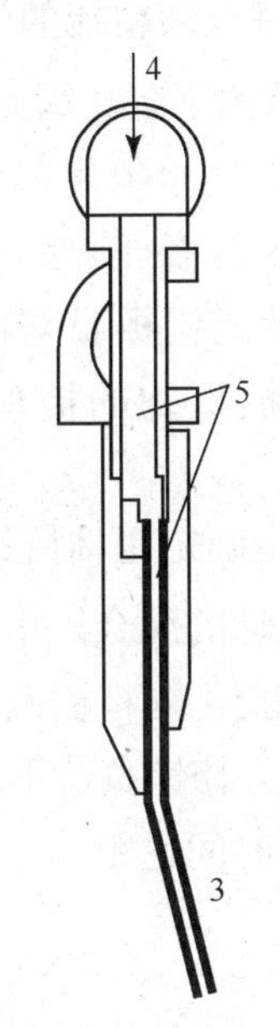

（b）内部带有压缩空气通道的自动清洁顶梳

图 4–23　精梳机顶梳

1—托脚　2—针板　3—梳针　4—压缩空气入口　5—压缩空气通道

三、影响梳理工作的主要因素

影响梳理工作的因素很多，主要有纤维原料、小卷准备工艺、精梳机件的定时定位、生产环境温、湿度等。

1. *小卷纤维的平行度*　如果小卷纤维纵向定位较差（排列乱），则锡林和顶梳梳针从棉丛中梳过时，成束的纤维将会被梳针带走，因此落棉增加，但不一定就能提高纱线质量。实验表明，精梳落棉率减少几乎与纤维平行程度增加呈线性关系。另一方面，如果小卷纤维过分平行伸直，则棉丛对棉结和杂质的卡留能力大大降低，棉结和杂质易穿过顶梳而进入棉网；小卷棉层自身也易断开，难退解和易发毛。所以，从经济与质量两方面来看，小卷纤维的平行度应有一个最佳水平。

2. *棉层厚度*　在纤维分离过程中喂给棉层厚比薄易于卡留杂质，钳板对厚棉层的握持力也比对薄的强。但棉层太厚会使锡林梳针负荷加大，梳理效果差，因为离锡林梳针远的纤维得不到应有的梳理。考虑质量和产量两方面，小卷定量以 55～80g/m 为宜。

3. *小卷均匀度*　小卷横向均匀度越好，则钳板握持棉层的效果越好。提高小卷棉层横向均匀度的最好方法是棉网高倍并合。并卷机以 6 层棉网并合制成小卷，质量合乎要求；现代条并卷联合机以 2 层或 3 层棉网并合制成小卷也达到了要求。

4. **弯钩状态** 在精梳机喂给棉层内的纤维应呈前弯钩状，这不但能使弯钩梳直，且能达到棉网清晰的要求。如果纤维呈后弯钩状，则梳理后的棉结数将会增加。

5. **给棉长度** 较大的给棉长度虽然可提高精梳的生产速度，但同时会使得纤维须丛中的杂质不能得到充分地去除，造成精梳质量的下降。因此给棉长度不能设置得太高。

6. **梳理隔距** 精梳机的梳理隔距小和隔距变化小，可使棉层受梳理的长度增加，提高了梳理效果。下支承式钳板机构形成的梳理隔距变化较大，锡林的梳理集中在偏后几排针齿上，梳理效果不够完善；上支承式钳板机构的梳理隔距变化较小，锡林梳理作用发挥充分，梳理效果好。中支承式钳板机构的梳理隔距基本上不变化，因而梳理效果最好。

7. **锡林定位** 锡林定位的实际意义是确定锡林梳针起作用的起讫时间，也可称作锡林定时。它一方面会影响到锡林梳理与钳板运动的配合，另一方面则会影响锡林末排针齿与分离罗拉倒转时间的配合。例如，对于梳理隔距变化的精梳机来说，锡林第一针齿到达钳口下方的时间过早，则梳理隔距大，致使分梳效果差，梳针负荷不均匀。但若锡林第一针齿到达钳口下方的时候过晚，则末排针齿通过最紧隔距的时间也跟着推迟了，这就有可能使末排针齿抓走由分离罗拉倒入机内的纤维，使之成为落棉。

第五节　分离接合部分

一、纤维丛的分离接合

分离罗拉和分离胶辊组成握持棉网的钳口。在精梳机每一个工作循环中，分离罗拉和胶辊先作倒转，将上一循环制成的棉网尾端向机内退回一定长度；而刚被锡林梳理过的棉丛前端，则在钳板向前输送下被叠放在退回的一段棉网上；接着分离罗拉和胶辊作顺转而输出棉网。由于其输出速度比钳板和顶梳的前摆速度快，这样就抽引出部分纤维穿越顶梳针齿而自钳板后方的棉层内分离出来，纤维的尾端在通过顶梳针齿时便得到梳理，因而成为输出棉网中一个新的组成部分。

由此可见，输出棉网是由各个小的纤维丛单元（图 4-24）以头尾端相互叠接，恰似铺瓦一样地联接起来的。纤维丛叠接不良将造成精梳条的条干不匀，表现为条厚周期性变化。被分离罗拉抓走的纤维丛在断面形状上近似一个扁平的平行四边形，其头端比尾端要厚些。如进行正确叠接，条厚不均匀现象就可消除，如图 4-24（a）所示；而不正确的叠接则会产生叠接处截面有厚有薄，如图 4-24（b）所示。为了做到纤维丛的正确叠接，应合理调节分离罗拉起始定时和钳板所持纤维头端到达分离罗拉钳口的定时，使两者匹配，就产生了纤维丛叠接长度大些（适于长纤维）或小些（适于短纤维）的结果。

为了完成纤维丛分离和接合工作，分离罗拉必须作倒顺转，并且顺转量必须大于倒转量，这样在每一工作循环中分离罗拉的有效输出长度等于顺转长度减去倒转长度。例如 E7/5 型精梳机有效输出长度 31.71mm，顺转长度 82.82mm，倒转长度 51.11mm。

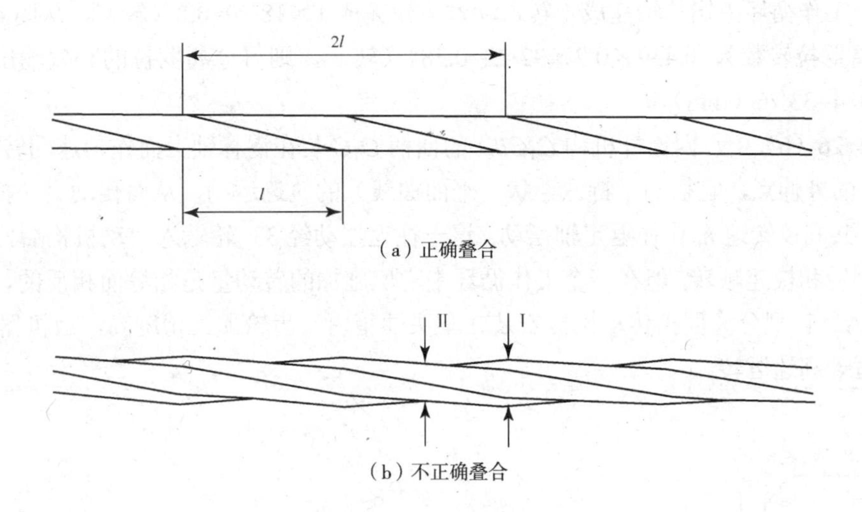

图 4–24　纤维丛叠合成网

分离罗拉一般都采用差动机构传动，完成其倒、顺转。其基本原理是在锡林轴提供的恒值转动量 A 上，加上一个周期性变值转动量 B，并且 $|B|>A$，当两者同向转动时结果为 $A+|B|$，使分离罗拉快速顺转，完成有效输出。当两者异向转动结果为 $A-|B|=-C$，使分离罗拉倒转，向机内退出一定长度的棉网，如图 4–25 所示。差动机构的作用是将转动量 A 与 B 合成去传动分离罗拉回转。

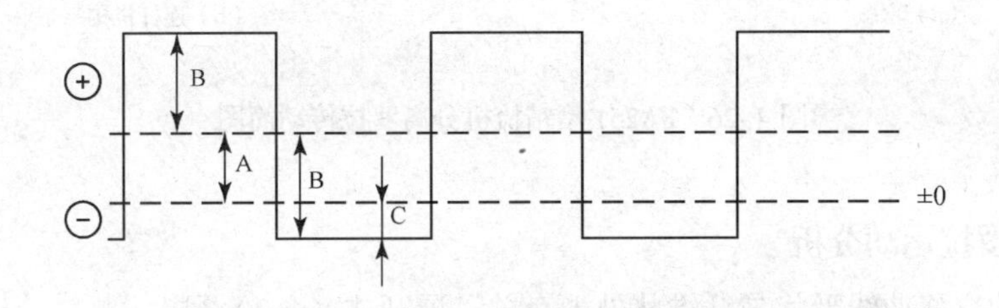

图 4–25　分离罗拉差动机构传动基本原理

二、分离罗拉传动机构

在 FA251 型精梳机上采用差动机构综合了锡林轴的恒速和六连杆机构的变速去传动分离罗拉作倒、顺转动，其传动简如图 4–26 所示。在图 4–26（a）中，设差动机构输入齿轮 33^{T} 的转速为 n_a，输出齿轮 28^{T} 的转速为 n_b，动臂齿轮 90^{T} 转速为 n_H，则转化成定轴轮系后的传动比 i_H 等于：

$$i_H=\frac{n_b-n_H}{n_a-n_H}=\frac{33}{21}\times\frac{26}{28}=1.459 \tag{4-3}$$

设连杆机构静止不动，则 $n_a=0$，所以，由于锡林轴传动而产生的输出轮转速为：

$$n_b=(1-i_H)\ n_H=-0.459n_H \tag{4-4}$$

在一个工作循环中锡林轴完成一转，动臂齿轮完成 1×18/90=0.2（转），从图 4-26（a）可算得分离罗拉转数为 0.459×0.2×92/22=0.384（转），则得分离罗拉的有效输出长度 s_1=π×28×0.384=33.76（mm）。

在图 4-26（b）中，四连杆机构 O_1CBA 的曲柄 O_1C 装在锡林轴上而作匀速回转，点 D 是连杆 BC 上的外伸点，它按一个特殊形状（平面曲线）的轨迹运动，从而传动另一摇杆 EF 和输入轮 33^T 共同以转速 n_a 作往返定轴摆动。这一往返摆动经 33^T 轮输入差动机构后，就产生了分离罗拉倒转和快速顺转，但在一个工作循环中它所施加的转动量是相等而相反的，因而可相互抵消。FA251 型分离罗拉传动机构安装在车头油箱内，齿轮加工精度高，故机器震动和噪声较低，适于高速运转。

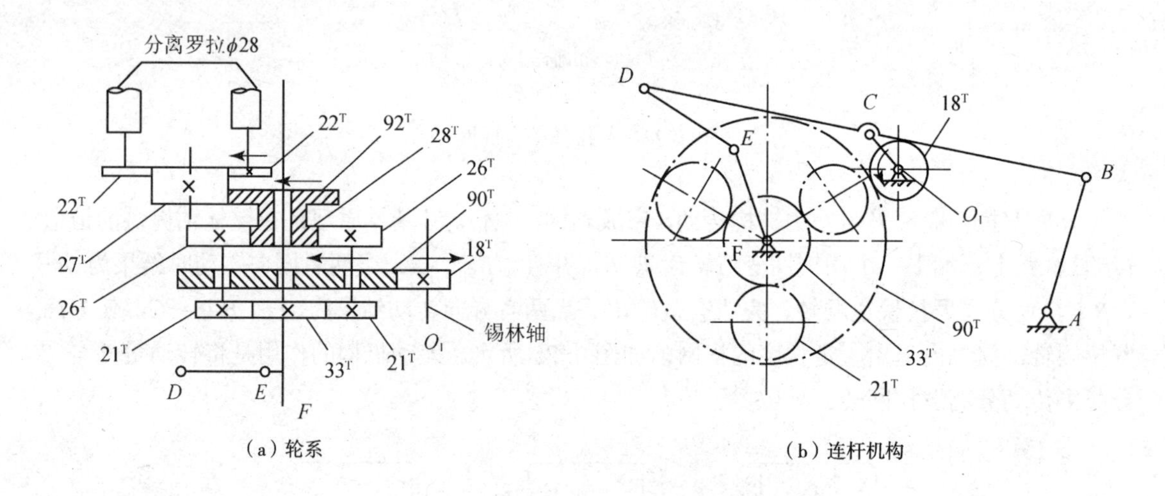

图 4-26　FA251 型精梳机分离罗拉传动简图

三、分离罗拉运动分析

分离罗拉的位移曲线形状与纤维丛外形有关。展开式（4-3）得：

$$\begin{aligned} n_b &= 1.459n_a - 0.459n_H = 1.459n_a - 0.459 \times n_c \times (-18/90) \\ &= 1.459n_a + 0.0918n_c \end{aligned} \quad (4\text{-}5)$$

式中：n_c——锡林轴转速。

如将上式中的转速转换成转角 θ，则得：

$$\theta_b = 1.459\theta_a + 0.0918\theta_c$$

转角的顺时针方向为负，逆时针方向为正。分离罗拉位移 s 如下，

$$s = 14 \times \theta_b \times 92/22 = 85.418\theta_a + 5.375\theta_c \quad (4\text{-}6)$$

式中 $\theta_c \in \{0, 2\pi\}$，单位为弧度。s 为正值，表示顺转输出；s 为负值，表示倒入机内。分离罗拉倒转长度为 58.44mm，顺转长度为 92.20mm，有效输出长度为 33.76mm。

在 E7/5 型精梳机上也采用差动机构综合锡林轴的恒速和连杆机构的变速来传动分离罗拉作倒、顺转（图 4-27），连杆机构则不同。如图 4-27（b）所示，曲柄 O_1D 因锡林轴驱动而

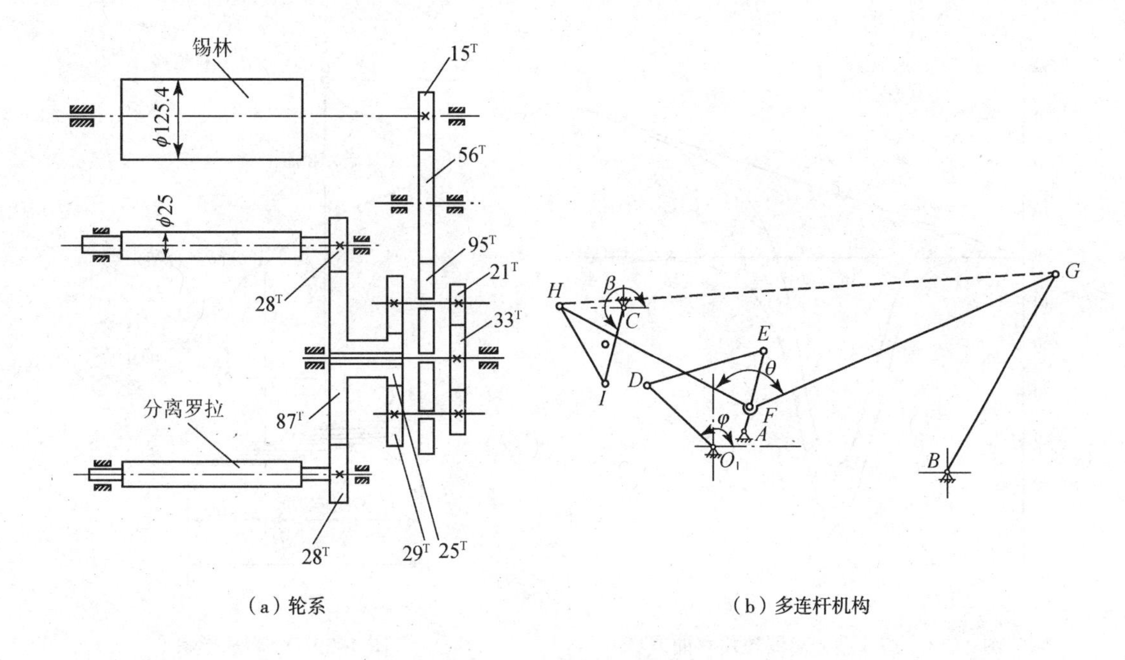

图 4-27 E7/5 型分离罗拉传动简图

作匀速回转，它传动了连杆机构 O_1DEA 和 $AFGB$。点 H 在连杆 FG 上，按特殊形状的轨迹作曲线运动，从而推动了连杆 IC 和输入 33^T 共同绕定轴摆动，满足了分离罗拉倒、顺转的要求。按图 4-27（b），传动比为：

$$i_H = \frac{n_b - n_H}{n_a - n_H} = \frac{33}{21} \times \frac{29}{25} = 1.823 \tag{4-7}$$

故得：

$$\begin{aligned} n_b &= 1.823n_a - 0.823n_H = 1.823n_a - 0.823 \times n_c (15/95) \\ &= 1.823n_a - 0.1299n_c \end{aligned} \tag{4-8}$$

分离罗拉的位移 s 如下：

$$s = 12.5 \times \theta_b (-87/28) = -70.804\theta_a + 5.045\theta_c = s_1 + s_2 \tag{4-9}$$

由图 4-28 可知，分离罗拉位移是连续的，没有静止区段。

四、分离丛形状

经锡林梳过的棉丛其纤维头端是参差不齐的，故由钳板输送给分离罗拉钳口时，各纤维先后陆续地到达钳口，被钳持后即按该罗拉表面速度快速前进而从棉丛中分离出来。在新分离的纤维丛里，各根纤维的头距增大了，如果将这些纤维伸直叠合，其头端分布曲线将与分离罗拉位移曲线一致，如图 4-29 所示。在该图中，第一根与最末一根纤维的头距恰是分离罗拉从分离开始到结束一段时间内的位移值，该值称为分离工作长度。由图 4-29 可知，分离丛长度=分离工作长度+纤维长度；并且分离丛的形状基本上接近一扁平的平行四边形。

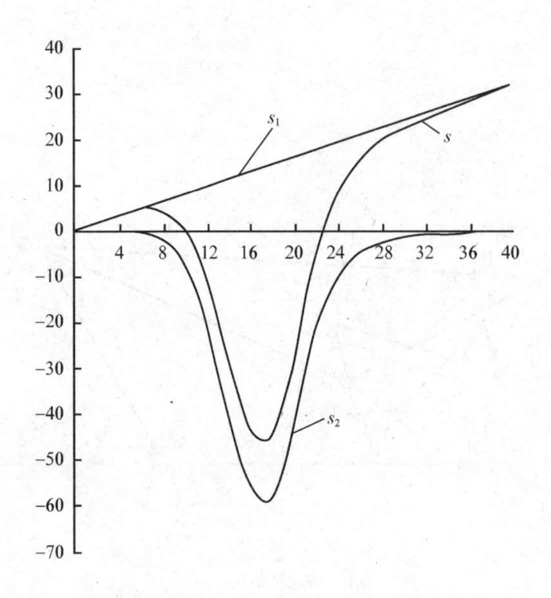

图 4–28　E7/5 型分离罗拉位移曲线

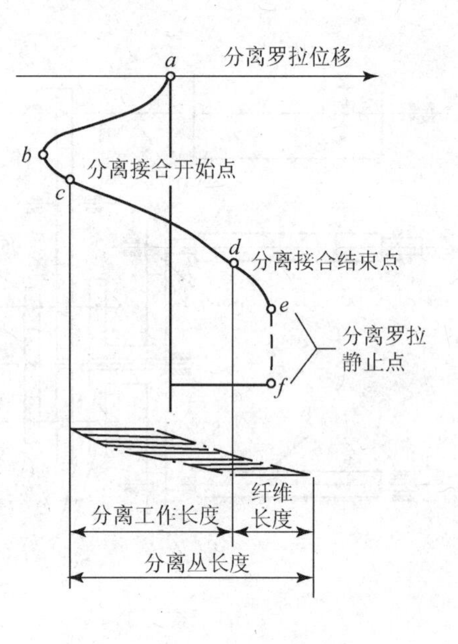

图 4–29　分离丛形状

五、分离罗拉顺转定时

加工的纤维较长或给棉长度较长时，喂给棉层的纤维头端能较早地到达分离罗拉表面。如果此时分离罗拉尚未顺转，则纤维头易撞在分离罗拉表面上而造成弯钩，而在输出棉网上就会有明显的横条弯钩纤维。又如果此时分离罗拉顺转不够快，未能及时将纤维分离出来，则新老须丛的叠合质量会较差，而在输出棉网上出现“鱼鳞斑”。由此可见，适当提早分离罗拉顺转定时可以克服上述弊病。但如分离罗拉顺转定时过早，则倒转定时也将随之提得过早，使锡林的末排针齿在经过分离罗拉与锡林的最紧隔距时，容易将倒入棉网尾端的纤维抓走而称为落棉。所以，在不产生弯钩和鱼鳞斑的前提下，分离罗拉定时不宜过早。

第六节　其他部分

一、落棉排杂机构

落棉排杂机构是由毛刷、吸风管道系统、过滤器等组成，如图 4-30 所示，高速回转的毛刷装在锡林的下方，当锡林针齿进入毛刷工作区时，毛刷鬃丝深入锡林针齿 2~3mm，以 6～7 倍的锡林表面速度将嵌在锡林针齿之间的短纤维和杂质就刷下并抛入吸风管道，接着由气流输送到机后的回转尘笼上（在老式机上）而成为精梳落棉。或者直接输送到机尾部位的过滤器（也是一个回转尘笼）上，如图 4-31 所示；或者输送到中央集中吸落棉装置，即在单独排棉的基础上，将尘笼剥下的精梳落棉由风机通过吸风管道进入滤尘室，在尘室中由滤尘设备将落棉与气流分离、收集落棉，并将过滤后的空气送入空调室，如图 4-32 所示。

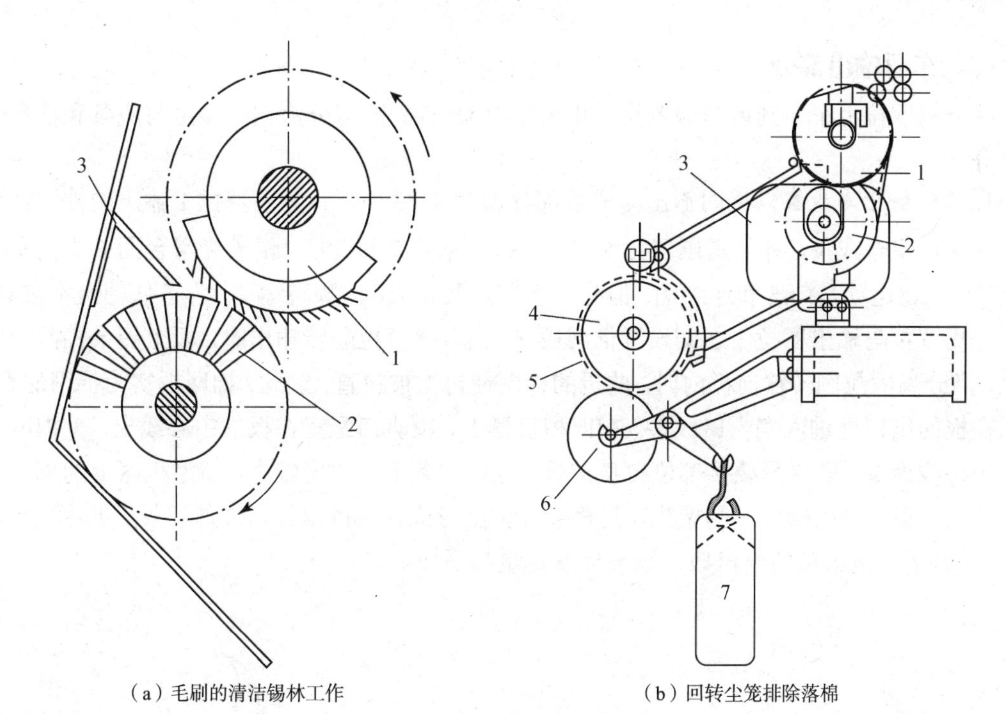

（a）毛刷的清洁锡林工作　　（b）回转尘笼排除落棉

图 4-30　落棉排杂机构

1—锡林　2—毛刷　3—风斗　4—尘笼内胆　5—尘笼　6—落棉卷杂辊　7—重锤

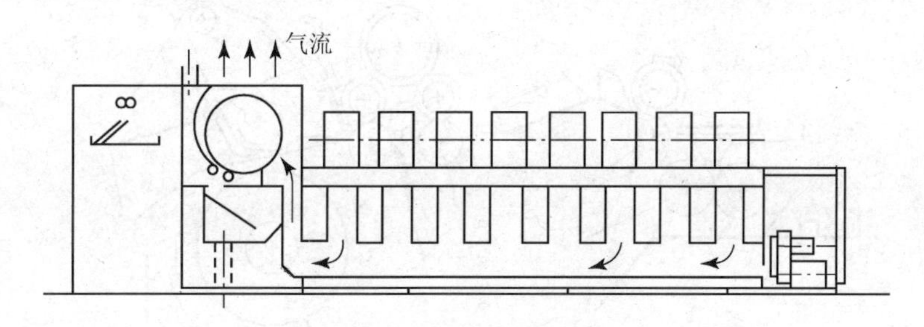

图 4-31　过滤器排除落棉

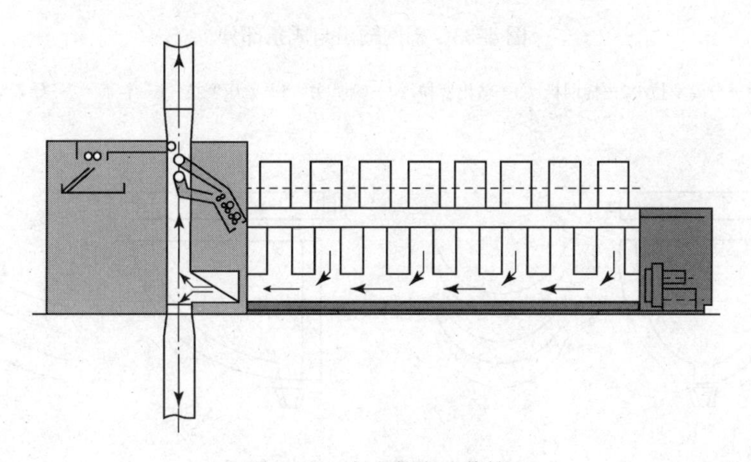

图 4-32　中央集中吸落棉

二、车面输出部分

从分离罗拉经车面到后牵伸罗拉为止为车面输出部分，可分为棉网输出与成条和棉条输出两部分。

1. **棉网输出与成条** 棉网输出与成条部分如图 4-33 所示，分离罗拉 1 输出的棉网在通过喇叭口 4 后集合成条，并由紧压罗拉 5 输出，绕导条钉 7 转 90°，沿着光滑台面 6 走向车尾牵伸装置。上述运动是匀速和连续的。但是分离罗拉要完成倒、顺转运动，为了使棉网不被破坏，故在分离罗拉与输出罗拉 3 之间设置棉网板 2。当分离罗拉顺转输出时，板上超余棉网形成曲折状，当分离罗拉倒转输向机内时，曲折的棉网便再次被拉直。因此，棉网板实为棉网储存区。棉网在板的出口处进入喇叭口成条。在旧型机器上，喇叭口配置在板的中心线上，使棉网两侧都向中心线聚拢，则棉网叠接部位自身重叠，成条的条干不匀度较大。新型机器上的喇叭口偏置在板的一侧，则棉网向一侧聚拢，其叠接部位就形成一条倾斜线，改善了条干的不匀度，如图 4-34 所示。喇叭口的出口口径须与棉条定量相适应。

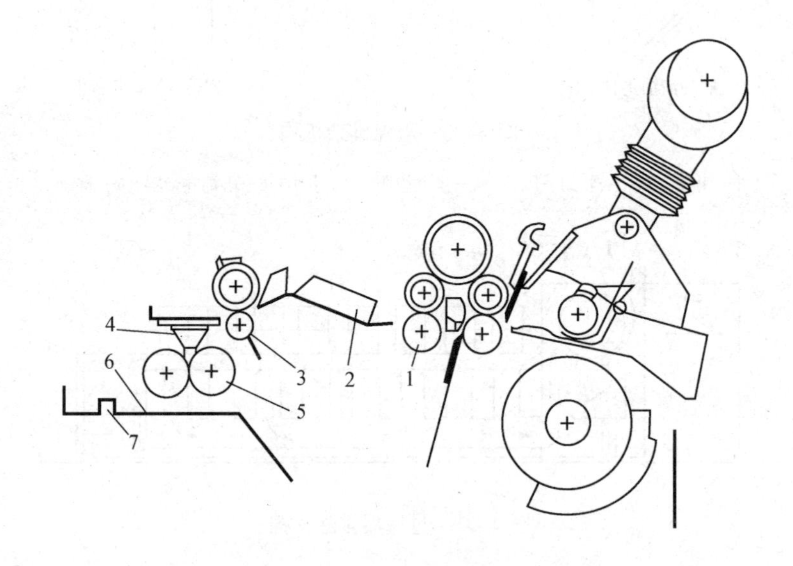

图 4-33 棉网输出与成条部分

1—分离罗拉 2—棉网板 3—输出罗拉 4—喇叭头 5—紧压罗拉 6—台面 7—导条钉

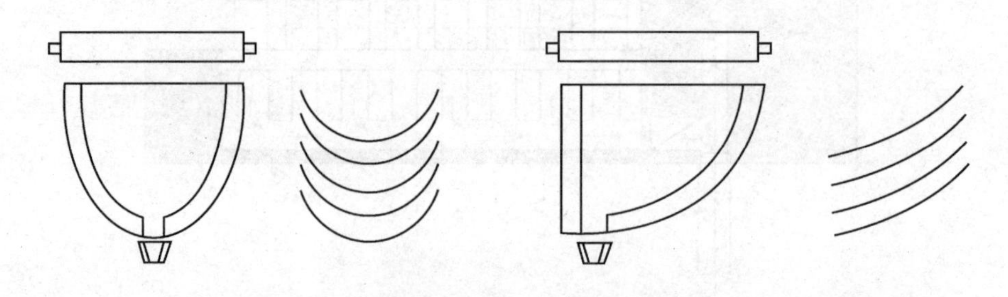

图 4-34 棉网输出喇叭口形状

2. **棉条输出**　如图 4-35 所示，每眼输出的棉条各自绕过导条凸钉作 90° 转向后在台面上汇合，共有 8 根并列喂入前方的牵伸装置。有些机型的凸钉做成偏心和可转动调节的，使牵伸装置到喇叭头的距离可作小量的调节，用于错开各根棉条上的叠接部分，以改善条干不匀度。

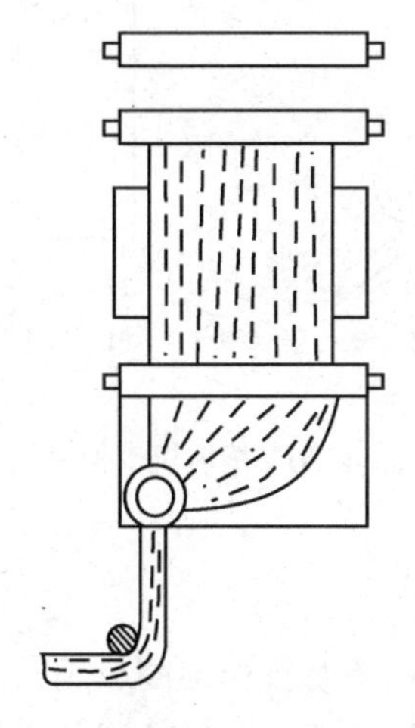

（a）棉条绕过导条凸钉作 90° 转向后输出

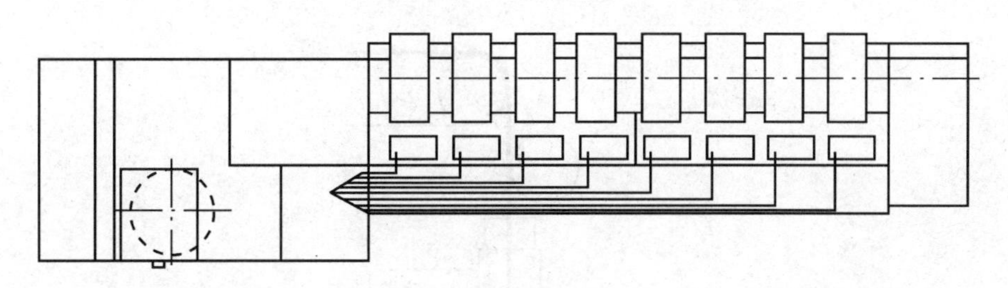

（b）8 根条子并列输出

图 4-35　棉条输出

三、牵伸装置

精梳机的牵伸装置位于与水平面呈 60° 夹角的斜面上。各型精梳机上的牵伸装置并不相同，如 FA251 型、立达 E65/75 型精梳机采用三上三下附压力棒的牵伸机构，如图 4-36（a）所示；特吕茨勒 TCO 1 型采用四上四下牵伸；FA261 型精梳机采用三上五下曲线牵伸装置，总牵伸倍数为 8～20，胶辊采用气动加压，如图 4-36（b）所示。中胶辊和后胶辊分别架在二、三罗拉和四、五罗拉之间，组成中、后钳口，从而将牵伸装置分为前、后两个牵伸区。后牵伸区为一上二下形式，因而加强了对后区纤维的运动控制。前牵伸区为主牵伸区，其罗拉隔距可根据纤维长度进行调整。在牵伸装置与圈条器之间配置了狭长的输送带，以减少条子在输送过程中的意外牵伸等。

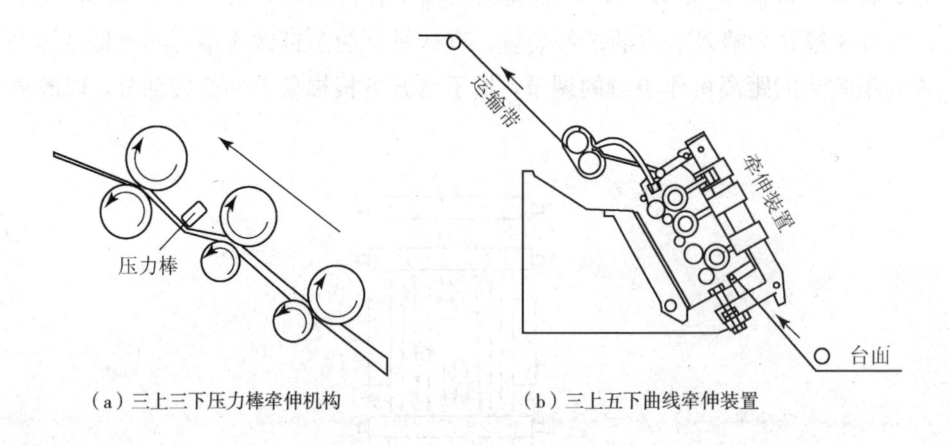

（a）三上三下压力棒牵伸机构　　（b）三上五下曲线牵伸装置

图 4-36　精梳机牵伸机构

四、圈条器

圈条器用于将牵伸装置输出的棉条有规律地圈放到条筒中。如图 4-37 所示，棉条输送带输送来的棉条经过一对回转的压辊压紧后沿回转的圈条盘的斜管进入条筒。圈条的过程同第三章梳棉机部分。

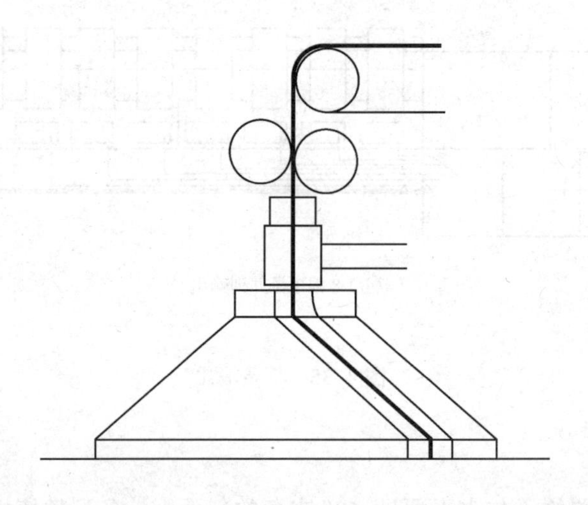

图 4-37　圈条器

五、棉卷自动运输系统

条并卷联合机可配备棉卷自动运输装置，如图 4-38 所示。通过高架运输系统可同时将 4 个或 8 个棉卷吊起并输送至排列成一行的精梳机上的棉卷放置处。通过棉卷自动运输装置，降低了人工搬运可能造成的棉卷损伤以及相应的人工成本。换卷后返回时将空管运输至条并卷机。空管在运输回空管存储处之前被自动清洁，可将残留的纤维层去除。

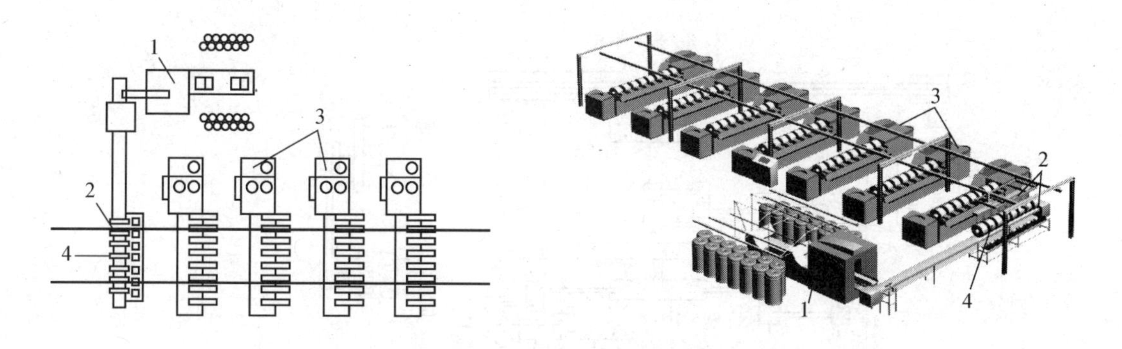

图 4-38　棉卷自动运输系统

1—条并卷联合机　2—棉卷高架自动输运系统　3—精梳机　4—待输送的棉卷

第七节　精梳机传动及工艺计算

一、传动

FA251A 型精梳机传动系统见表 4-2。

表 4-2　FA251A 型精梳机的主电动机传动系统

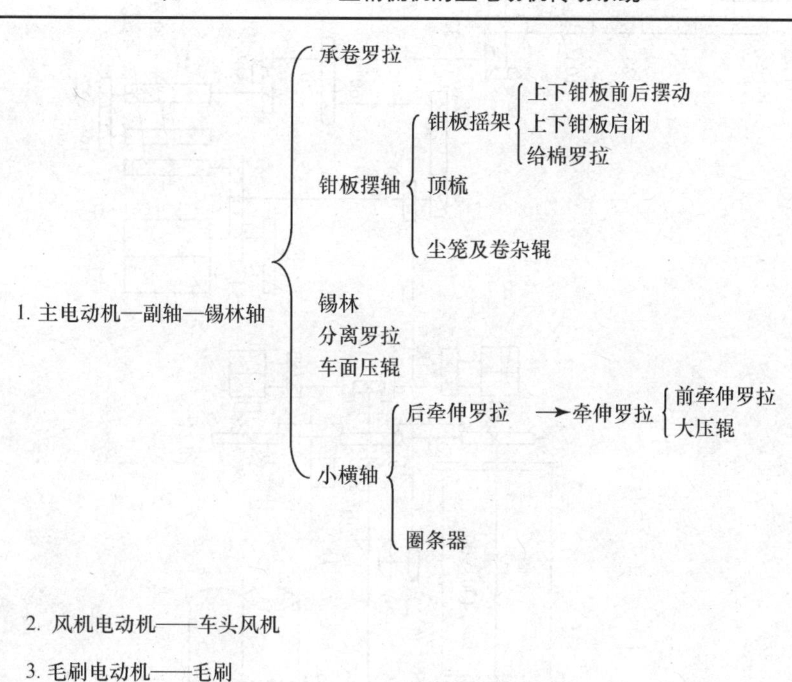

1. 主电动机—副轴—锡林轴
   - 承卷罗拉
   - 钳板摆轴
     - 钳板摇架
       - 上下钳板前后摆动
       - 上下钳板启闭
       - 给棉罗拉
     - 顶梳
     - 尘笼及卷杂辊
   - 锡林
   - 分离罗拉
   - 车面压辊
   - 小横轴
     - 后牵伸罗拉 →牵伸罗拉
       - 前牵伸罗拉
       - 大压辊
     - 圈条器
2. 风机电动机——车头风机
3. 毛刷电动机——毛刷

FA251A 型精梳机传动系统如图 4-39 所示。

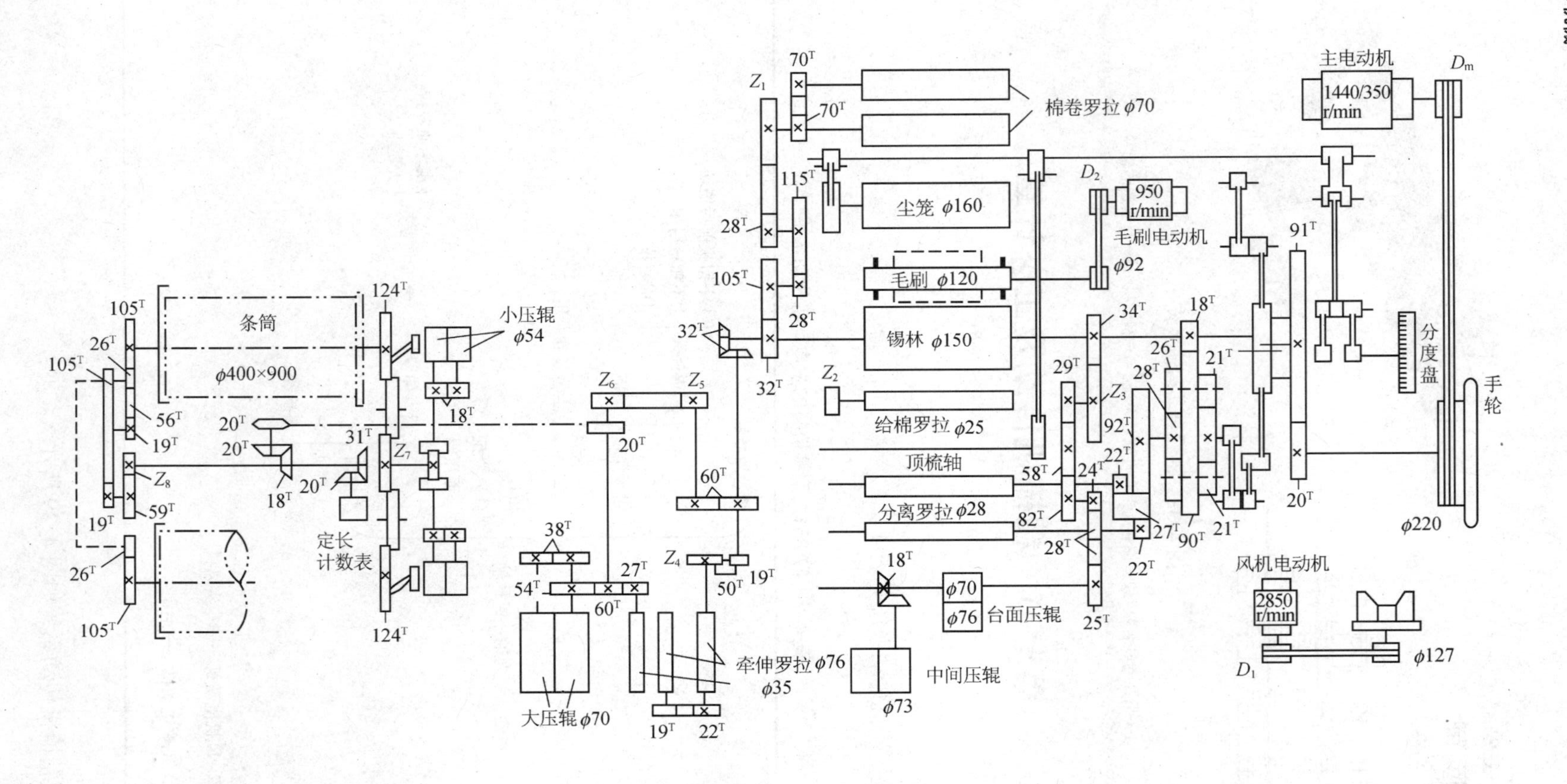

图 4-39 FA251A 型精梳机传动系统图

二、工艺计算

1. 速度计算

（1）锡林转速 n_1：

$$n_1（r/min）=1440\times\frac{D_m\times20}{220\times91}=1.439D_m$$

式中：D_m——主电动机皮带轮直径，mm。

锡林线速 v_1：

$$v_1（m/min）=\frac{\pi\times150}{1000}\times n_1=0.471n_1$$

（2）毛刷转速 n_2：

$$n_2（r/min）=\frac{950\times D_2}{92}=10.326D_2$$

式中：D_2——毛刷电动机皮带盘直径，mm。

毛刷线速 v_2：

$$v_2（m/min）=\frac{\pi\times120\times n_2}{1000}=0.320n_2$$

（3）风扇转速 n_3：

$$n_3（r/min）=\frac{2850\times D_1}{127}=22.44D_1$$

式中：D_1——风机电动机皮带盘直径，mm。

（4）前牵伸罗拉转速 n_4：

$$n_4（r/min）=\frac{60\times Z_5\times60\times20\times D_m}{27\times Z_6\times60\times91\times220}\times1440=3.197\times\frac{Z_5\times D_m}{Z_6}$$

式中：Z_5——总调牵伸齿轮；

Z_6——微调牵伸齿轮。

（5）圈条斜管与底盘之间的转速比（圈密比）i：

$$i=\frac{105\times105\times59\times Z_7}{19\times19\times124\times Z_8}=14.5312\times\frac{Z_7}{Z_8}$$

式中：Z_7——圈条牵伸齿轮；

Z_8——圈密齿轮。

2. 给棉长度和有效输出长度

（1）给棉罗拉每钳次给棉长度 L：

$$L（mm）=\frac{25\times\pi}{Z_2}=\frac{78.54}{Z_2}$$

式中：Z_2——给棉罗拉棘轮。

（2）分离罗拉有效输出长度 l：

$$l（mm/钳次）=\left(-\frac{18}{90}\right)\times\left(1-\frac{26\times33}{28\times21}\right)\times\frac{92}{22}\times28\times\pi=33.78$$

式中：$\left(-\dfrac{18}{90}\right)$——锡林轴一转时差动轮系的臂速；

$\left(1-\dfrac{26\times33}{28\times21}\right)$——差动轮系计算式中的（1−$i$ 值）。

3. 牵伸计算

（1）给棉罗拉~喂卷罗拉张力牵伸倍数 E_1：

$$E_1=\frac{L}{\dfrac{32\times28\times28}{105\times115\times Z_1}}=\frac{L\times Z_1}{456.9}$$

式中：Z_1——喂棉张力齿轮。

（2）分离罗拉~给棉罗拉的分离牵伸倍数 E_2：

$$E_2=\frac{l\times u}{L}=\frac{33.78\times0.99}{L}=\frac{33.44}{L}=0.4258\times Z_2$$

式中：u——后分离罗拉打滑率（u=0.99）。

（3）台面压辊~分离罗拉张力牵伸倍数（棉网张力牵伸倍数）E_3：

$$E_3=\frac{\dfrac{34\times29\times24}{Z_3\times82\times25}\times70\times\pi}{33.78}=\frac{75.149}{Z_3}$$

式中：Z_3——棉网张力齿轮。

（4）后牵伸罗拉~台面压辊张力牵伸倍数（台面条张力牵伸倍数）E_4：

$$E_4=\frac{\dfrac{19}{Z_4}\times35}{\dfrac{34\times29\times24}{Z_3\times82\times25}\times70}=\frac{0.8229Z_3}{Z_4}$$

式中：Z_4——台面条张力齿轮。

（5）中间压辊~台面压辊牵伸倍数 E_5：

$$E_5=\frac{73}{70}=1.042\text{（恒值）}$$

（6）后罗拉~中间压辊张力牵伸倍数 E_6：

$$E_6=\frac{\dfrac{19}{Z_4}\times35}{\dfrac{34\times29\times24}{Z_3\times82\times25}\times73}=\frac{0.7891Z_3}{Z_4}$$

（7）牵伸机构总牵伸倍数 E_d：

$$E_\text{d}=\frac{Z_4\times60\times Z_5\times60\times35}{19\times60\times Z_6\times27\times35}=\frac{0.117\times Z_4\times Z_5}{Z_6}$$

（8）后区牵伸倍数 E_7：

$$E_7=\frac{35}{\frac{19}{22}\times 35}=1.1579$$

（9）前区牵伸倍数 E_8：

$$E_8=\frac{\frac{60\times Z_5\times 60}{60\times Z_6\times 27}\times 35}{\frac{19\times 22}{Z_4\times 19}\times 35}=\frac{0.101\times Z_5\times Z_4}{Z_6}$$

（10）前牵伸罗拉~大压辊张力牵伸倍数 E_9：

$$E_9=\frac{70}{\frac{54}{27}\times 35}=1\text{（恒值）}$$

（11）大压辊~圈条压辊张力牵伸倍数 E_{10}：

$$E_{10}=\frac{54}{\frac{15}{20}\times\frac{18}{20}\times\frac{20}{20}\times\frac{60}{54}\times 70}=1.0286\text{（恒值）}$$

（12）圈条齿轮斜管出口~圈条压辊张力牵伸倍数 E_{11}：

$$E_{11}=\frac{130\times 2}{\frac{124}{Z_7}\times\frac{20}{15}\times 54}=0.029Z_7$$

（13）总牵伸倍数 E：

$$E=\frac{\frac{32\times 60\times Z_5\times 20\times 20\times 20}{32\times 60\times Z_6\times 20\times 18\times 15}\times 54}{\frac{32\times 28\times 28}{105\times 115\times Z_1}\times 70}=0.55\times\frac{Z_5\times Z_1}{Z_6}$$

中英文名词对照

Backward feed　后退给棉

Breaker drawframe　预并条机

Circular comb　圆梳

Circular comber　圆形精梳机

Coil　圈条

Comber　精梳机

Detaching roller　分离（拔取）罗拉

Feed roller　给棉罗拉

Filter drum　尘笼

Forward feed　前进给棉

High-performance comber　高效能精梳机

Lap　棉卷

Nipper　钳板

Nipper bite　钳唇

Nip rate　钳次

Noil　精梳落棉

Noil percentage　落棉率

Piecing　接合

Rectilinear comber　直形精梳机

Ribbon lap machine　并卷机

Saw-tooth　锯齿

Sliver doubling machine　条并卷机

Sliver lap machine　条卷机

Support roller　承卷罗拉

Top comb　顶梳

第五章　并条机

第一节　概　述

一、并条机的任务

由于梳棉机制出的生条长片段线密度不匀率较大（大于4%左右）；纤维伸直度差，完全伸直的纤维只占 25%左右，大部分纤维呈弯钩或弯曲状态；生条中还有一些纤维相互缠连。若直接用生条纺纱，必然影响成纱质量。至于精梳纤维条，虽然纤维的伸直度较好，但是条干均匀度较差。因此它们都必须经过并条机的进一步加工，将多根纤维条并合和牵伸成一根纤维条，以达到以下目的：降低纤维条的长片段不匀率；改善纤维的伸直平行度及分离度；使各种纤维相互均匀混和，以取得混棉效果。

二、并条机工艺过程

并条机由喂入、牵伸和成形卷绕三个部分组成，图 5-1 为并条机的示意图。六根或八根纤

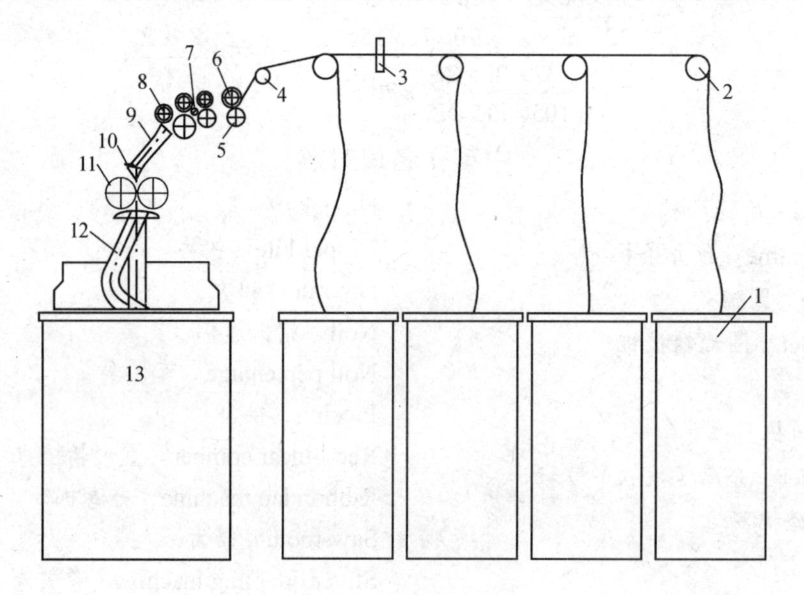

图 5-1　并条机示意图

1—喂入棉条筒　2—导条罗拉　3—导条柱　4—导条辊　5—下罗拉　6—胶辊　7—压力棒
8—导向罗拉　9—集束器　10—喇叭口　11—压辊　12—圈条盘　13—输出棉条筒

维条经导条罗拉的牵引，从机后喂入棉条筒中引出，转过90°后并列向前输送，经防止棉条相互粘连的导条柱，和定位罗拉喂入牵伸装置。牵伸装置由三列下罗拉、三根胶辊及一根压力棒组成。导向罗拉改变棉条的运动方向，使其穿过集束器。集束器起到防止纤维扩散，将牵伸后的纤维网初步收拢，再经一定口径的喇叭口凝集成条，被紧压罗拉压紧后，由圈条盘将纤维条有规律地圈放在机前的输出棉条筒内。

三、并合作用

并合就是将多根纤维条平行地叠合成一体，由于各根纤维条的粗细节在并合中随机叠合，从而可以改善纤维条的均匀程度。

设 n 根定量相同、不匀率 C_0 相同的纤维条随机并合，则并合后的纤维条的不匀率 $C=C_0/\sqrt{n}$。并合后纤维条的不匀率为并合前的 $1/\sqrt{n}$ 倍，即均匀度得到了改善。并合根数 n 过大，并合（均匀度的改善）效果就不明显。而且由于并合后的牵伸倍数增大，反而会导致条干（短片段）均匀度恶化。因此生产上一根只采用六根或八根纤维条并合。

实际上各根纤维条还存在着定量轻重差异，如将轻条或重条集中在同一眼（多根条子并合喂入和牵伸成一根条子的生产单元，俗称为眼）并合加工，则输出条子会相应地偏轻或偏重。故生产上应注意将纤维条轻重搭配并合，如果做到每眼以轻重条搭配喂入，输出条子之间质量差异就可显著地降低。

为了改善纤维条的内在结构，例如提高纤维混和均匀度和伸直平行度等，一般都不止进行一个道次的并条加工。通常，纯棉纺采用两道并条，涤棉混纺采用三道并条，而毛纺采用3～5道并条。

第二节　罗拉牵伸基本原理

一、牵伸的一般概念

牵伸的作用是将纤维抽长拉细，即将纤维条内各纤维沿长度方向作相对位移（或者说距离拉开）而分布在更长的长度上，使纤维条截面减细或减薄。牵伸的程度用牵伸倍数 E 来表示。若牵伸过程中无纤维损失，则：

$$E=\frac{L}{L_0}=\frac{\mathrm{Tt}_0}{\mathrm{Tt}}$$

式中：L_0、L ——牵伸前、后纤维条的长度；

Tt_0、Tt ——牵伸前、后纤维条的线密度数。

利用前、后两对罗拉就可以握持纤维条和实现牵伸，这种方式称为罗拉牵伸，实现罗拉牵伸必须具备下列三个基本条件：输出罗拉的表面线速度 v_1 要大于输入罗拉的表面线速度 v_2；必须对胶辊（即上罗拉）施加一定的压力 F，使罗拉钳口对纤维条产生足够的握持力；前、后罗拉钳口之间的握持要大于棉纤维品质长度或切断化学纤维的平均长度。

在罗拉牵伸中，若罗拉与纤维条间无滑溜，则：

$$E=\frac{L}{L_0}=\frac{v_1}{v_2}=E_{\rm m}$$

式中：v_1、v_2——输出罗拉与输入罗拉的表面线速度；

$E_{\rm m}$——机械牵伸倍数（或理论牵伸倍数）。

但在实际牵伸过程中，不但有少量短绒及杂质排出，而且纤维条与罗拉之间有一定的滑溜存在，故实际牵伸倍数 $E_{\rm p}$ 为：

$$E_{\rm p}=\frac{{\rm Tt}_0}{\rm Tt}（\neq\frac{L}{L_0}或\frac{v_1}{v_2}）$$

生产上通过调整 v_1 与 v_2 的比值来达到所需的牵伸倍数，也就是说，实际牵伸是通过调整机械牵伸得到的。

实现罗拉牵伸的机构称为罗拉牵伸装置，生产中大多由多对罗拉组成，形成两个或两个以上的牵伸区。例如，由三对罗拉组成的牵伸装置（$v_1>v_2>v_3$），第一对罗拉和第二对罗拉构成了前牵伸区，第二对罗拉和第三对罗拉构成了后牵伸区。前区和后区的牵伸倍数 E_{12} 和 E_{23} 称为部分牵伸倍数，而整个装置的牵伸倍数 E_{13} 称为该机台牵伸装置的总牵伸倍数，则应有：

$$E_{12}=\frac{v_1}{v_2}，\ E_{23}=\frac{v_2}{v_3}，\ E_{13}=\frac{v_1}{v_2}=E_{12}\cdot E_{23}$$

由此可见，牵伸装置的总牵伸倍数等于各部分牵伸倍数的乘积。同理，当纤维条经过若干台机器的牵伸装置的牵伸后，它所受全部机台的总牵伸倍数等于各台机器总牵伸倍数的乘积。

二、牵伸的基本理论

（一）牵伸中的纤维运动

图 5-2 为理想牵伸情况。设喂入纤维条内的所有纤维等长，全部伸直平行，纤维之间头端相距均为 a_0，并随后罗拉的表面线速度 v_2 向前运动。当纤维 A 的头端到达前钳口时就变速为前罗拉的表面速度 v_1，此时纤维 B 仍以 v_2 向前运动，所以在纤维 A、B 之间就产生了相对运动。经过了时间 Δt 后，纤维 B 的头端也达到前钳口，此后两根纤维都以 v_1 速度前进，两者之间不再有任何相对运动，显然 $\Delta t=a_0/v_2$。设 Δt 时间内纤维 A 向前的位移是 a_1，则：

$$a_1=\Delta t\cdot v_1=a_0\frac{v_1}{v_2}=a_0\cdot E$$

此 a_1 即是牵伸后纤维条内新的头距，这说明纤维条经过罗拉牵伸后，纤维条内任意两根纤维头端距比原来增大 E 倍，也就是纤维条按牵伸倍数 E 被均匀地拉长拉细了。由于理想牵伸时所有纤维都在同一位置上变速，所以原来均匀的纤维条不会因牵伸而产生不均匀。实际上，各纤维长度并不相等，也不完全伸直平行，而且大部分纤维的头距不相同，加上其他一些因素的影响，在实际牵伸过程中各根纤维并非在同一位置上变速。如图 5-3 所示，设纤维 A 的头端在 x_1-x_1 位置上变速，纤维 B 的头端在 x_2-x_2 位置上变速，即纤维 A 变速在先。在纤维 A 变速之后，纤维 B 还以速度 v_2 继续前进距离（$a_0+\Delta x$）后才会变速，所需时间 $\Delta t=(a_0+\Delta x)/v_2$，式中$\Delta x$是线$x_1-x_1$与$x_2-x_2$之间的距离。在这一时间内纤维A头端的移距为：

$$S=v_1\cdot\Delta t=\frac{v_1}{v_2}(a_0+\Delta x)=E(a_0+\Delta x)$$

所以A、B间的新头距为：

$$a_1=S-\Delta x=E_{a_0}+\Delta x(E-1)$$

分析上式可知，E_{a_0}是牵伸后两纤维的正常头距。而$\Delta x(E-1)$是头端的增值，它是由于纤维变速点位置不同而造成的。如采取措施使Δx减小，这一增值也就减小。

另一种情况，若x_2-x_2线在x_1-x_1线的右侧，且$|\Delta x|>a_0$时，则纤维B变速在先，纤维A变速在后，牵伸后两根纤维的新头距为$a_1=E_{a_0}-(E-1)|\Delta x|$，当$|\Delta x|=E_{a_0}/(E-1)$时（$E>1$），$a_1=0$，即纤维A、B的头端并列：当$|\Delta x|>E_{a_0}/(E-1)$时，$a_1<0$时，即纤维B的头端领先于纤维A，则纤维排列的原有次序被颠倒和应有的头距被破坏，从而造成输出纤维条线密度的不均匀。总之，纤维变速点分散是产生牵伸后条子不匀的原因。故在现代罗拉牵伸装置上配有控制纤维运动的附加机件，使纤维变速点尽量向前钳口集中和稳定，以降低条子的条干不匀。

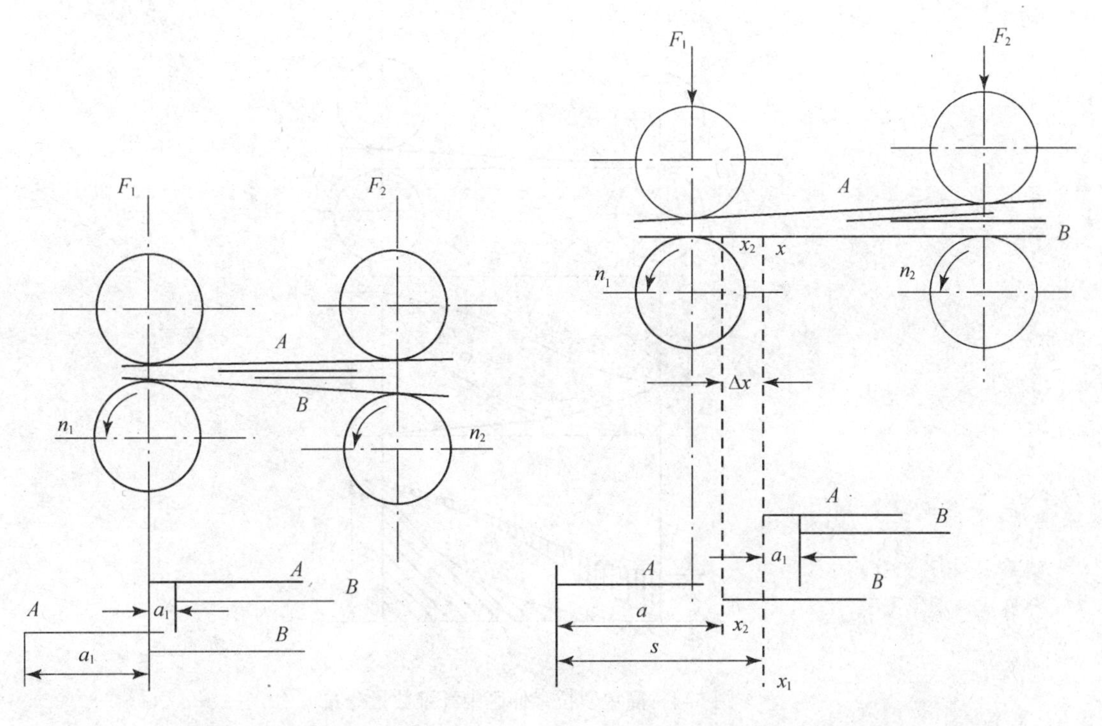

图5-2　理想牵伸时纤维头端移距　　　图5-3　纤维头端在不同位置变速时移距

（二）牵伸过程中纤维的受力

前、后罗拉钳口之间的距离称为握持距，一般握持距应大于纤维的最大长度，所以牵伸区内必然有未被握持的纤维。凡被罗拉钳口握持的纤维称为控制纤维，未被罗拉钳口握持的纤维称为浮游纤维。控制纤维又分为前钳口握持纤维和后钳口握持纤维两种，其数量变化如图5-4

的 $N_1(x)$ 及 $N_2(x)$ 曲线所示，图中影线部分代表控制纤维数量的变化，空白部分则代表浮游纤维数量的变化。由图可知，前、后钳口附近的握持纤维较多，牵伸区中部则浮游纤维较多。对于每一根纤维来说，都要经历一个由后钳口控制纤维变为浮游纤维再变为前钳口控制纤维的过程。后钳口控制纤维速度为 v_2，即慢速纤维；前钳口控制纤维速度为 v_1，即快速纤维。至于浮游纤维的速度，可能为慢速，也可能为快速，要取决于其受力情况。在牵伸区中，一根慢速浮游纤维所受周围慢速纤维对它的极限摩擦力的总和称为控制力，周围快速纤维对它的动摩擦力的总和称为引导力。引导力促使纤维加速，而控制力则阻止纤维变速，所以慢速纤维变速的条件为引导力大于控制力。在后钳口附近．慢速纤维数量多，控制力大：靠近前钳口，快速纤维数量多，故引导力大。随着慢速浮游纤维的前进，引导力逐渐增大，而控制力逐渐减小，直至引导力大于控制力，则该浮游纤维便由慢速变为快速。在同一牵伸区中，纤维由于长度不同，它与快慢速纤维接触数量不同，所受的控制力与引导力也各不相同，以及其他一些因素的影响等，结果是纤维变速点形成一种分布而且随时间波动变化。

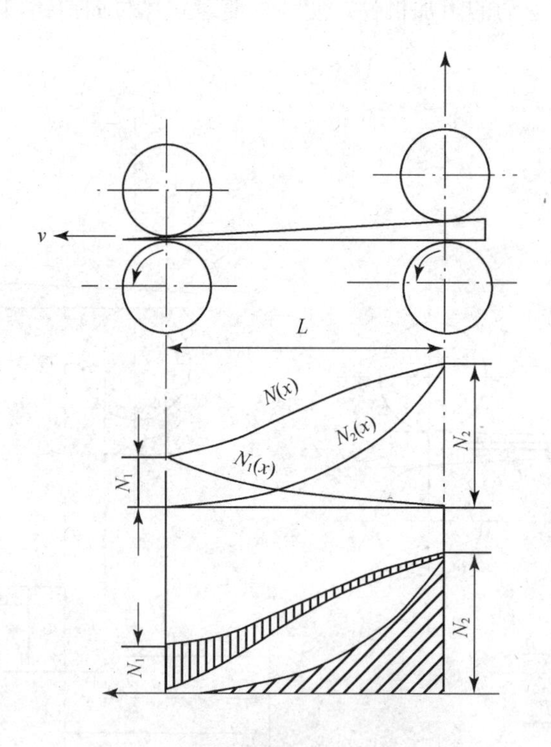

图 5-4　简单罗拉牵伸区中纤维数量分布

对整根纤维条来说，牵伸过程中由前罗拉握持的快速纤维从其他慢速纤维中抽出时，必然受到慢速纤维对它的动摩擦力作用。所有快速纤维上受到的动摩擦力总和，称为牵伸力；而前罗拉钳口对纤维条的静摩擦力，称为握持力。为使牵伸过程顺利进行，必须保证该静摩擦力的极限值大于牵伸力。相反，如果握持力不足以克服牵伸力，则纤维条将在罗拉钳口中打滑，不但使牵伸效率降低，而且将使纤维条输出不匀。

（三）牵伸区中摩擦力界的合理分布

当上罗拉（或胶辊）在外加压力作用下对下罗拉加压时，处在钳口线上的纤维条因被压而紧密度大大增加，故纤维之间压力最大；此压力向钳口前后两侧扩展，压力强度逐渐减小。但由于纤维之间存在抱合力，扩展的空间会有所延长。纤维之间存在的压力是纤维作相对滑动或有滑动趋势时产生摩擦力的根源，此摩擦力的作用空间称为摩擦力界。影响该摩擦力强度的因素有：

（1）上罗拉加压力：当力增大时，摩擦力界内的摩擦力强度及作用范围均有所增大。

（2）罗拉直径 d：当 d 增大时，罗拉与纤维条接触面积增大，摩擦力界内的摩擦力强度降低而范围扩大。

（3）须条定量 G：当 G 大时，纤维条厚度和宽度均有所增大，摩擦力的强度减小而摩擦力界范围扩大。

在一个牵伸区内，前、后两对罗拉各自形成的摩擦力界，联合在一起就构成该牵伸区内作用在纤维条上的摩擦力界的总体分布，牵伸区内浮游纤维的受力与运动主要决定于该摩擦力界及其强度的分布。正如上述，在牵伸区内纤维的变速点应尽量稳定、集中地靠近前钳口。故摩擦力界的合理分布原则是：在后钳口处，后部摩擦力界尽可能向前钳口伸展，而强度逐渐减弱；在前钳口处，前部摩擦力界要有足够大的强度和狭小的作用范围，如图 5-5 所示。这样纤维在脱离后钳口的控制后，能始终保持静摩擦控制力大于动摩擦引导力，使纤维一直随后罗拉速度前进，直至其前端到达前钳口附近，引导力迅速增大到大于控制力，使慢速纤维迅速地变成快速。显然，简单罗拉牵伸装置的摩擦力强度分布不能满足上述要求。

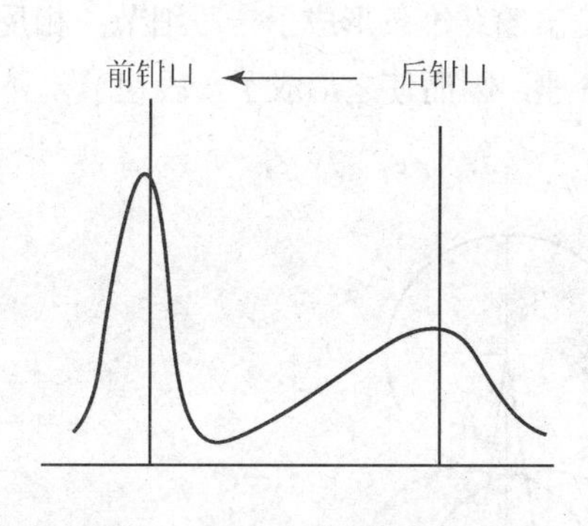

图 5-5　摩擦力界的理想分布

因此，在各种纤维纺的牵伸装置中，都设法更合理地配置罗拉钳口或者采用附加元件来产生一个附加摩擦力界。例如，在并条机上采用压力棒，在粗纱机、细纱机上采用双胶圈装置来扩展后部摩擦力界以便控制浮游纤维的慢速运动，使其变速点尽量稳定在前钳口附近。

三、牵伸过程中纤维的分离及伸直平行作用

罗拉牵伸的另一个效果是分离纤维束和伸直平行纤维。牵伸过程中纤维的相对运动，可使纤维条中残留的小纤维束进一步分离。牵伸过程中快速纤维从慢速纤维中抽出，其后端受到慢速纤维对它的摩擦阻力作用而得以伸直。同样，慢速纤维的前端受到快速纤维对它的摩擦力引导也有伸直作用。由于牵伸区中慢速纤维的数量总比快速纤维多，所以牵伸时纤维后弯钩易得到伸直。牵伸倍数愈大，对纤维后弯钩的伸直作用就愈好，但对前弯钩的伸直作用愈差。为了利用细纱机的高倍牵伸作用来伸直纤维条中的后弯钩纤维，进入细纱机牵伸装置的粗纱纤维应呈后弯钩为宜，故从梳棉到细纱之间的中间工序为奇数（图 5-6）。

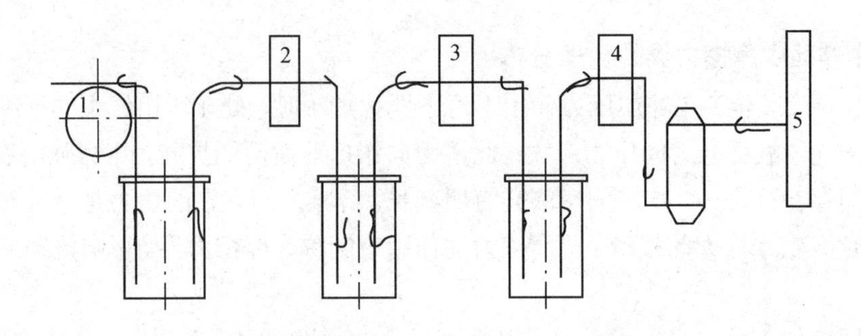

图 5-6　从梳棉到细纱工序纤维弯钩方向的变化

1—梳棉　2—头并　3—二并　4—粗纱　5—细纱

四、牵伸过程造成的条干不匀

牵伸过程造成输出纤维条在短片段上线密度不匀（即条干不匀），主要表现为两类：

1. **机械不匀波——机械因素造成的不匀**　机械波是由于机械状态不良引起的，具有明显的周期性。造成机械不匀波的主要原因是：

（1）罗拉钳口摆动。由于胶辊偏心、罗拉偏心、罗拉弯曲或胶辊软硬不均匀等原因，使罗拉钳口位置产生往复摆动。如图 5-7 所示，出于胶辊偏心使钳口产生 A—B 摆动弧长。当前钳口向前摆动时，则罗拉的实际握持距变大，因而推迟了慢速纤维变速；而快速纤维仍按输出速度向前运动，因而快速纤维和慢速纤维之间的距离相应增大，使输出的纤维条形成了一段细节；相反，当前钳口向后摆动时，罗拉握持距变小，使慢速纤维提前变速，因而使之形成了一段粗节。

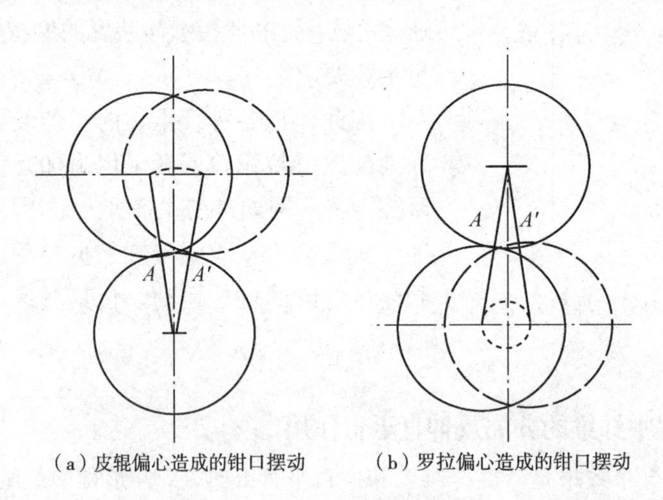

（a）皮辊偏心造成的钳口摆动　　（b）罗拉偏心造成的钳口摆动

图 5-7　钳口摆动

（2）罗拉表面速度不均匀。由于下罗拉偏心或弯曲、车头齿轮偏心、磨损或啮合不良以及罗拉扭转振动而造成的罗拉表面速度不匀，意味着牵伸倍数随时间而变化，必然使纺出的纤维条产生粗细不匀。

此外，胶辊加压不良，胶辊、胶圈速度不稳定等也会形成机械不匀波。

2. **牵伸不匀波——牵伸过程造成的不匀**　所谓牵伸不匀波是指机械状态完全正常的情况下，纤维条经牵伸后所产生的不匀。这是由于牵伸过程中浮游纤维变速不规则所形成的。例如，牵伸过程的某一瞬间，如喂入纤维条中有一粗节，或一束短纤维集中在前钳口附近变速，就会使后面的浮游纤维受到的引导力增大，而使这些浮游纤维提前变速，前钳口就输出一段粗节；同时，由于部分纤维已提早变速，使随后一段纤维条中的纤维数量减少，形成一段细节。此细节又使随后的浮游纤维的引导力减小，而延迟变速，结果在细节后再产生一段粗节。如此重复循环，形成一种连续的超细节。这就是牵伸波产生的机理。

第三节　并条机的牵伸机构

一、并条机牵伸机构的主要元件

上、下罗拉和集合器是并条机牵伸机构的主要元件。

1. **下罗拉**　下罗拉由钢材制成，表面开有沟槽，如图 5-8 所示，一般为直槽或斜纹螺旋槽，后者能更有效地控制纤维。罗拉直径应与加工纤维的长度相适应。在一定线速度时，罗拉直径大可使罗拉转速降低，还可减少牵伸过程中纤维绕罗拉的现象，有利于高速。但是过大的直径会影响相邻两对罗拉钳口距离的收小，而罗拉钳口距离又需与加工纤维长度相适应。因此，棉纺牵伸罗拉的直径一般为 28mm 左右，而对于毛、麻、丝等长纤维则可相应增大。下罗拉与上罗拉组成握持纤维的钳口。下罗拉由齿轮积极传动，而上罗拉则由下罗拉摩擦带动。

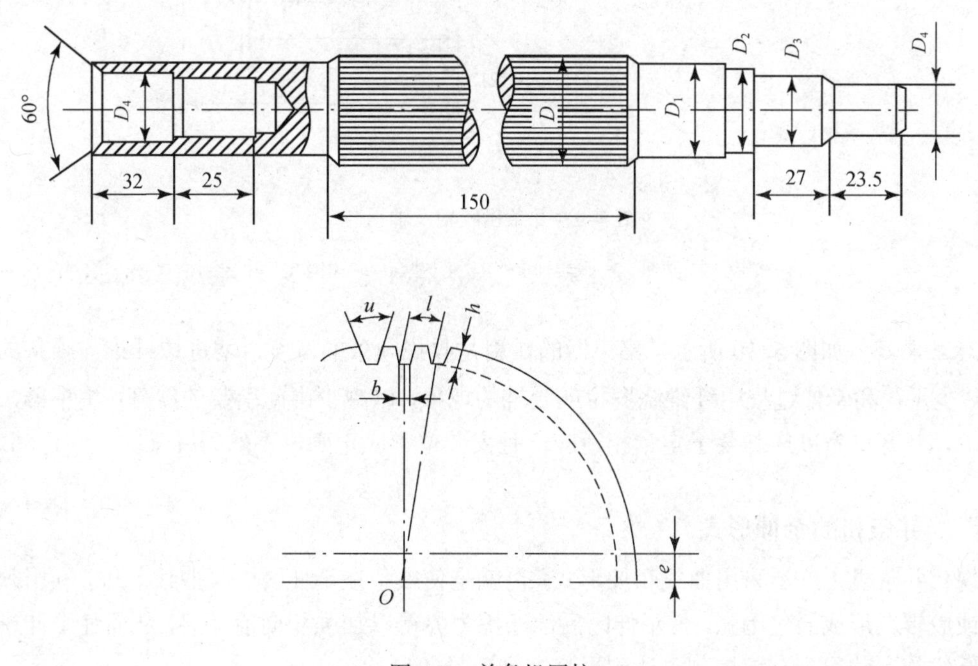

图 5-8　并条机罗拉

2. **上罗拉** 上罗拉一般为弹性胶辊，如图 5-9 所示，在胶辊轴芯上紧套着胶圈，胶辊轴的两端各自插入装有滚针轴承的轴承套内，轴承套装入罗拉轴承座孔内承受加压力作用。胶辊要有一定的弹性和硬度。此外，胶辊还应耐磨损、耐老化、圆整度好，并且表面要“光、滑、燥、爽”，还应具有一定的吸、放湿及抗静电性能，以防止牵伸时纤维产生绕胶辊现象。为此，胶辊表面需定期进行磨砺和化学处理。

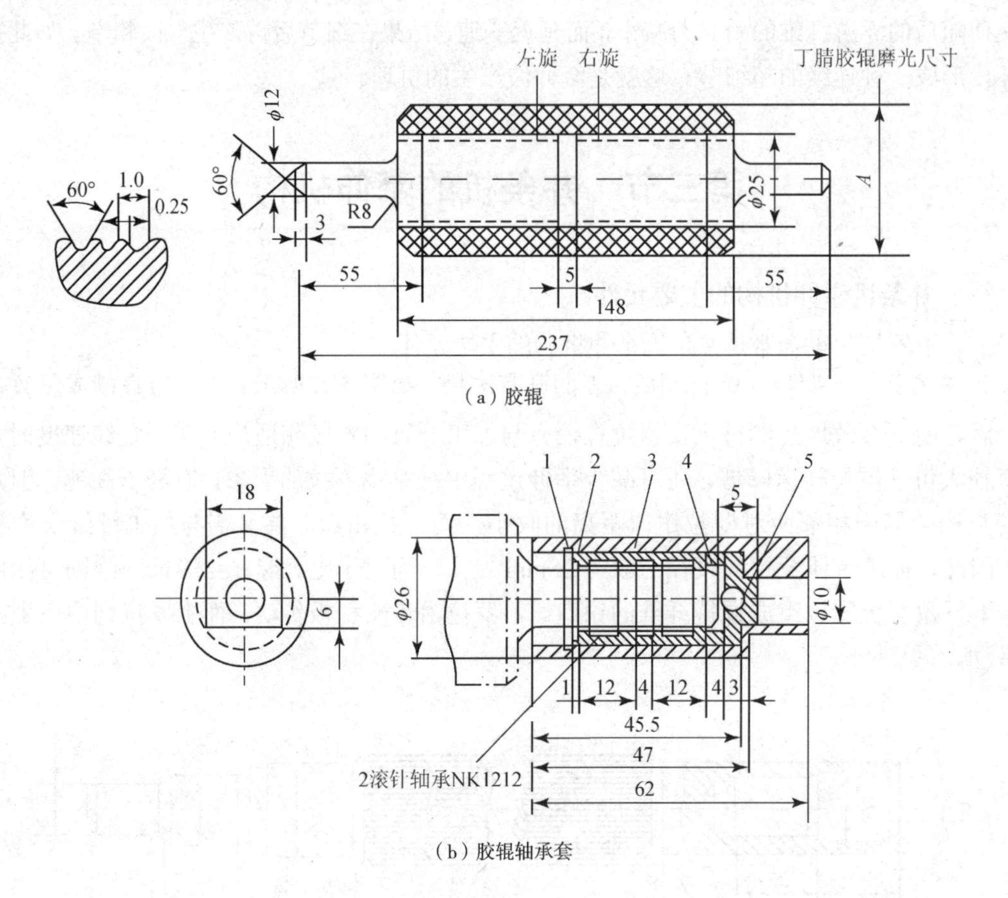

图 5-9 并条机胶辊及轴承套

1—挡圈 2—垫圈 3—胶辊轴承外套 4—垫套 5—钢球定位片结合件

3. **集束器** 如图 5-10 所示，集束器的作用是收拢须条的宽度，增进边纤维与须条的凝聚力，减少飞花和牵伸过程中纤维绕罗拉或胶辊的现象，以减少由此引起的纱疵；集束器常用于棉纺中，其开口宽度应与条子定量相适应，且安装位置应正确，不妨碍纤维的正常运动。

二、并条机的牵伸形式

现代并条机上广泛采用曲线牵伸形式，也就是使须条在牵伸区中呈曲线前进，利用须条在罗拉或胶辊上形成的包围弧，使牵伸区后部摩擦力界得以加强和向前扩展，从而使牵伸过程中浮游纤维的运动得到有效控制，达到提高产品质量的目的。

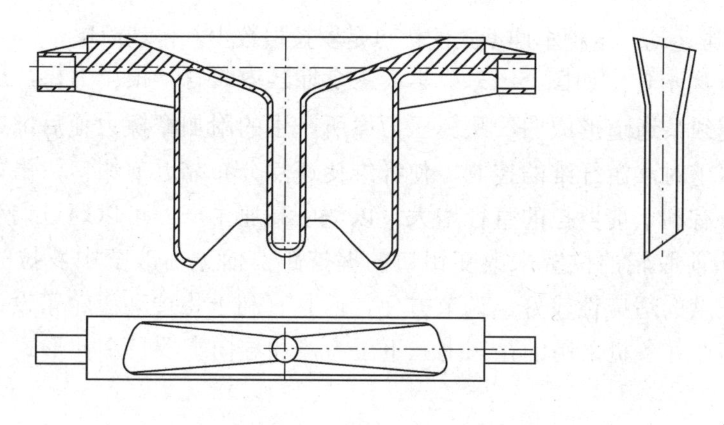

图 5-10　并条机集束器

1. ***三上四下曲线牵伸***　并条机上采用的三上四下曲线牵伸，是由三对罗拉组成的双区牵伸演变发展而来，如图 5-11 所示。由一根大胶辊骑跨在第 2、第 3 罗拉上，分别组成前后两个牵伸区。第 2 罗拉直径较小，便于缩小前牵伸区的罗拉握持距。同时将第 2 罗拉适当抬高，因而须条在第 2 罗拉上形成一段包围弧，使前牵伸区的后部摩擦力界向前延伸，有利于纤维变速点向前钳口靠拢。但这种牵伸型式有以下缺点：

（1）在前（主）、后（预）牵伸区内，须条在前钳口处有一定长度的反包围弧，不利于纤维变速点的前移和集中。

（2）第二罗拉采用消极传动，容易产生绕花从而引起胶辊打滑等现象，影响正常牵伸。

（3）在定量轻（须条很薄）时，第二罗拉上正包围弧形成的附加摩擦力界的作用变差。因而不适应轻定量的牵伸。

2. ***多胶辊曲线牵伸***　图 5-12 所示为五上三下曲线牵伸，$\phi 38$ 前胶辊仅起导向作用，在 2、3 胶辊和 4、5 胶辊之间形成两个牵伸区。须条在胶辊上形成包围弧，使后部摩擦力界向前扩

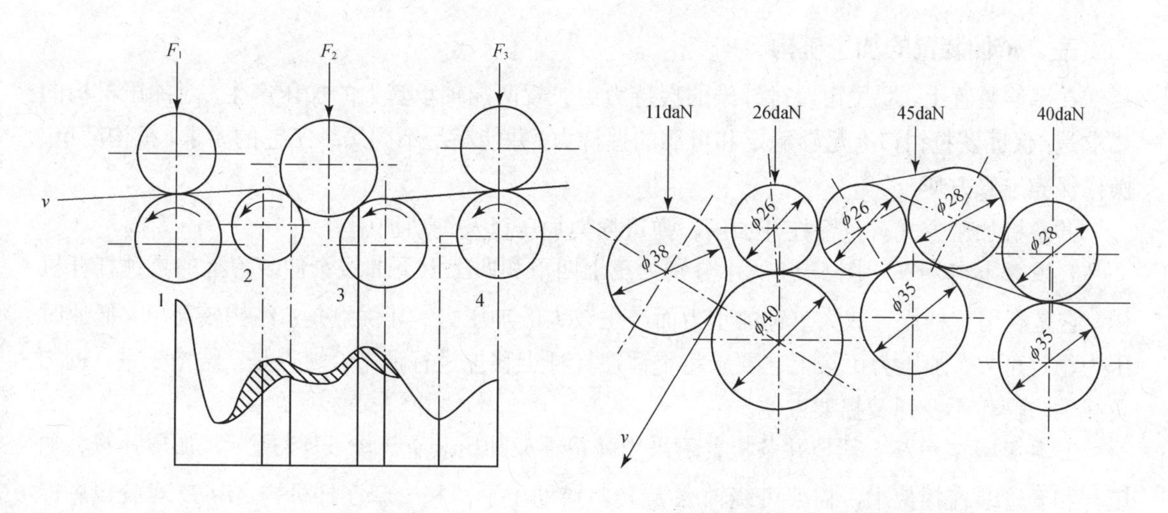

图 5-11　三上四下曲线牵伸

图 5-12　多胶辊曲线牵伸

展而控制纤维运动。这种牵伸型式的优点是罗拉根数少，传动简单。

3. **压力棒曲线牵伸**　如图 5-13 所示，主牵伸区内装有一根压力棒，压力棒的弧面压在须条上，迫使须条通道形成曲线状。压力棒所产生的附加摩擦力使后部摩擦力界加强和向前延伸，加强了对浮游纤维的控制，使纤维变速点分布靠近前钳口，出条质量好。压力棒放在须条上方有利于前罗拉的直径增大，以适应高速生产。可以通过调节中胶辊（连同压力棒）相对于前胶辊的位置来改变钳口的握持距，而无需改变中罗拉的位置，因此对加工不同纤维长度的适应性较好，调节方便，而且有利于将传动齿轮箱设计成“油浴”结构。FA306 型高速并条机采用的是三上三下压力棒加导向上罗拉牵伸形式，如图 5-13（b）所示。

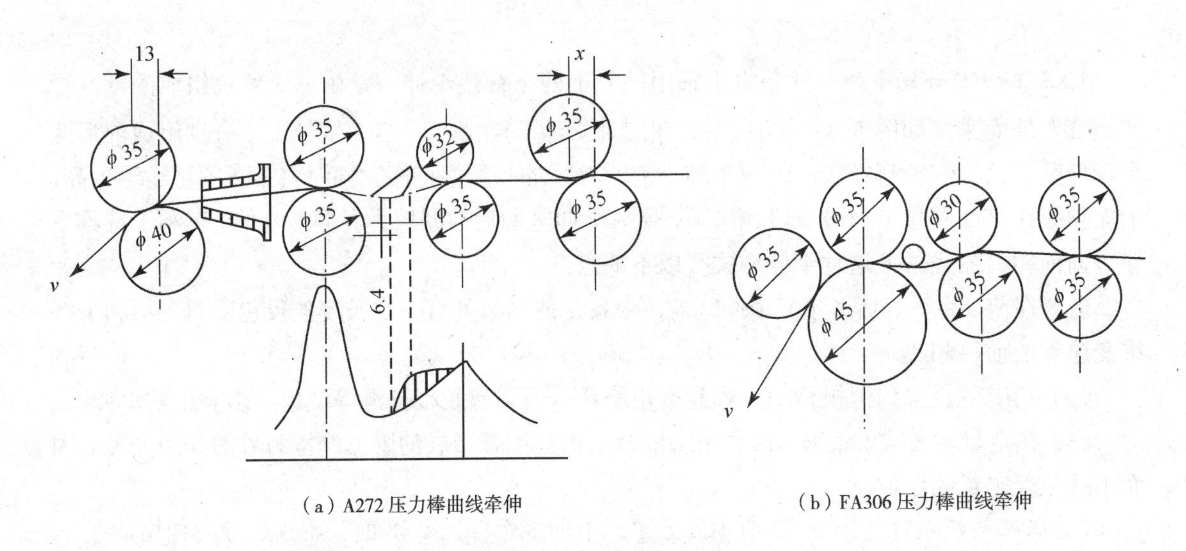

（a）A272 压力棒曲线牵伸　　（b）FA306 压力棒曲线牵伸

图 5-13　压力棒曲线牵伸

三、牵伸装置的加压机构

在牵伸装置上，罗拉钳口对纤维的握持力由胶辊两端轴承套上的加压产生。对加压机构的要求是：保证罗拉钳口有足够稳定和可靠的握持力，并能满足不同纺纱工艺的要求，机构简单，操作保养维修方便。

并条机加压方式有重锤杠杆加压、弹簧摇架加压以及气动加压等。

1. **重锤杠杆加压**　图 5-14 所示分别为三上四下和四上五下曲线牵伸装置上的重锤杠杆机构，它是利用杠杆原理放大重锤的重力而产生较大的加压力。其优点是：结构较简单，低速时压力稳定可靠，加压力可按工艺要求将重锤在杠杆上移位进行调节；缺点是：结构笨重，机构负载大，操作不及弹簧摇架方便。

2. **弹簧摇架加压**　新型并条机普遍采用弹簧摇架加压装置。图 5-15 所示，加压弹簧、加压杆和套管装在摇架上，摇架可绕轴 A 旋转，借助于手柄和一套连杆机构 *ABCD* 对胶辊进行加压和卸压操作。弹簧力大小可以根据牵伸工艺的要求调节。每只弹簧加压杆和套管的装配位

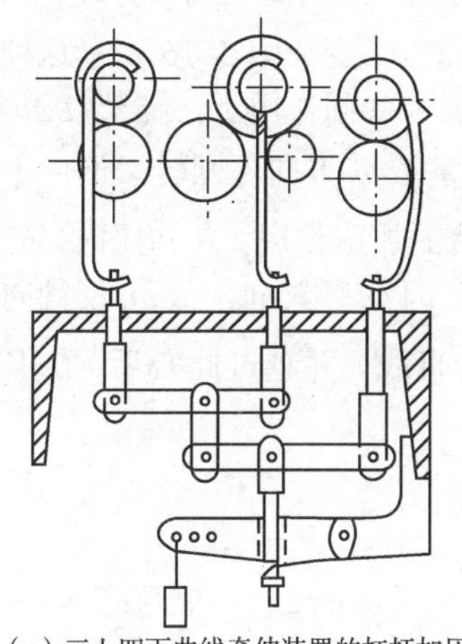

（a）三上四下曲线牵伸装置的杠杆加压

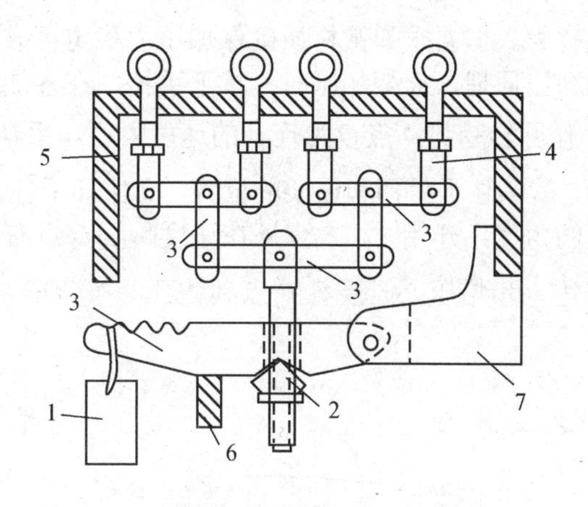

（b）四上五下曲线牵伸装置的杠杆加压

图 5-14　重锤杠杆加压机构

1—重锤　2—刀口螺钉　3—杠杆　4—连接钩　5—机梁　6—挡板　7—加压杠杆座

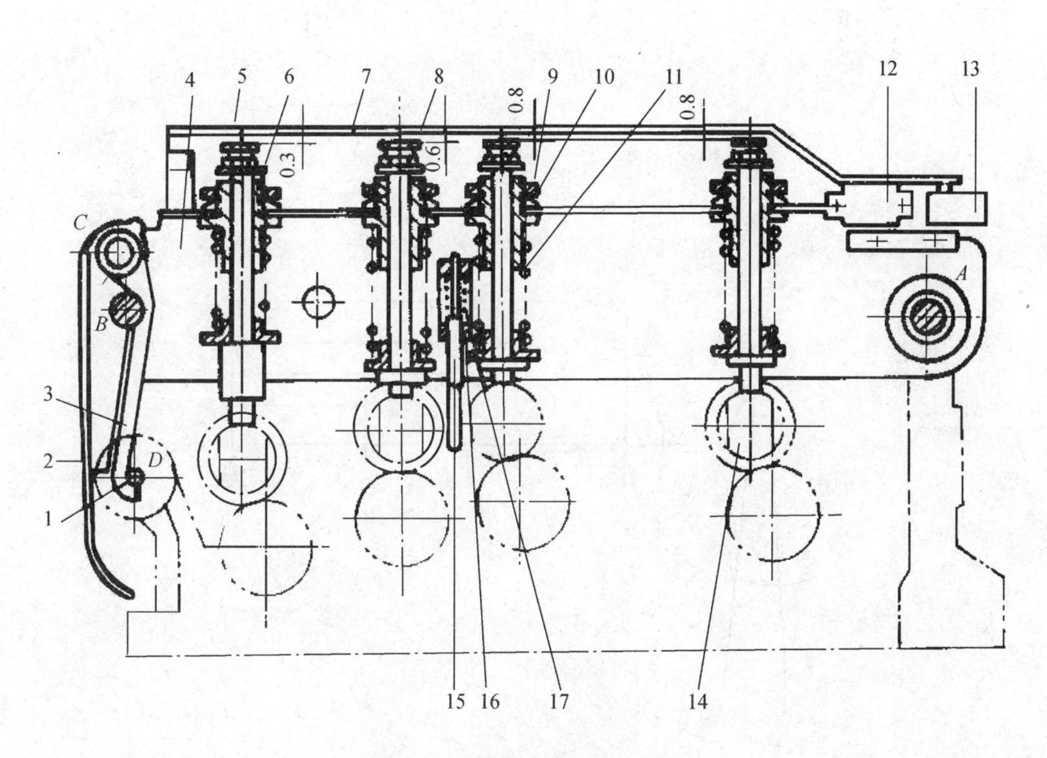

图 5-15　弹簧摇架加压示意图

1—加压钩轴　2—加压手柄　3—加压钩　4—摇架　5—自停螺钉　6—套管　7—自停臂　8—加压杆
9—螺母　10—垫圈　11—加压弹簧　12—磁铁　13—微动开关　14—胶辊轴承
15—压力棒加压杆　16—压力棒加压套　17—压力棒加压弹簧

置也可按罗拉隔距调节。弹簧摇架加压的优点是车面负荷轻，结构简单调节方便，加压和卸压操作简便省力。但要求弹簧材质确保加压力稳定可靠，经久不变。图 5-16 表示这种弹簧摇架的加压和卸压原理，摇架加压时，按下手柄，在各加压反力共同作用下，摇架 BA 将按 ω_2 方向绕点 A 作回转趋势，点 O 为连杆的速度瞬心，手柄则将按 ω_3 方向作回转，但由于机架固定平面顶持，就锁住了手柄和摇架的位置，而保证了各弹簧的加压作用。在卸压时，先掀起手柄转动一定的角度，开始时，B 点还在速度瞬心 O 点右侧、因 ω_3 顺钟向，故 ω_2 反钟向回转，摇架弹簧将进一步增压，但接着 B 点到达死心（CDB 成一直线）并越过此心后，B 点到了 O 点

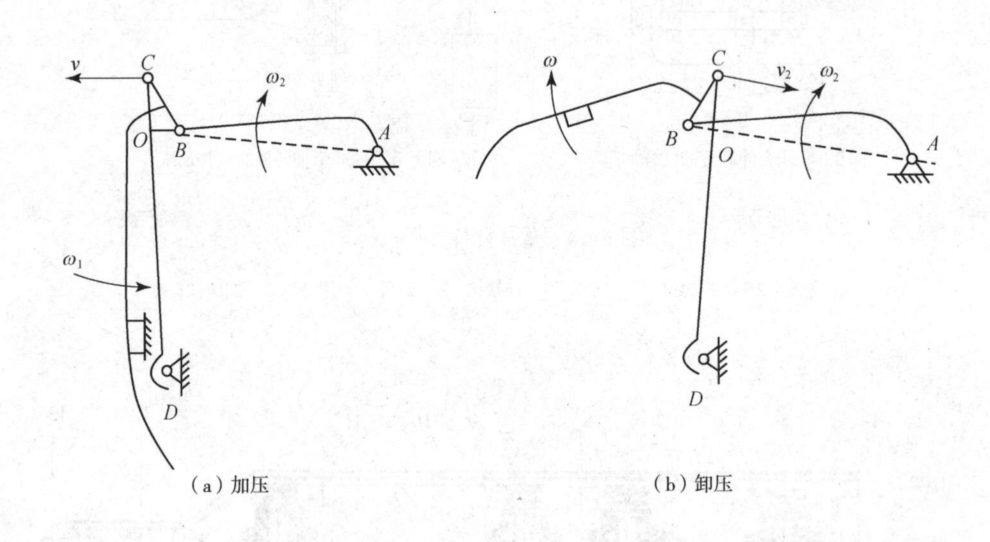

（a）加压　　　（b）卸压

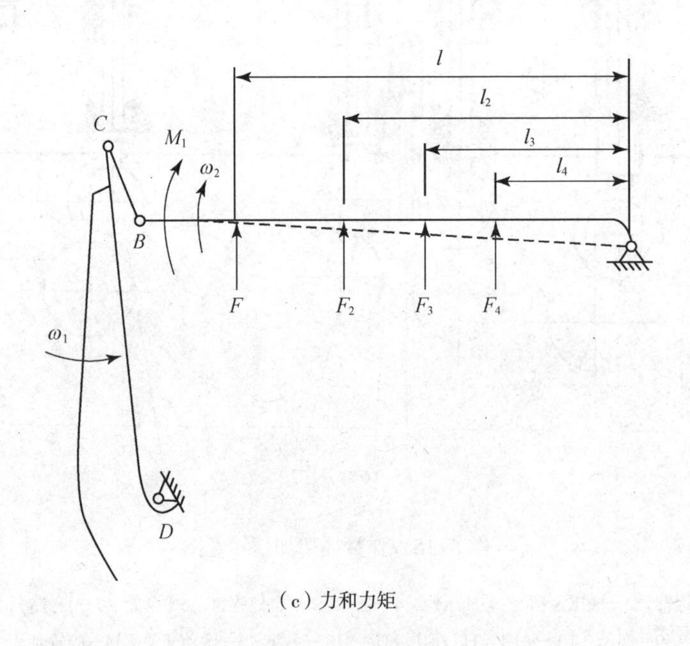

（c）力和力矩

图 5-16　弹簧摇架加、释压原理图

的左侧，则ω_2与ω_3都作顺时针方向回转，于是加压弹簧就自动卸压了。如再使连杆CD脱开点D，就能将摇架转动一个大的角度，供清洁或调换胶辊操作。

四、牵伸装置的工艺参数

牵伸装置的工艺参数有总牵伸倍数及其分配、罗拉加压及罗拉握持距等。

1. **牵伸倍数**　并条机的总牵伸倍数一般等于或稍大于纤维条的并合数。例如，棉纺并条机的总牵伸倍数为并合数的1～1.15倍。并条机采用两区牵伸形式，前区为主牵伸区，牵伸倍数较大；后区为预牵伸区，牵伸倍数一般低于2。

2. **罗拉加压**　加压力大小与罗拉速度、喂入原料、须条定量以及罗拉隔距等有关，若喂入须条定量较重、原料系化纤、罗拉速度较快以及罗拉隔距较小时，加压力应该增大，但过大的加压力则会增加动力消耗，甚至发生罗拉运转有粘滑现象。

3. **罗拉隔距、中心距和握持距**　罗拉隔距R是指两根罗拉表面之间的最小距离（设r_1、r_2分别为两根罗拉的半径，则$R=S-r_1-r_2$）。罗拉中心距S是指两根罗拉轴心线之间的距离。

罗拉握持距是指两对罗拉钳口之间须条通过的实际距离。在曲线牵伸形式上，它是前后钳口间须条行经的曲线长度。对于棉纺，罗拉握持距L为：

$$L=L_p+a$$

式中：L_p——纤维品质长度同，mm；

a——参数，它与喂入纤维整齐度、喂入定量及牵伸倍数有关；牵伸倍数较大、须条定量较轻以及纤维整齐度较好时，a取较小值。

在压力棒牵伸装置中，压力棒高低位置对握持距影响最大。

五、牵伸装置的吸风系统

在高速并条机上，牵伸区内纤维运动速度快，纤维间的粘着力小，一些短纤维容易散失形成飞花，积聚的飞花很容易飞入纤维网或须条中造成绒板花等纱疵，影响产品质量。因此，普遍采用自动清洁装置，一般有以下两种形式。

1. **摩擦式集体吸风自动清洁系统**　在这种清洁装置里，丁腈胶圈装在金属棒上组成揩拭器，紧贴于胶辊上方和罗拉下方作周期件的摆动，使揩拭器在胶辊、罗拉表面上间歇地摩擦清除飞花、尘埃，同时集体吸风罩内的气流将飞花、尘埃吸走。

2. **回转绒布套和真空吸风清洁系统**　这种清洁装置是用一圈绒布套紧贴于胶辊上部表面作间歇回转，擦拭胶辊上的飞花、短绒和尘埃，在绒布套上面有一套往复运动的清洁梳片，刮取积聚在绒布上的短绒、杂质，并由吸风管吸入滤尘箱。

下罗拉仍采用丁腈胶圈揩拭器进行清洁，由下吸风管吸走短绒、杂质。图5-17为FA306型并条机清洁吸风系统。

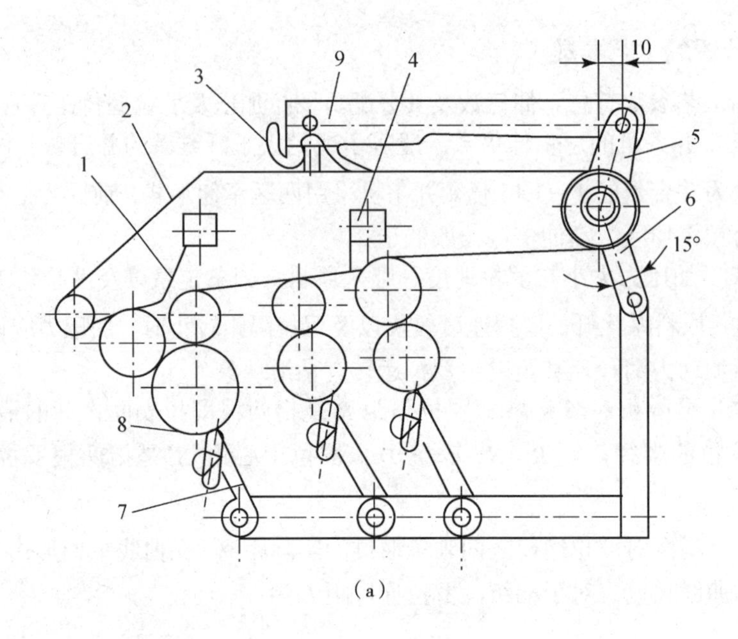

（a）

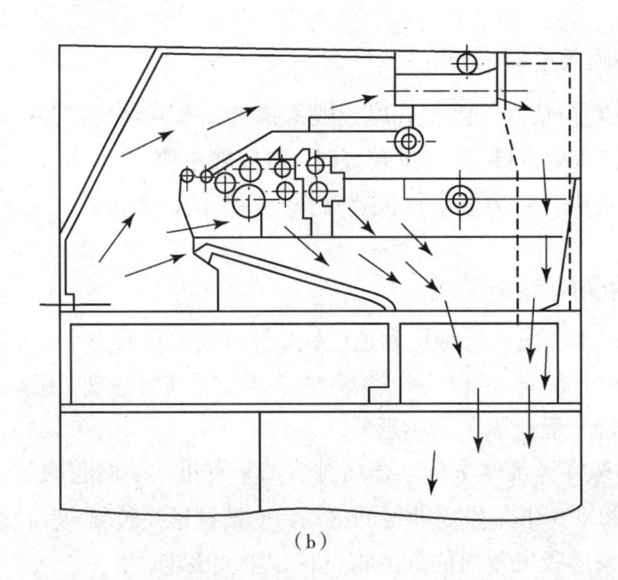

（b）

图 5-17　FA306 型并条机清洁吸风系统

1—清洁绒布压板　2—绒布　3—梳梳　4—清洁绒布压板　5—梳梳摆臂
6—下清洁摆杆　7—下清洁摆臂　8—胶圈　9—梳梳固定板

第四节　并条机的传动和工艺计算

随着并条机的高速、大卷装及化纤原料的采用，对传动系统提出了新的要求。传动路线要作合理安排，传动链要短或传动级数要少，减少各机件启动时间的差异，以避免开车时纤维网断续。同时并条机启动和制动时的速度变化要平稳，以提高机械运转状态和产品质量。

一、并条机传动路线的制订

在制订传动路线时要注意到牵伸罗拉只承担牵伸纤维条的作用，不应当作传动轴传递动力扭矩，以避免产生罗拉扭转变形和罗拉接头松动等对牵伸不利的弊病。如图 5-18 所示，在旧型低速并条机上采用罗拉 1、4 作传动轴，传动齿轮分布在机头机尾两侧。这种传动方式在速度高、加压大时就不能适应。新型高速并条机普遍采用中间传动轴来传递动力扭矩。

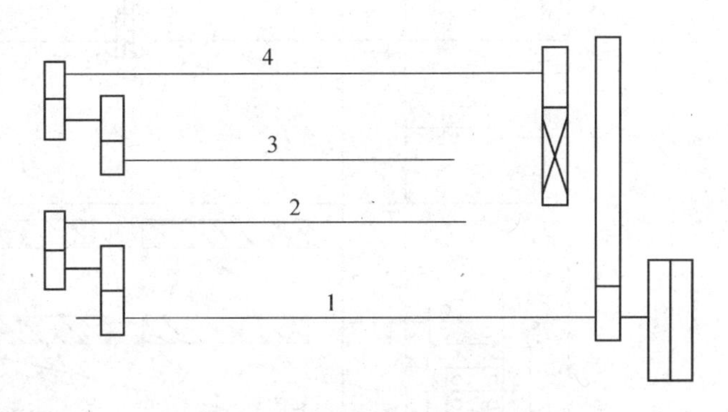

图 5-18　1242 型并条机牵伸传动

1. 并条机传动应满足下列各工艺要求

（1）传动齿轮的配置应满足各罗拉转向正确、达到所需的牵伸倍数、适应罗拉握持距变化等要求。

（2）一般总牵伸倍数用改变后罗拉的转速来达到，故总牵伸变换齿轮（图 5-19 中 *G*、*Q*、*H*、*K*）设置在前罗拉与后罗拉（或三罗拉）之间，改变前区牵伸倍数不应影响总牵伸倍数。国产 FA306 型并条机的前区牵伸用变换齿轮 *T*、*R* 独立调节。

（3）牵伸变换齿轮 H 安装在摇臂或托架上，以利于啮合调节。

（4）为了使纤维条定量达到工艺要求，总牵伸倍数须作调节；一般以调换牵伸变换齿轮（轻重牙）和牵伸微调齿轮（冠牙）的齿数来实现。轻重牙调节作用较大，改变一个齿数即可使总牵伸倍数改变 0.2～0.3，而冠牙改变一个齿数可使总牵伸倍数改变 0.05～0.07。因此，轻重牙作为粗调使用；而冠牙作为微调使用，以适应条子定量的微量控制，在生产中调换比较频繁。

2. 新型并条机 FA306 的特点

（1）**调节冠牙、轻重牙**　在老式并条机都是采用调换齿轮的方法来调节棉条的质量，这种方法虽然简单，但由于调节质量在棉纺厂需频繁使用，故生产中很不方便。在 FA306 型并条机上，采用变换搭配齿轮的方法，只需要用手柄调节即可达到目的，极其方便而且正确。而且整个车头都处于油浴中，延长使用寿命，降低噪声，提高并条速度。

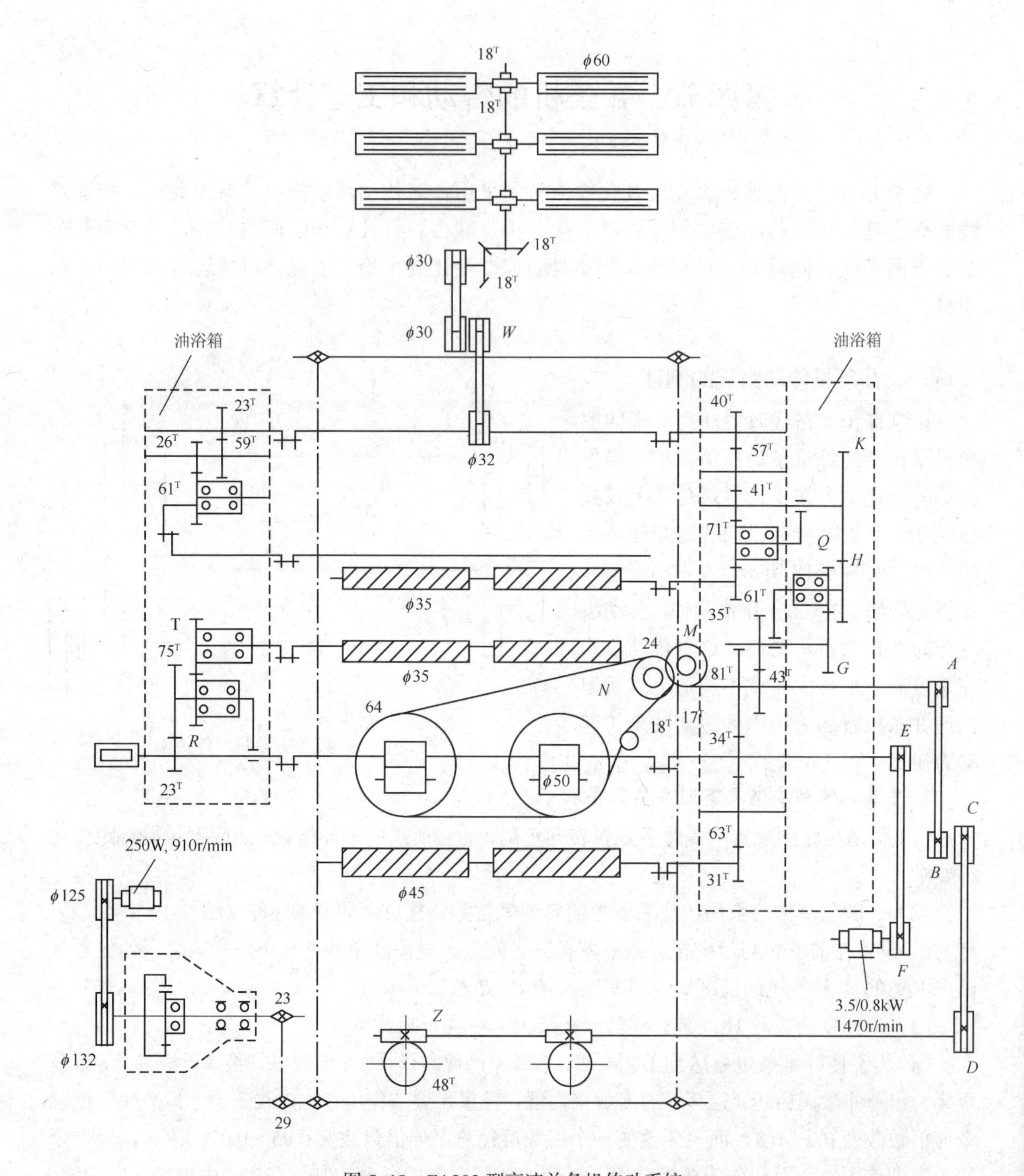

图 5-19　FA302 型高速并条机传动系统

如图 5-20 所示，当用手柄转动轴 11 时，其上的拨叉移动从而带动轴 9 上的齿轮移动，随之改变轴 8 上啮合的齿轮；同样，当用手柄转动轴 10 时，其上的拨叉移动带动轴 6 上的齿轮也移动，改变了轴 5 上的啮合齿轮。由此传动比发生了变化，最后牵伸比得到改变，棉条的粗细即能修正到所需要求。

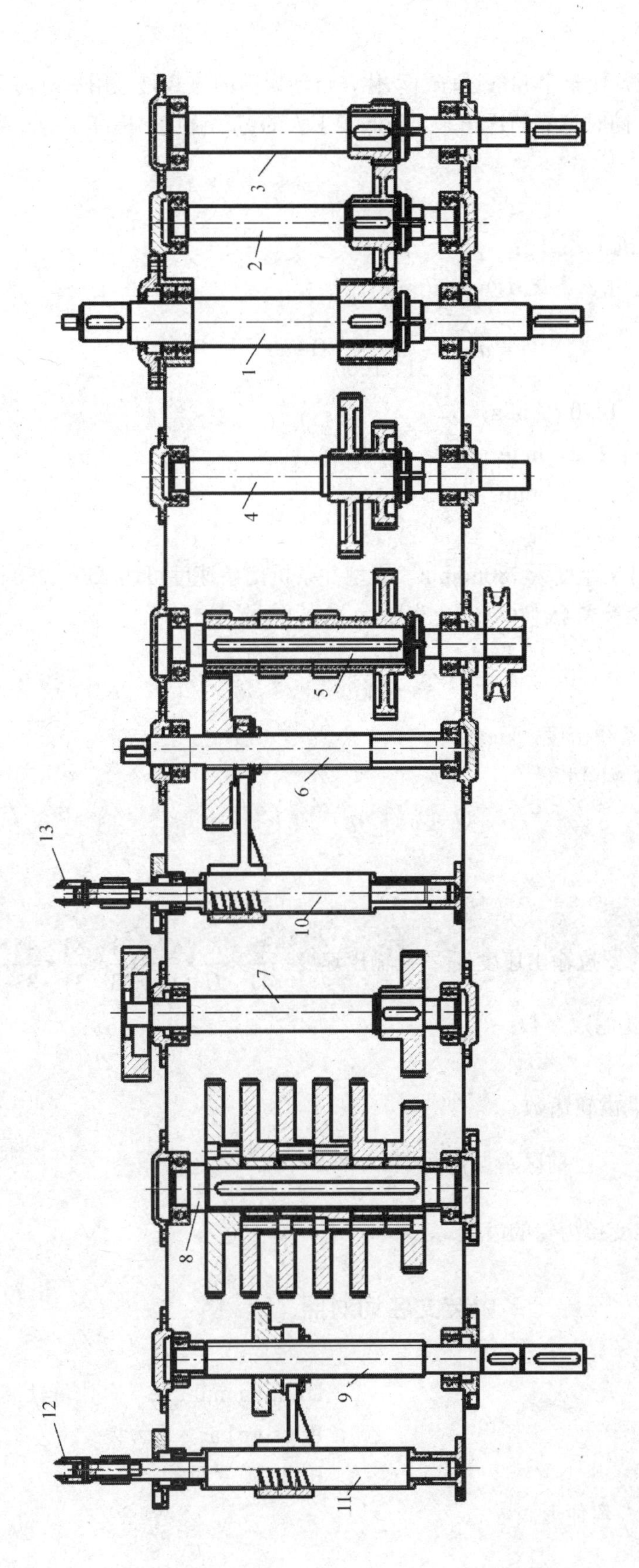

图 5-20　FA306 型并条机车头传动图

1~11—轴　12、13—手柄

（2）增加了自动换筒，使整个并条过程自动化，自动换筒的方式是采用后进前出式。空筒放在后面，由推杆推出，同时把满筒送出来。降低了工人的劳动强度，提高了劳动生产率，使生产过程自动化。

二、FA302 型并条机工艺计算

1. 前罗拉输出速度（即出条速度）v（m/min）

$$v = n\frac{F}{E} \times \frac{34}{31} \times \frac{45\pi}{1000}(1-\varepsilon)$$

式中：n——电动机转速，1470 r / min；

F——电动机皮带轮直径，mm；

E——压辊轴皮带轮直径，mm；

ε——皮带滑溜率，1%～5%。

FA306 型并条机的出条速度为 280m/min。新型并条机出条速度可达 250～280 m/min。

2. 两眼并条机的理论产量 Q_0 [kg/（台·h）]

$$Q_0 = \frac{2qv}{5 \times 1000} \times 60$$

式中：q——输出的纤维条线密度，ktex。

实际产量 Q [kg /（台·h）]

$$Q = Q_0 (1-\eta)$$

式中：η——机器停台率。

3. 牵伸倍数

$$\text{总牵伸倍数=前罗拉输出速度/后罗拉输出速度=}\frac{35}{41} \times \frac{K}{H} \times \frac{Q}{G} \times \frac{61}{43} \times \frac{81}{31} \times \frac{45}{33}$$

式中：K——牵伸变换齿轮的冠牙数；

H——轻重牙数；

Q、G——分段粗调齿轮齿数。

$$\text{前区牵伸倍数=}\frac{T}{R} \times \frac{75}{23} \times \frac{34}{31} \times \frac{45}{35}$$

式中：T、R——前区牵伸变换齿轮的齿数。

中英文名词对照

Can　条筒

Drafting　牵伸

Drawframe　并条机

Drafting arrangement　牵伸形式

Drafting multiple　牵伸倍数

Pressure bar　压力棒

Roller　罗拉

第六章 粗纱机

第一节 概 述

一、粗纱机的任务

将并条机加工得到的熟条纺成细纱需要经过150～500倍的牵伸。虽然以目前环锭细纱机技术水平，牵伸形式已经可以达到这样的牵伸能力，但经济性差。在实际纺纱工艺中，在细纱工序前设置粗纱工序，把熟条先纺成粗纱，再由粗纱纺成细纱。粗纱机的任务是：

1. **牵伸** 将熟条抽长拉细，承担部分牵伸（5～20倍牵伸），并进一步提高纤维的平行伸直度与分离度。

2. **加捻** 为牵伸后的须条施加适当的捻度，增加其抱合力，使之具有一定的强力，以承受卷绕和在细纱机上退绕时的张力，纺制细纱机上出现意外牵伸。

3. **卷绕与成形** 将粗纱卷绕成一定的卷装形式，以便运输、储存及适应细纱机的喂入。

二、粗纱机的工艺流程

粗纱机主要包括喂入、牵伸、加捻和卷绕等部分以及一些辅助机构，如图6-1所示。熟条从机后呈若干排排列的条筒1中引出，经条筒上方的导条辊2传递输送，喂入牵伸装置3。熟条经过5～20倍的牵伸后被拉细。从前罗拉钳口输出的须条因抱合力太低，故由回转的锭翼5为其加上适当的捻度（25～70 捻/m），形成粗纱。为防止发生损坏，粗纱穿过锭翼的顶孔和侧孔进入中空的锭翼导纱臂，然后从导纱臂下端引出，在压掌曲臂上绕2～3圈，再引向压掌叶绕到筒管上。为了将粗纱有规律地卷绕在筒管6上，筒管一方面以高于锭翼的转速回转，另一方面又随龙筋7作升降运动，最终将粗纱以螺旋线状绕在纱管表面上。随着纱管卷绕半径的逐渐增大，每圈粗纱的卷绕长度也随之增加。由于前罗拉的输出速度是恒定的，因此，筒管的转速和龙筋的升降速度必须逐层递减。为了获得两端呈截头圆锥形、中间为圆柱形的卷装外形，龙筋的升降动程还必须逐层缩短。

三、现代粗纱机的发展方向

作为为细纱机提供半成品的设备，粗纱机仍然是传统纺纱体系中不可缺少的工序，应具备良好的技术性能。现代粗纱机正朝着以下几个方向发展。

（1）简化的机构，运行可靠。

（2）高速化。

（3）大卷装。

（4）高度的自动化。

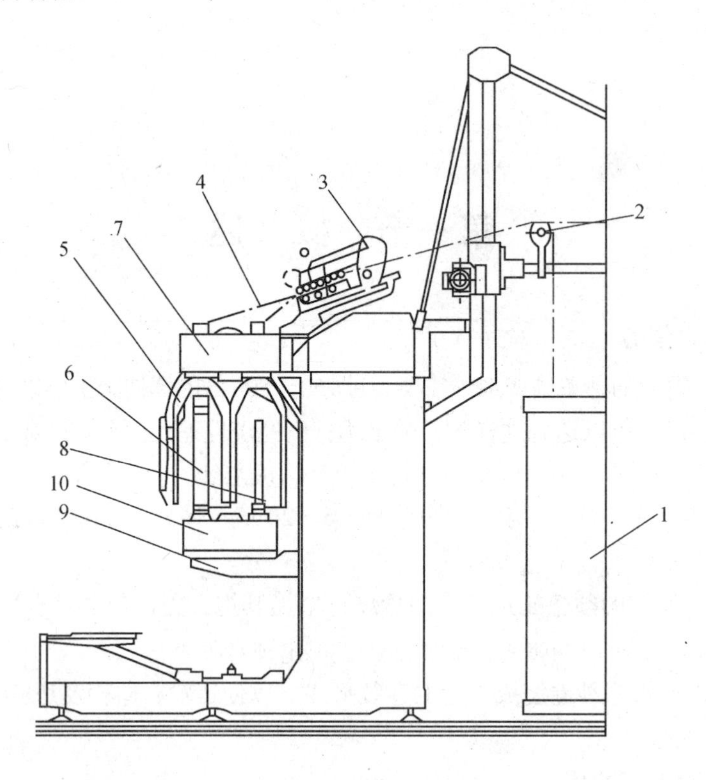

图 6–1　粗纱机示意图

1—条筒　2—导条辊　3—牵伸装置　4—粗纱　5—锭翼　6—筒管
7—上龙筋　8—锭杆　9—升降摆杆　10—下龙筋

第二节　喂入机构和牵伸机构

一、喂入机构

并条机条筒实现大卷装后，为了便于工人机后操作，粗纱机采用高架式导条喂入。粗纱机的喂入机构位于机后条筒的上方，由分条器、导条辊、喇叭口和横动装置等组成，用于将条子积极引导入牵伸装置，其传动如图 6-2 所示。

分条器用于隔离喂入的条子，防止其相互纠缠，一般由铝或胶木制成。

前、中、后导条辊由后罗拉经链条、链轮积极传动。各导条辊的相对位置要与条筒规格相适应，并尽量保证条子以垂直状态从条筒中引出，既要操作方便又要减少意外牵伸。

喇叭口装在横动导杆上，用于将须条正确地引入牵伸装置。其开口大小一般为（7～15）mm × 4mm（长×宽），应根据喂入熟条定量选用。

横动装置由后罗拉尾端蜗杆、蜗轮和行星轮系传动，装在其上的导条喇叭带动须条沿着罗拉轴向缓慢地往复移动，以防止须条固定在一处喂入使胶辊长期运转后被磨出凹槽。

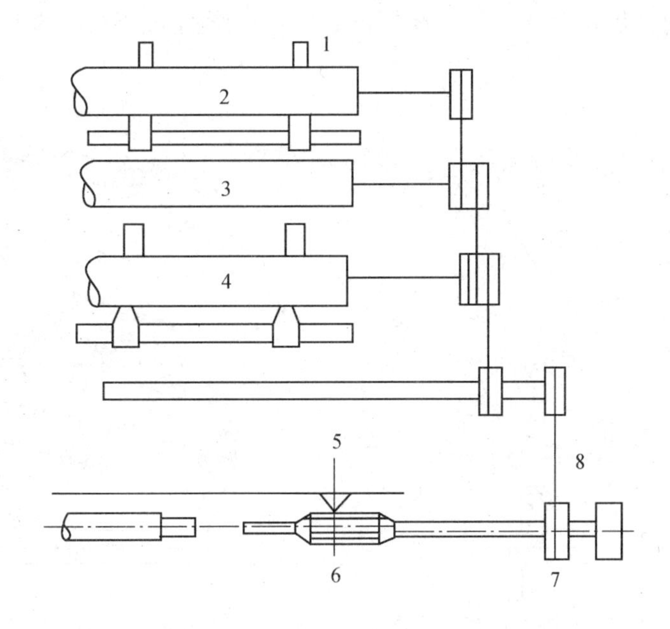

图 6-2 粗纱机喂入部分传动简图

1—分条器 2—后条导辊 3—中条导辊 4—前条导辊
5—导条喇叭 6—后罗拉 7—链轮 8—链条

二、牵伸机构

1. **牵伸形式与主要部件** 棉纺粗纱机牵伸机构有三上四下曲线牵伸、双短胶圈和长短胶圈牵伸等形式。三上四下牵伸装置在粗纱定量轻、牵伸倍数较大时，对纤维的控制力不够，目前已较少使用。双胶圈牵伸形式前区摩擦力界布置较合理，浮游区较小，能够更有效地控制纤维运动，具有总牵伸倍数较高、粗纱条干均匀度好等优点，为新机型普遍采用。

按胶圈组合形式有长短胶圈和双短胶圈之分。图 6-3（a）所示三罗拉双短胶圈牵伸装置，由罗拉 1、胶辊 2、上下胶圈 3 和 4、胶圈销 5 和 6、胶圈张力装置 7、隔距块 8、集合器 9 和加压装置 10 等组成。三对罗拉组成两个牵伸区，前区为主牵伸区。下胶圈 4 套在中罗拉上，由中罗拉带动回转，而上胶圈 3 则被下胶圈 4 摩擦传动。须条被夹持在上下胶圈之间，纤维运动受到控制，使它按中罗拉速度向前运动。下胶圈 4 前端由固定的下销 6 支持，上胶圈 3 前端由可作上下摆动的弹簧销 7 支持，在片簧的作用下，上下销之间形成弹性的胶圈钳口。由于胶圈钳口有弹性，又有一定压力，故在控制纤维慢速运动的同时，又允许已被前钳口握持的快速纤维顺利抽出。同时，由于胶圈钳口前端能相当地靠近前罗拉钳口，因此后部摩擦力界更有效地向前延伸。在三列罗拉后均装有合适口径的集合器 9，起到收拢纤维、提高纤维紧密度、改善条干、减少飞花和粗纱毛羽的作用。目前，许多新型的粗纱机多采用四罗拉双短胶圈牵伸形式，如图 6-3（b）所示，能适应较高倍数的牵伸。这种牵伸形式在三罗拉双短胶圈牵伸装置的基础上，在主牵伸区前增加一对罗拉和集合器，形成一个集束区，而主牵伸区在二至三罗拉之间，主牵伸区不放置集合器，将牵伸与集束分开。这种牵伸形式也称为 D 型牵伸。当牵伸倍数在 18 倍以上时四罗拉双胶圈牵伸形式比较适应，有利于改善粗纱的毛羽和条干均匀度。

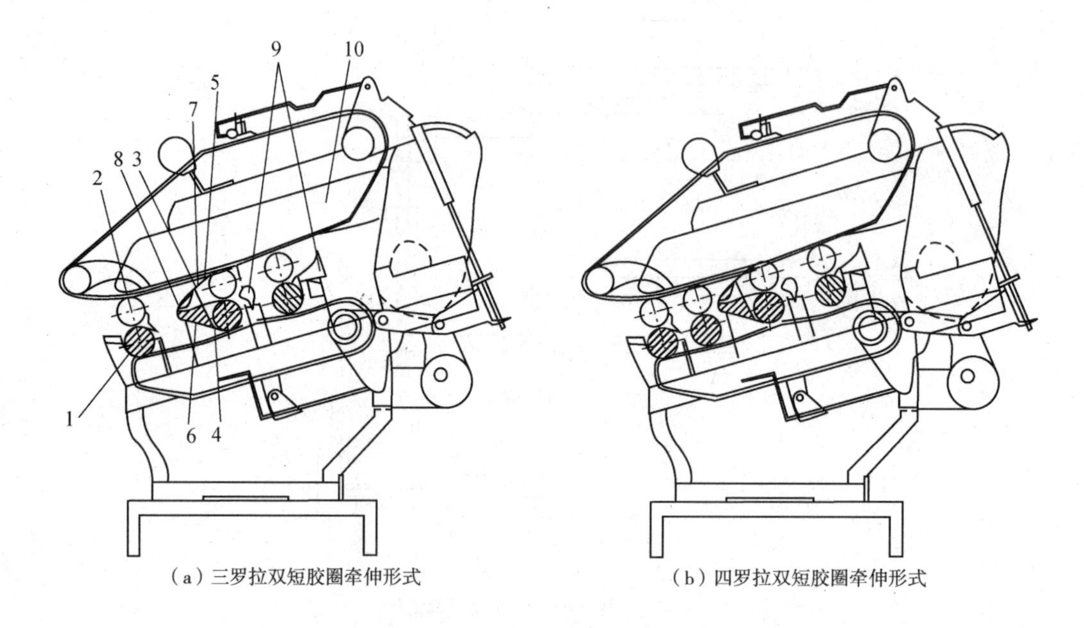

（a）三罗拉双短胶圈牵伸形式　　（b）四罗拉双短胶圈牵伸形式

图 6-3　粗纱机牵伸装置

1—罗拉　2—胶辊　3—上胶圈　4—下胶圈　5—上销　6—下销　7—弹簧销
8—隔距块　9—集合器　10—加压摇架

（1）罗拉：罗拉由多节组成，每节长为 4~6 锭距，用螺纹联接以满足机台所需要的锭数，如图 6-4 所示。联接处包括螺纹和导柱两部分，其中螺纹起联接作用，导柱起定中心的作用。

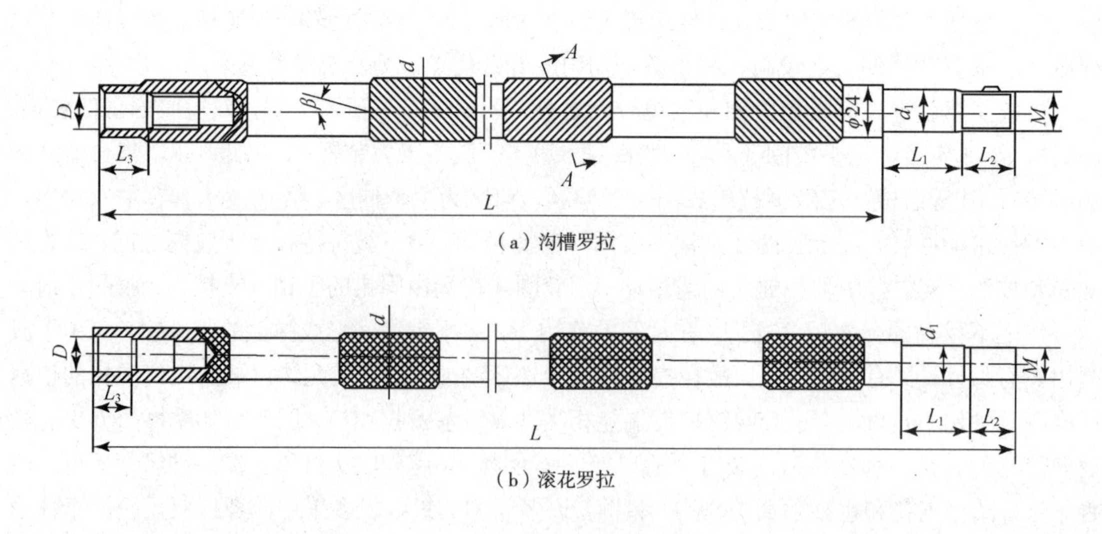

（a）沟槽罗拉

（b）滚花罗拉

图 6-4　粗纱机罗拉

在三罗拉胶圈牵伸形式中，前、后罗拉直径通常为 28mm，表面有倾斜的变节距沟槽，同档罗拉分别采用左右旋向的沟槽，有利于对胶辊的摩擦传动和对纤维的握持，并保护胶辊表面不致产生周期性的压痕。中罗拉直径通常为 25mm，表面有滚花花纹，以带动胶圈运动。在四罗拉胶圈牵伸形式中，第三列罗拉为钢质滚花罗拉，直径为 25mm，其余三列罗拉均为钢质沟槽罗拉，直径均为 28mm。

（2）胶辊：粗纱机的胶辊结构为芯轴上套以双节外壳，在芯轴中央加压，使两端胶辊压向下罗拉，两者构成钳口以控制纤维的运动。胶辊包覆丁腈橡胶，表面要求光滑、耐磨、耐老化并有足够的弹性和适当的硬度，如图 6-5 所示。

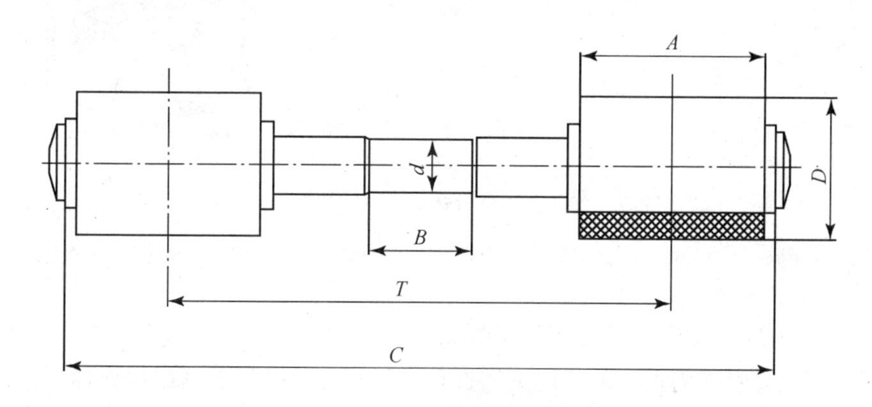

图 6-5　粗纱机胶辊结构

（3）胶圈：胶圈一般由合成橡胶制成，厚约 1mm，要求结构均匀，光洁、圆整，弹性好，耐磨、耐油、耐老化，吸放湿性能好，伸长小。

（4）胶圈销：胶圈销包括上销和下销，用于固定胶圈的位置，把上、下胶圈引至前钳口。粗纱机一般采用弹性摆动上销和阶梯形下销，以形成弹性胶圈钳口。

（5）隔距块：隔距块安装在上、下销之间，用来使上、下胶圈之间保持最小的间距，一般由塑料制成。

（6）加压装置：加压装置的作用是产生罗拉钳口压力，使它能有力、可靠地握持纤维和控制纤维运动。目前，粗纱机采用较多的加压形式有弹簧摇架加压、气压摇架加压、板簧加压等。

图 6-6 所示为用于粗纱机的 YJ1-150A 型弹簧摇架加压装置，三根压缩弹簧 5 分别装在前、中、后与摇架体 2 固结的加压杆 3 内，胶辊轴被夹在加压杆前端的弹簧片钳爪 4 内。加压时，按下手柄 1，摇架处于自锁状态，即摇架体被手柄顶住不能上台，胶辊受弹簧力作用而压着罗拉。卸压时，掀起手柄，摇架脱离自锁，胶辊连同摇架体被抬高到一定角度，并停定在适当位置。中、后加压杆可作前后移动调节，以适应罗拉隔距的不同要求。同时可转动前加压杆上端调压块 6 的位置来改变弹簧的压缩量，可获得三种不同的前钳口加压力。弹簧摇架加压结构轻巧，支承简单，对机面负荷小，加压卸压方便，加压的大小不受罗拉座倾角和罗拉隔距的影响，但缺点是使用一定周期后，弹簧的弹性变形转换为缓弹性变形及塑性变形，使加压力减少，会造成锭间加压差异并恶化条干。

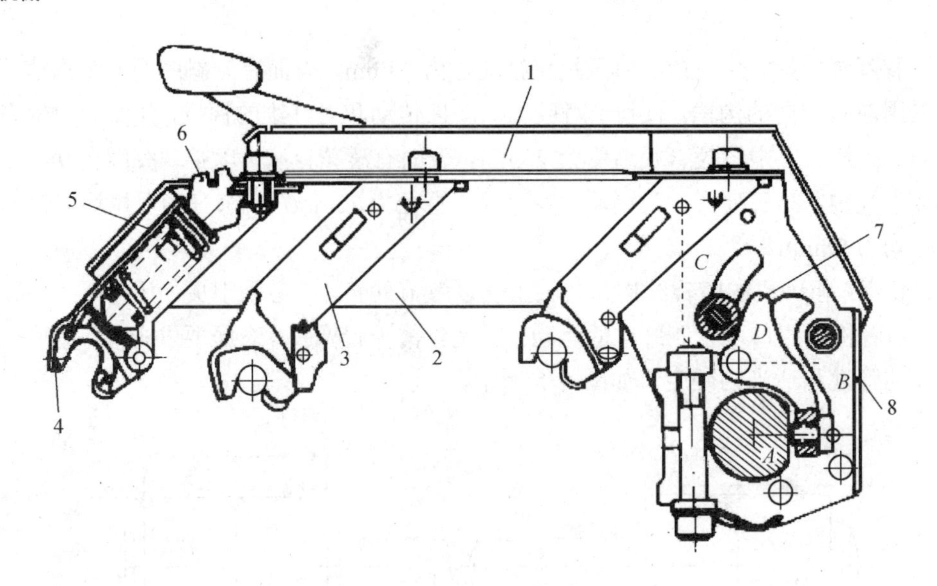

图 6-6　粗纱机 YJ1-150A 型弹簧摇架加压装置

1—手柄　2—摇架体　3—加压杆　4—钳爪　5—加压弹簧　6—调压块　7—锁紧片　8—托座

图 6-7 所示为瑞士立达 F1/1A 粗纱机气动加压摇架，气囊 1 安放在摇架支承管 2 内，加压时按下手柄，气囊对压力板 3 的作用力通过传递杠杆 4 使手柄 5 压向摇架体，于是装在摇架体上的前分配杆 6 和后分配杆 7 就将前、中、后胶辊压在各罗拉上，并分别产生不同的加压力。卸压时抬起手柄，使传递杠杆与手柄脱离接触，摇架体连同手柄就一起被抬起。为适应不同隔距的要求，中、后加压鞍 9 的位置可以调节。同时可通过改变前、后分配杆中销子 8 的位置，

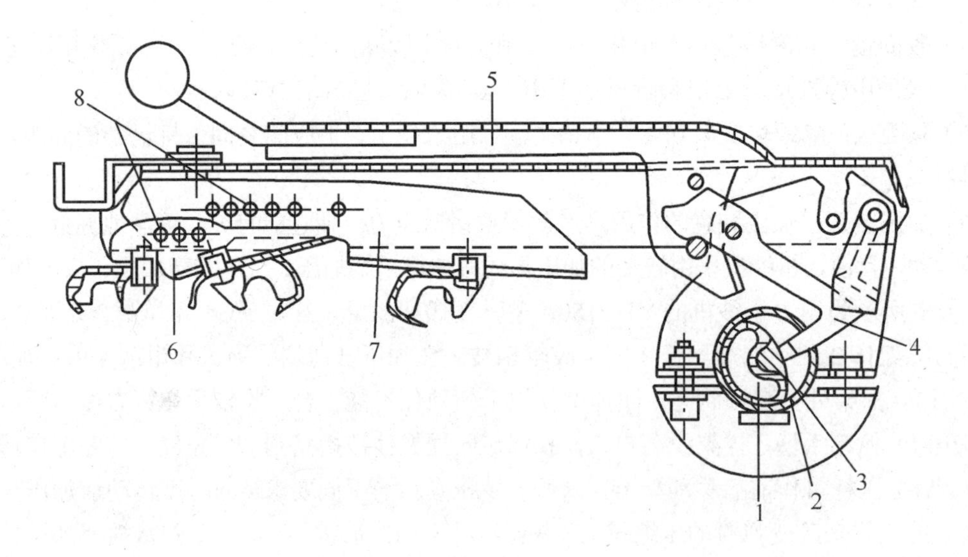

图 6-7　瑞士立达 F1/1A 粗纱机气动加压摇架结构

1—气囊　2—支承管　3—压力板　4—传递杠杆　5—手柄
6—前分配杆　7—后分配杆　8—销子

调节三列胶辊的压力分配。气动加压的压力均匀、稳定，锭差很小，压力调节方便，停车时会自动释压，保持摇架呈半释压状态，开车时不会造成粗细节，还可减少胶辊变形，但粗纱机必须配备气源储气柜及气路，且对摇架的制造精度有较高的要求。

板簧加压机构在每个胶辊上由加压组合件握持，加压组合件包括弹簧架板簧及上胶辊握持爪，握持爪有较宽的握持区以保证上胶辊有可靠的平行度。加压组合件使胶辊处在直接而无摩擦的压力下，板簧可防止胶辊侧间运动。全部上胶辊均可进行部分卸压，防止胶辊在长时间停车时产生变形。板簧加压稳定，长时间不会产生缓弹性或塑性变形，可实现重加压、强控制、精确控制的要求，牵伸倍数可达 18 倍以上。

2. 牵伸工艺配置

（1）牵伸倍数：粗纱机的牵伸倍数应根据所纺细纱线密度和熟条定量而定，还要考虑粗纱机和细纱机牵伸能力及合理匹配。双胶圈牵伸的牵伸倍数范围一般为5～20，其中四罗拉双胶圈牵伸形式可适应较高的牵伸倍数。

（2）牵伸分配：粗纱机的牵伸分配主要根据其牵伸形式和总牵伸倍数来确定，同时考虑熟条、粗纱定量和所纺品种等因素。一般前牵伸区的摩擦力界布置比较合理，控制纤维运动能力强，因此，前区承担主牵伸。后区作为预牵伸，多为简单罗拉牵伸，控制纤维能力较差，偏小掌握能使结构紧密的纱条喂入主牵伸区，有利于改善粗纱条干，如双胶圈牵伸装置的后区牵伸倍数约在 1.1～1.3 范围内。一般纺化纤的后区牵伸配置等于或略大于纯棉纺。在四罗拉双短胶圈牵伸形式中，主牵伸区前增加了一个集束区，起对主牵伸区牵伸后的纤维集束的作用，牵伸倍数在 1～1.05 左右。

（3）罗拉握持距：罗拉握持距是指两对罗拉钳口之间须丛通过的距离。罗拉握持距是牵伸工艺的一个重要参数，根据喂入纤维的品质长度 L_p、须条定量、牵伸倍数、加压轻重、纤维整齐度等因素确定。如总牵伸倍数较大、加压较重时，罗拉握持距应适当改小；反之应放大。当纤维整齐度差时，为了使短纤维的浮游动程缩小，罗拉握持距要相应小些。双胶圈牵伸装置的主牵伸区握持距根据胶圈架长度而定。

（4）罗拉加压：罗拉加压主要根据纤维种类、熟条定量和粗纱特数、牵伸倍数、罗拉握持距等而定。三罗拉双胶圈牵伸的前、中、后罗拉加压分别为 20～30daN/双锭、10～20daN/双锭、15～25daN/双锭；四罗拉双胶圈牵伸的第一、第二、第三、第四罗拉加压分别为 9～15daN/双锭、15～25daN/双锭、10～20daN/双锭、10～20daN/双锭。

第三节　加捻机构

一、粗纱机的加捻过程

粗纱机的加捻过程如图 6-8 所示。由前罗拉 1 输出的须条穿过锭翼顶孔 2，又从锭翼侧孔 3 穿出，在锭翼顶端绕 1/4（适用于捻度较低、较粗的须条以防止意外牵伸）或 3/4 圈（用于大卷装、高捻度的高速粗纱机）后，穿入中空的锭翼导纱臂 4，粗纱从下端引出后在压掌 5 上绕 2～3 圈，最后经压掌导纱孔导向筒管 6。图 6-9 显示了粗纱机的加捻机构，锭翼 2 随锭子 4 同速回转，锭翼 2 每回转一周，其侧孔和翼臂就带动侧孔以上直到前罗拉钳口的须条绕自身轴线回转而获得一个捻回。由于侧孔以下纱段及筒管 3 上的绕纱点随锭翼 2 作回转，故粗纱获得真捻。粗纱的捻度可由下式计算：

捻度（捻/m）=锭翼转速（r/min）/须条输出速度（m/min）

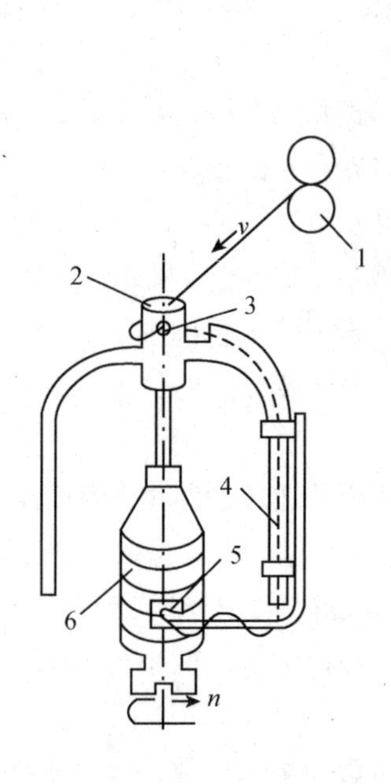

图 6-8 粗纱机的加捻过程

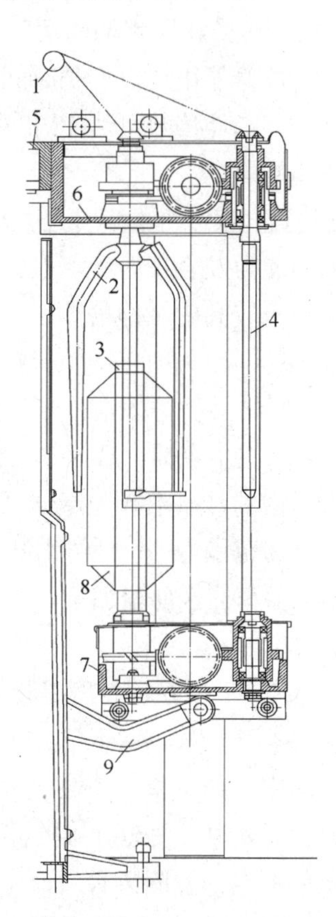

图 6-9 粗纱机的加捻机构

1—前罗拉 2—锭翼 3—筒管 4—锭子 5—机面
6—上龙筋 7—下龙筋 8—粗纱 9—摆臂

锭翼转速是恒定的，因此粗纱的捻度取决于须条输出速度（如忽略须条在前钳口的打滑，则等于前罗拉表面线速度）。这意味着可通过改变须条输出速度来调节粗纱捻度的大小。如果捻度太小，则粗纱强力太低，从而会引起粗纱在牵伸过程中的意外伸长或卷绕过程中的断头；捻度大固然能提高粗纱强力，却会降低粗纱机的产量，并且不利于细纱机的进一步牵伸。因此，应根据纤维原料和纺纱工艺对捻度进行合理选择。

如图 6-10 所示，C 是加捻点，须条在锭翼顶孔边缘上形成包围弧接触，接触点 B 上的摩擦力阻碍了须条 BC 段上捻回向上游纱段的传递，造成顶孔以下须条捻回多，顶孔以上须条捻回少（少 20%～40%），这是捻度传递中的捻陷现象，造成纺纱过程中粗纱自由段的强力低而易断头。

由于粗纱机的锭翼分成前后两排，这种安排使机器比较紧凑，但造成从罗拉钳口到前后排锭翼顶孔的粗纱自由段长度不等，须条在锭翼顶孔入口角度不同（前排 α_1 小于后排 α_2），使得前排粗纱的锭翼顶孔边缘的包围弧比后排要长，如图 6-11 所示，因而前排粗纱的捻陷现象较后排重，比后排粗纱更容易产生断头或意外伸长，导致前、后排纱条产生伸长差异，直接影响细纱的质量不匀率。为此，粗纱机上采用施加假捻的方法来增强自由段粗纱的强力，即在锭翼回转时推动纱条在锭翼顶孔边缘上摩擦自转，使纱条在锭翼顶孔两侧获得假捻，而锭翼顶孔以上纱条自由段的假捻方向与纱条本身的捻回方向一致，增加了该段的捻度和强度，降低了粗纱的断头和意外牵伸。

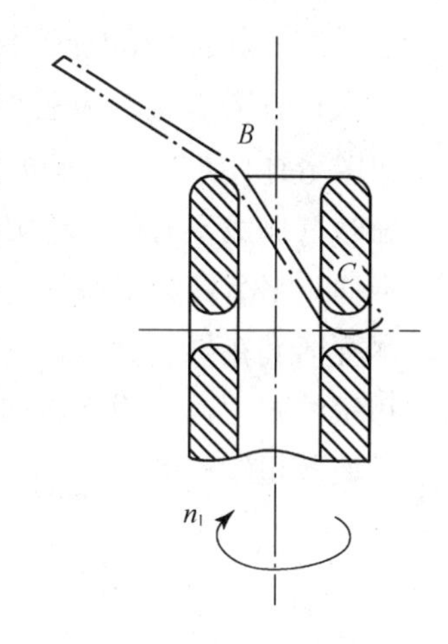

图 6-10　锭翼顶孔捻陷点

通常粗纱机上均采用假捻器来纺纱段施加假捻，常用的形式有锭翼顶孔圆环面上刻槽和锭帽式假捻器，如图 6-12 所示。前者在锭翼的管顶刻制均匀分布的放射形凹槽。为弥补前、后排包围弧大小不同造成的伸长或断头差异，通常前排刻槽较后排多。目前国内外新型粗纱机均采用锭帽式假捻器，可作为易损件定期更换，并可灵活选择假捻器的结构和材料。

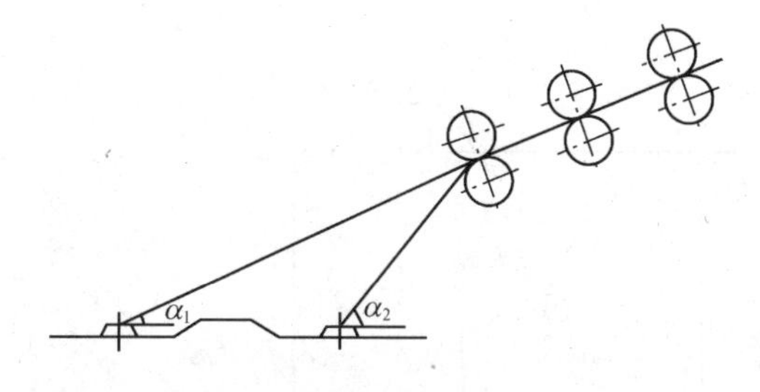

图 6-11　粗纱机前罗拉钳口到前后排锭翼顶孔的粗纱自由段几何路径

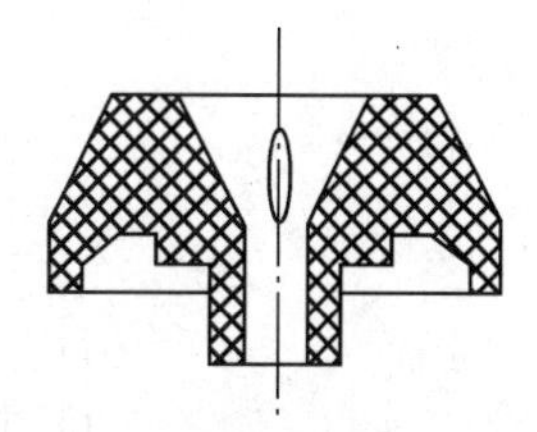
图 6-12　粗纱机假捻器

现代粗纱机已采用抬高后排锭杆的方法使前后排的导纱角及纱条在锭翼顶端的包围弧相同，以消除前后排导纱角不同造成的纱条差异，如图 6-13 所示。

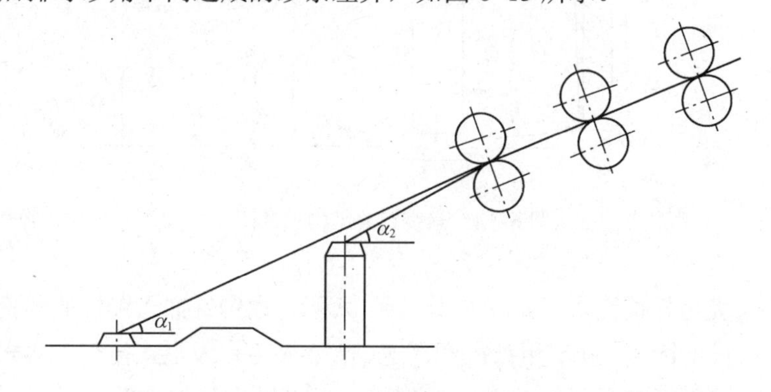

图 6-13　抬高后排锭杆后前罗拉钳口到前后排锭翼顶孔的粗纱自由段几何路径

二、粗纱机的加捻机构

1. **锭翼** 锭翼为粗纱机的主要加捻部件，由中管、平衡臂、导纱臂和压掌等部分组成，如图 6-14 所示。由于粗纱的捻度较低，为防止在高速回转过程中受到强烈的气流作用，将导纱臂制成空心的，将粗纱从中穿过并引导到下端的压掌上，在此过程中应防止须条的意外牵伸。平衡臂为实心，用于平衡导纱臂的质量。压掌由压掌杆、压掌曲臂和压掌叶组成，压掌杆活套在导纱臂上，使压掌曲臂可在一定角度内摆动。锭翼回转时，压掌叶在杆的离心力和粗纱张力的作用下压向纱管表面，使粗纱卷绕紧密。改变粗纱在压掌曲臂上的包绕圈数可以调节粗纱张力。

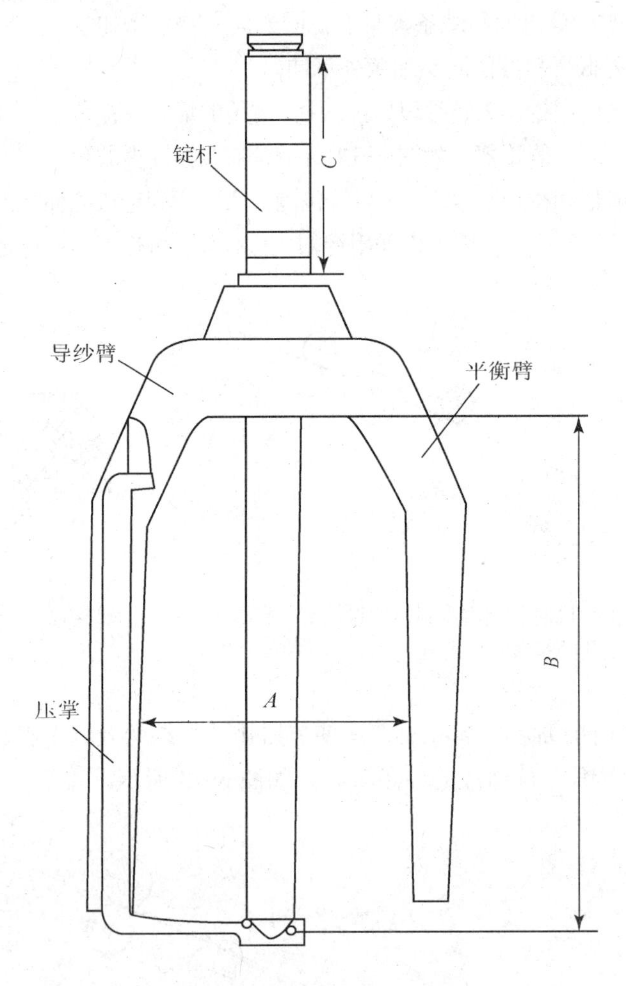

图 6-14 悬锭锭翼结构示意图

传统的粗纱锭翼为托锭锭翼，如图 6-15（a）所示，由销钉嵌入锭杆的凹槽内，同锭子一起回转，落纱时需拔下锭翼。随着粗纱机朝高速、大卷装方向发展，传统的插式锭翼结构已不利于落纱和换管，也不适应高速。目前的新型粗纱机采用上部支承的悬吊式锭翼结构，如图 6-15（b）所示。锭翼采用轻质铝合金材料制造，锭翼中央有锭杆，长度与锭翼臂相当，用以支撑筒管上部。其上端支承装在静止的上龙筋内，由上龙筋内长轴和齿轮传动（也有采用同步齿形带的），筒管则随下龙筋一起作升降运动，并由装在下龙筋内的筒管长轴和齿轮传动。悬吊式锭翼的主要特点是：

（1）落纱时无需拔下锭翼，操作方便，有利于清洁工作和实现落纱的自动化。

（2）悬吊式锭翼的支承刚性好，提高了它的回转稳定性，也便于对其结构进行加固，做到加大翼臂的开档尺寸和减小翼臂的变形，适应高速和大卷装的要求。

（3）上龙筋位于锭翼顶端与前罗拉之间，阻隔了锭翼回转产生的气流对纱条自由段的干扰，减少纱条飘动与飞花。

（4）纱条自由段发生断头时，须条堆落在上龙筋的面板上，不会产生飘头而使邻近纺纱造成断头。

国外还有另外一种上下支承式锭翼，如图 6-15（c）所示，这种锭翼的下端也做成封闭式，由于上下两端都有支承，因而能更有效得减小翼臂高速回转时的扩张变形。

2. **锭杆** 在插式锭翼的粗纱机上，锭杆用来支承和传动锭翼，如图 6-15（a）所示。锭杆是一根细长的钢轴，其底部插入下龙筋中的锭脚油杯内，中部以上龙筋中的锭管内孔作支承，由锭杆传动轴通过一对螺旋齿轮传动，锭管外面活套着筒管，筒管一方面由装在上龙筋内的长轴通过螺旋齿轮传动回转，另一方面随上龙筋作升降运动。悬吊式锭翼粗纱机锭杆从上部插入筒管内，用来支承和传动筒管，锭杆传动方式与传统粗纱机的相同。

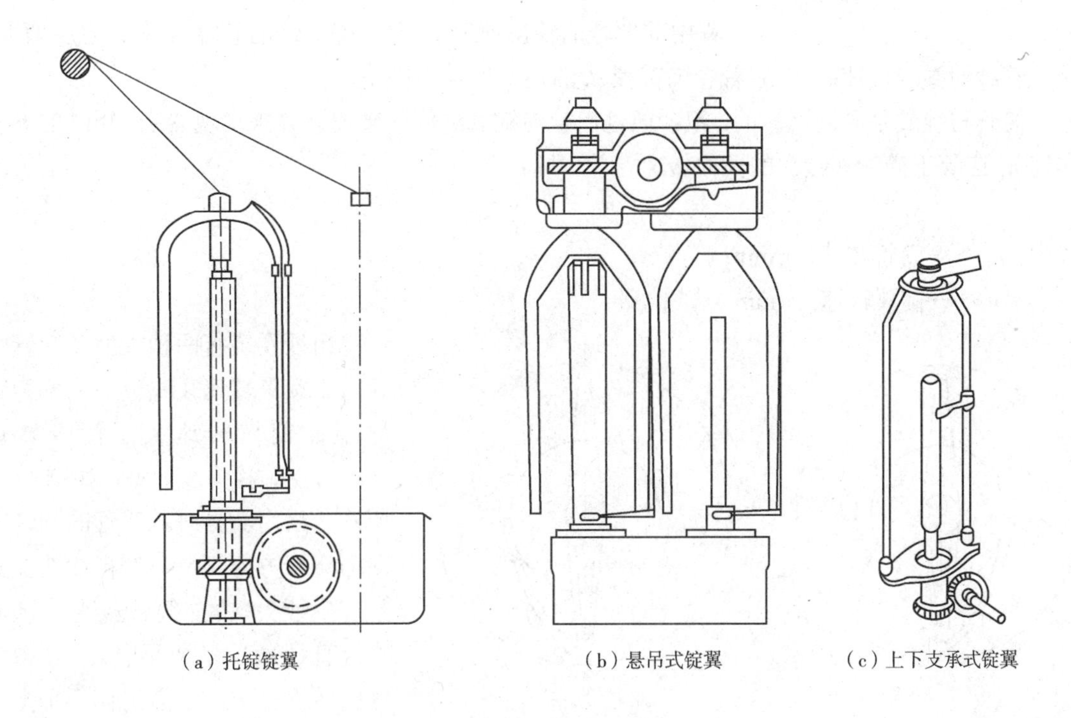

（a）托锭锭翼　（b）悬吊式锭翼　（c）上下支承式锭翼

图 6-15 几种形式的锭翼

第四节 卷绕机构

一、粗纱卷绕运动基本规律

粗纱加捻后需卷绕成形做成适当的卷装形式，便于搬运、存储及后道工序的顺利退绕。对卷装形式的基本要求是：卷装要有适当的紧密度，以增加卷装容量；纱圈要排列整齐，层次分明，不脱圈、不塌边，退绕顺利。

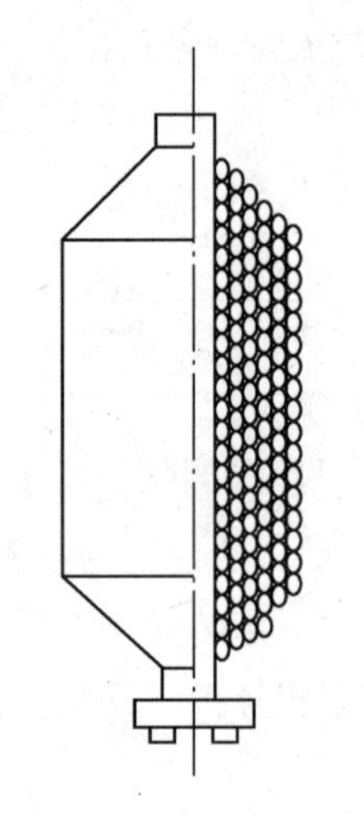

图 6–16 粗纱的卷绕形式

粗纱卷绕属于圆柱形平行卷绕。如图 6–16 所示，粗纱以螺旋线形式一圈挨一圈地分层绕在筒管圆柱形圈绕面上。绕纱层的高度自内向外递减，最后形成两端为截头圆锥体（锥角大小范围为 80°～90°），中间为圆柱体的卷装形式。所以粗纱卷绕运动必须有：纱相对于筒管的周向转动，纱相对于筒管的轴向移动、换向和移动动程逐层递减。

上述两项运动规律分析如下：

1. 卷绕回转运动 为实现粗纱的正常卷绕，任一时间内前罗拉输出的须条实际长度应等于筒管卷绕长度。由于在纺纱过程中前罗拉的输出速度 v 不变，但管纱的卷绕直径 d_x 逐层增大，因此管纱的卷绕转速 n_w 应随着卷绕直径 d_x 的逐层增大而减小。

筒管与锭翼是同向回转的，粗纱通过筒管与锭翼之间的转速差异来实现卷绕。粗纱的卷绕转速 n_w 应等于筒管和锭翼的同向转速之差，即：

$$n_w = |n_b - n_s| \tag{6-1}$$

式中：n_b——筒管转速，r/min；

n_s——锭翼转速，r/min。

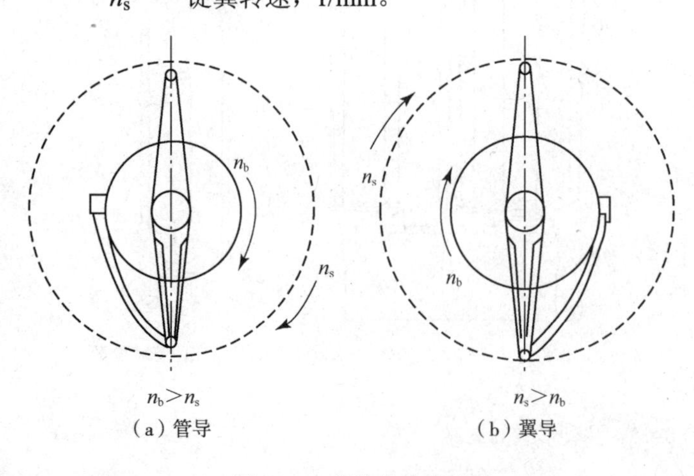

图 6–17 粗纱卷绕类型

粗纱卷绕有两种类型：筒管转速大于锭翼转速（$n_b>n_s$），称为管导型；锭翼转速大于筒管转速（$n_s>n_b$），称为翼导型。如图 6–17 所示。采用翼导时，筒管的回转方向与绕纱方向相反，若粗纱断头则易产生纱头飘散；筒管转速 n_b 随着卷绕直径 d_x 的增加而增大，使得管纱回转不稳定，动力消耗不平衡；开车启动时张力增加而导致断头。因而棉纺粗纱机均采用管导卷绕形式，有如下关系：

$$n_b - n_s = \frac{v}{\pi d_x} \quad (6-2)$$

式 6–2 表明了筒管转速 n_b 的变化规律。在粗纱纺纱过程中，锭翼转速 n_s 是恒定的，以保持粗纱的捻度不变。筒管转速 n_b 由恒速和变速两部分组成，恒速部分与锭速 n_s 相等，变速为卷绕转速 n_w，与卷绕直径 d_x 成反比。

2. **卷绕的升降运动**　为了使粗纱沿筒管轴向均匀、紧密地排列，还必须使筒管在升降龙筋的带动下相对于锭翼压掌作升降运动。为此任一时间内筒管（龙筋）的升降速度 v_h 应与筒管轴向卷绕高度相等：

$$v_h = \frac{v}{\pi d_x} \cdot h \quad (6-3)$$

式中：h——粗纱轴向卷绕螺距，mm，略大于粗纱直径。

式 6–3 表明，筒管（龙筋）的升降速度 v_h 随卷绕直径 d_x 的增加而逐层减小，但在同一卷绕层内龙筋的升降速度不变。

为使管纱卷绕成两端呈截头圆锥体的形状，升降龙筋的升降动程需要逐层缩短，以使管纱各卷绕层高度逐渐缩短。

式 6–2、式 6–3 给出了粗纱在圆柱面上作螺旋线卷绕运动的基本规律。这些运动需由粗纱机的变速机构、成形机构及辅助机构等共同实现。

二、有锥轮粗纱机的卷绕机构

棉纺有锥轮的粗纱机传动路线如图 6–18 所示。主轴由电动机传动，一方面传向锭子，另一方面通过捻度变换齿轮和捻度阶段变换齿轮传向上锥轮（俗称上铁炮）和前罗拉。上、下锥

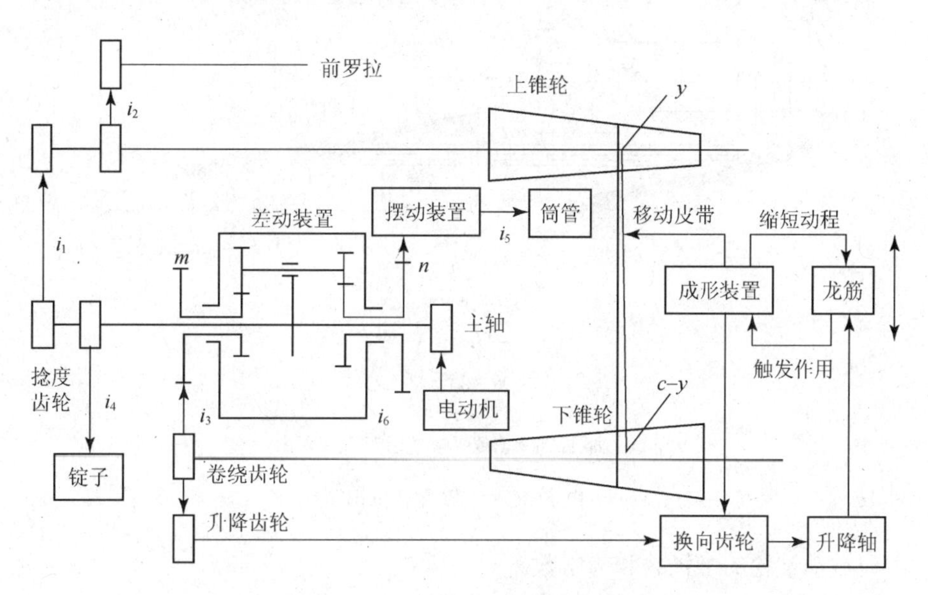

图 6–18　FA401 型粗纱机的传动路线图

轮由小皮带传动，构成粗纱机的变速机构。下锥轮经卷绕齿轮传向差动装置和升降齿轮。由于筒管转速与龙筋升降速度均按照同一规律随粗纱卷绕直径而变化，因而可采用同一变速机构传动。筒管转速是两种转速的合成，因而应用了差动机构，它汇集了主轴的恒速和变速机构供给的变速，通过摆动机构传动装在升降龙筋上的筒管。升降齿轮经换向齿轮、升降轴传动下龙筋。锥轮皮带由成形装置按粗纱管上的卷绕层数沿锥轮轴向移动，以控制变速机构输出的速度大小变化。另外，成形装置根据粗纱管上绕纱高度来控制换向机构的换向动作，使龙筋升降及时换向，其动作由龙筋升降运动触发。

1. **变速机构** 粗纱机变速机构的作用是传动筒管卷绕回转和龙筋升降运动，使这两种运动的速度都随卷绕直径的增加而逐层递减。在传统粗纱机上采用一对锥轮（俗称铁炮）作变速机构（图 6-19）。上锥轮为主动轮是恒速的，下锥轮为被动轮是变速的。筒管每绕完一层纱，锥轮皮带受成形装置棘轮的传动，向主动轮小头（或被动轮大头）方向移动一小段距离，使下锥轮转速变低，从而筒管的卷绕转速和龙筋的升降速度都相应地降低。锥轮按外廓形状分有曲线锥轮和直线锥轮两种。锥轮的理论设计依据是：

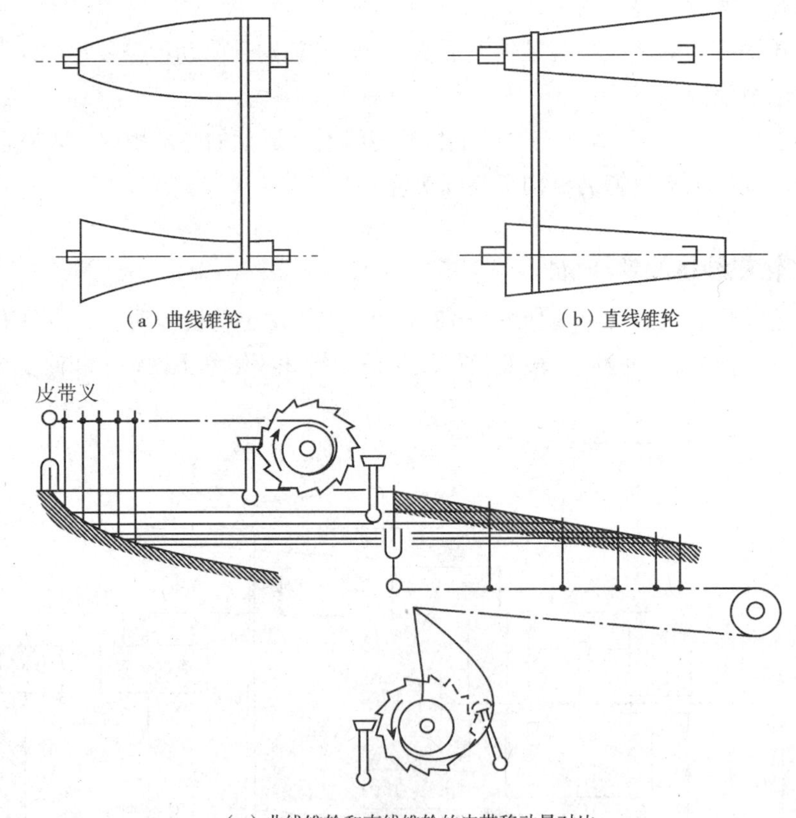

（a）曲线锥轮　（b）直线锥轮

（c）曲线锥轮和直线锥轮的皮带移动量对比

图 6-19　锥轮变速机构

（1）主、被动锥轮的半径之和为常数。

（2）下锥轮转速与卷绕直径成反比例。

每次绕完一层粗纱，若皮带在锥轮上的移动量恒定相等，则绘出的锥轮母线应是双曲线。反之，将锥轮母线改为直线，则锥轮皮带的移动量非恒定相等，因而应由凸轮来加以控制。在每绕完一层纱时，成形凸轮虽转过一恒定的角度，但因凸轮的作用半径不等，所以皮带每次的移动量是变化的。始纺时皮带移动量大，以后一次比一次减小。有锥轮粗纱机普遍采用曲线锥轮。

国外也有一些粗纱机采用齿链式无级变速器（Positive Infinitely Variable drive，PIV）作变速机构。在PIV输入和输出轴上各有一对可变径的锥盘，二者用齿链带传动。开始卷绕时，输入轴的一对锥盘作用半径最大，输出轴的一对锥盘作用半径最小。每卷绕完一层粗纱，成形凸轮转过一恒定角度，带动调速轮转过相应角度，则PIV的调节杆使输入锥盘和输出锥盘的轴向间距改变，从而改变其作用半径和传动比，达到变速的目的。PIV的调速规律由成形凸轮决定。

2. **差动装置**　差动装置装在粗纱机的主轴上，结构为一周转轮系，由首轮、末轮和臂等机件组成，具有两个自由度，其主要作用是将主轴的恒转速和变速机构传来的变转速合成后传动筒管回转，同时还具有以下效果：

（1）使变速机构适用于各种捻度的纺纱。当工艺上改变粗纱捻度需要调整捻度齿轮时，前罗拉的输出速度、筒管的卷绕速度及升降龙筋的升降速度同步改变。

（2）通过一对锥轮同时实现筒管和龙筋升降的变速运动，使粗纱机能实现等螺距的平行卷绕。

（3）减轻变速机构的功率负担。使筒管功率的大部分来自主轴，减轻锥轮皮带的传递力，因而可减少皮带的滑溜，提高变速机构调速的准确性和灵敏度。

（4）能方便地实现落纱后的筒管生头。只要抬起下锥轮，就能使卷绕转速等于零，筒管与锭翼同转速，不需另外的生头机构。

根据差动装置臂的传动方式，可分为臂由变速机构传动、臂由主轴传动和臂传动筒管三种类型，如图6-20所示。图中n_o是主轴转速，n_y是差动机构的变速件转速，n_z是差动机构的输出件转速。粗纱机一般采用前两类差动装置。

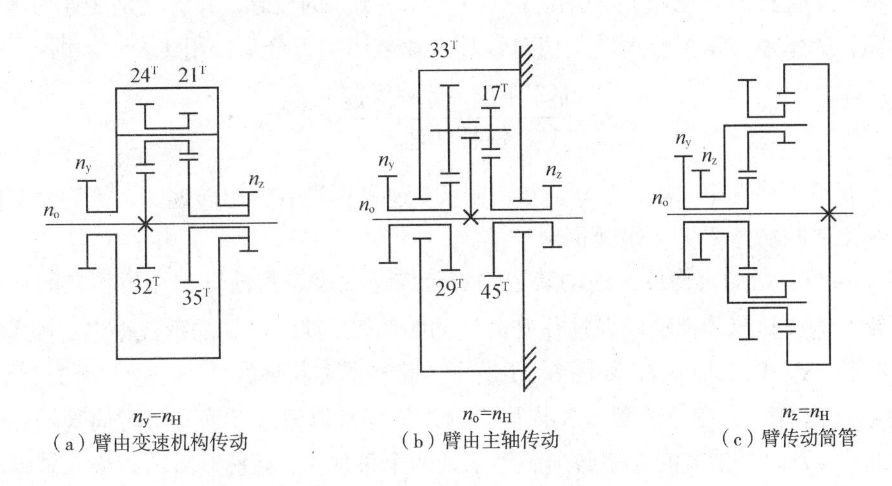

（a）臂由变速机构传动　（b）臂由主轴传动　（c）臂传动筒管

图6-20　差动装置类型

A453 型、A455 型、FA401 型等型号粗纱机差动装置的臂均由主轴传动。此类差动装置的优点是主轴直接负担了臂高速回转所需的动力，但其箱体尺寸较大，当开关或点动时，惯性相对较大，应采取一定措施才能适应高速。

A456A 型、A454 型粗纱机的差动装置采用臂由变速机构传动的结构。其首轮（32^T）固定在主轴上，由主轴传动，下锥轮传来的变速用来传动差动装置的臂，末轮（35^T）将两种转速合成后通过摆动装置传给筒管。根据周转轮系的维里斯公式得：

$$i_{zo}=\frac{n_z-n_y}{n_o-n_y}=\frac{32\times 21}{24\times 35}=\frac{4}{5}$$

式中：i_{zo}——把周转轮系转化为定轴轮系后首轮与末轮的传动比。转化后首轮与末轮转向相同者为正，相反者为负；

n_o——首轮转速；

n_z——末轮转速；

n_y——臂的转速。

由上式可得：

$$n_z=i_{zo}\cdot n_o+(1-i_{zo})\ n_y=\frac{4}{5}n_o+\frac{1}{5}n_y \tag{6-4}$$

这种差动装置的优点是结构简单，箱体比较轻巧，制造装配方便，但 32^T 与 24^T 存在公因子。

差动装置是高速回转部件，结构设计时应充分考虑机构的平衡问题。例如，在行星轮的对侧要有平衡质量，箱体要均匀对称等。装配后须校验动平衡，确保差动装置转动平稳、振动小。差动装置内所有的齿轮齿面和转动副的接触面，均需保持良好的润滑，以减轻零件磨损和提高机构的传动效率。

传动路线设计时，因齿轮齿数配置不当或齿数取整的关系，会产生差动装置传给筒管的恒转速部分不等于锭杆的转速，于是引出了“不一致系数”的概念。其含义是变速为零时，差动装置传给筒管的恒速与锭杆转速的差值对锭杆转速之比的百分率，用 λ 表示。即：

$$\lambda=\frac{\text{筒管恒速-锭杆转速}}{\text{锭杆转速}}\times 100\% \tag{6-5}$$

工艺上要求 λ 等于零。若 λ 不等于零，表示变速机构没有输出转速时，筒管具有附加的卷绕转速，这将影响纺纱张力和纺纱正常卷绕。

3. **摆动机构** 摆动机构位于差动装置输出合成速度齿轮和筒管轴端齿轮之间，其作用是将差动装置的输出转速传递给随龙筋作升降运动的筒管。摆动机构的形式很多，新式粗纱机普遍采用万向联轴节式摆动机构，如图 6-21 所示。此装置由花键轴 2、花键套筒 3、万向十字头 4、4'等组成。花键轴 2 在花键套筒 3 内可以自由伸缩，以适应龙筋升降时筒管轴对于主轴相对距离的变化。万向联轴节的安装必须满足下列两个条件，才能使输出轴和输入轴瞬时角速度完全相等：

（1）三轴（输入轴、输出轴及花键轴）和两头（两个十字头）在同一平面。

（2）输入轴和输出轴相互平行（即两个夹角相等 $\alpha_1=\alpha_2$）。

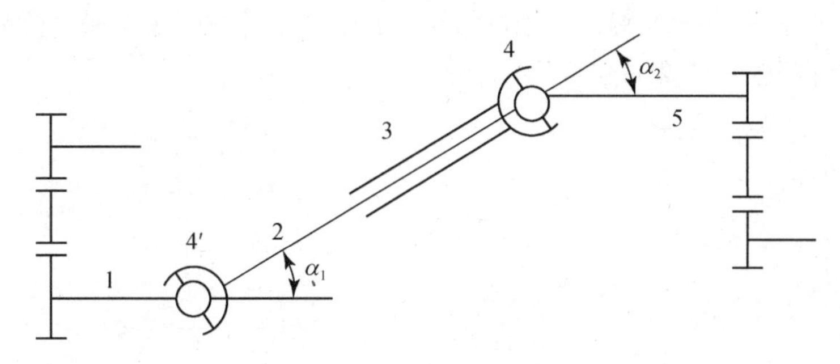

图 6-21　万向联轴节式摆动机构

1—输出轴　2—花键轴　3—花键套筒　4、4′—万向十字头　5—输入轴

4. 升降机构和换向机构　升降机构将变速装置的输出转动转换为龙筋和筒管的升降移动，此外，为了满足龙筋改变运动方向的要求，在升降传动系统中还设有换向机构。升降机构一般有齿条式和链条式两种。齿条式升降机构如图 6-22（a）所示，升降齿条固定在升降龙筋上，与齿条相啮合的升降齿轮则固装在升降轴上，由它来带动龙筋升降。这种结构的优点是安装后不易走动，传动比正确；缺点是龙筋的升降动程和卷绕高度受到一定的限制。

链条式升降机构如图 6-22（b）所示，在升降轴上固装着升降链轮和平衡重锤链轮（后者未画出），升降链轮通过链条带动升降杠杆以 A 为支点作摆动，升降杠杆前端则托持着龙筋沿着垂直导槽作升降运动。升降轴上的平衡重锤用于平衡龙筋的质量。龙筋下降时，重锤上升，则龙筋势能转化为重锤势能，龙筋上升时，重锤下降，其势能又转化为龙筋的势能，这样可使

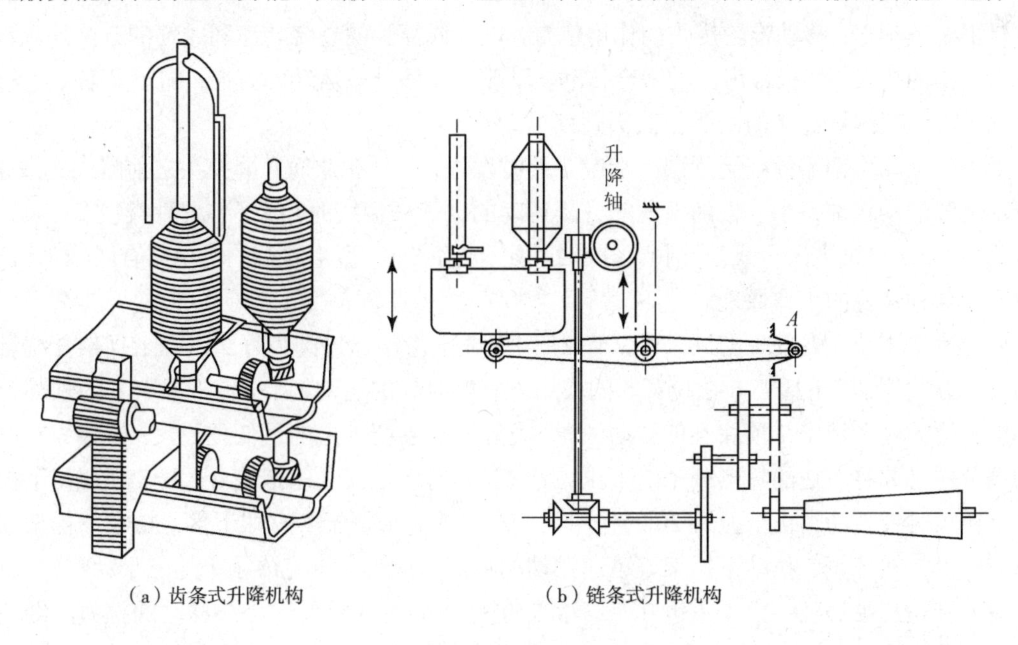

（a）齿条式升降机构　　（b）链条式升降机构

图 6-22　升降机构

龙筋升降运动平稳和减轻升降功率消耗。

FA401型粗纱机的换向机构仍采用双锥轮式，如图 6-23 所示，在换向横轴 4（主动件）上活套着的两只锥齿轮 5、6 始终与竖轴锥齿轮 2 相啮合，并由弹簧力保持杆 9 的极限位置，从而使竖轴 3 和升降轴交替换向回转。

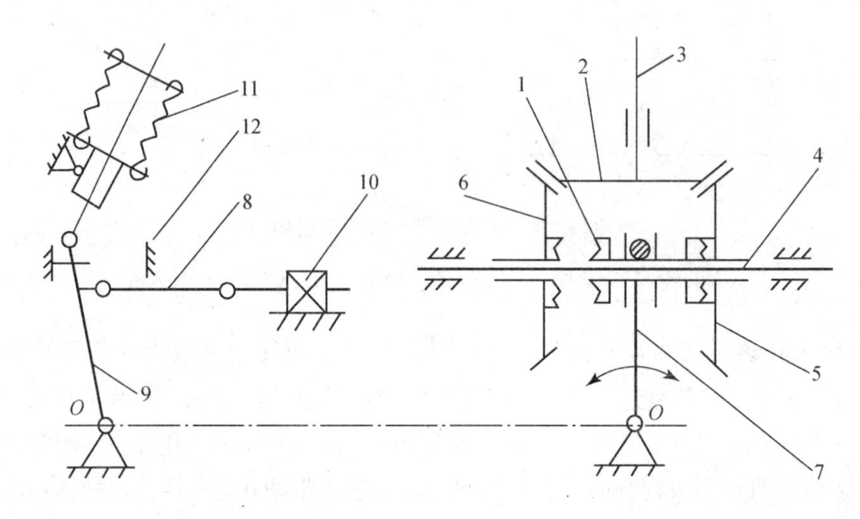

图 6-23 换向机构

1—离合器 2—竖轴锥齿轮 3—竖轴 4—换向横轴 5、6—锥齿轮 7—拨叉
8、9—连杆 10—双向电磁铁 11—定位拉簧 12—定位块

5. **成形机构** 成形机构是一种自动控制机构。每当筒管绕完一层粗纱时，成形装置迅速完成以下三项动作：移动锥轮皮带的作用位置，以降低筒管的卷绕转速和龙筋的升降速度；移动换向机构的拔叉，切换锥齿轮的啮合传动，以改变龙筋升降运动的方向；缩短龙筋下一次升降的动程，使粗纱管卷装的两头呈截头圆锥形。

上述三项动作都需纱绕至纱层上端或下端时发生，并且在龙筋升降掉头之前瞬间完成，所以成形装置的动作都是由一根随着龙筋升降运动的圆齿杆触发的。成形装置种类很多，大致有压簧式、摇架式、机电结合式等几种。图 6-24 所示为 FA401 型粗纱机的机电结合式成形装置。下面介绍这种装置的工作原理。

成形滑架 1 装在龙筋上随同升降，当龙筋下降时，滑架通过圆齿杆 2 带动上摇架 3 绕轴 *O* 作顺时针方向摆动，下摇架 6 在拉簧 5 的作用下有顺时针的运动趋势，但下摇架 6 的顶部台阶右侧被右边的鸟形掣子 7 顶住不能转动。一旦龙筋降至卷绕纱层的最低位置，上摇架 3 右摆臂上的调节螺钉 8 将右边的鸟形掣子 7 下压，使它脱开对下摇架 6 的抵制。拉簧 5 立即使下摇架 6 绕 *O* 作顺时针转动。由于拉簧 20 的作用，使左边的鸟形掣子 7 立即下落，抵在下摇架 6 的台阶左侧上。在拉簧 5 拉动下摇架 6 迅速摆动的瞬间，成形装置完成了下述三个动作。

（1）锥轮皮带移位：由于重锤 9 始终给皮带叉 10 以向主动锥轮小头移动的拉力，经轮系传递，成形棘轮 12 有顺时针回转的趋势，但因受成形掣子 11 的阻挡，成形棘轮 12 不能回转。

当下摇架顺时针转动时带动装与其上的撞头 13 撞击左边的掣子 11,使其脱离对棘轮 12 的控制，则棘轮立即回转；由于拉簧 14 的作用，右侧成形掣子被拉向棘轮，致使棘轮每次只能转过半个齿的角度。这时在重锤 9 的作用下，迫使张力变换齿轮 21 等转动，钢丝绳轮 16 就回转一定角度，放出钢丝绳，使皮带拔叉向左移动一段小距离，从而完成锥轮皮带的位移。

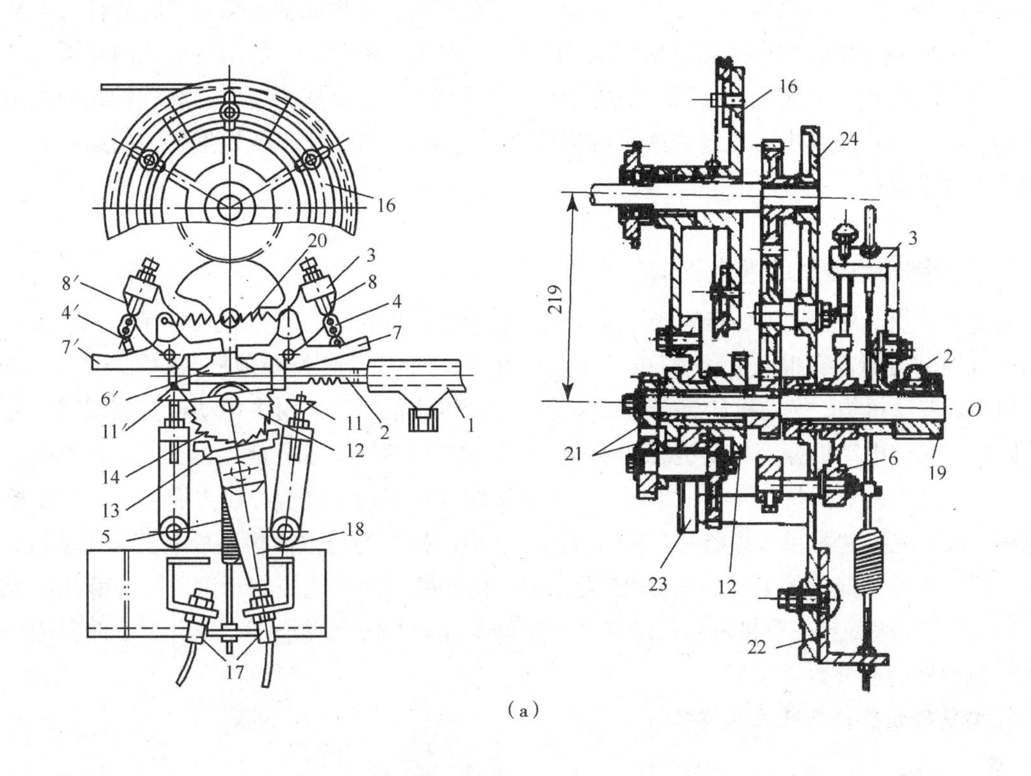

（a）

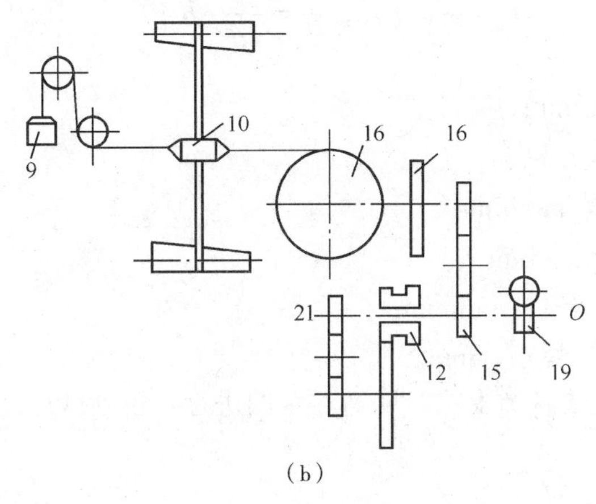

（b）

图 6-24　机电结合式成形装置

1—成形滑架　2—圆齿杆　3—上摇架　4、4′—链条　5、14、20—拉簧　6—下摇架　7、7′—鸟形掣子　8、8′—调节螺钉　9—重锤　10—皮带叉　11—成形掣子　12—棘轮　13—撞头　15—齿轮　16—钢丝绳轮　17—换向传感器　18—换向感应片　19—角度齿轮　21—张力变换齿轮　22—机架　23—成形前架　24—成形后架

（2）上龙筋换向：在成形装置的下摇架下方装有两只换向传感器 17。换向感应片 18 装在撞头 13 上，当感应片 18 随撞头向左摆动时，触发左边传感器发出讯号，使换向机构中的双向电磁铁动作，从而改变竖轴的转向，完成升降龙筋运动的换向动作。

（3）升降动程缩短：当成形棘轮 12 回转半齿时，通过齿轮传动，使与圆齿杆 2 啮合的角度齿轮 19 绕轴 O 作逆时针回转，带动圆齿杆 2 向左移动一小段距离，缩短了圆齿杆的摆动半径；而圆齿杆摆动角的大小由调节螺钉 8（8'）的作用长度控制，一般调定后就固定不变，故龙筋的升降动程相应地缩短，最后，管纱上下两端呈锥形。这锥体的母线与筒管轴线的夹角称为成形角，成形角的大小可通过调换角度齿轮 19 来改变。成形角主要根据纺纱的原料品种和纺纱工艺要求确定。

三、无锥轮粗纱机的卷绕机构

随着计算机、变频调速、传感器等新型技术的进步，现代新型粗纱机在机械结构、系统传动和电气控制方面都有很大变化，机电一体化程度很高，取消了传统粗纱机上的锥轮变速机构、成形机构、差动机构、换向机构、摆动机构等，在主传动系统中采用多电动机变频调速分部传动，如采用三台电动机分别传动锭翼和罗拉、筒管、龙筋这三大独立运动部分，也有用四台电动机分别传动锭翼、罗拉、筒管、龙筋，只保留牵伸变换齿轮；电气控制方面采用了工业控制计算机、可编程控制器和变频器等，其相应的功能由工控机通过数学模型控制变频电动机，实现粗纱机同步卷绕成形的要求。图 6-25 为无锥轮粗纱机传动系统控制示意图，采用 M_1、M_2、M_3、M_4 四个伺服变频电动机分别传动锭翼、牵伸、龙筋升降和卷绕四个部分。下面介绍一下无锥轮粗纱机的卷绕数学模型。

1. **无锥轮粗纱机卷绕速度方程**

$$n_b = \frac{v}{\pi d_x} + n_s,\quad v_h = \frac{v}{\pi d_x} \cdot h \tag{6-6}$$

式中：n_b——筒管转速，r/min；

n_s——锭翼转速，r/min；

v——前罗拉速度，mm/min；

d_x——筒管卷绕直径，mm；

v_h——龙筋的升降速度，mm/min；

h——粗纱轴向卷绕螺距，mm。

2. **一落纱中纱管卷绕直径的变化** 随着卷绕的进行，粗纱纱层逐渐增加，卷绕直径逐步增大，其规律为：

第一层：$d_x = d_0 + 2\delta_1$

第二层：$d_x = d_0 + 2(\delta_1 + \delta_2)$

……

第 n 层：$d_x = d_0 + 2(\delta_1 + \delta_2 + \ldots + \delta_n)$

式中：d_0——空筒管直径，mm；

n ——粗纱卷绕层数；

δ_1——粗纱的始绕厚度，mm；

δ_n——第 n 层粗纱厚度，mm。

实际上，每层纱的厚度差异变化并不大，有：

$$\delta_2-\delta_1=\delta_3-\delta_2=\cdots=\delta_n-\delta_{n-1}=\Delta \tag{6-7}$$

式中：Δ——粗纱每层直径差。

因此第 n 层纱层的厚度为：

$$\delta_n=\delta_1+(n-1)\Delta \tag{6-8}$$

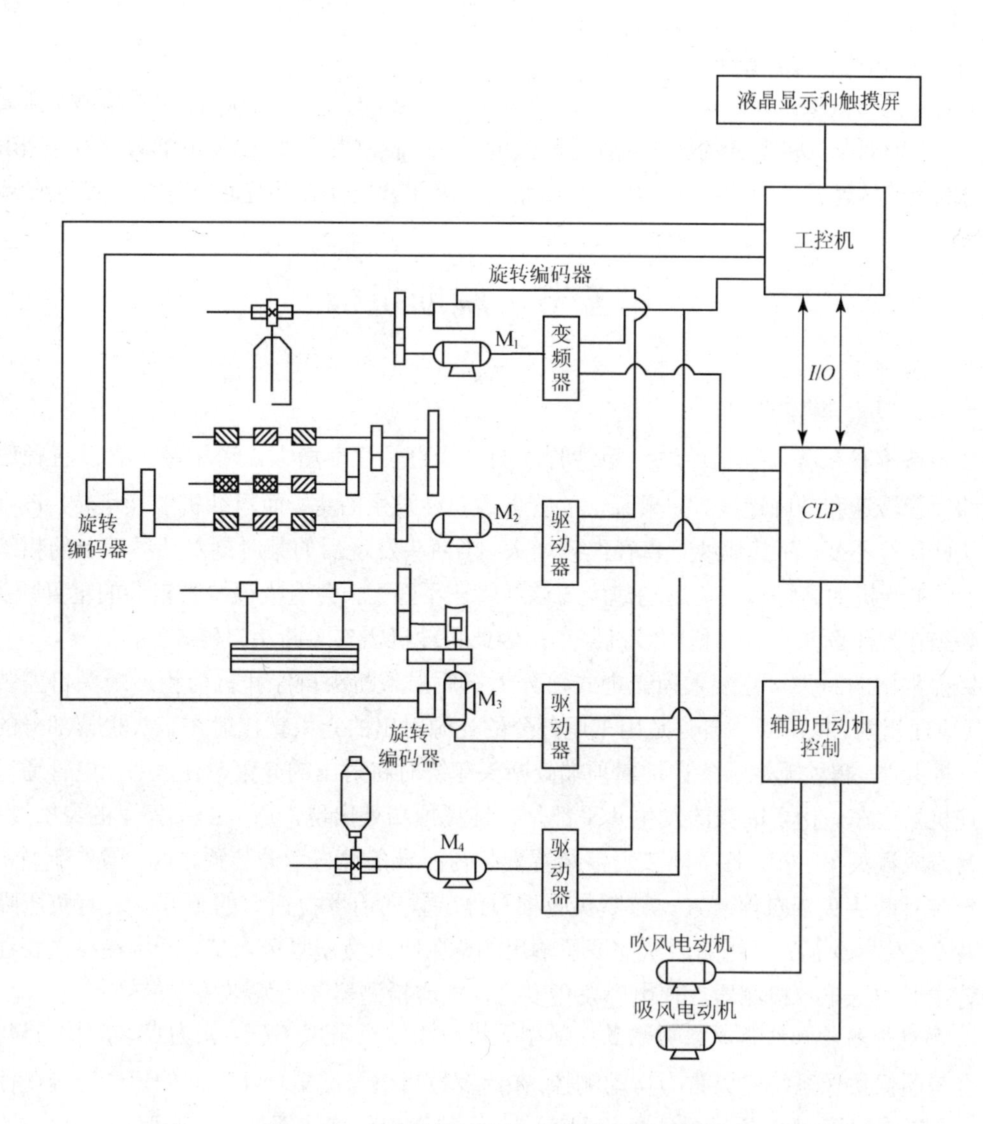

图 6-25　无锥轮粗纱机传动系统控制示意图

卷绕第 n 层时粗纱的卷绕直径为：

$$d_x = d_0 + 2\sum_{i=1}^{n}\delta_i = d_0 + 2n\delta_1 + n(n-1)\Delta \quad (6-9)$$

将上式代入粗纱卷绕速度方程得：

$$n_b = n_s + \frac{v}{\pi[d_0 + 2n\delta_1 + n(n-1)\Delta]} \quad (6-10)$$

粗纱的始绕厚度主要与粗纱的定量（粗细）和密度有关，一般可用下式确定：

$$\delta_1 = 0.1596\sqrt{\frac{W}{\gamma}} \quad (6-11)$$

式中：W——粗纱定量，g/10m；

γ——粗纱密度，g/cm^3。

不同原料的粗纱具有不同的密度。粗纱每层直径差 Δ 的大小与锭翼结构、一落纱中压掌压力变化有关，但对某一机型 Δ 的影响规律是一致的。Δ 一般约为 δ_1 的 0.3%~0.4%。Δ 主要影响中、大纱时的筒管转速 n_b，亦即中、大纱的卷绕张力，因此 Δ 应在 δ_1 设定后再做相应设定或调整。

第五节　辅助机构

一、自动监测装置

1. 断头自停装置　如前所述，粗纱管纱的卷绕直径逐渐增大，对于某一管纱直径对应有相应的筒管转速和升降速度。如果某一纱管上的粗纱发生断头，而粗纱机继续运转，该纱管的直径从此保持不变，而其他纱管直径继续增大。当断头发现后的某时刻对该纱管上的粗纱进行接头后，粗纱机的筒管与龙筋运动速度与该纱管已不匹配，会造成该纱管粗纱的重复断头。可见，必须在发生断头后立刻使粗纱机停车，因此粗纱机需安装断头自停装置。

目前常用的断头自停装置为光电式，分为机后棉条断头自停和机前粗纱断头自停装置两组，其原理相同。机前断头自停是由车尾部分的光源射出的光束直接射在车头机架部分的光电管上。断头时，粗纱无捻须条在锭翼顶端处断头缠绕时将射出的光束遮住，则光电管通过控制电路使机器停车。由于断头的发生几乎都是在锭翼顶端处出现，所以断头停车的灵敏度很高，但也易造成误关车。机后棉条断头自停装置安装在前导条辊与牵伸装置之间。国外新型粗纱机上还安装有断头吸棉自停装置。该断头吸棉自停装置在前罗拉钳口的下方安装有负压吸风入口。粗纱发生断头后，可将随后从前罗拉输出的棉条吸入负压吸风入口。纤维在与之相连的收集导管中通过一电容检测器，使电容发生变化。电容检测器随后发出关车信号。

2. 无锥轮粗纱机的张力控制装置　新型无锥轮粗纱机采用 CCD 张力自动测控，以 CCD 光电全景图像摄像系统作为张力自动测控，在前罗拉钳口与锭翼顶孔之间的粗纱通道侧面方向（图 6-26）判别粗纱条通过时所处位置线，是上位、中位抑或下位来反映张力大小。在 CCD 功能配置时，可设定预拟位置线（基准线），然后在运转中连续摄取计算实测值，并比较判定粗纱张力状态，然后由电控装置进行在线调节，数据可在屏幕上显示。在更换品种时一般可自动选择最佳张力状态，不必重新手动设定。

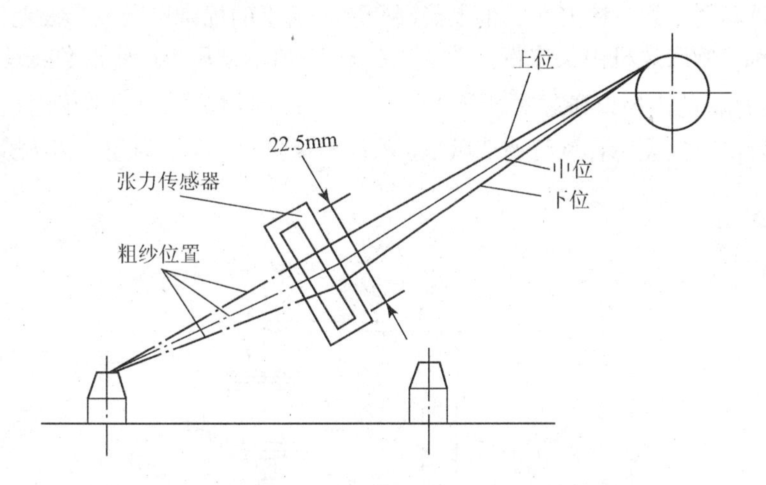

图 6-26 新型粗纱机的 CCD 张力检测示意图

在实际生产中，CCD 检测取样量较少，有一定局限性，因此必须首先正确设定纺纱张力后再由 CCD 在线微调作补充，对纱条位置的检测精度可达到 0.1mm，能够较好地控制纺纱中的张力波动，从而改善粗纱质量。

二、清洁装置

粗纱机运转过程中会产生大量的飞花，因此粗纱机需配有清洁装置，由罗拉清洁盖板装置、巡回吹吸风机和风机三个部件组成，如图 6-27 所示，使用后可减少纱疵、提高产品质量、改善车间环境和降低工人劳动强度。

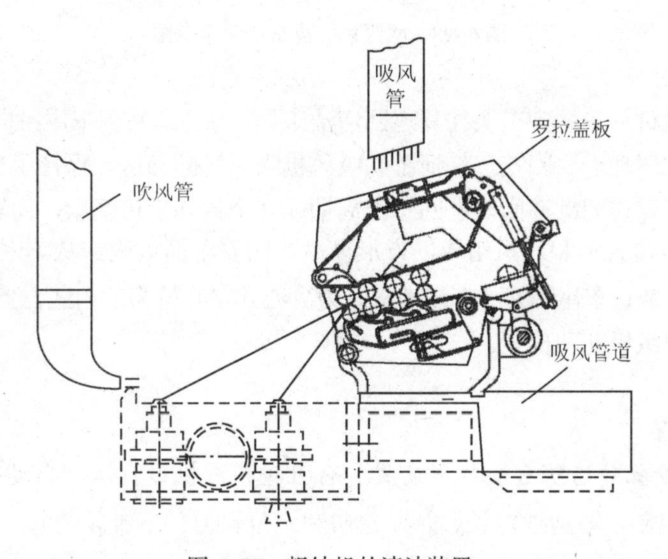

图 6-27 粗纱机的清洁装置

1. **清洁盖板装置** 由曲柄连杆机构组成，通过曲柄传动轴驱动棘轮间歇机构使清洁绒带转动，不断清洁上、下罗拉表面附着的纤维和棉尘，并驱动梳刀往复运动，梳刮收集绒板花。曲柄转一周绒带移动一次，梳刀在绒带上梳刮一次，梳下的棉杂由吸风管吸走。

2. **吹吸风机** 吹吸风机由长皮带传动，如图 6-28 所示，风机产生的负压通过吸风管收集上清洁绒板花；风机的出风口通过吹风管从车前向车后，清扫车面上的飞花，代替了人工劳动。吸风管和吹风管出口处设置有风门调节风量，吹风口风量要适当，风量不能太大，以免影响纺纱质量。

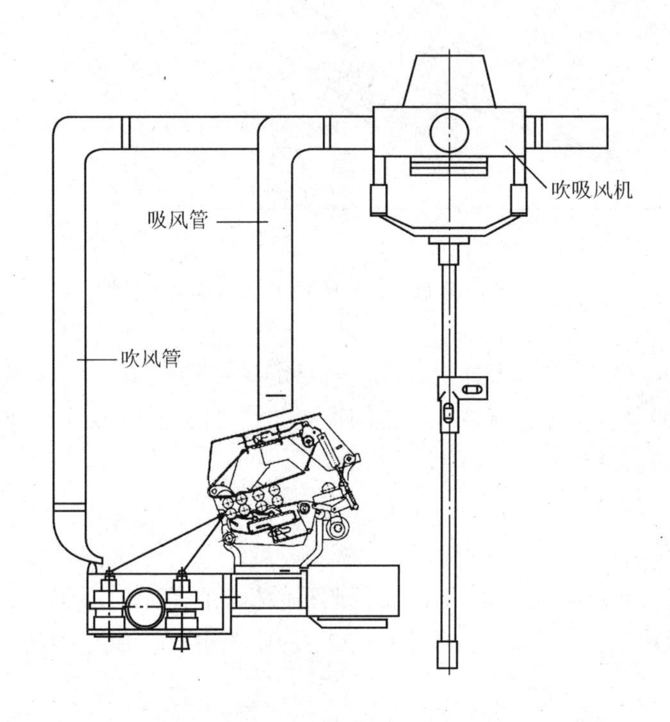

图 6-28 吹吸风机皮带传动示意图

开车后吹吸风机从车尾到车头往复巡回清洁工作，每当巡回到车尾换向时，大风机通过专用管道为吹吸风机清理一次回花，保证了吹吸风机吸风管的静压，保持了良好的清洁效果。

吹吸风机也可以作间歇巡回，巡回一个周期或几个周期后可间歇，间歇时间可调节。

3. **风机** 由吸风管道和风机组成，方形风道紧贴着车面后侧，从车尾直通到车头，与风机紧密连接。风机装在车尾，紧靠车尾墙板，为离心式，叶轮为后向式。当风机运转时，吸风口产生静压，吸取绒板花和棉尘。

三、落纱装置

1. **有锥轮粗纱机的满纱自动控制装置** 有锥轮粗纱机设有满纱自动控制装置，以完成以下落纱三自动控制，即满纱定长、龙筋定向和定位自停。下锥轮抬起，皮带回返，下锥轮落下。

FA401型粗纱机的下龙筋升降滑条上装有一个凸块，可分别触及车头第二墙板滑槽两侧的六只行程开关。纺纱过程中当粗纱达到预置长度时，装于车头前侧的计长器即发出满管信号，使龙筋上升至纺纱动程中间位置，而凸块触及行程开关K2，使主电动机停转。延时6s后，锥轮皮带复位电动机启动，使下锥轮抬起、皮带回返到始纺位置。与此同时，装在车头内换向齿轮箱上的超降电动机启动，使龙筋超降至落纱位置，并触及行程开关K6，使超降电动机停转，而锥轮皮带复位电动机逆转，使下锥轮落下、皮带张紧，同时，使计长器复零，满管信号灯灭。龙筋超降至落纱位置进行落纱，落纱后按动车头开关A4，超降电动机启动，使龙筋升至筒管插入位置，并触及行程开关K5，超降电动机停转。空管插入后再按开关A4，超降电动机又启动，龙筋上升至卷绕生头位置，碰及行程开关K3。超降电动机停转。挡车工即可进行生头操作，进入下一纺纱运转。

2. **全自动集体落纱装置**　目前最先进的粗纱机一般配有全自动落纱装置，其技术特点是当纺满一定长度时粗纱机自动停车，下龙筋降到落纱位置，自动落纱及换管后下龙筋复位，粗纱自动搭头，形成新一轮纺纱，落纱时间4~5min，落下的粗纱集中运送到粗纱运输系统待运。全自动落纱装置显著降低了劳动强度，提高了生产效率，但设备价格较高。立达F35型粗纱机全自动落纱装置的工作过程如图6-29所示。

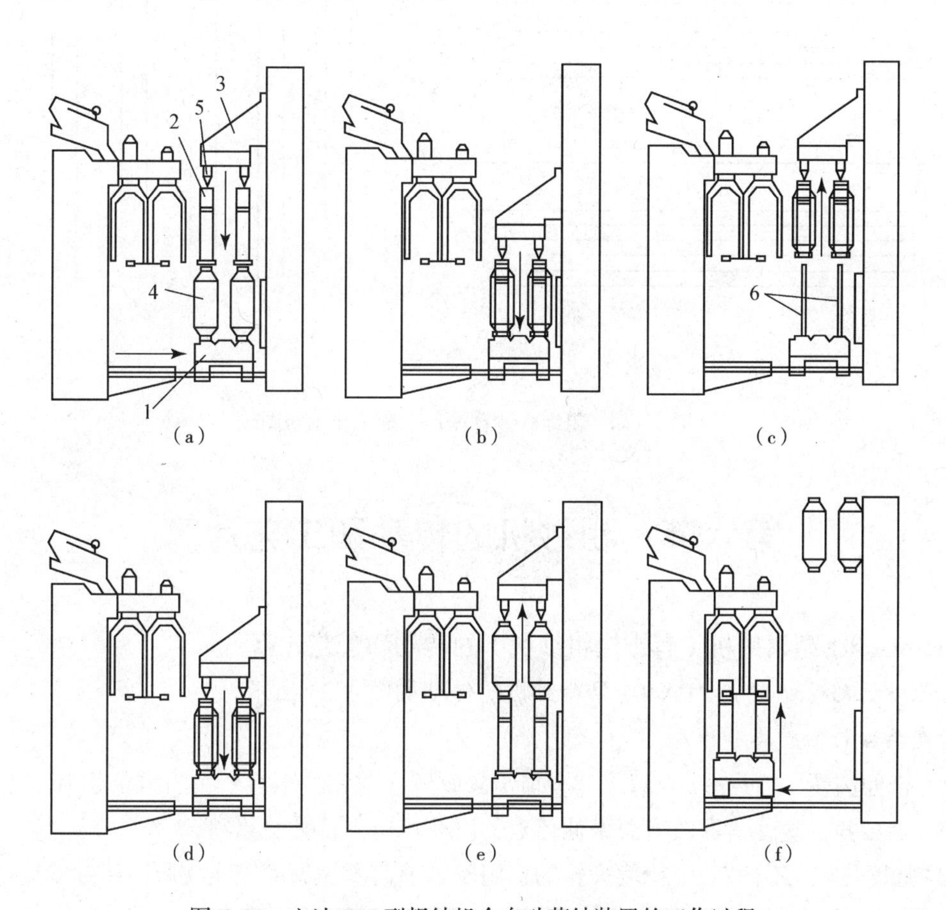

图6-29　立达F35型粗纱机全自动落纱装置的工作过程

龙筋 1 首先向外运动，装有空管 2 的落纱梁 3 降低[图 6–29（a）]；空管 2 降低至处于满管 4 之间，落纱梁 3 上的粗纱吊锭 5 抓取满管 4[图 6–29（b）]；装有满管 4 和空管 2 的落纱梁 3 升起，满管 4 经传送链与满纱空管交换器与空管 2 更换位置[图 6–29（c）]；落纱梁 3 降低，将空管 2 放置到锭子 6 上[图 6–29（d）]；装载满管 4 的落纱梁 3 上升到闲置位置[图 6–29（e）]；龙筋 1 进入工作位置，机器启动，满管 4 进入运输系统[图 6–29（f）]。

四、粗细联输运系统

将粗纱纱管一个个地通过人工输运到细纱机的劳动强度很大，并易损坏粗纱。因此，部分先进的粗纱机配备了粗纱纱管运输系统，通过轨道系统将满筒粗纱自动输送至细纱机，并将细纱机使用后的粗纱空管返送至粗纱机，使粗纱机与细纱机实现了粗—细联合，既保证了粗纱质量，减少了占地面积，又降低了生产成本。图 6–30 为粗细联纱管输运系统的工作示意图。

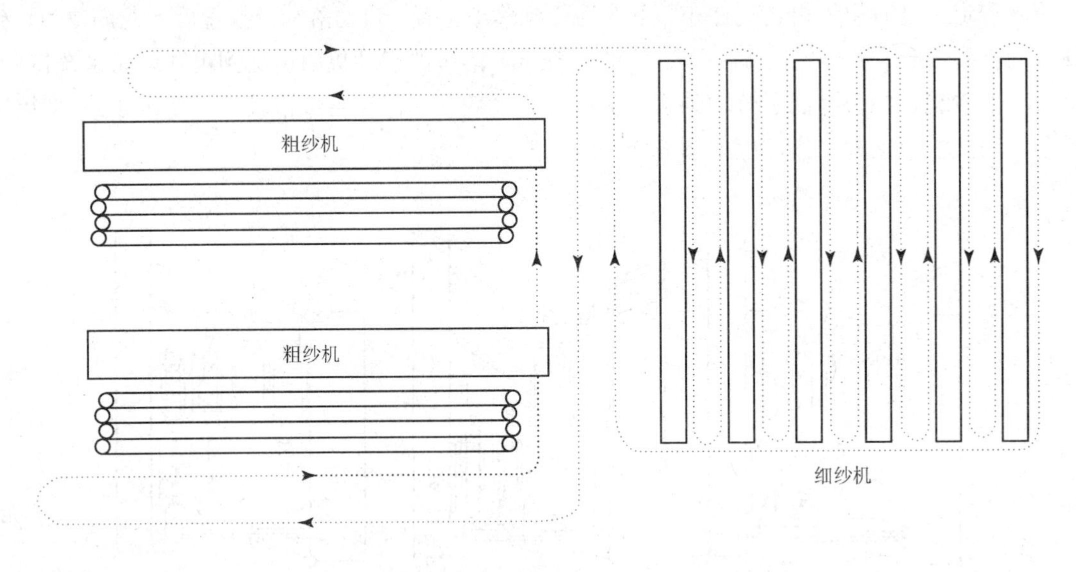

图 6–30　粗细联纱管输运系统工作示意图

第六节　粗纱机的传动和工艺计算

一、FA401 型粗纱机（有锥轮粗纱机）的传动和工艺计算

1. **粗纱机的传动系统**　FA401 型粗纱机的传动如图 6–31 所示。

2. **变换齿轮的种类和作用**

（1）牵伸齿轮（Z_6～Z_8）：总牵伸变换齿轮配置在前罗拉至后罗拉的齿轮系中，其作用是调节前、后罗拉的速比，即改变总牵伸倍数，以获得所需特数的粗纱。

（2）捻度齿轮（Z_1～Z_3）：捻度齿轮的作用是调节前罗拉速度来实现所需粗纱捻度的改变。由于锭杆转速是恒定的，前罗拉速度的改变，不但会影响粗纱机的产量，而且还会改变绕纱速

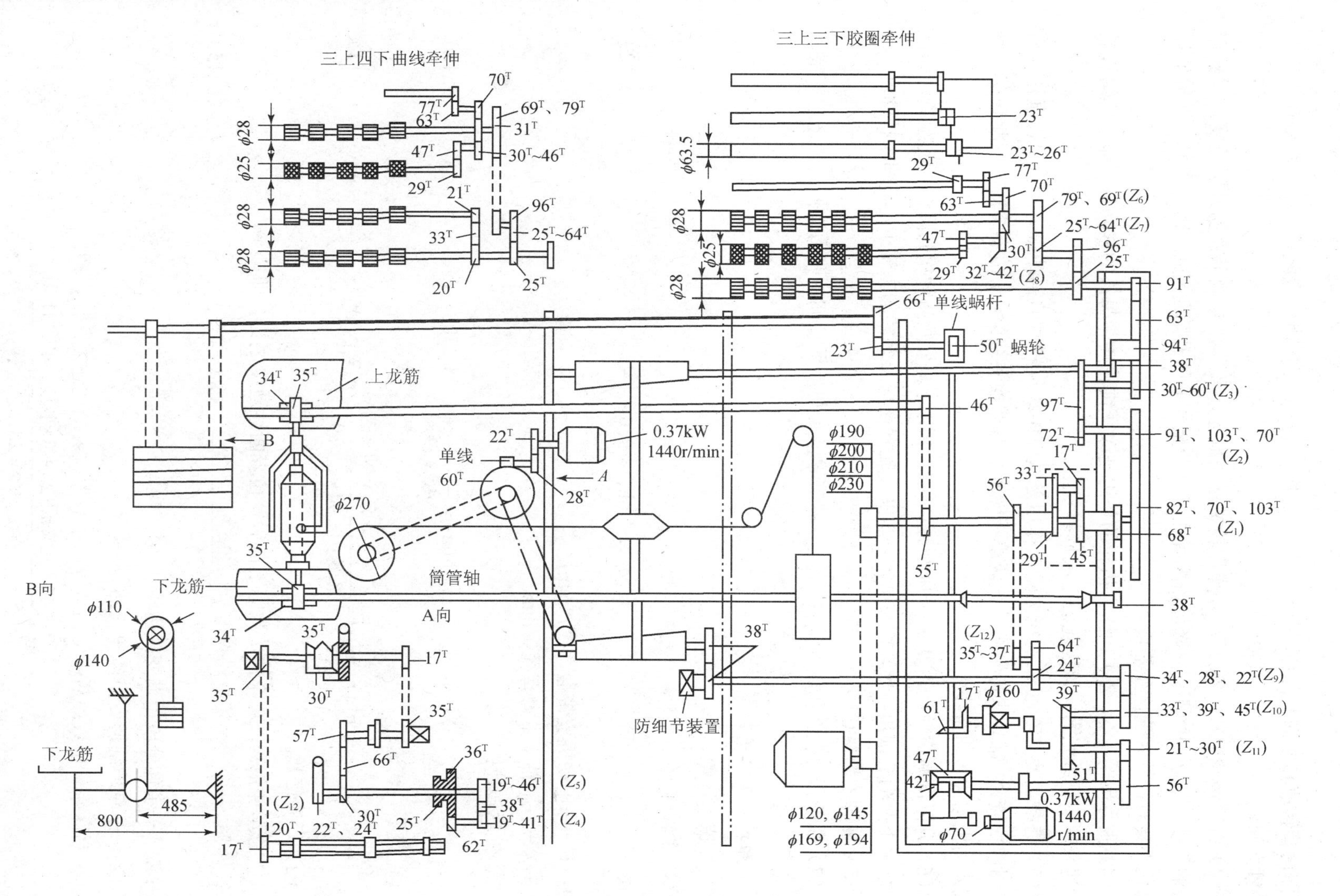

图 6–31　FA401 型粗纱机的传动图

度，即筒管转速和龙筋升降速度按线性规律变化，故捻度变换齿轮应配置在主轴和变速机构上锥轮轴之间。

（3）升降齿轮（Z_9～Z_{11}）：升降齿轮又称高低牙，其作用是调节龙筋升降速度，以获得所需的粗纱卷绕法向螺距。升降齿轮配置在下锥轮至龙筋的升降传动路线中，这样，龙筋的速度变化不会对筒管转速产生影响。

（4）张力齿轮（Z_4、Z_5）：张力齿轮的作用是改变锥轮皮带每次的移动量，即改变筒管卷绕转速来调节粗纱张力。该齿轮装在成形装置上。

（5）卷绕齿轮（Z_{13}）：卷绕齿轮的作用是调节始纺位置时的粗纱张力。当空管直径或粗纱定量改变较大，锥轮皮带始纺位置调整不能满足时调换卷绕齿轮，故卷绕齿轮应配置在下锥轮到差动机构的传动路线上。

（6）升降渐减齿轮（Z_{12}）：升降渐减齿轮的作用是调节龙筋每次升降缩短的距离，即决定管纱上下两端的锥角，故又称角度牙。角度牙配置在成形装置的主轴上，与圆齿杆啮合。改变纤维品种时才调换它。

（7）喂条张力变换齿轮（Z_{14}）：主要调节导条辊与后罗拉间的张力牵伸，使之适应喂入的需要。

3. 粗纱机的工艺计算

（1）速度计算。

① 主轴转速：

$$n_0\text{（r/min）}=960\times\frac{D}{D_0} \tag{6-12}$$

式中：D ——电动机皮带盘直径，mm；

D_0——主轴皮带盘直径，mm。

② 锭翼转速：

$$n_s\text{（r/min）}=\frac{55\times35}{46\times34}\times n_0=1.2308\times n_0 \tag{6-13}$$

③ 前罗拉转速：

$$n_F\text{（r/min）}=\frac{Z_1\times72\times Z_3\times94\times63}{Z_2\times91\times94\times63\times91}\times n_0=0.0087\times\frac{Z_1\times Z_3}{Z_2}\times n_0 \tag{6-14}$$

（2）牵伸倍数。

① 总牵伸倍数：总牵伸倍数等于前后罗拉表面线速度之比，即：

$$E=\frac{96\times Z_6\times\pi\times28}{25\times Z_7\times\pi\times28}=3.84\times\frac{Z_6}{Z_7} \tag{6-15}$$

式中：Z_6——牵伸分段粗调变换齿轮（69^T，79^T）；

Z_7——牵伸细调变换齿轮（25^T～64^T）。

② 后区牵伸倍数：后牵伸倍数等于中后罗拉表面线速度之比，即：

$$e_1=\frac{47\times30\times\pi\text{（}25+2\times1.1\text{）}}{29\times Z_8\times\pi\times28}=\frac{47.2315}{Z_8} \tag{6-16}$$

式中：Z_8——后区牵伸变换齿轮（32^T~42^T）。中罗拉直径为 25mm，前、后罗拉直径均为 28mm，下胶圈厚度为 1.1mm。

③ 导条辊至后罗拉间张力牵伸：

$$喂条张力牵伸倍数=\frac{Z_{14}\times 77\times 70\times \pi\times 28}{29\times 63\times 30\times \pi\times 63.5}=0.04336\times Z_{14} \tag{6-17}$$

式中：Z_{14}——喂条张力变换齿轮（23^T~26^T）。后罗拉直径为 28mm，导条辊直径 63.5mm。

（3）捻度计算：捻度 T 以 10cm 长度粗纱具有的捻回数表示。

$$T=\frac{前罗拉一转时的锭子转数}{前罗拉周长}=\frac{\dfrac{Z_2\times 91\times 91\times 55\times 35}{Z_1\times 72\times Z_3\times 46\times 34}}{\dfrac{\pi\times 28}{100}}=160.9298\times\frac{Z_2}{Z_1\times Z_3} \tag{6-18}$$

式中：Z_1——捻度分段变换齿轮（70^T，82^T，103^T）；

Z_2——捻度分段变换齿轮（103^T，91^T，70^T）；

Z_3——捻度变换齿轮（30^T～60^T）。

（4）粗纱卷装轴向卷绕密度计算：

$$\begin{aligned}H&=\frac{1}{对应于筒管每转的龙筋升降距离}\\&=\frac{1}{\dfrac{34\times 38\times 45\times 33\times 56\times 64\times Z_9\times 39\times Z_{11}\times 42\times 1\times 23\times 23\times \pi\times 110\times 800}{35\times 68\times 17\times 29\times Z_{13}\times 24\times Z_{10}\times 51\times 56\times 47\times 50\times 66\times 2\times 485\times 10}}\\&=60.820\times\frac{Z_{13}\times Z_{10}}{Z_9\times Z_{11}}（圈/cm）\end{aligned} \tag{6-19}$$

式中：Z_{13}——卷绕齿轮（35^T，36^T，37^T）；

Z_9、Z_{10}——升降分段变换齿轮（$Z_9=34^T$，38^T，22^T，$Z_{10}=33^T$，39^T，45^T）；

Z_{11}——升降变换齿轮（21^T~30^T）。

（5）粗纱卷装径向卷绕密度的计算：径向卷绕密度是指粗纱卷装沿径向每厘米内的卷绕层数，等于卷装总层数除以卷装径向总厚度（即纱层总厚度）所得之商，即：

$$粗纱卷装径向卷绕密度（层/cm）=\frac{（锥轮皮带移动总量/皮带每次移动量）}{卷装径向总厚度} \tag{6-20}$$

上式中锥轮皮带移动总量可以从实际测量得出，在 FA401 型粗纱机上为 700mm。

锥轮皮带每次移动量：龙筋每换向一次，成形掣子即动作一次，使成形棘轮转过半个齿，锥轮皮带便移动一段小距离。根据传动关系可得：

$$锥轮皮带每次移动量（mm）=\pi\times(270+2.5)\times\frac{1\times 1\times 36\times Z_4\times 30}{2\times 25\times 62\times Z_5\times 57}=5.232\times\frac{Z_4}{Z_5} \tag{6-21}$$

式中：Z_4、Z_5——张力齿轮（$Z_4=19^T$~41^T，$Z_5=19^T$~46^T）。

纱层总厚度：在 FA401 型粗纱机上，粗纱空管直径为 45mm，满纱直径为 152mm。故纱层总厚度=$\frac{152-45}{2\times 10}$=5.35（cm）。

从而，可算出粗纱卷装径向卷绕密度（层/cm）：

$$R=\frac{700}{5.232\times\frac{Z_4}{Z_5}\times5.35}=25.006\times\frac{Z_5}{Z_4} \quad (6-22)$$

二、FA491型粗纱机（无锥轮粗纱机）的传动和工艺计算

1. 粗纱机的传动系统 FA491型粗纱机的传动系统如图6-32所示。

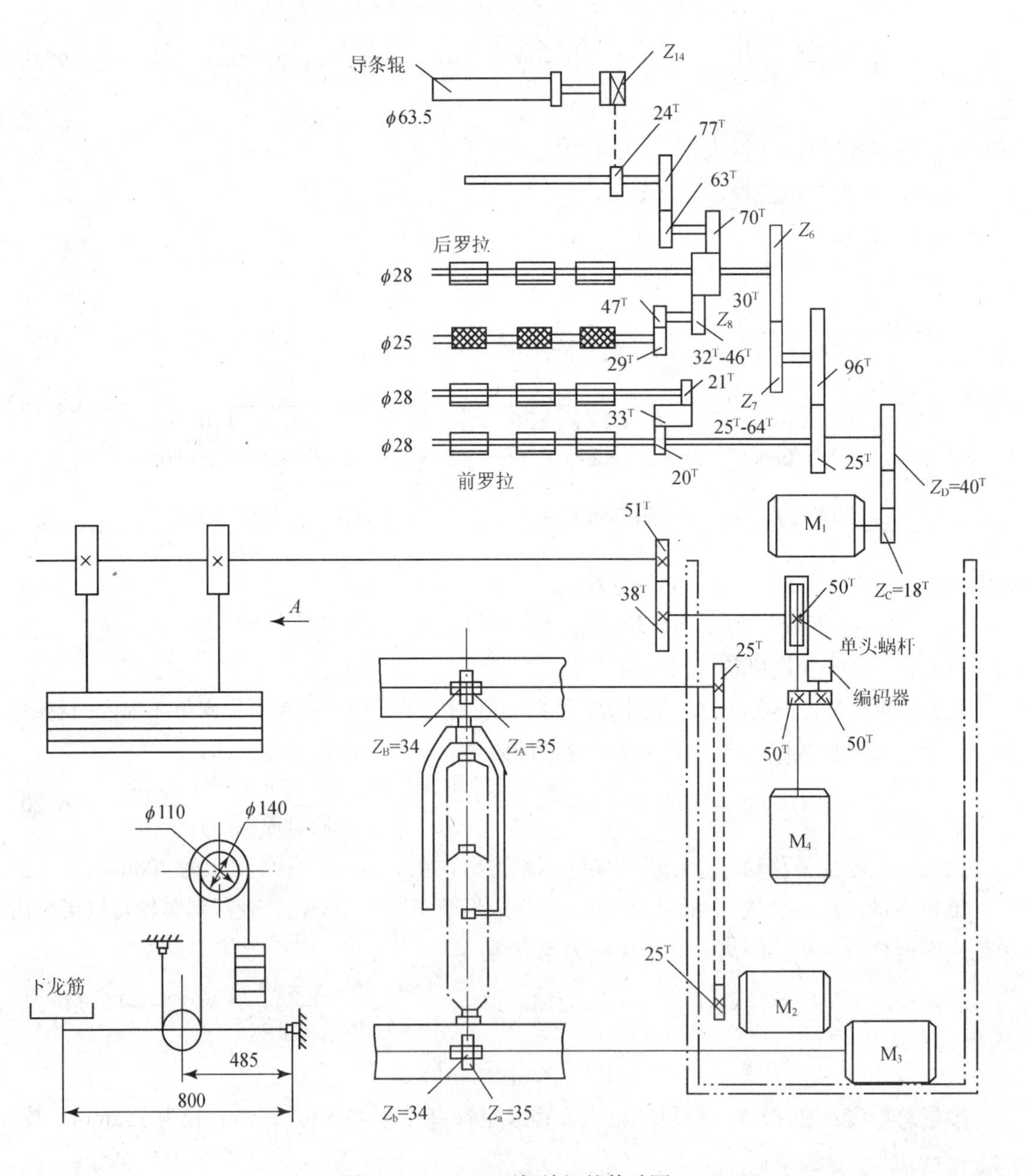

图6-32 FA491型粗纱机的传动图

2. **粗纱机的工艺计算**

（1）速度计算。

① 锭翼转速：FA491 型粗纱机通过计算机显示屏上直接设定锭翼转速 n_s（r/min）。

② 前罗拉转速：

$$n_F\,(\text{r/min}) = \frac{n_s}{T \times \pi \times 28} \tag{6-23}$$

式中：T——粗纱捻度。

（2）牵伸倍数。

① 总牵伸倍数：

$$E = \frac{96 \times Z_6 \times \pi \times 28}{25 \times Z_7 \times \pi \times 28} = 3.84 \times \frac{Z_6}{Z_7} \tag{6-24}$$

式中：Z_6——牵伸分段粗调变换齿轮（69^T，79^T）；

Z_7——牵伸细调变换齿轮（25^T～64^T）。

② 后区牵伸倍数：

$$E_1 = \frac{47 \times 30 \times \pi(25 + 2 \times 1.1)}{29 \times Z_8 \times \pi \times 28} = \frac{47.2315}{Z_8} \tag{6-25}$$

式中：Z_8——后区牵伸变换齿轮（32^T~46^T）。

③ 导条辊至后罗拉间张力牵伸：

$$\text{喂条张力牵伸倍数} = \frac{Z_{14} \times 77 \times 70 \times \pi \times 28}{24 \times 63 \times 30 \times \pi \times 63.5} = 0.0524 \times Z_{14} \tag{6-26}$$

式中：Z_{14}——喂条张力变换齿轮（19^T~22^T）。后罗拉直径为 28mm，导条辊直径 63.5mm。

（3）捻度：粗纱捻度（捻/m）可在显示屏上直接设定。

（4）粗纱卷装轴向卷绕密度：

$$H(\text{圈/cm}) = \frac{\text{筒管卷绕一圈}}{\text{龙筋升降距离}} \tag{6-27}$$

在显示屏上可设定筒管速度和下龙筋升降速度并自动显示筒管轴向卷绕密度。

（5）粗纱卷装径向卷绕密度：

$$R(\text{层/cm}) = \frac{\text{一落纱总绕纱层数}}{\text{满管半径-空管半径}} \tag{6-28}$$

在显示屏上可设定筒管径向卷绕层数，计算机计算出一落纱总绕纱层数。根据已设定的粗纱定量进行计算，可在显示屏上自动显示筒管径向卷绕密度。

中英文名词对照

Break draft　后区牵伸

Bobbin　管纱

Bobbin rail　龙筋

Buildup　成形

Condenser　集合器
Cone drum　锥轮
Cot　胶辊
Cradle spacer/distance clip　隔距块
Creel　导条架
Differential motion　差动
Doff　落纱
Doffer　落纱装置
Double apron drafting arrangement　双胶圈牵伸形式
Drafting system　牵伸系统
Drive system　传动系统
False draft　意外牵伸
Feeding　喂入
Flyer　锭翼
Flyer leg　锭翼臂
Gear　齿轮
Guide roller　导条辊
Package　卷装
Pneumatically loaded guide arm　气动加压摇架
Presser arm　压掌
Reversing　换向
Roller　罗拉
Roving frame/Roving machine　粗纱机
Roving-ring linking transport system　粗细联输送系统
Servomotor　伺服电动机
Sliver can　条筒
Sliver traverse mechanism　棉条横动装置
Sliver trumpet　喇叭口
Spindle　锭子
3-over-4 drafting arrangement　3 上 4 下牵伸形式
Top/bottom apron　上/下胶圈
Top mounted flyer　悬（吊）锭
Twist insertion　加捻
Winding　卷绕

第七章　细纱机

第一节　概　述

一、细纱机在纺织厂的地位及其工艺作用

细纱工序是纺织厂的一个重要工序，通常纺纱厂的规模就是以这个工序拥有细纱机的总锭数来表示的。按照目前一般工艺流程在整个纺纱过程中，细纱工序前有开清棉、梳棉、并条、粗纱工序，后有络筒、并纱、捻线……成包等工序。这些工序机械设备的配备，都是根据细纱机产量来决定的。细纱机产量的高低、产品质量的好坏，是纺纱厂生产技术管理优劣的综合表现。

细纱机的工艺作用，就是把粗纱纺成细纱。具体来讲，必须起到下列三项作用：

（1）牵伸：把粗纱拉长、拉细到所最终纺纱产品需要的细度。牵伸作用是由牵伸机构来完成的。

（2）加捻：对牵伸后的须条施加捻回，使纤维相互抱合，成为具有一定强力的细纱。加捻作用是由钢丝圈带着纱线在钢领上回转完成的。

（3）卷绕：把纺成的细纱卷绕到筒管上，使之具有一定的形状，以便于搬运和在后工序退绕。卷绕作用是由装在锭子上的筒管与钢丝圈的回转转速差和钢领板升降等动作来完成的。

二、细纱机的工艺概况

环锭细纱机工艺流程如图 7-1 所示。粗纱从粗纱管上退绕下来，经导纱杆和缓慢往复运动的横动装置上的导纱喇叭口，喂入牵伸装置被牵伸成一定粗细的须条。牵伸后的须条由前罗拉输出，穿过导纱钩和钢丝圈，经加捻后绕到紧套在锭子上的筒管上。锭子高速回转，通过纱条带动钢丝圈在钢领上也做高速回转，钢丝圈每转一转就给牵伸后的须条加上一个捻回。

由于前罗拉不断的送出须条，以及钢丝圈与钢领间的摩擦力和气圈纱条上空气阻力的作用，钢丝圈的转速小于筒管的转速，两者的转速差即为单位时间内纱管卷绕的圈数。钢领装在钢领板上，钢领板凭借成形机构的控制按一定规律升降，从而将细纱卷装成一定形状要求的管纱。

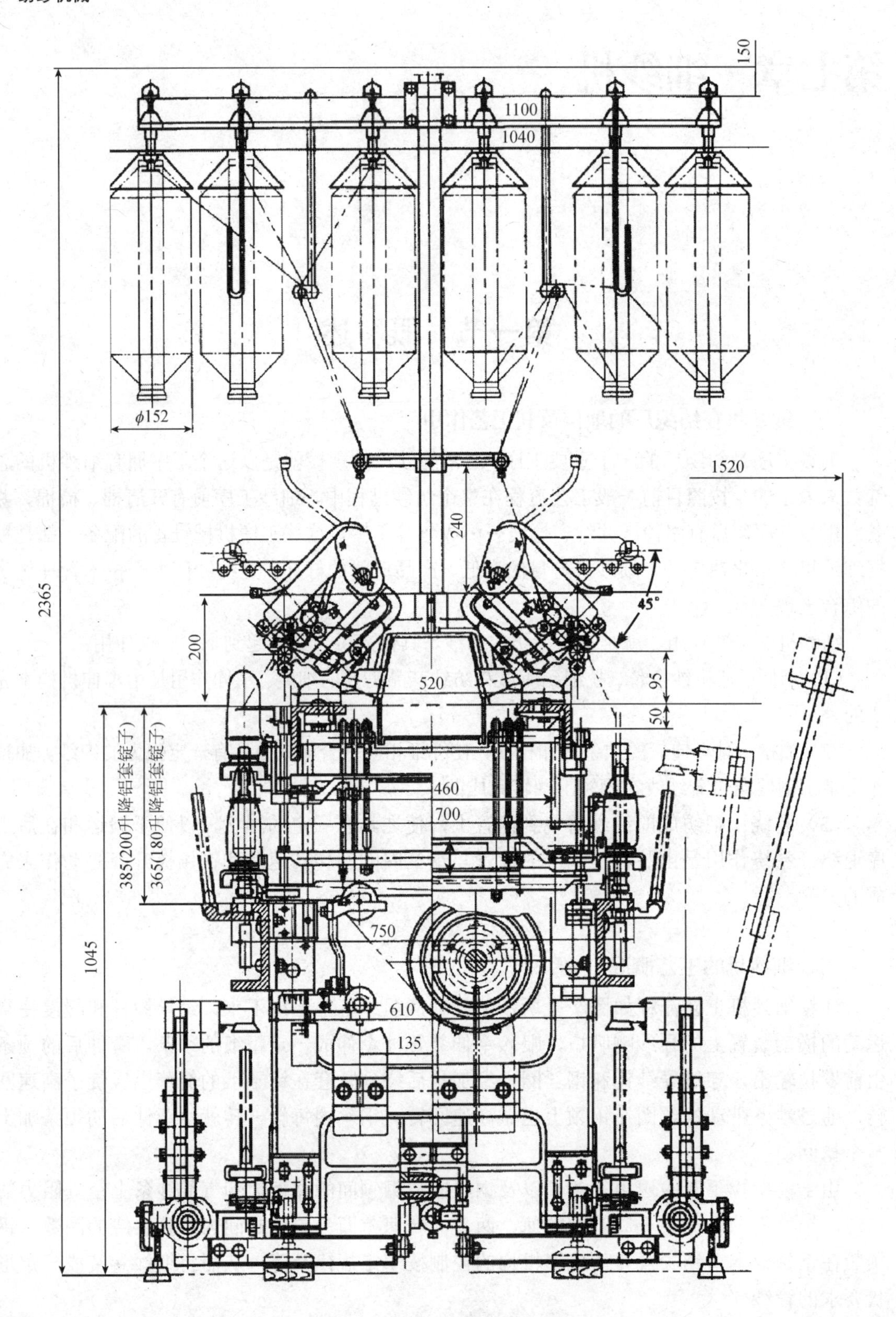

图 7-1　F1520 型细纱机工艺流程

第二节 细纱机的喂入机构和牵伸机构

一、喂入机构

喂入机构的作用是将粗纱有控制地、均匀地喂入牵伸装置。它主要包括粗纱架、粗纱筒管支持器和横动装置等。

(一)粗纱架及筒管支持器

粗纱架的形式随粗纱卷装尺寸和放置方法而异，传统上采用双层四列粗纱放置法，但要求纱卷装直径小于细纱机锭距的两倍；现在采用双层六列粗纱放置法，粗纱卷装直径为152mm，能适应锭距为70mm的细纱机，处在最低一列的粗纱交替地供给机器两侧的牵伸装置。

2005年后，国内外一些厂商配套使用粗纱循环系统。其工作原理是：在细纱纱架位置或略高于细纱纱架位置，围绕细纱机整机架设环形封闭轨道，轨道结构为开口式，异形腔，腔内光滑，造型一致，为循环链提供跑道；循环链为四轴承双自由度传动，动力来自安装在车头或车尾位置的减速器；减速器采用单电动机带动，两级变速，全油浴；循环链上安装吊锭，细纱机长短不同，吊锭数也不等；循环系统工作时，工人在方便的车头或车尾位置将粗纱装到循环运动的吊锭上，一列粗纱便围绕细纱机不停旋转；这样，细纱挡车工便可以在任意位置顺利完成满管与空管的随机转换，提高工作效率，降低劳动强度，节约劳动力，同时避免粗纱的意外粘连、损伤。

粗纱从粗纱卷装上退出时，纱管应能灵活轻松地跟着回转，否则粗纱将产生附加捻回或断掉。在旧型机上普遍采用上支下托式塑料支持器，其转动灵活，但易磨损和轧煞。在新型机上已采用吊锭器，如图7-2所示。芯杆4被弹簧5压着而保持与转位齿圈3接触；如果推动滑盘1上移，也就推动了撑牙圈2（其端面上有两个锯齿，与齿圈3端面锯齿啮合）和齿圈3共同沿管壁上的导条上移。当转位齿圈3滑出导条时，撑牙圈2的锯齿继续滑入齿圈3的齿间而推动齿圈转动45°角。接着滑盘1在弹簧力和重力作用下复位，转位齿圈3因其定位齿间与齿槽已作交替，便使芯杆4产生了高、低两种轴向位置（与圆珠笔芯伸缩移动原理相同）。当芯杆在低位时，两撑爪7搁在圆销8上而张开以支撑粗纱筒管。当芯杆4处在高位时，两撑爪7脱离圆销8并因自重而收拢，于是粗纱筒管失去支撑而被卸下。吊锭器上部的滚珠能保证粗纱筒管回转灵活，另外尚有一压掌压在粗纱面上以阻止筒管超转。

(二)横动装置

横动导纱装置是环锭细纱机上喂入机构的重要组成部分之一，它引导粗纱喂入牵伸装置时，使粗纱在一定范围内缓慢连续地往复横向移动，将喂入点的位置不断改变，这样不但使胶辊胶圈在牵伸过程中，其作用点可有一段时间恢复弹性，而且更为重要的是分散了磨损部位，使表面磨损均匀，防止因磨损集中而形成凹槽后，削弱对纤维的握持控制能力，并延长使用寿命，特别是在纺涤棉纱和纯化纤纱时，表现得更为突出。国产细纱机采用内齿轮行星式横动装置，如图 7-3 所示。

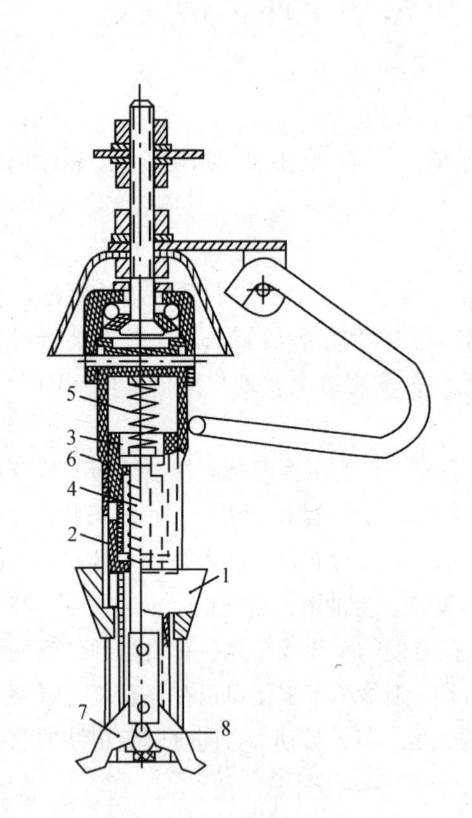

图 7–2　吊锭器

1—滑盘　2—撑牙圈　3—转位齿圈　4—芯杆　5 —弹簧　6—圆管外壳　7—撑爪　8—圆销

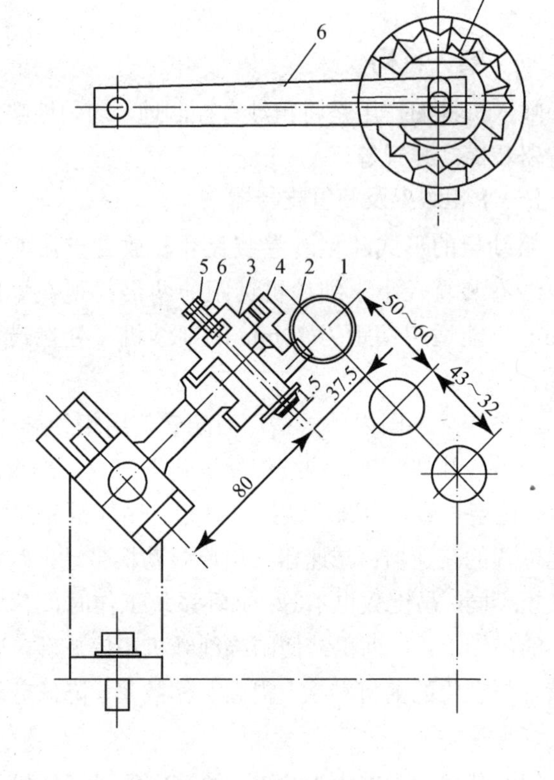

图 7–3　内齿轮式横动装置

1—单头蜗杆　2—蜗轮　3—行星齿轮　4—固定内齿轮　5—销轴　6—连杆

二、牵伸机构

牵伸机构包括牵伸装置、加压装置、牵伸齿轮传动等，完成须条牵伸加工。它影响纱强度及条干、纺纱断头率高低等。从经济性来看，希望总牵伸倍数大些，这样可喂入较粗的粗纱，提高粗纱机的生产率，减少粗纱机的锭数、占地和工人数等；但是提高细纱机的总牵伸倍数往往会使细纱的质量降低。

（一）牵伸装置

现在细纱机普遍采用三罗拉双胶圈牵伸装置。根据下胶圈长度分成两种形式：双短胶圈牵伸装置——上下胶圈长度均短；长短胶圈牵伸装置——上胶圈短，下胶圈长度长，并且另有一只张力辊（附弹簧）拉紧下胶圈，如图 7-4 所示。虽然这两种形式有着同样长久的技术历史，现在双短胶圈已较少采用，其缺点是需采用胶圈架张紧和固定上、下胶圈，而胶圈架易积飞花，造成胶圈运行不良和调换下胶圈不便；其优点是胶圈钳口能接近前罗拉钳口，有利于纤维变速点向前罗拉钳口附近集中。长短胶圈牵伸装置的最大特点是调换下胶圈方便，不易被飞花所积塞。在双胶圈牵伸装置中，上、下胶圈都是附加元件，组成附加摩擦力界。它们相互紧贴地挟持纤维向前罗拉钳口输送；同时在上下胶圈销处构成一个有压力而柔软的胶圈钳口，能积极地控制慢速纤维运动，又不妨碍快速纤维顺利抽出，使纤维变速点充分集中在前罗拉钳口附近。这样就提高了牵伸工作质量和前区的牵伸能力（牵伸倍数为20～30）。至于后牵伸区则是简单罗拉牵伸，借助于粗纱捻回来控制纤维的运动。但粗纱的捻回数也不宜过多，在总牵伸倍数为40时，后区牵伸倍数取作1.1～1.3（粗纱捻回为一般）或取作1.3～1.5（粗纱捻回稍多）。在总牵伸倍数大于40时，则后区牵伸倍数取作1.4～2.0。双胶圈牵伸装置的总牵伸倍数，在纺普梳棉纱时小于35，纺精梳棉纱时为40～45，纺合成纤维或混纺时为40～50。

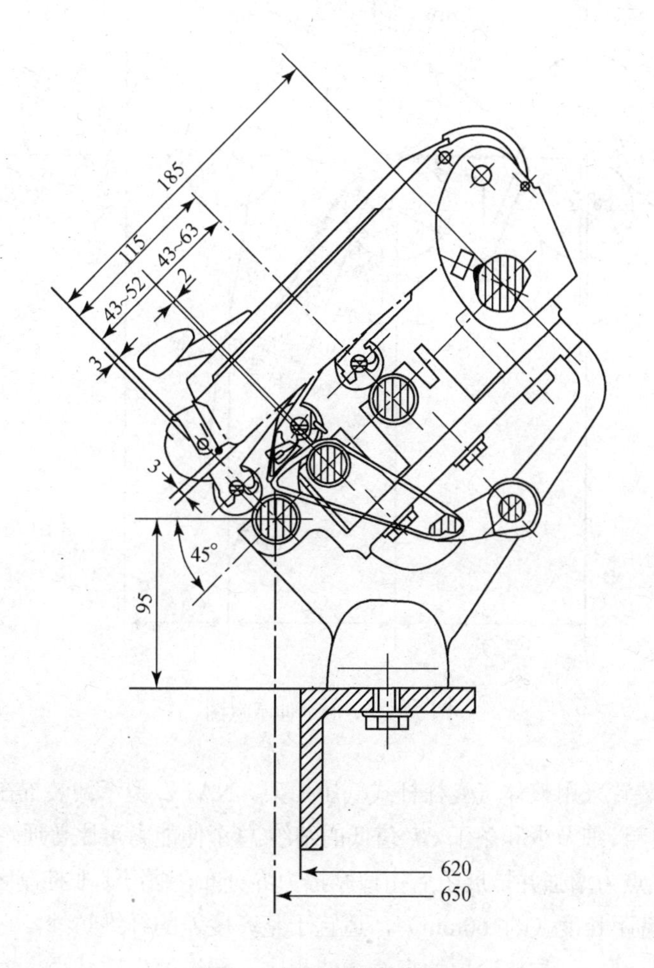

图7–4 长短胶圈牵伸装置

依纳公司提出一种V形牵伸装置，如图7–5所示，V形牵伸是一种先进的牵伸形式，该牵伸形式能有效提高成纱质量。其特点是：将后牵伸区与主牵伸区位于同一平面改为后罗拉中心高于主牵伸区平面12.5mm，将中、后下罗拉隔距缩小，后上罗拉沿后下罗拉后移，后上、下罗拉中心连线与主牵伸平面成25°或28°夹角，导纱喇叭的位置与后上罗拉的特殊位置相适应，这样增加了粗纱与后下罗拉和中上罗拉的接触，因而后区牵伸倍数得以提高（可以达 2 倍），同时纱条以较高的紧密度呈 V 形喂入主牵伸区，总牵伸倍数较传统牵伸大，故称这种牵伸为 V 形牵伸装置。在 V 形牵伸中，后区牵伸为前区牵伸作准备，喂入前区的纱条具有较好的均匀结构和较高的紧密度，在前区胶圈牵伸的控制下，形成均匀稳定的摩擦力界，达到改善成纱条干的目的。NA-V 型牵伸最早采用低硬度高弹性胶辊 ME-666（65°），从而进一步发展了棉纺细纱机前罗拉应用软胶辊技术。

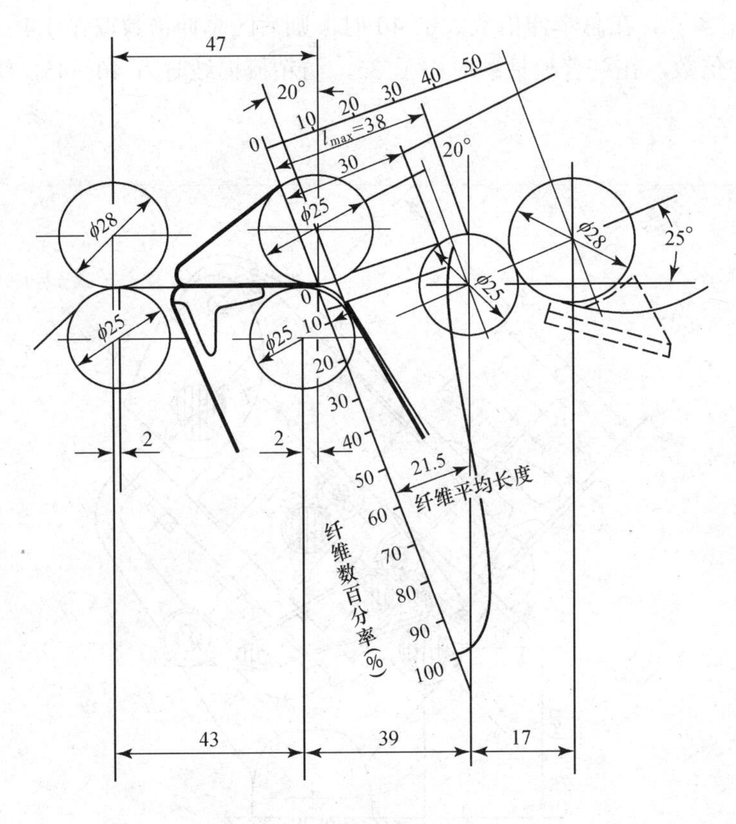

图 7-5　V 形牵伸示意图

NA-V 型牵伸装置采用整体气囊杠杆式气压摇架。NA-V 型牵伸装置在优质高弹软胶辊和优选工艺下，可纺出粗、细节少和条干 *CV* 值低的细纱，总牵伸能力可比普通牵伸装置提高 30%～50%。V 形牵伸的优点为增强并扩展了后钳口摩擦力界分布，缩短了非控制区长度（约 35mm），增大了后区罗拉握持距长度（约 60mm），适宜于整齐度差的纤维纺纱，它既能有效地控制短纤维又不积极握持长纤维，与普通罗拉直线牵伸相比，纤维的失散减少，短纤维较好地被握持在牵伸纱条内。由于后区牵伸配合，使进入前区牵伸的纱条内纤维伸直平行度有所提高，从而改善了前区牵伸的纱条的内在结构，也增大了紧密度，可提高成纱质量和增大牵伸倍数。

R2V 型牵伸加压机构是我国在消化吸收 R2P 型及 NA-V 型牵伸加压技术基础上研制开发的中国式三罗拉双区曲线牵伸气动加压形式，将前、中罗拉中心距由 43mm 改为 41.5mm，后区采用 V 形曲线牵伸。R2V型牵伸加压机构的主要特点是前区前、中罗拉之间的浮游区缩小到 12.6mm，比 R2P 型还小 2.5mm。采用后区曲线牵伸，对喂入纱条控制好。

（二）牵伸装置的主要元件

国产细纱机大多采用三罗拉双胶圈固定销牵伸或长短胶圈弹簧摆动销牵伸两种形式。组成牵伸机构的主要牵伸元件有罗拉座、牵伸罗拉、胶辊、罗拉轴承、胶圈和胶圈销、集合器和加压机构等。

1. **牵伸罗拉**　罗拉是牵伸装置的重要零件，它和上罗拉（胶辊）组成罗拉钳口，共同握持须条，利用前后罗拉的表面速度不同进行牵伸。罗拉的加工质量如表面粗糙度、罗拉的偏心和弯曲会对产品质量产生影响。因此，对牵伸罗拉的主要要求是：罗拉直径要与纤维长度、加压大小相适应，每节罗拉长度要适应罗拉加压变形的要求，若干节罗拉组成的整根罗拉长度要适应工作时对罗拉扭转变形的要求；为加强对纤维的握持力，罗拉采用沟槽罗拉式滚罗拉，有较高的表面光洁度；具有足够的抗扭和抗弯刚度，以保证正确工作；具有较高的制造精度，保证零件的互换性以及减少机械因素对牵伸不匀的影响；20 钢渗碳淬火或 45 钢高频淬火，使罗拉表面硬度达到 HRC78~85，而中心层保持良好韧性。

（1）沟槽罗拉：为了增强牵伸罗拉对纤维的握持作用，在下罗拉上分布着梯形断面的沟槽，称为沟槽罗拉，如图 7-6 所示。沟槽的分布通常按照等节距设计，其纵向结构形式如图 7-7 所示，基本参数见表 7-1。

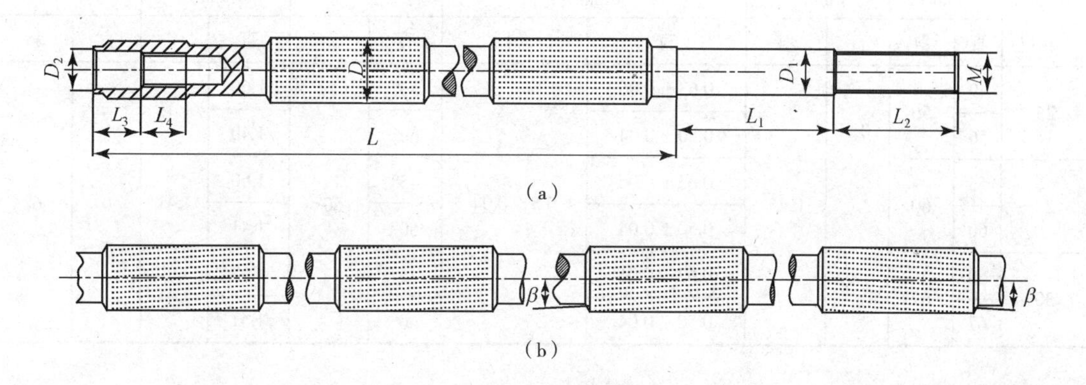

图 7-6　沟槽罗拉示意图

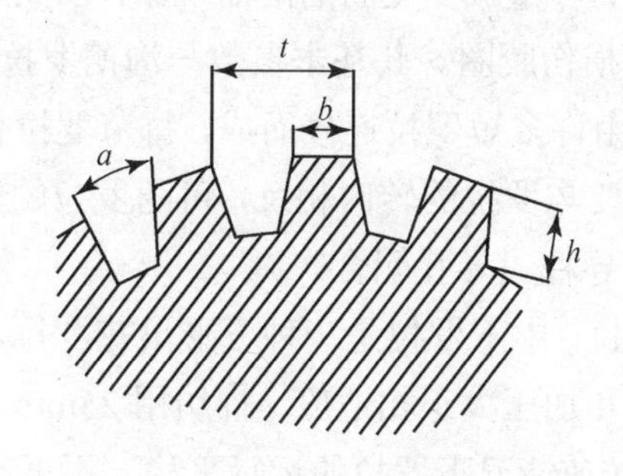

图 7-7　沟槽罗拉齿形

a—沟槽角　b—齿顶宽　t—节距　h—沟槽深

表 7-1　牵伸罗拉的基本参数

工作面直径 D（mm）	导柱、导孔直径 D_1 和 D_2（mm）	螺纹M（R 或 L）（mm）	导柱长度 L_1（mm）	螺纹长度 L_2（mm）	导孔长度 L_3（mm）	螺孔长度 L_4（mm）
25	16.5	M16×1.5	34	23	20	22
27	19	M18×1.5	37	25	22	24
30	19	M19×1.5	37	25	22	24
32	19	M18×1.5	37	25	22	24
35	21	M20×1.5	41	28	24	27
40	25	M22×1.5	48	33	28	32

沟槽本身的形状参数和尺寸参照我国纺织行业标准 FZ 92019—92（棉纺）和 FZ 92017—92（毛、麻、绢纺）等的规定。棉纺牵伸罗拉的沟槽参数见表 7-2 所示。

表 7-2　棉纺牵伸罗拉的沟槽参数

<table>
<tr><th rowspan="2">工作面直径 D（mm）</th><th colspan="2">沟槽数 Z（mm）</th><th colspan="2">沟槽深 h（mm）</th><th colspan="2">齿顶宽 b（mm）</th><th colspan="2">沟槽角 α</th><th colspan="2">齿距 t（mm）</th><th colspan="2">螺旋角 β</th></tr>
<tr><th>直</th><th>斜</th><th>直</th><th>斜</th><th>直</th><th>斜</th><th>直</th><th>斜</th><th>直</th><th>斜</th><th>直</th><th>斜</th></tr>
<tr><td rowspan="2">25</td><td>49</td><td rowspan="2">56</td><td rowspan="3">0.5</td><td rowspan="6">0.45</td><td>0.63 ± 0.06</td><td rowspan="6">0.5 ± 0.04</td><td>45°</td><td rowspan="6">60°</td><td>1.60</td><td rowspan="2">1.41</td><td rowspan="6">0</td><td rowspan="6">6°</td></tr>
<tr><td>56</td><td>0.50 ± 0.04</td><td>60°</td><td>1.40</td></tr>
<tr><td rowspan="2">27</td><td>53</td><td rowspan="2">60</td><td>0.63 ± 0.06</td><td>45°</td><td>1.60</td><td rowspan="2">1.41</td></tr>
<tr><td>60</td><td rowspan="3">0.45</td><td>0.50 ± 0.04</td><td>60°</td><td>1.41</td></tr>
<tr><td rowspan="2">30</td><td>58</td><td rowspan="2">67</td><td>0.63 ± 0.06</td><td>45°</td><td>1.62</td><td rowspan="2">1.41</td></tr>
<tr><td>67</td><td>0.50 ± 0.04</td><td>60°</td><td>1.41</td></tr>
</table>

（2）滚花罗拉：滚花罗拉一般用于中罗拉，其表面具有菱形滚花，如图 7-8 所示。目的是要求能正确地带动下胶圈回转，尽量减少胶圈的滑溜现象，以免影响牵伸倍数的分配，滚花罗拉的菱形齿顶不能太尖，以免损伤胶圈。其基本参数与沟槽罗拉相同，参阅表 7-1。

（3）罗拉接头：下罗拉是由许多短罗拉连接而成，每节罗拉有 6 锭或 8 锭，短节罗拉的连接采用螺纹连接。螺纹的旋向要与罗拉的转向相反，可随罗拉的转动、连接愈来愈紧。为保证短节罗拉连接的同心度，采用导柱、导孔配合。

前、后下罗拉均属沟槽罗拉，中下罗拉是一种菱形滚花罗拉，每节罗拉长度以六倍锭距设计。罗拉直径与所纺纤维长度和加压大小相适应，棉纺用 25mm。罗拉轴承都已采用滚针轴承（LZ 系列）；在重加压和慢转速情况下罗拉的运行平稳，不再产生粘滑现象。对于千锭细纱机，各罗拉上加压点增加了一倍，为了达到同样的运行平稳效果，而采用车头车尾同步传动装置。但也有采用将各罗拉中央分开，车头、车尾分别由两个独立系统驱动。

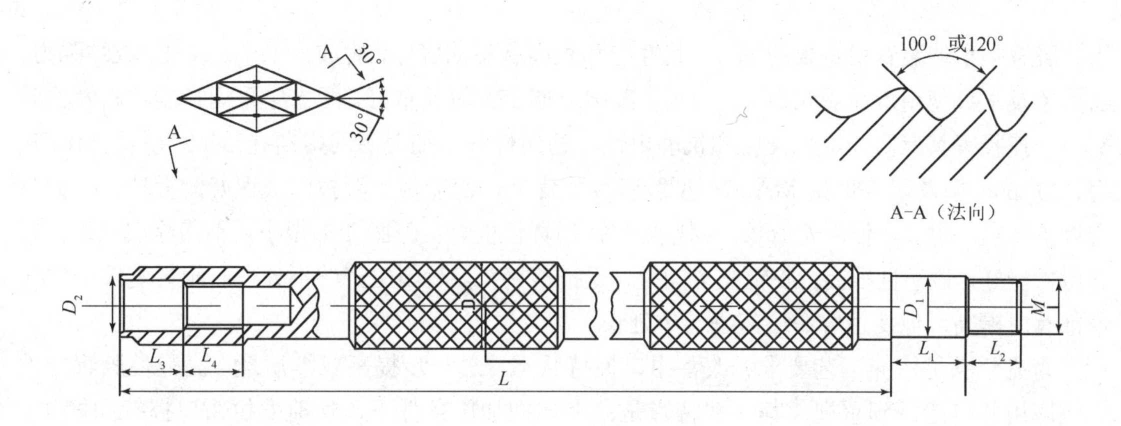

图 7–8　滚花罗拉结构和滚花形状

2. **上罗拉**　上罗拉即胶辊或是传动上胶圈的罗拉。它们都由芯轴、滚动轴承和外壳组成，如图 7–9 所示。每节上罗拉为两锭合用，在芯轴中央加压。胶辊外壳紧套丁腈橡胶管，再经过磨圆、酸处理或涂料处理。胶辊表面硬度较低，虽能较好地握持纤维，但易磨损且纺纱出硬头，故其硬度要尽量高些。例如，后罗拉钳口因握持纤维数量多，并借粗纱捻回控制纤维运动，所以后胶辊的硬度就应稍高（邵氏 80°~85°）。但前罗拉钳口却因握持纤维数量少，且纤维散开，所以前胶辊的硬度就应稍低（邵氏 68°），不过，纺粗合成纤维时的胶辊表面硬度仍应取得硬些。在使用 3000~4500h 后，胶辊表面将出现中凹不平现象，应取下重新磨平，直径磨量约 0.2mm。一般丁腈套管的厚度不得小于 3.5mm。

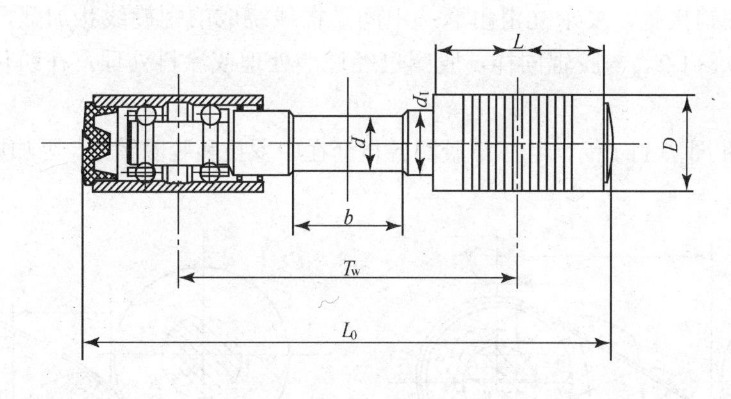

图 7–9　滚动轴承上罗拉

装配时前胶辊相对于前罗拉中心垂线偏前距离 3mm，而中胶辊相对于中罗拉中心线偏后距离 2mm，如图 7–10 所示，这样可使胶辊运行灵活，同时也减小了前罗拉表面弱捻区的纤维包围弧长，对减少纺纱断头率有利。

进入 21 世纪，国产罗拉水平逐步向国际先进水平靠拢，推出的“超级高精度无机械波罗拉”，生产实践验证罗拉无机械波率已达 98%以上，机械波波幅最大不超过 5mm，使纺纱条干质量达到乌斯特 2001 公报 5%的水平。

胶辊是牵伸装置最重要的部件，其性能和表面状态的好坏，对成纱条干、纱疵、成纱强力、断头率及本身使用寿命影响很大。目前，美国及瑞士胶辊质量好，配方中采用特别填料及化学配料，使胶辊具有高弹、低硬度和抗静电性，适纺性好。如美国阿姆斯壮 J463 型及 MB670 型、ME666 型及瑞士贝克 MA66T 型胶辊性能优良，都能与下罗拉形成很好的握持，它们具有以下特点：耐磨，使用寿命长；韧性好，抗损坏性能好；膨胀变形很小；不需涂层处理；抗静电性能好，适纺性很高；胶辊光滑圆整，无搭接接头。我国生产的不处理胶辊性能及纺纱质量都有所提高，但使用寿命还需进一步延长。

为充分满足牵伸工艺要求、改善钳口握持状态，进一步提高成纱质量，高弹性胶辊已被广泛应用并日趋受到重视。其主要特点是：在相同加压条件下，使前罗拉钳口握持面增加、握持力稳定且相对缩小了牵伸浮游区，有吸收罗拉、胶辊轴振动和减少胶辊滑溜的功效。粗胶辊和纺中粗号棉纱及纯化纤细纱时，不宜用低于邵氏 75° 软弹胶辊。在胶辊胶圈采用新型原材料的研发和应用方面也出现阶段性成果，出现了纺弹力包芯纱连续使用期超过一年的细纱样品胶辊。

3. 胶圈和胶圈销 胶圈的工艺性能与纺纱质量密切相关。在纺纱过程中上、下胶圈要回转灵活、有弹性，能相互组成强控制的钳口。国内外胶圈结构已有很大改进，美国阿姆斯壮公司生产的胶圈形式很多，内花纹多为橘皮状等滚花胶圈，我国也生产各式内花纹胶圈、内外花纹胶圈，胶圈柔软、耐磨、有弹性、伸长低、强度高、耐挠曲、耐臭氧及抗静电，纺纱效果较好，但需提高胶圈的使用寿命。细纱机一般都采用丁腈胶圈。在结构上由三层组合而成：外层是灰白色橡胶层，与纤维接触，要求光滑柔软；内层是淡青色橡胶层，与中罗拉和胶圈销接触，要求光滑耐磨；中间是棉线绕成的螺旋线状加强筋，以确保胶圈强度。胶圈厚 0.8~1.2。与胶辊同样，胶圈也经过酸处理或涂料处理，在纺化纤时绕花现象可得到改善。

如图 7-10 和图 7-11 所示，上、下胶圈各自套在中罗拉和胶圈销上，因加压力作用而相互

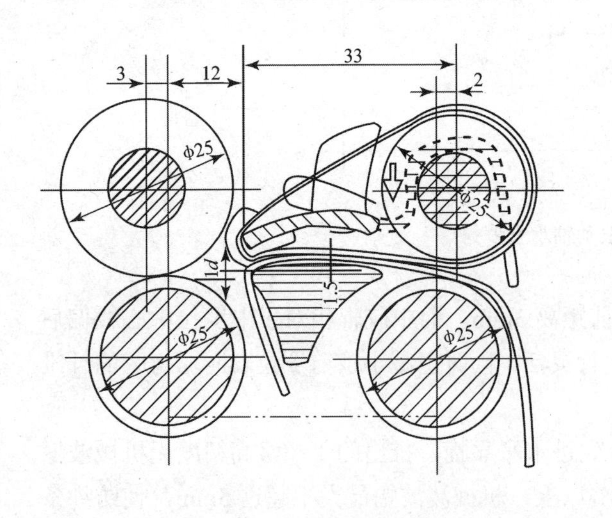

图 7-10 长短胶圈牵伸装置

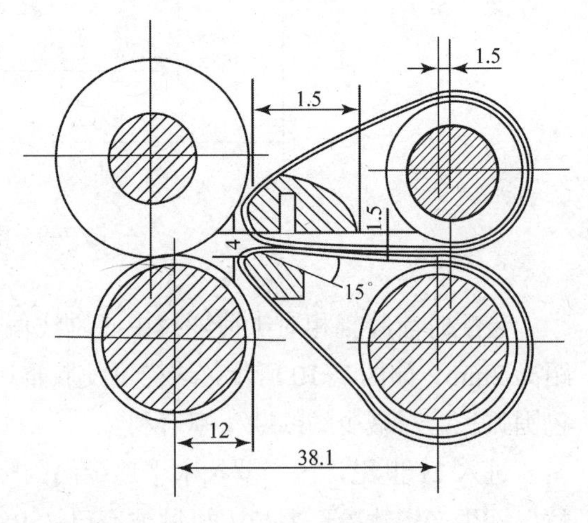

图 7-11 双短胶圈牵伸装置

紧贴，并依靠罗拉的摩擦传动，挟持纤维前进。但不难看出，在胶圈运行过程中挟持纤维的工作边均为松边，如不加以控制将会使胶圈产生中凹现象，因而失去挟持纤维的作用。因此上、下胶圈销的几何形状是特殊设计的，在双短胶圈牵伸形式中，上销下压胶圈中部，使之下沉0.5mm。而在长短胶圈牵伸形式中，下销上托胶圈中部，使之上抬1.5mm。这样上、下胶圈在运行中就能保持紧贴而有效地挟持纤维前进。上、下胶圈销中部形状内凹，便能允许上、下胶圈发生内凹变形，这样，胶圈钳口就具备了弹性，对须条的粗、细节都能有效地握持控制，从而提高了牵伸质量。

胶圈钳口在上、下胶圈销处。对于双短胶圈牵伸装置，上、下胶圈销位置固定而形成固定钳口，上、下销之间距离称为销的开口量，应略大于上、下胶圈厚度之和，并保证须条通过时能确实地受到胶圈的弹性握持。纺不同特数纱时开口量应不同；纺同一特数纱时因所用的纤维长度、粗纱定量、罗拉加压等不同，开口量也稍有差异，故要求开口量能按适应性进行调节，同时机构又不能太复杂。

德国HP和国产JF型前区为双短胶圈牵伸，在上下销方面具有以下特点：HP型牵伸的HP-C型铁板上销的前端与R2P型牵伸的上销相同，采用了聚四氟乙烯工程塑料，既光滑又耐磨，减小了上销与胶圈之间摩擦，实测摩擦阻力比SKF上销小0.08N，有利于提高上胶圈运转稳定性，减少胶圈滑溜与转速不匀；取消其他形式都有的上销叶片弹簧，将板簧压力直接加在上销架上，再按尺寸杠杆比进行胶圈钳口和中上罗拉压力分配，这样胶圈钳口压力不受上销叶片弹簧形状、安装位置差异和疲劳程度等不稳定因素影响，钳口压力达20N,满足了因浮游区缩小需与握持力相匹配的要求；采用钢制HP-T型双座式下销架和平板下销，装卸方便，定位合理，缩短了浮游区长度，但下胶圈中部没有上托，对纤维控制较差。JF型牵伸则以摇架直接握持上销架，与骑跨在中罗拉上的下胶圈架及下销组合成每销架为两锭的双短胶圈结构，摇架加压钳口便自动锁紧，胶圈中部由上销弹性下压，既可调节胶圈的长度差异，又能施加中部摩擦力界，杜绝胶圈中凹。钳口位置的高低还可随摇架中爪的前后移动而调整，前中罗拉中心距可调节到38mm以下，实现了罗拉小隔距、小浮游区长度和强控制的牵伸工艺。

关于长短胶圈牵伸装置，下销位置固定，而上销可绕中上罗拉轴线摆动，并由一小片簧使上销下压，上销前端还装有一隔距块，以保持上下销之间的原始隔距d，并且根据喂入须条的粗细调节，如图7-12所示。这样，上、下销所组成的是一个可调的弹性钳口。该钳口能适应喂入须条的特数变化，并可吸收或者消除胶圈厚薄不匀带来的运转跳动。下销的前端有一低洼面（宽度8mm），下胶圈在此处形成拱起的弹性面，上、下胶圈配合组成一个柔软而有弹性的胶圈钳口，能对须条作弹性握持，即对粗、细节都能握持控制。可调的弹性钳口在性能上优于固定钳口。

目前已广泛重视R2P型牵伸独特的胶圈组合结构，中上罗拉采用邵尔A80度胶辊，配弹性工程塑料上销，加上气动摇架，充分挖掘了前区牵伸潜力。这一结构使其胶圈间滑溜率和胶圈与罗拉间滑溜率最小，主牵伸区胶圈运行状态最好。

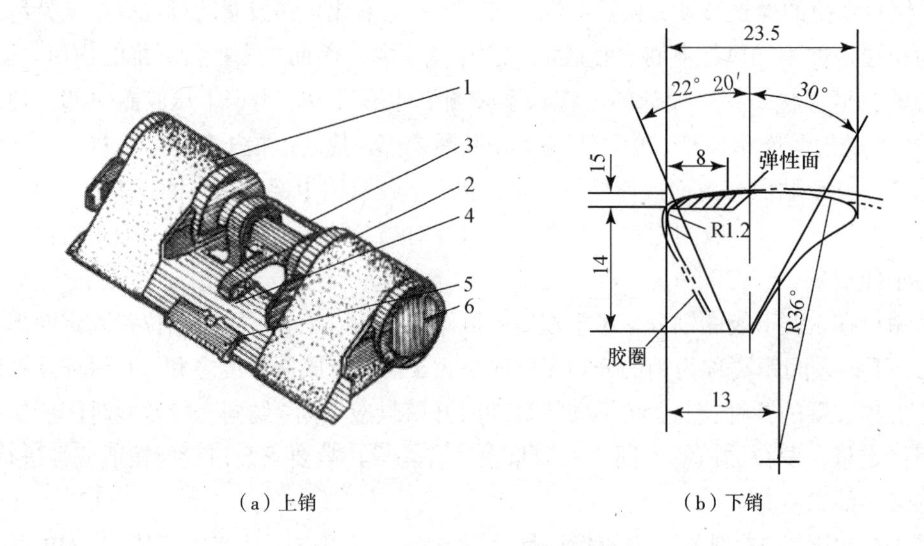

（a）上销　　（b）下销

图 7-12　摆动式上销和固定下销

1—上罗拉　2—胶圈　3—片簧　4—上销　5—尼龙隔距块　6—盖

在此基础上，目前国内较高生产水平的企业普遍采用了特殊设计的阶梯形改进下销。弹性工程塑料上销具有以下功效和特点：对上胶圈施加初始张力，充分发挥胶圈的弹性作用，调节胶圈长度差异，杜绝胶圈中凹；材料硬度高，刚性强，表面摩擦因数小，耐磨且不变形，不生锈，较原铁板销大大改善了胶圈的运行状态，成纱条干 *CV* 值下降 0.4 个百分点，千米粗节降幅达 31.4%，千米棉结降幅达 17.02%。

新型阶梯形下销具有类似于弹性上销加大对上胶圈施加初始张力的功效，但没有调节长度差异的作用，在增加胶圈中部控制力的同时，减小了浮游区长度。新型阶梯形下销与铁板上销配套，可明显减少成纱细节与粗节，条干 *CV* 值改善在 0.4 个百分点左右；在与弹性上销配套时，效果不明显，必须结合前冲位置和压力等工艺调整，达到进一步提高成纱质量的目的。

无论哪一种牵伸形式，其胶圈钳口与前罗拉钳口之间的距离要足够小，以缩短前区纤维浮游区的长度，使纤维变速点进一步靠近前钳口，才可进一步改善牵伸质量。所以，各型胶圈钳口的高度尺寸要尽可能压缩，以便使钳口充分向前方延伸。

4. **集合器**　集合器的作用是收缩牵伸过程中被扩散的须条宽度，减小加捻三角形，使纱条在比较紧密的状态下加捻，使成纱结构紧密、外观光洁、毛羽较少并提高强力；同时，集合器还能阻止边缘纤维散失，减少飞花，减少胶辊在运转中发热表面产生静电而吸附纤维造成胶辊花和绒辊花，降低消耗，节约用棉。常用的形式为框形吊挂式集合器，如图 7-13 所示。集合器的开口尺寸要适应纱的粗细，开口过大会失去集合纤维作用，开口过小则易堵塞，反而对牵伸质量不利。集合器外形尺寸要与罗拉圆弧表面配合一致，以免跳动。

5. **罗拉座**　牵伸机构的工作件如罗拉、摇架、齿轮等都安装在罗拉座上。中、后罗拉轴承座做成滑块形式，用螺钉固定在罗拉座的滑座部分，以满足罗拉中心距的调节需要，参见图 7-4。

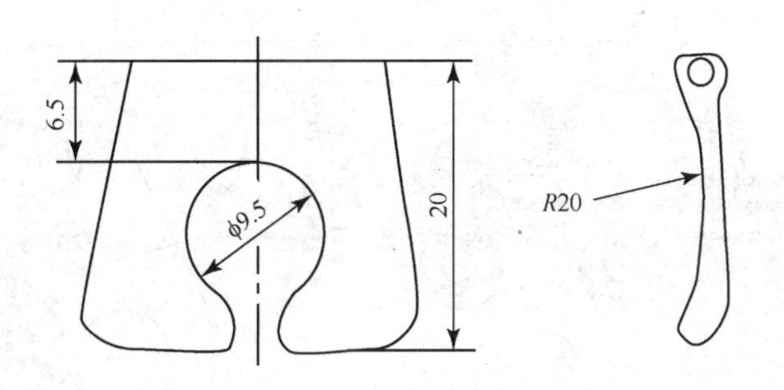

图 7–13　新型集合器

前、中、后三列罗拉呈倾斜配置，对水平面的倾角为α。纱从前罗拉钳口走向导纱钩。包围在罗拉表面上的纤维丛呈三角形，称为纺纱三角区，在纺纱加捻时得不到足够的捻回而强度较差，称为弱捻区。角α增大可减小其长度，减少纺纱断头，但接头操作不便，对于弹簧摇架加压装置取$\alpha = 45°$。

（三）加压装置

加压装置的作用是对上罗拉加压，使上罗拉随下罗拉一起回转，两者共同组成的钳口就能有效地握持纤维进行牵伸。加压力的大小与牵伸形式、牵伸倍数、罗拉隔距、喂入须条定量、纤维种类等有关。加压力源则有重锤、磁铁、弹簧、气压等。重锤和磁铁加压曾在老型机上使用，但随化纤纺和重加压要求的发展而趋淘汰。

牵伸加压机构有弹簧摇架加压和气动摇架加压两大类。弹簧摇架加压又分为 SKF 圈簧加压及 HP 板簧加压两种，因此短纤维环锭细纱机加压又可分为气动摇架加压、圈簧摇架加压及板簧摇架加压三种。

1. SKF **型圈簧式摇架加压**　SKF 型圈簧式摇架加压是德国纺机公司 20 世纪 50 年代推出的加压形式，如图 7–14 所示，经过半个世纪不断改进，使加压机构不断完善，是世界上应用面最广、时间最长的加压系统。SKF 牵伸形式为前区长、短双胶圈和后区简单罗拉直线牵伸组成，最主要的特点是加压机构长期采用圈簧加压 PK 系列摇架。随着 SKF 牵伸 PK 系列从 211 型加压摇架发展到最新的 PK2025 型、PK3025 型加压摇架，前罗拉加压值增大 2～2.5 倍，后罗拉加压值增大 3～5 倍，加压值越来越大，说明圈簧加压可以产生很高的压力，能适应“重加压”工艺的发展。

另外，在 PK2025 型牵伸摇架的前罗拉加压上，增加半卸压（60N）功能，使上胶辊在长久停机条件下不变形。应用最早、最广的圈簧摇架加压的 SKF 牵伸机构最新也推出了独立气囊直压式牵伸摇架。

我国 FA 系列 YJ2 系列摇架如图 7–15 所示，基本上与 SKF 型相同，加压重而稳，牵伸也达到 20～60 倍。前罗拉加压值为 100N/双锭、140N/双锭、180N/双锭，可调节；中罗拉 100N/双锭或 140N/双锭，后罗拉为 140N/双锭、180N/双锭，固定式。

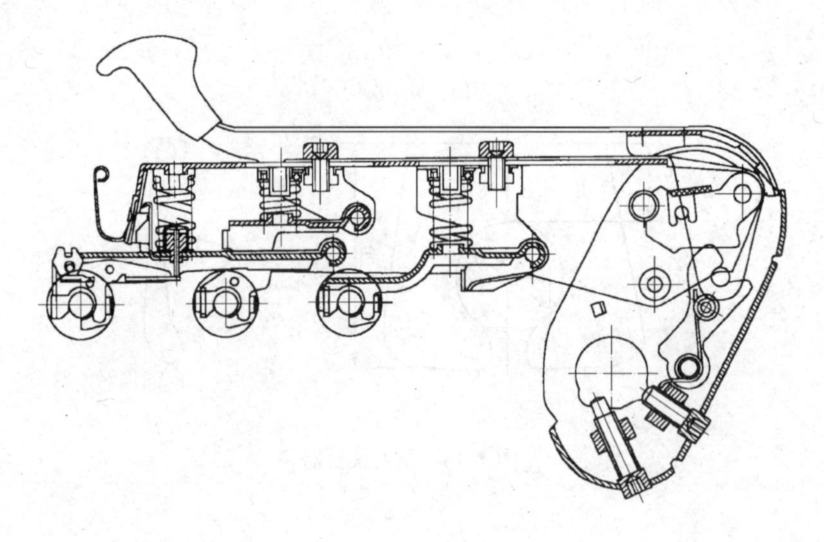

图 7-14　弹簧摇架

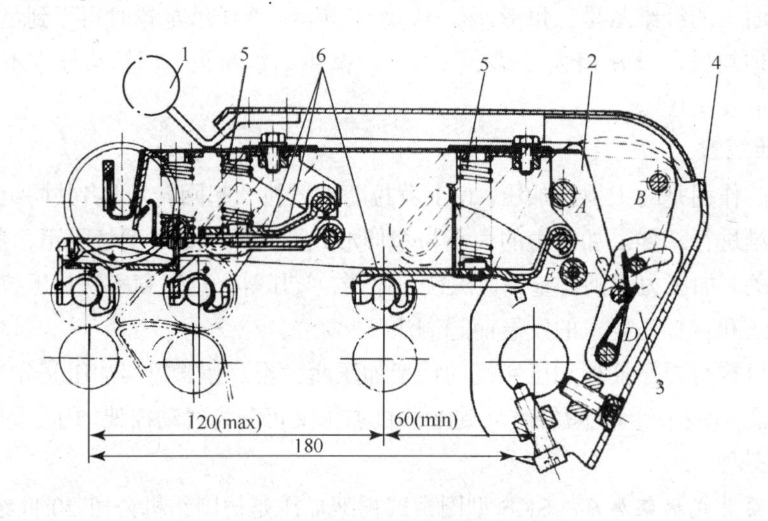

图 7-15　YJ2 系列摇架

1—手柄　2—摇架体　3—锁紧片　4—摇架座　5—弹簧　6—加压杆

圈簧式加压的弹性变形持久性是摇架加压性能的关键。圈簧弹性变形随时间增加而产生衰退，形成缓弹性变形或永久性变形。圈簧摇架加压机构存在的另一个问题，在国内反映较为普遍的主要以摇架支撑点发生前后摆动，使一组摇架上相邻两个加压在前、中、后三个钳口线不能始终保持平行，因此，造成三个罗拉的钳口隔距发生变化，牵伸工艺不能真正到位，影响纺纱质量。SKF 型摇架的自调平行作用在实践中并不理想，并存在一些副作用，这是其重要缺陷。

2. HP 板簧摇架加压　HP 板簧加压摇架是德国绪森公司 20 世纪 80 年代推出的新型加压摇架，80 年代后期又推出全新的 HP2A 系列板簧加压摇架如图 7-16 所示，新近开发出 HP2GX 系列最新板簧加压摇架。

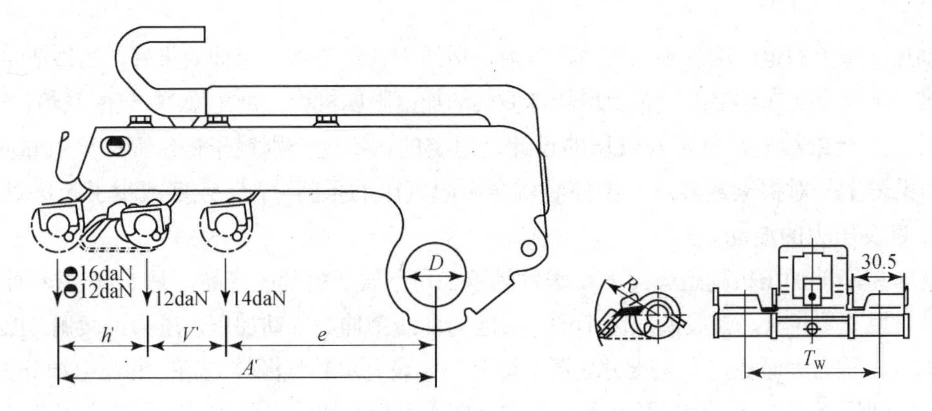

图 7-16　HP-A310 型、HP-A320 型板簧加压摇架

HP 系列板簧加压摇架主要特点如下：

（1）以厚度为 2mm 的成形板簧为加压元件，板簧线材的横截面比圈簧钢丝线材横截面大得多，坚固耐用，不易疲劳，提高了加压的稳定性。

（2）加压组件的设计采用不可调式，即胶辊除绕本身轴线外，在任何其他方向不能转动，胶辊与罗拉之间的平行度依靠设计的合理性和零件的制造、安装精度来保证,板簧、握持爪和胶辊定位弹簧三者紧固联结成一整体，握持的直径较大（12mm），握持宽度较长（21mm），比一般摇架的 9.5mm、16mm 大，确保“三线”平行度高，罗拉钳口握持线较稳定。

（3）摇架结构简洁，前、中、后罗拉分别用 3 只板簧直接加压，不产生任何摩擦，避免压力损失及压力差异，锭差小。

（4）上销架直接受压。摇架的中部压力全部压在上销架上，由上销架分别按杠杆比直接压在中罗拉和前钳口上。因为钳口直接受压，增大了前钳口的稳定性，属于弱弹性钳口。

（5）HP2C 型冲压件上销前端与上胶圈接触处套有工程塑料夹，摩擦因数小，既减少了胶圈的滑溜率和回转不匀，又增大了上销耐磨性。HP 型牵伸的另一特征是前区采用双短胶圈，有利于缩短浮游区长度，增大前区控制纤维运动能力，提高成纱质量。

HP2GX3010 型采用 GX2C 型整体塑料上销，由特殊高强度不变形的工程塑料制成，与上胶圈间摩擦小，有利于上、下胶圈运动同步性。上销钳口有较大压力（40N），属于小弹性钳口，配备上销隔距块档数多，相邻隔距差异小。

国内一些棉纺企业应用 HP 板簧加压摇架的体会是纺纱质量好，机构简便，易于管理维护，加压精确，目前国内一些新型粗纱机上也开始使用；综上所述，HP 板簧加压摇架具有很好的发展潜力。HP 前、中、后罗拉加压为 160N/双锭、120N/双锭，两档选用，后区为 140N/双锭。

3. 气动加压　20 世纪 80 年代后期，气动加压摇架已推广应用。气动加压摇架性能优于弹簧摇架，主要表现在：压力稳定，基本上无锭差；压力不因时间延长而波动和衰退；具有重加压、强控制的优点，加压力大小可在机器运转中整机无级调压，操作简便；细纱机停车时可做到半释压或全释压，半释压状态下不影响纤维须条的分布状态，因此开车时不会产生细节及断头；有的气动加压系统还配有欠压和过压自动控制系统；气动加压摇架能较好的保证胶辊与罗拉之间及三个握持线的平行；易于清洁及维护，适应机器高速运行。

气动加压压力稳定，锭差小，压力无衰退，适纺中、细特纱，牵伸效果好，纺纱质量好。气动加压唯一不足是要在环锭细纱机上增加许多气动加压附属机构，如气源、贮气配气箱、气路等。

另外，一台细纱机总气量及气压的设计是恒定的，不因个别锭子停纺而改变气量及气压；因此，如果发生一对摇架或多对摇架停纺就会引起气压的重新分配，或多或少引起每对锭子摇架的气压量及压力的波动。

NA-V 型牵伸加压机构是德国 NA 滚针轴承公司下属纺机部的产品，是 SKF 型牵伸装置的改进形式，属三罗拉长、短胶圈双区牵伸，后区为曲线牵伸、气动加压，压力可微调。R2P 型摇架无级调压，压力大而稳定，无压力衰退，锭差小，设有单独气源控制箱，并与电源开关相联，集体加压、卸压操作方便，有过压、欠压保护，停车可全释压、半释压，使须条无滑移，开车断头少，也不会产生纱疵。R2P 型牵伸工艺采用“两大两小”针织纱工艺是基于重加压、强控制条件下进行的。目前所谓针织纱工艺已在机织纱上应用，R2P 型牵伸加压已不限于纺针织纱。

瑞士新型高速细纱机上采用 P3-1 型气动加压臂及新型胶圈架，都是最新技术，可对各加压点实施精确的压力分布，保证罗拉更好地握持控制纤维，保证加压稳定。P3-1 型加压装置如图 7-17 所示，由于采用了不对称上、下销，还缩短了浮游区，减小了主牵伸区无控制区的距离，即使纺纱牵伸倍数高达 60 以上，纺纱质量仍保持最佳值。

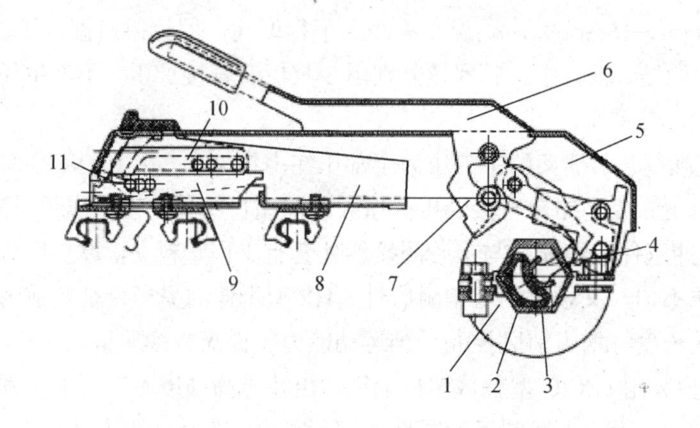

图 7-17　FS160P3 型气压加压摇架

1—摇架支管　2—软管气囊　3—压力板　4—传递杠杆　5—摇架体　6—手柄
7—转子　8—后分配杆　9—前分配杆　10、11—连接销

代表当前国际纺机先进水平的棉纺细纱机牵伸装置有：德国 TEXparts 集团的 SKF 型牵伸、德国 Suessen 公司的 HP 型牵伸、瑞士 Rieter 公司的 R2P 型牵伸和德国 NA 公司的 NA2V 型牵伸。4 种现代牵伸装置都是由前、后等距斜齿、中滚花、滚针轴承下罗拉、滚珠轴承铝衬套压配式前、后上胶辊、弹性钳口、双胶圈前区牵伸、罗拉牵伸后区、摇架加压机构组成的三罗拉双区大牵伸装置，其共同特点是选用材质好，制造装配精度高，设计合理，加压稳定可靠，摩擦力场分布强，牵伸元件优化组合，牵伸传动合理，钢质斜齿啮合好，轴承平稳轻快，维修简便，体现“重加压、强控制”大牵伸工艺路线。

国产 FA500 系列、新 100、新 1000 系列等现代细纱机可配以上 4 种牵伸装置，其结构特点及其工艺参见表 7-3。

表 7-3 4 种现代牵伸装置的结构与工艺

项 目	SKF 型	R2P 型	NAV 型	HP 型
摇架型号	PK225,TEXparts PK2000,PK3000	FS160P3,P3-1	DA2122	HP-A-310/320 HP-GX3010
加压元件	弹簧，独立气囊	整体气囊	整体气囊	板簧
前区结构	OH 62 OH22022	工程塑料上销	ORKK30 铁板上销	HP-C 铁板上销 塑料套，GX-C 工程塑料上销
	T 行阶梯下销	鼻凹阶梯下销	阶梯行下销	平板下销
前区牵伸形式	弹性钳口长短双胶圈			低弹性钳口双短胶圈
后区牵伸形式	罗拉直线牵伸	大隔距罗拉直线牵伸	罗拉 V 形曲线牵伸	罗拉直线牵伸
罗拉齿形	前、后等距斜齿，中滚花	前、后等距斜齿，中滚花	前、后左右对称等距斜齿，中滚花	前、后左右对称等距斜齿，中滚花
罗拉直径（mm） （前×中×后）	25×25×25	27×25×27	27×25×27	25×24×25
罗拉轴承	UL 型滚针	UWL 型滚针	UWL 型滚针	UL 型滚针
上罗拉型号	前、后 J490，前 ME－666 铝衬套压配式，中铁辊	前、后立达铝衬套压配式，中胶辊	前 ME－666， 后 J490 铝衬套 压配式，中铁辊	前、后 HP-R 铝衬套压配式，中铁辊
上罗拉轴承	前、后 LP302、LP802 型滚珠，中 LP10、LP803 型滚珠	前、中、后滚珠	前、后 OW4240，中 OW4332 型滚珠	前、后 HP-R-K，中 HP-R-R 滚珠
压力分布 N （前×中×后）	100（140、180）× 100×140	180×100×180 （无级调节）	180×100×160 （无级调节）	120（160）×100×140
罗拉中心距（mm） （前×后）	44×52	42.5×（6～65）	44×44（40）	46×54
后区工艺	机织纱、针织纱工艺	针织纱工艺	V 型工艺	机织纱、针织纱工艺
后区牵伸倍数	1.24～1.36	1.06～1.20	1.28～1.40	1.24～1.32
粗纱捻系数	≈100	＞115	≈100	≈100
总牵伸倍数	20～40	25～50	30～50	20～40

（四）牵伸传动装置

牵伸传动是环锭细纱机的心脏，牵伸传动机构既要考虑满足工艺要求，也要考虑机械设计、加工条件与车头空间位置相适应，还要考虑日常生产调整、维护、保养方便。传统环锭细纱机的牵伸传动机构中，车尾主电动机驱动主轴，主轴进入车头后经一系列的齿轮啮合来传动车头的牵伸机构。在600锭以上的环锭细纱长机中，增加了车尾的同步牵伸机构，由前罗拉从车头传动。在这种机构中，驱动源来自车尾主电动机，纺纱工艺调整靠一系列的变换齿轮来完成，操作不便，且由于受自身结构的影响，不能满足某些特殊工艺的要求，而且车尾的同步牵伸机构是由前罗拉从车头传动的，增加了前罗拉的负荷，易产生前罗拉的扭变形。传统路线形式主要有以下三种类型：前罗拉→中罗拉→后罗拉[图 7-18（a）]，前罗拉→后罗拉→中罗拉[图 7-18（b）]，前罗拉→中间轴 →中罗拉/后罗拉[图 7-18（c）]。

应该说，以上三种传动形式都各有其设计特点，第一种类型是HP型采用的传动形式，其传动装置结构紧凑，组合宽度小于20cm，但改变后牵伸会影响总牵伸的变化，给工艺调整带来不便，为此还需相应配备较多变换齿轮，但这种类型开车细节最少。因此，从工艺角度来看，后两种传动类型较合理，为机械制造厂普遍采用，目前第二种传动形式已成为主流。

当前国内先进的机械制造厂如马佐里（东台）应用了同步齿形带传动技术及传动补偿设计，使开关车时传动同步性大大提高，成纱质量水平再上一个新台阶，其总牵伸可达60倍。而国际一流纺机制造商瑞士立达的G30、G33型细纱机实现了独立牵伸系统传动，从而消除了牵伸传动方面的各种干扰，具有更灵活的牵伸系统，没有变换齿轮，牵伸倍数由电脑设定，可用一种定量的粗纱纺不同的线密度，总牵伸可达80倍。

现代环锭细纱机的牵伸传动已与主传动分离，三组罗拉分别由变频调速同步电动机传动，电动机转速完全按照工艺牵伸设计的要求回转，过去牵伸工艺的改变要靠调换齿轮的做法，现已改为人机对话。长车的牵伸传动靠车头车尾同步驱动，前罗拉不再承担中后罗拉的同步牵伸，这一技术创新克服了传统细纱机的不足，前罗拉负载过重问题也得到根本解决。

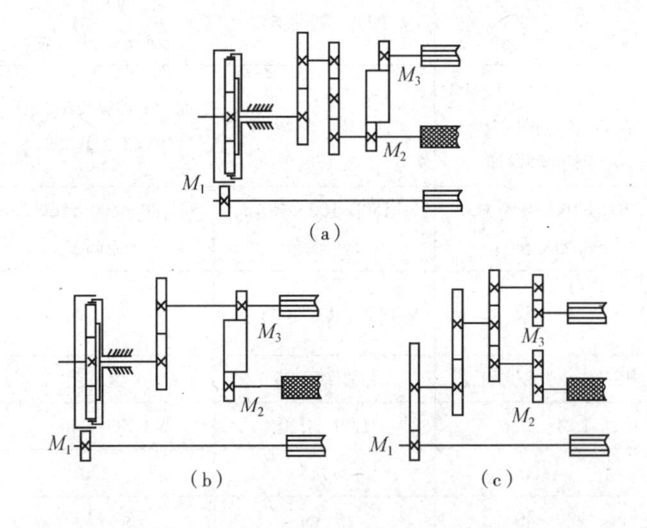

图 7-18 传统传动路线

数字化牵伸传动的技术创新成果，使纺纱工艺得到程序化控制，通过操作屏可方便地将牵伸倍数改变，甚至可以直接纺制竹节纱等特殊品种的纱线，实现纺纱产品的柔性切换，同时减少纺纱张力的变化，减少断头，提高成纱质量。罗拉传动已改为三个罗拉分别由变频调速电机传动，电动机转速完全按照工艺牵伸设计的要求回转，像G35型环锭细纱机，全机为1008锭，是应用同步电动机在计算机控制下从两侧分别传动罗拉，做到工艺同步。过去，牵伸工艺的改变靠调换齿轮，现已改为计算机集中控制。

现代牵伸传动机构共同特点是：采用高精度钢质斜齿轮，啮合好、传动链短、路线更趋合理，全部轴承化，载荷尽可能双面支承，以改善受力、提高稳定性，使传动平稳、轻快、维护简便。针对牵伸变换齿轮，由于传动路线不同，调换方式也不同。

第三节 细纱机的加捻卷绕机构

一、加捻卷绕过程

由牵伸装置输送出来的须条立即被加捻成纱，然后进入锭子上方的导纱钩，折而向下形成气圈，再穿过钢丝圈而被绕在筒管上，如图7-19所示。筒管与锭杆在顶部靠锥面配合而一起转动，由于纱线被卷绕而带动钢丝圈沿钢领高速回转，后者每转一转，就给纱条加上一个捻回，纱上的捻向决定于钢丝圈或锭子的转向。在加捻过程中纱的 BC 曲线段在空间绕锭子轴线回转形成气圈；位于导纱钩与前罗拉钳口之间的 AB 直线段称为纺纱段；位于筒管卷绕点与钢丝圈之间的直线段 CD 称为卷绕段。钢丝圈沿钢领的运动是卷绕段的纱线张力拖动的，由于受到钢领跑道摩擦力的阻滞，所以钢丝圈的转速将落后于筒管转速，两者的转速差就是纱的卷绕转速 n_w。以此完成纱在筒管圆周方向上的卷绕。

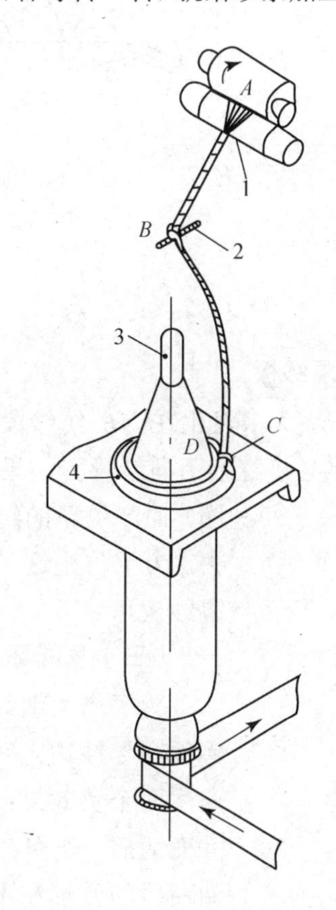

图7-19 环锭加捻卷绕简图

1—前罗拉 2—导纱钩 3—筒管 4—钢领
A—前罗拉钳口 B—导纱钩 C—钢丝圈 D—筒管卷绕点

$$n_w = n_s - n_c \approx \frac{v}{\pi d_x} \qquad (7\text{-}1)$$

式中：n_s ——锭子转速，r/min；

n_c ——钢丝圈转速，r/min；

v ——前罗拉线速度，mm/min；

d_x ——筒管的卷绕直径，mm。

纱的计算捻度 $T_w' = \dfrac{n_c}{v} = \dfrac{n_s}{v} - \dfrac{1}{\pi d_x}$

式中表明，筒管上每一圈纱（长 πd_x）上的捻度比 n_s/v 值少一个捻回。但在后续工序中纱从静止的筒管顶端退出时，每退绕一圈纱（长 πd_x）将增补一个捻回，故此时纱上的实际捻度为：

$$T_w = n_s/v \qquad (7\text{-}2)$$

二、加捻卷绕元件

（一）导纱钩

导纱钩位于锭子轴线的上方，其作用是引导纱线经过孔眼转弯进入气圈回转区。导纱钩孔眼由钢丝卷曲制成，其形状要便于纺纱生头。导纱钩装在叶子板上，并有螺纹来调节导纱孔眼的位置，使之与锭轴同心，如图 7-20 所示 。所有叶子板都装在一根长梁上（与机器主体同长），纺纱时该长梁带着叶子板和导纱钩完成与钢领板运动规律相似的升降运动，只是动程较短些。这样就能协调由于钢领板升降而产生的气圈高度的变化，使这种差异不致太大，以有利于减少纺纱断头和提高成纱质量。在拔筒管时可操纵手柄使长梁连同叶子板向上转 90° 角。导纱孔的位置须与锭轴同心。

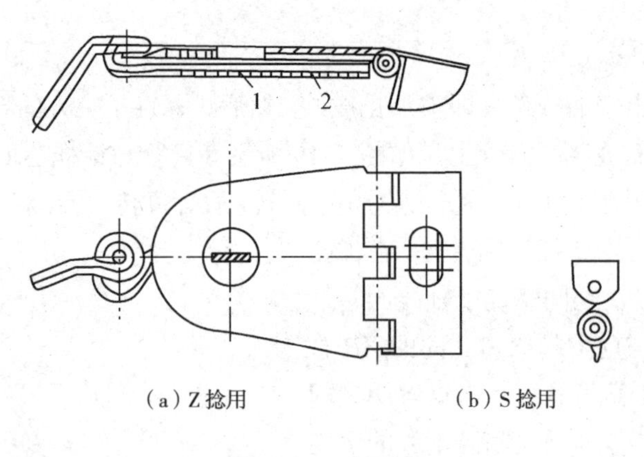

（a）Z 捻用　　（b）S 捻用

图 7-20　叶子板

1—导纱钩　2—叶子板

（二）隔纱板

纺纱断头大多发生在 *AB* 纺纱段，因为这段纱的强度较低而张力又较大。当断头一旦发时，纱尾必将继续引向纱管，如果缺少保护装置，该纱尾就可能碰及相邻锭子的纺纱气圈，而产生新的纺纱断头。这种情况甚至会沿着整排锭子连续地传递下去。为了防止这一情况的发生，在锭与锭之间就装用了铝或塑料制成的隔纱板。

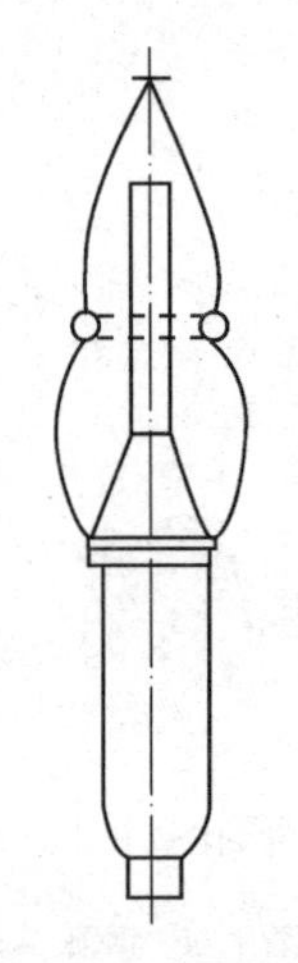

图 7-21　双节气圈

（三）气圈环

为了增大细纱卷装，锭子和筒管的长度要加长（即大升降尺寸），钢领和导纱钩之间的距离也相应增大，从而气圈高度也必定增高，这就产生两个负效果：气圈的增高必定伴随其直径以及锭距的增大；气圈尺寸变大后，作用在气圈纱段上的空气阻力也增大了，这反过来又导致气圈曲线的变形和不稳定，增加了纱线断头的可能性。以上两个缺陷虽可选用较重的钢丝圈以增加纱的张力来进行调节，但是这又会和高气圈的直接后果一样，带来断头率的增加。

为此，生产中采用了如图 7-21 所示的气圈环将高气圈分为两节（两个较小的连续气圈）。

这种较小的气圈能在较低的纺纱张力状态下稳定地工作。但是使用它会使纱与气圈环产生摩擦，从而引起纱发毛和飞花；对于化纤纱还会生成熔结斑点。气圈环也和导纱钩一样，须随钢领板作升降运动，但升降动程较小。

（四）锭子

细纱锭子按其生产应用和技术发展的速度要求，可分为普通型（工作转速 12000～16000r/min）和高速型工作转速（16000～22000r/min）两类。

锭子高速化的实现取决于锭子结构和制造水平的创新和提高，起决定因素的是锭杆上下支承（锭胆）结构的抗振性能。总的目的是以小振幅、低噪声、低电耗为前提，实现合理卷装下的高速化。

锭子由锭杆、锭盘、上下轴承和锭脚等组成。锭杆的上轴颈部分是圆柱体，直接与滚柱轴承（无内圈的）滚动配合；而下底尖做成锥角为 60° 带圆底的倒锥体，直接与锭底成滑动配合，转动轻快而消耗功率少。轴颈和底尖的硬度在 HRC62 以上。锭杆顶部有锥度，用于插拔筒管；中部锥度则用于压配锭盘。锭盘是锭杆的传动盘，它装在锭杆上的位置应使锭带张力恰通过锭杆的上轴颈部位，以利锭杆的运转。锭脚是锭杆的支座，内装上、下轴承和润滑油，它被固装在龙筋上。

现代棉纺锭子的工作转速都超出其第一临界转速。锭脚内上、下轴承安装和防振的形式很多，但目前大多采用上轴承固定、下轴承弹性支持的结构，如图 7-22 所示。上轴承是无内圈的滚柱轴承的座体，固装在锭脚孔内，以避免因活动间隙而产生的振动。下轴承——锭底是既能保持轴心位置又能作横向游动的弹性支承；在它的外周有一个吸振卷簧与之共同浸在油中，当锭底作横向振动时卷簧的一侧即被压迫，其夹层内的油就从此侧流往对侧（夹层间隙增大的一侧），由于油流阻力的作用，便形成了对锭底的振动阻尼，因而减弱其振幅。这种阻尼足够大时还能阻止锭杆发生自激振动，使锭杆保持与锭底的正确配合，以获得运转的稳定性。

下轴承对于上轴承的装配关系有分离式和联接式两种。

1. **分离式** 如图 7-22（a）所示，D12 系列锭子的锭底装在一只中心套管的下部，套管的上部外套一只尼龙弹性圈，它紧靠锭脚孔壁而轴向有定位套管支承。这样，中心套管就得到尼龙弹性圈的弹性支承而保持居中位置，锭底也成为弹性支承了。D12 系列锭子适用于小卷装细纱，例如钢领直径为 35~42mm，升降全程为180mm；锭速 14000~16000r/min，满管振幅 <0.4mm，无自激振动，单锭功率消耗 28W 左右。

2. **联结式** 如图 7-22（b）所示，D32 系列锭子的锭底装在一只弹性中心套管的下部，该套管上部有穿通的螺旋槽，紧靠在上轴承座的孔内，并有轴肩定位。这样，锭底也成为弹性支承了。由于中心套管刚性较大，因而有利于较大卷装细纱使用，其钢领直径为 42~48mm，升降全程为 205mm，锭速为 16000r/min，无自激振动。

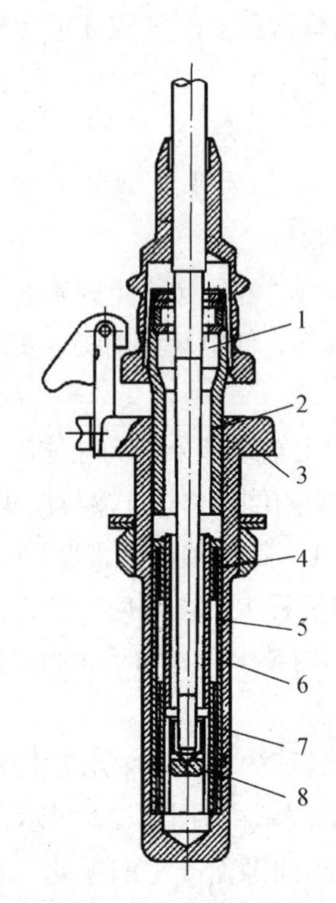

(a) D12 系列分离式锭子
1—锭杆 2—上支承 3—锭脚 4—弹性圈 5—中心套管
6—定位套管 7—卷簧阻尼器 8—锭底

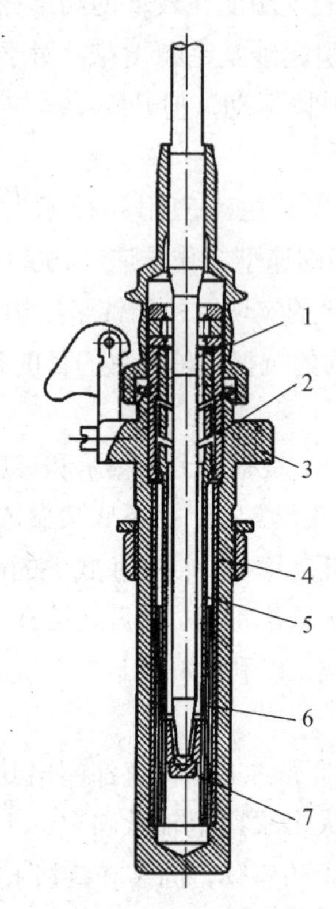

(b) D32 系列连接式锭子
1—锭杆 2—上支承 3—锭脚 4—定位套管
5—弹性管 6—卷簧阻尼器 7—锭底

图 7-22 D12、D32 系列锭子支承结构

随着纺纱整体技术的进步(如细纱速度提高、自动接头技术的进步、自动落纱技术的成熟、自动络筒机的广泛采用等),锭子的运转速度已提高到 20000r/min 或更高,如此高的锭速产生的噪声往往达不到环保标准;而且高锭速必然导致锭子振动、磨损加剧恶化;为了保证锭子能保持较为良好的运转状态,延长使用寿命,锭子润滑油的更换周期必然大大缩短,势必增加锭子的维护保养成本。

国外新型高速锭子开发较早,著名的有德国 TEXPART 公司(原 SKF)的 CS1 型、CS1S 型,NOVIBRA 公司(原 SUESSEN)的 HP-S68 型和 NASA HP-S68/3 型如图 7-23 所示。国内也积极地开发新型高速锭子,有关企业推出了以 D41、D51 以及 D61、D71 系列产品。国外新型高速锭子的结构见表 7-4。

各种新型高速锭子的基本特点是:

(1) 采用小直径轴承,在减小摩擦力矩的同时减小了锭盘直径,实现了不用提升滚盘转速的节电目的,为保证锭杆具有足够刚性相应缩短上下支承之间的距离。

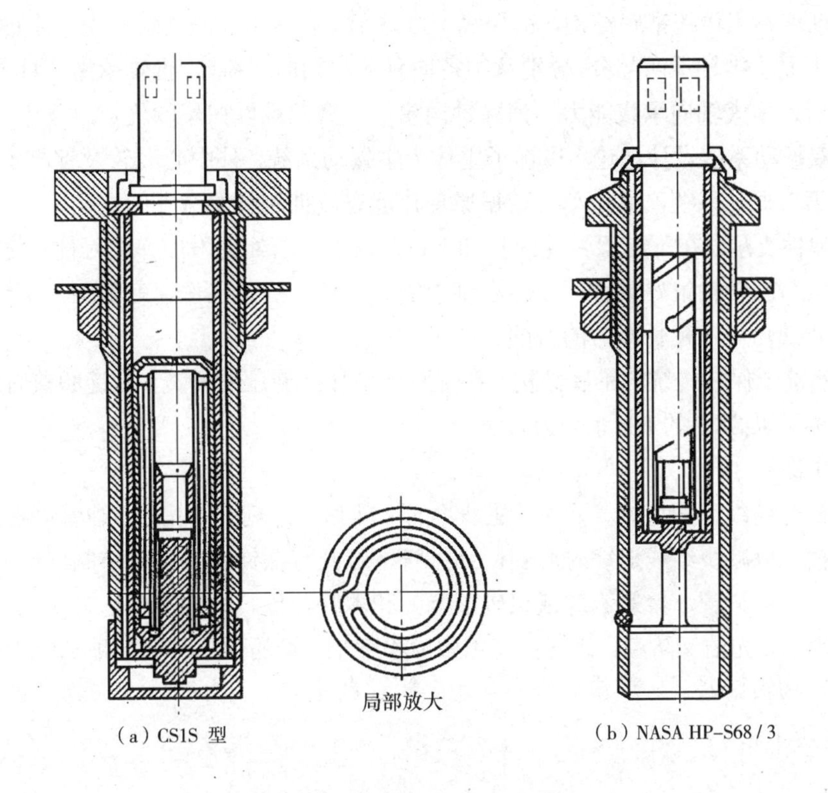

图 7-23 国外高速锭子支承结构

表 7-4 国外新型高速锭子

型　号	CS1	CS1S	HP-S68	NASA HP-S68/3
上轴承直径（mm）	6.8			
锭盘直径（mm）	18.5			
上下支承连接属性	分离式单弹性支承	分离式双弹性支承	金属弹性管连接，单弹性支承	金属弹性管连接，双弹性支承
上支承结构	刚性压配	在 CS1 型的基础上增加薄壁内锭脚，内外锭脚间设置弹性连接件，中间有阻尼介质	刚性压配	在 HP-S68 型的基础上增加薄壁内锭脚，内外锭脚间间隙间有阻尼介质
下支承结构	分体式锭底轴承，立柱式底托，卷簧油膜阻尼吸振	内部结构基本与 CS 型相同，内锭脚管与外锭脚间有充分间隙空间	分体式锭底轴承，立柱式底托，卷簧油膜阻尼吸振	内部结构基本与 HP-S68 型相同，内锭脚管下部的立柱式底托根部与外锭脚压配
减振系统	动力减振双振动系统 + 卷簧			
杆盘结构	铝套管式			
最高转速（r/min）	25000	30000	25000	30000

（2）下轴承不用传统锥底结构，锭杆底部成球形，以减少表面接触应力。锭底分体为径向滑动轴承和平面止推轴承两部分，分别承担径向负荷和轴向负荷。止推轴承由立柱式底托支撑，具有油膜润滑、增大轴向承载能力、消除轴向窜动、磨粒难以积聚的优点。

（3）按双振动系统设计理论，以锭子主体为主振动系统，外中心套管及锭脚（包括支撑立柱底托）为第二振动系统，通过动力减振原理，能有效抑制外源激发的振动。

（4）双弹性支承。在下支承弹性的基础上，上轴承支承处也附加弹性元件，使高速运转下的杆盘惯性轴与回转轴很好重合，以减小轴承受力、扩大锭子工作速度范围，达到运转稳定、减小噪声、降低功耗、延长寿命的目的。

（5）有的锭子保持传统的锥底结构，在锭底下增加螺旋压缩弹簧，使锭胆兼有纵横向吸振能力，这类锭子以 SKF 的 HP 系列为代表。

（五）筒管

细纱筒管有经纱管和纬纱管两种。经纱管的上部和下部刻有沟槽，纬纱管则在全部绕纱长度上刻有沟槽，以减少纱线退绕时脱圈。纬纱管下端开有探针槽孔，以控制织造时自动换管。

按材料分有塑料管（聚氯乙烯或聚碳酸酯）和木管两种。筒管下端包有铜皮，可防损坏。木筒管表面涂漆，光洁又防潮。筒管在使用中应不变形，管的顶孔与锭杆顶部配合应紧密并易拔取，其材料均匀性要好，质量偏心率要小。筒管直径 $d_0=(0.45\sim0.5)\times$ 钢领直径。经纱管形状如图 7-24 所示。

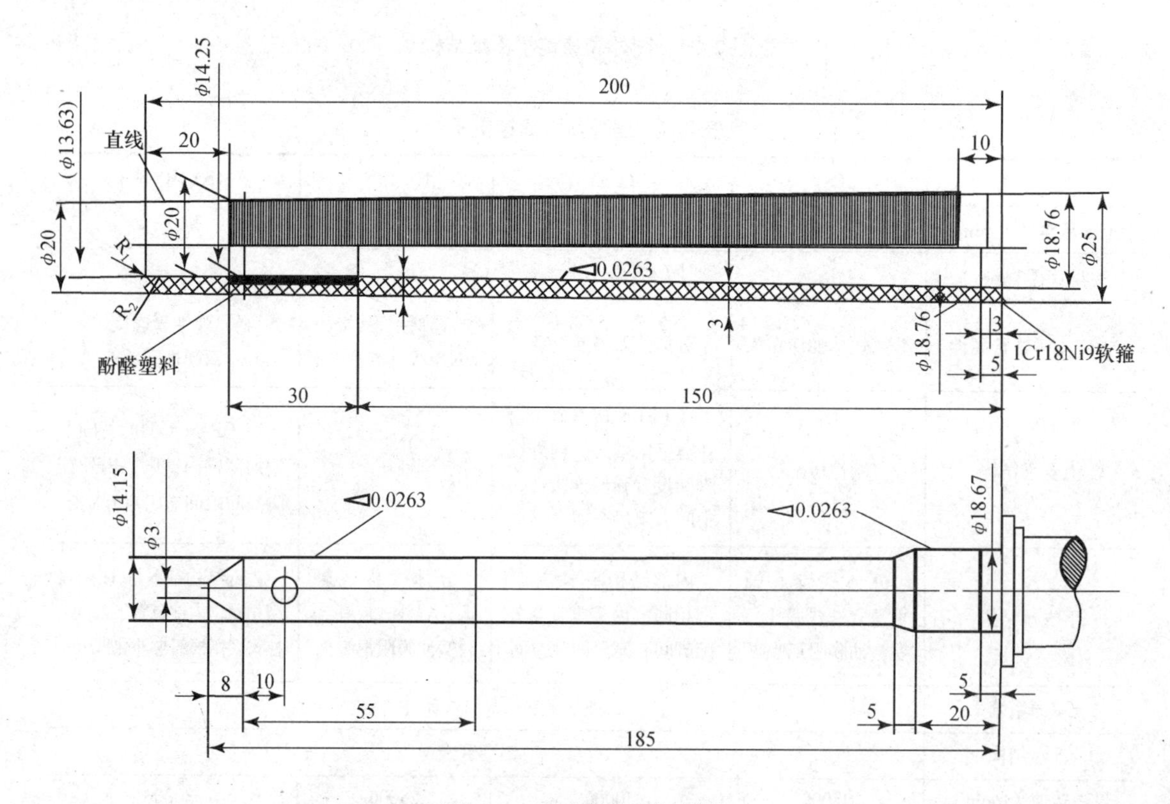

图 7-24 铝套管锭子塑料管

（六）钢领

钢领是钢丝圈的跑道，如图 7-25 所示，钢丝圈在高速运行时因离心力作用，其内脚紧压在钢领圆环的内侧面（即跑道）上。钢丝圈的速度高达到 30~40m/s，因而跑道上的比压（可达到 35N/mm²）和摩擦力都很大。钢丝圈内脚短小，在摩擦生热环境下温升显著（达到 300~360℃）；当内脚磨损或软化而承受不住自身离心力作用时钢丝圈就从钢领上飞脱（飞圈），导致纺纱断头。

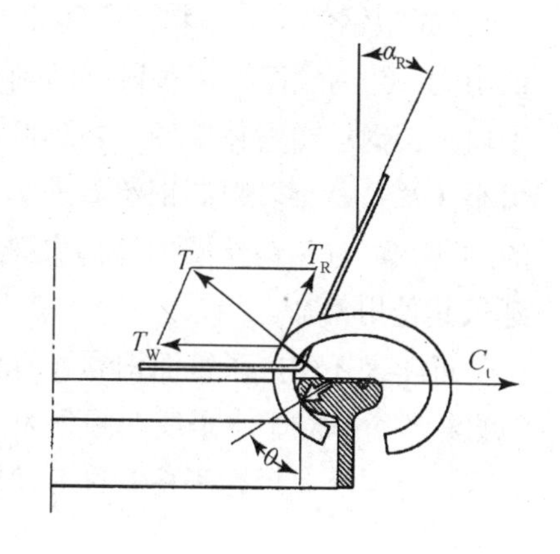

图 7-25　钢丝圈飞行时侧倾

但是，钢丝圈对钢领的接触摩擦力对于形成纺纱卷绕张力和气圈张力是完全必要的。如将现用的钢丝圈换重，则力 T 增大，力 T_W 和 T_R 都增大，则气圈形态收缩，反之亦然。

目前普遍使用的棉纺钢领为平面钢领（PG 型），如图 7-26 所示，根据边宽不同有三种型号：PG1/2 型、PG1 型、PG2 型。PG2 型钢领与 G 型或 O 型钢丝圈配用可纺粗特纱，而 PG1 型和 PG1/2 型钢领与 FO 型、OSS 型钢丝圈配用可纺中、细特纱。

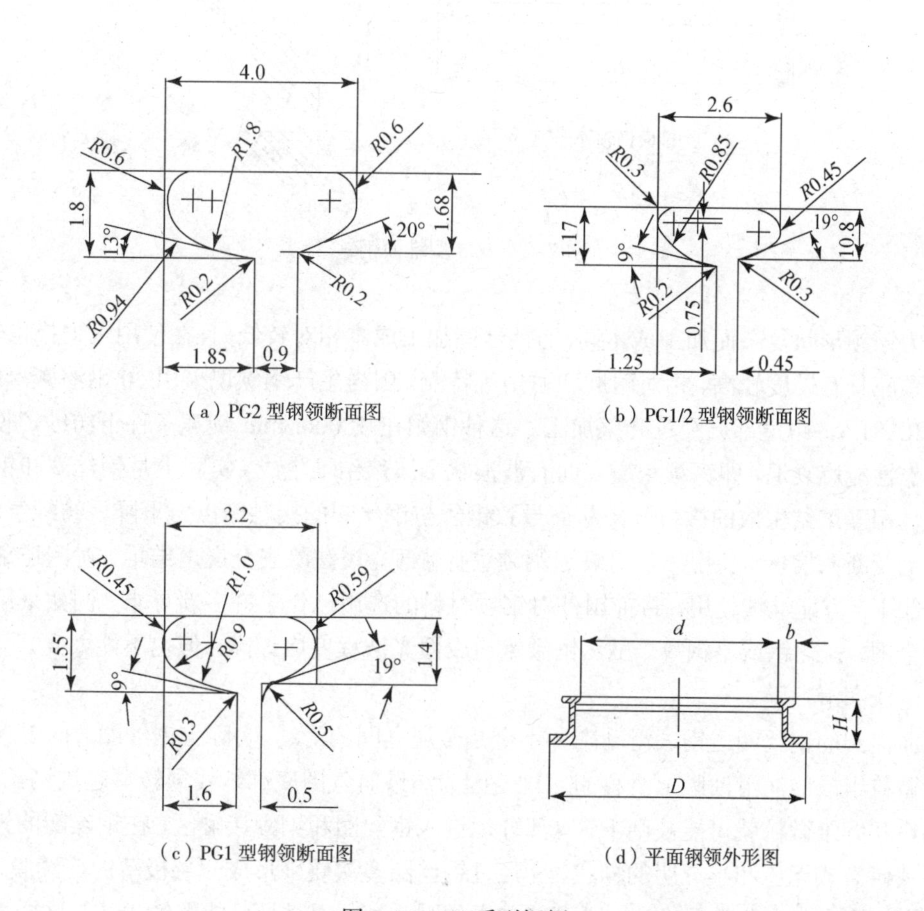

图 7-26　PG 系列钢领

PG 型钢领有以下特点：①钢丝圈在钢领上飞行时两者的接触部位为一段弧面，接触面积稍大；②钢领跑道由多段圆弧衔接而成，以允许钢丝圈飞行时适量的侧倾——有外脚超前于内脚、钢丝圈整体前倾、外脚低于内脚三种，减少纺纱张力和断头；③跑道的直线部分倾角小（9°），可以限制钢丝圈外脚下沉程度，对矩形钢丝圈还可以限制其前倾程度；④钢领的颈薄，可避免钢丝圈内外脚尖碰触颈壁；⑤钢领边宽收窄，有利于钢丝圈截面积加大，可延长其使用寿命。

近年来还生产了锥面钢领（ZM 型），如图 7-27 所示，其跑道的几何形状为双曲线的近似直线部分，对于水平线的倾角为 55°。钢丝圈呈耳形，内脚长而略直。其特点是比压小，散热好，磨损小，运行平稳。目前使用的锥面钢领有 ZM6 型和 ZM9 型两种。

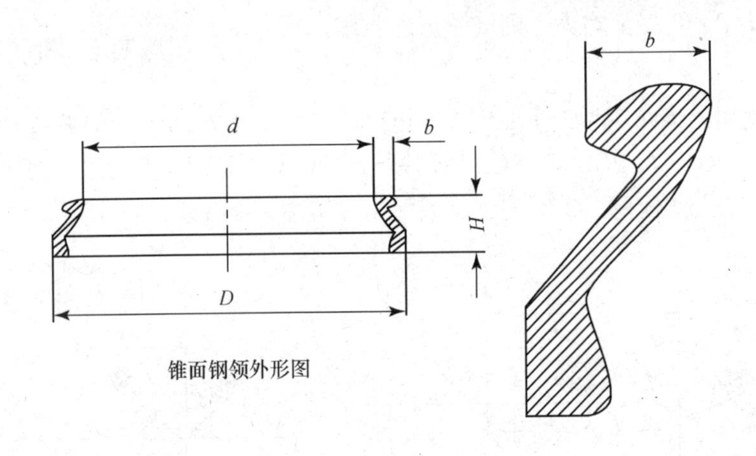

图 7-27　ZM 型锥面钢领

因为钢领形状复杂而加工成本高；而钢丝圈加工成本相对较低，且在使用上调换也较方便，所以钢领应具有硬度较高、相对耐磨和耐用等特点。国内生产钢领现采用 20 钢渗碳淬硬制成，硬度 HRA81.5，跑道部分经过光整加工。这种钢领在 18000r/min 锭速条件下纺纱，使用 6~9 个月工作性能就衰退，即钢领跑道表面有波浪状金属熔结堆生成（实际上是钢丝圈和钢领材料中铁素体相互熔结生成的微粒），从而导致钢领与钢丝圈的接触摩擦力下降，纺纱气圈膨大，纱线发毛及断头增多。使用厂需对衰退钢领进行修理，设法除去金属熔结堆，对跑道部分再进行光整加工，方能继续使用。目前国外对钢领材料的选用已作了许多新寻求，例如采用碳—氮共渗合金钢、氮化钢或铬钢等。虽然钢领跑道表面光洁程度应该高，但也不能太高，否则使用中难以生成润滑油膜。

上面提到的钢丝圈—钢领滑动副并不全是金属之间的滑动。实际上钢丝圈有时是在由棉蜡和纤维微粒组成的润滑油膜上滑移的。这是因为纺纱时气圈底部纱线须转弯越过钢丝圈通道，因而棉蜡和纤维微粒就可能被刮下来，部分地进入钢丝圈和钢领接触区，在钢丝圈的较大压力作用下被研磨成无色和半透明的糊状物；经过钢丝圈多次碾平形成一层极薄的连续膜，黏附在钢领跑道表面上。它非常不稳定，既可能被钢丝圈刮掉，同时又可能继续生成。这样生成的润滑油膜，其位置和结构决定于许多因素如：纱的细度和结构、纤维原料、钢丝圈的质量和速度、钢丝圈的弯脚高度等。

对于羊毛、丝绸、纯化纤纺用的钢领，应具备良好的润滑条件，例如采用油线向钢领跑道连续供油；或者钢领本身采用含油铁基粉末冶金材料制成。

由于新钢领在初期运转时极易产生金属熔结和磨损，故制造厂根据试验提出了若干关于新钢领的使用规则，目的在于使新钢领工作表面能预先走熟和钝化，形成少许纤维润滑膜。例如，规则内容指出：新钢领不应彻底去油，用干布擦清即可；初期锭速较正常情况降低 15%~20%，或者锭速正常而使用较轻的钢丝圈（较正常号数轻 1~2 号）；初期频换钢丝圈，例如：第一批钢丝圈在一落纱后调换下来，第二批钢丝圈在 24h 后调换下来。关于调换时间各厂也有不同的规定。钢领装在可升降的钢领板上，其位置可调节，以求与锭子同心。

（七）钢丝圈

钢丝圈用于各种纱线的加捻和卷绕，其形式多样。它们的区别在于几何形状、截面形状、质量大小、材料、弯脚开口大小以及最后加工等。

钢丝圈与钢领接触部位在几何形状上要正确吻合，接触面积要尽可能大。钢丝圈的弯背要比较平，使其重心降低而增进运行平稳性。钢丝圈须具有足够大的纱线通道；如果通道太小，则纱易被轧断或擦伤，导致纱发毛和产生飞花，在合成纤维纱上还会有熔结点形成。

国内平面钢领配用的钢丝圈有三种系列：G 型系列：有 G 型、GO 型等；O 型系列：有 O 型、CO 型、OSS 型等；GS 型系列有 GS 型、6802 型、6903 型、FO 型、FU 型等（图 7-28）。G 型钢丝圈的圈形高大，纱通道宽畅，宜配用 PG2 型钢领纺粗特纱。缺点是重心高，在运行中易侧倾，抗楔性能差，故其运转速度受到限制。O 型钢丝圈的圈形小，重心低，适宜高速，缺点是纱通道小，容易积飞花，或使纱被轧牢而造成纱张力突变，宜配用PG1/2 型钢领纺细特纱。GS 型钢丝圈介于 G 型和 O 型钢丝圈之间，宜配用 PG1 型钢领纺中特纱。

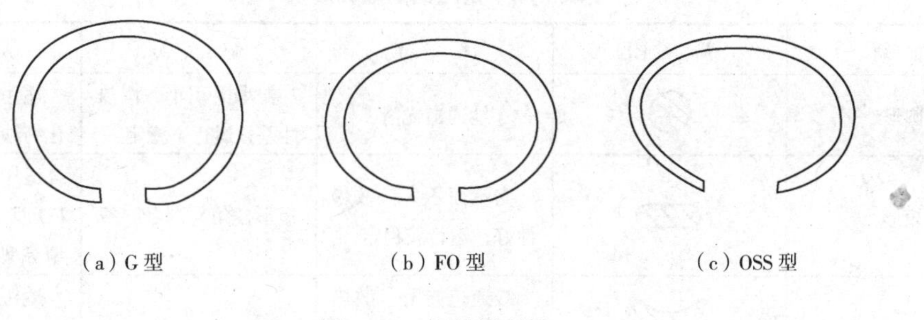

（a）G 型　（b）FO 型　（c）OSS 型

图 7-28 钢丝圈型号

钢丝圈的质量大小（mg/每只）常用号数表达，以每 100 只的质量大小来排队和编号，例如 G 型和 O 型、GS 型钢丝圈分别以 5.83 克/100 只和 6.48 克/100 只为 1 号，重于 1 号的依次称为 2 号、3 号、⋯ 30 号；轻于 1 号的则称为 1/0 号、2/0 号、⋯30/0 号。ISO 制钢丝圈号数以 1000 只钢丝圈的克数来表示。

钢丝圈的质量大小决定了钢丝圈与钢领之间摩擦力的大小，而后者又决定了卷绕张力和气圈张力的大小。若钢丝圈的质量太小，则纱张力低，故气圈会太大而管纱卷绕太松软，使绕纱量减少。若钢丝圈质量太大，则纱张力大而引起纺纱断头。因此钢丝圈的质量须与纱（粗细和强力）和锭速相匹配。若轻、重两只钢丝圈都可选用的话，一般选用偏重一些的，因为它能使气圈收小，卷绕紧密；而且钢丝圈散热条件较好，运转也比较平稳。表 7–5 所列资料可供参考。

表 7–5　钢丝圈号数选用

纱的线密度（tex）	锭速（10^3r/min）	钢领		钢丝圈		钢丝圈质量（g/100 只）	钢丝圈线速度（m/s）
		型号	直径（mm）	型号	号数		
10	16.5～18.5	PG$\frac{1}{2}$	35～38	OSS	13/0～16/0	1.78～1.39	30～36
12	17～19		35～42	OSS	10/0～12/0	2.27～1.94	32～38
14	16.5～20		38～42	CO	8/0～11/0	2.59～2.11	33～40
18～20	16～19		38～42	OSS	3/0～6/0	3.89～2.92	32～38
24～29	15～17.5	PG1	42～45	6701 6802 FO	1/0～5/0	5.83～4.21	33～38.5
60	11～14	PG2	42～45	G	7～10	11.34～16.85	24～32
90	8～11	PG2	42～45	G	14～18	23.99～29.8	18～24

钢丝圈的横截面（钢丝截面）形状既影响其运转性能，因而必然影响纺纱质量。具体地说，它影响下列各方面的性能：钢丝圈与钢领接触面积的大小，钢丝圈运行的平稳性和散热情况的好坏，纱通道的光滑程度，以及纱发毛程度等。国内现用的各种横截面形状及其优、缺点见表 7–6。

表 7–6　钢丝圈的截面形状

截面形状	简　图	优　点	缺　点	适用场合
圆形		纱通道光滑	支承面积小，散热性差，运行不稳定	适用于细特棉纱，化纤纱、毛纺纱
矩形		支承面积大，散热性好，运行较稳定	矩形棱角易刮毛纱条	适用于一般棉纱如 FO 型、6820 型、OSS 型等型钢丝圈
瓦楞形		纱通道光滑，散热性好	支承面积不大	适用于化纤纱、混纺纱，如 FU 型钢丝圈
薄弓形		纱通道光滑，散热性好	支承面积不大	适用于细特棉纱，混纺纱，如 BU 型、RSS 型钢丝圈

钢丝圈的形状和材料应满足下列要求：运行时所产生的热量低，散热快；有弹性，下脚张开套入钢领跑道时不致断掉；耐热磨损；硬度比钢领跑道略低。棉纺所用的钢丝圈材料只有

70 号钢一种，其热磨损性能差，于是制造厂运用表面处理来改善其运转性能。如电镀：在钢丝圈表面镀上一种或多种金属膜，如镍和银；表面化学处理：将某种化学物质渗进和固着于钢丝圈表面，以降低其温升和提高其耐磨性。

三、纺纱气圈和纱张力

（一）气圈

纺纱时在导纱钩与钢丝圈之间的纱线段以钢丝圈的转速绕锭子轴线回转，它在离心力作用下形成外凸的曲线；实际上由于空气阻力作用该纱线段又偏离子午面而弯曲（弯向与运动速度相反的一侧），这一段弯形纱线绕锭轴回转而形成的轨迹旋转体称为气圈。气圈曲线是作用力处在平衡状态下形成的，精确的分析很复杂。如果忽略空气阻力及哥氏力的作用，形成的气圈是一段平面曲线，如图 7-29 所示。取导纱眼气圈顶点 O 为坐标原点，锭子轴线为 OX，纱线回转子午面为 XOY。设 m 为纱的线密度，ω 为纱回转角速度，T 为气圈上任一点纱张力；则作用在微纱段 $\mathrm{d}S$ 上的离心力为 $\mathrm{d}C=mY\omega^2\mathrm{d}S$，如不计纱自重，力平衡式为：

$$\begin{cases}\mathrm{d}T_{\mathrm{x}}=0\\ \mathrm{d}T_{\mathrm{y}}=-mY\omega^2\mathrm{d}S\end{cases} \tag{7-3}$$

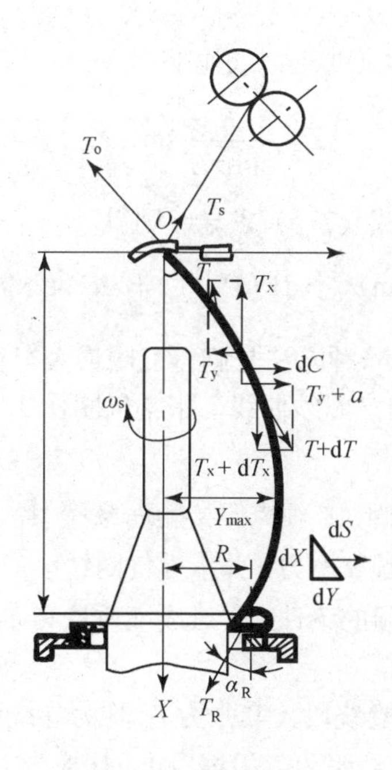

图 7-29　气圈纱张力分析

由此可得到 T_{x} =定值，即气圈上各点纱张力在 OX 轴向上分力恒等。又由 $T^2=T_{\mathrm{x}}^2+T_{\mathrm{y}}^2$，微分后则得：

$$\frac{\mathrm{d}T_{\mathrm{y}}}{\mathrm{d}T}=\frac{T}{T_{\mathrm{y}}}=\frac{\mathrm{d}S}{\mathrm{d}Y} \tag{7-4}$$

代入上式后得：

$$dT = -mY\omega^2 dY \quad (7-5)$$

积分后得：

$$T = T_0 - mY^2\omega^2/2$$

式中：T_0——导纱眼处纱张力。

可见各点纱张力小于导纱眼处纱张力。又因 $\dfrac{T_y}{T_x} = \dfrac{dY}{dX}$

则 $dY = \left(T_x \dfrac{d^2Y}{dX^2}\right) dX$。代入式（7-5）中得：

$$\frac{d^2Y}{dX^2} = -\frac{m\omega^2}{T_x}\frac{dS}{dY}Y = -\frac{m\omega^2}{T_x}Y\sqrt{1+\left(\frac{dY}{dX}\right)^2}$$

因 d_y/d_x 值较小，可忽略不计；再令 $\alpha^2 = m\omega^2/T_x$ 代入上式则得：

$$Y'' = -\alpha^2 Y$$

其解为：

$$Y = A\sin(\alpha X + \theta)$$

代入边界条件 $X=0$，$Y=0$ 即得 $\theta=0$。又令 $X=H$（气圈高度），$Y=R$（钢领半径）则得 $A = R/\sin\alpha H$。由此得出气圈纱曲线近似式如下：

$$Y = \frac{R}{\sin\alpha H}\sin\alpha X \quad (7-6)$$

设气圈纱曲线的底角为 α_R，将式（7-6）求导，则得：

$$\tan\alpha_R = dY/dX\big|_{x=H} = \alpha R\cot\alpha H \quad (7-7)$$

气圈形状决定于纱张力 T_x。一种方法是测得气圈最大半径 A；另一种方法是测得气圈底角 α_r 都可推算得 T_x，从而描绘出气圈纱曲线，正常气圈 $\alpha_R \approx 15°$，$\alpha_R > 15°$ 则纱张力大。

（二）纱张力

纺纱时纱通过导纱眼和钢丝圈，必须克服接触面摩擦力；又因纱拖动钢丝圈和气圈纱段回转，必须克服钢丝圈与钢领的接触摩擦力，并承受气圈纱段的离心力和空气阻力等作用，因而纱具有张力。适量张力是纺纱必须的条件，它对成纱质量和卷绕紧密有利，但张力过大则导致纺纱断头。

钢丝圈到纱管之间纱段称为卷绕段，其张力 T_W 称为卷绕张力，前罗拉钳口到导纱眼之间的纱段（纺纱段）张力 T_S 称为纺纱张力；根据以上分析，$T_W > T_O > T_R > T_S$（T_R 为气圈底部纱张力）。对不动导纱钩细纱机纺纱张力测定表明，如图 7-30 所示，在一落纱期间小纱阶段纱张力最大，中纱阶段纱张力较小，而大纱阶段（当卷绕直径小时）纱张力又上升。实际纺纱断头分布规律与纺纱张力变化接近一致，一般是一落纱期间小纱断头最多，中纱断头最少，大纱断头略多。断头部位大多发生在纺纱段，但是钢丝圈与钢领配合不当时产生楔住、磨损、飞圈等，断头部位发生在卷绕段。

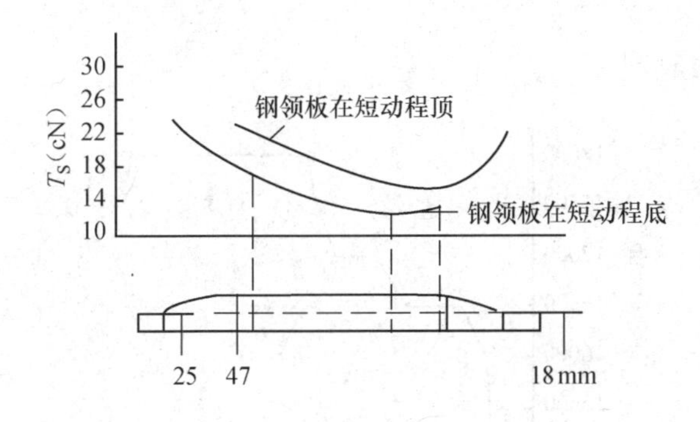

图 7-30　一落纱期间纱张力变化

采用变化锭速方法可以降低纺纱断头和提高机器生产率。已应用的有阶段调速法，即在大、小纱阶段取较低的锭速；在中纱阶段锭速达到正常。这对纺制强度低、捻系数小的纱及线密度小的棉纱是十分有利的；由于断头有所减少，故又可适当地提高平均锭速。

四、锭子变速控制机构

实现锭子变速的传动装置有：锥盘变速器，如图 7-31 所示，在大、小纱阶段锭速降低 8%~10%，该装置的皮带易坏；换极交流电动机，它具有 4 和 6 个极，通过极数转换，转速可减小到原转速的 2/3，该电动机价格贵，效率较低；变频变速传动，采用电流控制的变频器和普通异步电动机作传动源，该传动的效率恒定，对速度调节的响应迅速，还可进一步满足纱管逐层调速要求，即锭速可随卷绕直径大小而变化（图 7-32），随钢领板的升降而循环变化。

变频调速作为一项成熟的高新技术在细纱机上的应用日趋加快。现有的国内外细纱机均已配备或可配备变频调速装置，其主要优势在于能够根据一落纱的大、中、小纱张力变化规律实现自动无级变速，优化纺纱条件，以尽可能地保持纺纱各阶段的张力稳定，对进一步降低断头，减少毛羽，实现优质高产，降低能耗和减轻挡车工劳动强度都将起到积极作用。

（一）变频调速的调整方式

细纱机利用变频器调节锭子速度快慢，无论是进口机型或国产机型通常有两种形式。一种较常见的是定长制方式，即按不同纺纱线密度所纺的满纱总长划分为十点，设定长度区间，每个区间根据实际生产中的断头情况来设置相应的锭子速度，达到减少断头的目的。该方式设置较为精细，但在更改品种时则需全部重新设置，工艺调整不简便。另一种则是定位制方式，即根据实际纺纱中钢领板级升在大、中、小纱几个主要位置段设置相应速度来减少断头，从更换品种

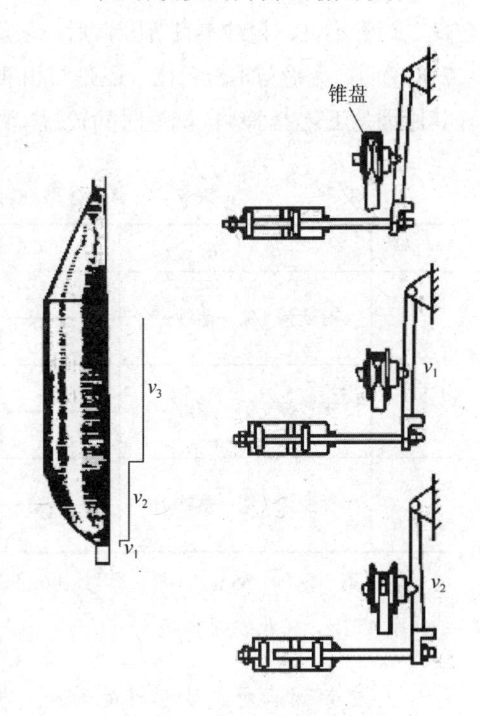

图 7-31　锥盘变速器

上讲，调整方便，也较直观。

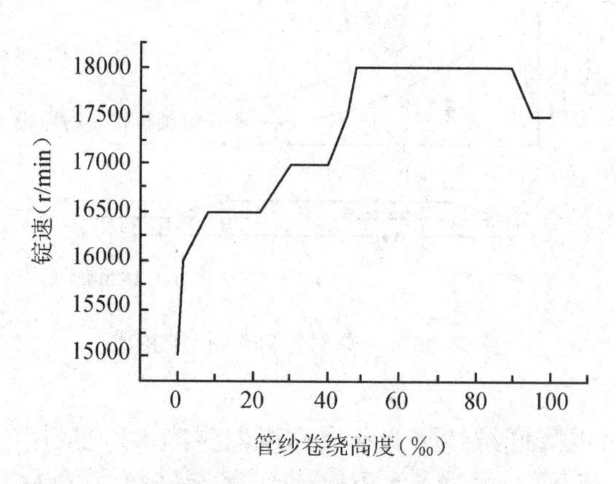

图 7–32　锭速变化曲线

定位制变频调速方式根据一落纱中纺纱张力的变化规律，通过调整锭速来对之进行控制。变速位置主要控制三个方面：一是大纱、小纱卷绕小直径时采用较低的锭速；中纱卷绕大直径，张力小，可采用较高的锭速；二是对钢领上升及下降中张力突变部位可进行相应变速；小纱上升时纺纱张力渐小，锭速可适时增快，下降时张力渐大，可减慢锭速；三是空筒管开车生头时，张力波动大，采用适宜接头的低速运行。

（二）变频调速在细纱纺纱过程中的作用

1. 变频调速对纺纱断头的影响　细纱断头原因较多，在排除空调、机械、操作及清洁工作不良、筒管不良、粗纱不良等因素后，采用变频调速后细纱断头率可降低 30%左右（表 7–7）。表 7–8 说明，无论与本机台比，还是与相邻机台比断头都降低。对比数据中，小纱断头数尚不明显，其原因是工艺上小纱段降速时间较短，尚未脱离纺纱张力峰值较大的区域，工艺上可进一步调节。

表 7–7　A512 型细纱机加装变频调速装置前后纺纱断头测试

机号	方　案	测 试 项 目	小纱	中纱	大纱	合计
1	有变频（第一落纱）	断头根数	20	7	2	29
		折千锭时断头根数	15.08	5.28	1.51	21.87
	无变频（第二落纱）	断头根数	25	10	7	42
		折千锭时断头根数	18.38	7.35	5.15	30.88
2	无变频（第一落纱）	断头根数	22	13	9	44
		折千锭时断头根数	16.59	9.8	6.79	33.18

注　第一落纱 195min，第二落纱 200min；A512 型细纱机锭子数 408 锭；变频参数：生头频率 35Hz，小纱频率 45 Hz，中小纱频率 47.5～50Hz，中大纱频率 47～52Hz，大纱频率 45Hz。

2. 变频调速对成纱毛羽的影响　据有关文献报道，某棉纺厂在纺纱生产中，细纱锭速在小纱时从 11900r/min 增大至 13950r/min，锭速增加 17.22%，毛羽值由 4.10mm 增至 4.53mm，增幅 10.50%；中纱锭速增加 14.4%，毛羽值增加 17.28%；大纱锭速增加 10%，毛羽值增加 17.1%。细纱机采用变频调速后，纺纱毛羽测试结果见表 7-8。设定小纱、大纱降速10%，中纱增速 5%。由表 7-8 可知，采用变频装置后，各纱段毛羽都减少，其中小纱毛羽减幅达 38.12%。

表 7-8　3mm 以上毛羽测试　　单位：根/10m

方　案	小　纱	中　纱	大　纱	平　均
无变频	59.76	87.57	81.80	76.38
有变频	36.98	79.53	79.71	65.41

此外，在分组试验中，测试的第三、四、八组中当无变频调速时，大、中、小纱因钢领或钢丝圈因素毛羽数较其他组明显突增，为正常毛羽数的3~4倍，而且国产钢领普遍存在着本身表面处理质量离散较大的问题，因此毛羽极差大。然而采用变频调速器后这三组机台小纱段毛羽数均同步下降，说明降速后可明显减缓纺纱张力，缩小锭差。

3. *变频调速与成纱捻度*　纺纱段纱条捻度在一落纱过程中的变化规律为：卷绕直径相同时，纱条捻度随气圈高度减小而增加，满纱部位的纱条捻度较小纱为多；在钢领板一次动程内，卷绕小直径时的纱条捻度较卷绕大直径时多，且钢领板下降时纱条的捻度比上升时略多。

从根本上讲，鉴于环锭纺卷绕成形特点，其存在不同情况，捻度不匀是客观存在的，当然捻度差异相差不会很大。而真正影响捻度不匀的因素主要有滚盘、滚筒、锭子状况及锭带盘之间的滑溜差异，锭子与筒管配套不良，筒管本身质量问题造成运行中跳管等情况。

变频调速本身是控制锭速的变化，与前罗拉输出是同步的，对捻度的变化也是同步的，但不能纠正因滑溜差异产生的捻不匀。此外，在上述提到的钢领板上升及下降转换瞬间纺纱张力最大，不仅易造成断头，且纺纱段因张力波动大对捻度传递不利。为解决这一矛盾，系统加装了调节钢领板上下转换的缓冲装置，经张力测试仪测定，能较有效地抑制张力峰值，变频后的纺纱张力峰值与无变频时的张力峰值相比减小了60%左右。当然，改善捻度要综合考虑，如纺纱工艺优化，应用新型纺纱器材如高性能橡胶锭带，运用新技术如单锭电动机传动等，但变频调速无论从理论上或实践中看均不会恶化捻度不匀。

第四节　细纱机成形机构

一、管纱成形和卷绕过程

细纱卷装在外形上可分成管顶、管身和管底三个部分，但其内部结构却是由许多个截头圆锥（或称锥台）面纱层相互叠加而成，如图 7-33 所示，除了管底部分外，其他各锥面纱层都保持恒定的锥角 2γ，细纱以等距螺旋线均匀分布在锥面上，以上简称为短动程式成形。这样成形的优点是：在下道工序退绕时纱可从管顶抽出而管体不转动，故纱张力小，能适应高速退绕。

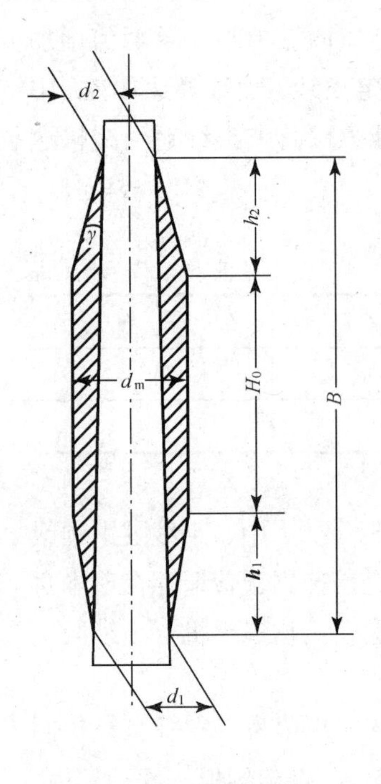

图 7-33　管纱形状

d_m——管纱直径，mm；

d_1——筒管下部（卷装起始位）直径，mm；

d_2——筒管上部（卷装顶部位）直径，mm；

h_1——管纱下部圆锥体高度，mm；

h_2——管纱上部圆锥体高度，等于升降短动程，mm；

H_0——管纱圆柱部分高度，mm；

B——管纱卷装总高度，即钢领板升降全动程，mm。

每一锥面纱层由卷绕层和束缚层组成。在卷绕层内绕纱螺距 h 较小，由钢领板慢速上升运动形成。在束缚层内绕纱螺距较大，一般为 $3h$，由钢领板快速下降运动形成。在整个纱管卷装里卷绕层与束缚层互相隔开，这样在纱退绕时邻层的纱圈就不致被牵出而互相纠缠。为了防止纱退绕时脱圈，锥角 2γ 不宜过大，一般为 24°～28°。纱管卷装外径比钢领内径小3mm，这个间隙留给钢丝圈通行。

为了使纱在卷绕锥面上形成等距螺旋线分布，纱相对于卷绕面应具有下列两种运动。

1. **圆周转动**　细纱卷绕属于管导形式，即纱管转速大于钢丝圈转速，以产生纱绕在纱管上的作用。因为在纺纱过程中前罗拉速度保持恒定，故卷绕转速 n_w 与卷绕直径 d_x 应成反比例变化，即：

$$n_w \cdot d_x = 定值$$

纱管或锭子都是恒转速件，由电动机通过锭带传动；钢丝圈虽是变转速件，却由纱线拖动并且在运动中受到摩擦掣制，故细纱机卷绕传动机构较粗纱机的简单得多。

2. **轴向移动**　钢领板短动程升降运动引导纱在卷绕面上均匀分布。设钢领板升降速度为 v，又沿锥面母线方向导纱速度为 v_h，则 $v = v_h \cos\gamma$。v 或 v_h 随卷绕直径 d_x 怎样变化呢？在锥形纱层中截取一微锥台，其高度为 ΔH，而侧表面积为 $\pi d_x \Delta H/\cos\gamma$；又设在时间 Δt 内由前罗拉输出的纱均匀地分布在此侧表面上，则所绕纱的质量为：

$$v\text{Tt}\Delta t = v\text{Tt}\Delta H / v_h \cos\gamma$$

式中：v ——前罗拉速度；

Tt——纱的线密度。

故此侧表面上单位面积内纱质量 ρ_a 为：

$$\rho_a = \frac{v\text{Tt}\Delta H / v_h \cos\gamma}{\pi d_x \Delta H / \cos\gamma} = \frac{v\text{Tt}}{v_h \pi d_x} \tag{7-8}$$

另一方面，$\rho_a = \text{Tt}/h_n$，式中 h_n 为纱圈法向螺距，$1/h_n$ 表示沿法向单位长度上的纱根数，由上式可简化成：

$$\frac{v_h}{v}=\frac{h_n}{\pi d_x}$$

由于纱均匀分布在锥形卷绕面上，则 h_n =定值，故得：

$$v_h \cdot d_x = 定值$$

钢领板短动程升降运动由成形凸轮传动，上式是凸轮设计依据。

钢领板在每次升降完成时随即上升一小距离 m（级升），以继续进行新锥面纱层卷绕。此级升量或升距 m 与所纺纱的线密度、管纱卷绕紧密程度等有关。当一个纱管制成时，钢领板已从下面的始纺位置上移到终纺位置，完成升降全动程。

在始纺时，纱先绕在纱管底部的圆柱面或小锥角锥面上，经过若干纱层连续叠积或者钢领板多次级升之后，卷绕面便自动变为原设计的锥面和锥角，并一直保持到落纱结束。这是因为成形凸轮的廓线是按钢领板对某尺寸的锥面进行均匀导纱而设计的。例如，始纺时卷绕面为圆柱形，但在钢领板首次升降和导纱之后，在圆柱面上得到的绕纱量将是上少下多。于是第一个纱层就这样地自动形成了小锥角的锥面。之后在它的上面依次叠积第二个、第三个……等纱层，每一个新纱层的顶部都绕在筒管的光面上，其卷绕直径保持不变（与第一个纱层同直径），纱层厚度也就保持不变。但新纱层底部的卷绕直径却连续增加，则纱层厚度相应地连续减薄（图 7-34），这样就产生了许多个下边连续收狭的四边形，最后蜕变成平行四边形。此时底部卷绕直径已达最大，也表示管底成形工作已经完成。

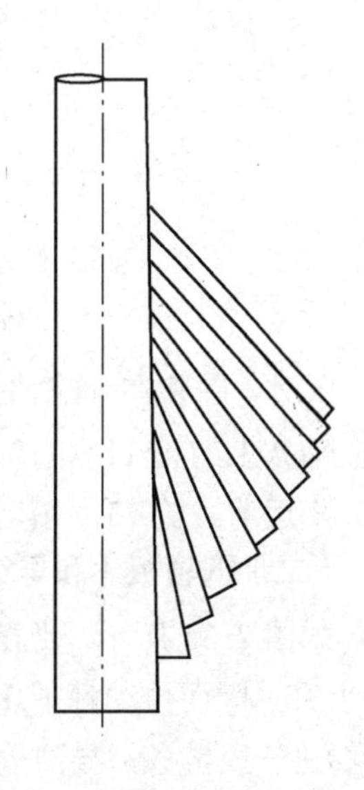

图 7-34　锥形卷绕面

位于管底部位的各四边形纱层如果都按钢领板的恒定级升量 m 依次升高，则管底廓线形状较陡，以致卷装容量减少。为此，细纱机上设有管底成形装置（大多数是凸钉式），其作用是使钢领板在从管底部位往上级升量由小变大，逐层增加到正常值 m，这样管底廓线丰满，卷装容量增大，落纱次数减少，但是在卷绕管底部位时的气圈较高大，因而纱线张力大，易断头。

二、成形机构

成形机构的作用有：完成钢领板短动程升降运动；完成钢领板的级升运动；传动导纱板随钢领板一起作短动程升降和级升运动，不过动程较钢领板的小些。现以国产细纱机为例作如下介绍。

（一）钢领板（和导纱板）的短动程升降

如图 7-35 所示，成形凸轮 1 在车头箱内齿轮传动下作匀速回转，推动摆杆 2 作上下摆动，通过链轮 3 及 5 使分配轴 4 作正反回转。固定在分配轴上的两只轮 6 通过牵引带拉动横臂 13 沿立柱 35 移动，完成钢领板短动程升降运动。

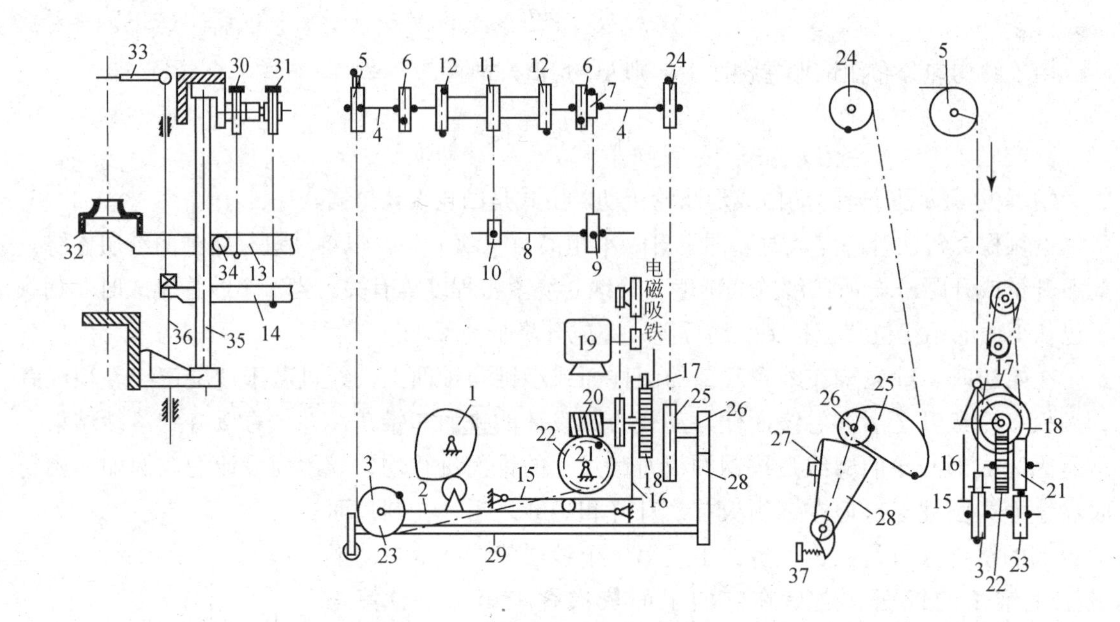

图 7–35　国产细纱机成形机构示意图

• 表示两零件固结

另外，固装在分配轴上的轮 7 通过链条传动下分配轴 8 上的轮 9 和 10，再由轮 10 传动活套在轴 4 上的轮 11 和 12，最后由轮 12 通过牵引带拉动横臂 14 移动，完成导纱板 33 作短动程升降运动。轮 73、10、11 用于缩小分配轴的转角输出。

（二）钢领板（和导纱板）的级升运动

如图 7–35 所示，当摆杆 2 向上摆动时（此时钢领板下降）传动小摆杆 15 向上摆，使推杆 16 上升，因而传动棘爪 17，使棘轮 18 回转一个角度；再通过蜗杆 20 和蜗轮 22 传动级升轮 21 卷进一段链条，导致分配轴 4 回转一个角度，再由轮 6 和轮 7 传动钢领板和导纱板产生级升运动。当摆杆 2 向下摆动时小摆杆 15 和推杆 16 都跟着向下摆动，棘爪在棘轮上滑过而退回原位，准备下一次动作。

当管纱装满而落纱时，相应的限位开关即接通电路，使电磁铁产生动作而将棘爪 17 打开，同时启动电动机 19，传动蜗杆 20 和蜗轮 22 倒转，将轮 21 上的链条退出来，钢领板就下降到最低位置，准备落纱。

对于分配轴 4 来说，一侧承受钢领板和导纱板质量的作用，另一侧必须用恒力加以平衡，才能减轻成形凸轮和转子之间的传动力（或接触力），保持传动平稳轻快，以延长其使用寿命。本机采用了弹性扭杆平衡装置一套，在分配轴 4 的右端固装一链轮 24（也有在分配轴左、右端各装一轮的），通过链条拖动平衡凸轮 25 和小链轮 26，再通过链条 27 拖动扇形板 28；扭杆的一端固装扇形板 28，另一端支座基本上固定，但有调节螺钉 37 撑在机架上，旋转该钉就调节了扭杆的初始扭角大小，也就设定了平衡力和传动力的大小。

扭杆是个细而长（$l/d \approx 33$）由硅铬钒弹簧钢制成的弹性元件，具有良好的扭转变形能力，能贮积和放出变形能量。从力学分析来看，扭杆装置与钢领板等升降件之间存在能量转换关系。在钢领板等下降时它的位能减小，而此时扭杆的扭角增加，即变形位能在增加，亦即吸收能量。在钢领板等上升时它的位能增加，而此时扭杆的扭角减小，即变形位能在减小，亦即放出能量。不过应注意扭杆所产生的平衡力不应完全平衡掉钢领板等升降件的总质量，而是平衡其中的大部分。因为首先要确保成形凸轮与摆臂转子的良好接触，并使传动力达到 400~600N，其次还应保证钢领板等升降件在下降时能以重力克服运动副中摩擦力，链条和牵引带不松弛，下降运动不打顿。

随着钢领板等的升降，扭杆的扭角相应地在增减。扭杆作为一个弹性元件，其扭矩是随扭角成正比关系变化的，可是链条张力——平衡力却要求不变，为此该装置采用了平衡凸轮 25，以链条张力的作用力臂的变化来达到扭矩变化的目的。

（三）凸钉式管底成形装置

国产细纱机上采用管底成形装置，以完成钢领板管底级升量的变化。其结构是在轮 5 上固装一杆 OA（或者以弧形凸块附在轮 5 圆周上），参见图 7-36，在管底成形期间，点 A 始终顶起轮 5 与轮 3 之间的链条，使它成为折线状，轮 3（级升轮 21 传动）虽每次卷进定长为 s 的链条，而轮 5 转角们的大小却随杆 OA 位置角 θ 的大小而变，即 θ 大时 θ_5 小，反之，θ 小时 θ_5 大。当点 A 不顶起链条时则 θ_5 达到正常值。关于这一作用原理可进一步说明如下：在图 7-36 中，杆 OA 的位置角为 θ，自点 O 向链条延线作垂线得交点 B，B 即为轮 5 的速度瞬心。$\overline{OB}$ 为轮 5 的瞬时转动半径，故链条速度为 v_1 时，轮 5 的角速度 ω_5 为：

$$\omega_5 = v_1\sqrt{OB}$$

长度是随角度而变化的。当杆 OA 不顶起链轮时：

$$\omega_5 = v_1/r$$

式中：r——轮 5 的作用半径。

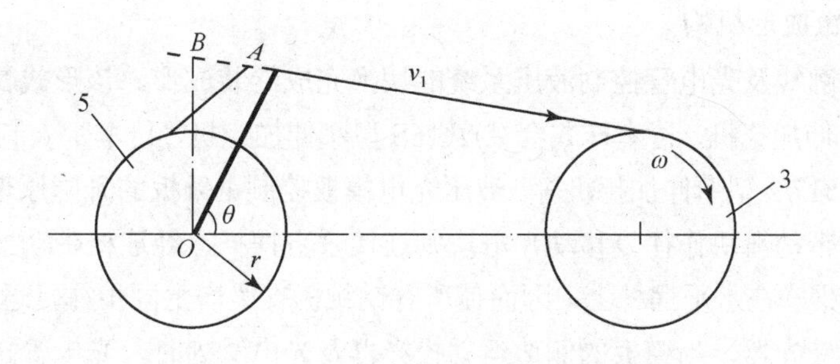

图 7-36　底部成形装置示意图

随着级升轮 21 一次又一次地卷进链条，杆 OA 就从最大位置角 θ_0 一步又一步地转到最小位置角 θ_n，轮 5 的转动半径则从 $\overline{OB}$ 一步又一步地转变成 r。此时，A 已不再顶住链条，管底成形就此完成。

（四）偏心凸轮成形机构

国际上同类纺织机械成形机构大多采用机、电、液结合的形式，如日产 ST-16S 牵伸加捻机的成形机构靠光电模板控制液压伺服系统，带动钢领板成形，光电模板形状决定卷装形状；如 CF-20 型联合花式捻线机成形机构由一套机构及电磁离合器组成的控制机构控制周转轮系带动钢领板成形。细纱机偏心凸轮成形机构控制是由单片机、变频器及交流异步电动机组成的变频调速系统控制偏心凸轮做变速运动，通过摆臂、链条控制钢领板做升降运动。这一系统只需改变控制程序的输入指令即可改变输出运动规律，可满足钢领板各种输出运动规律。该成形机构克服了传统细纱机的弊端，运动平稳，噪声低；纺不同特数、不同卷装的纱线，只需调整输入指令，无需对硬件做任何调整。另外，偏心凸轮结构简单、制造方便、成本低，通过控制偏心凸轮机构变速的规律而不改变机构结构就能满足任意钢领板输出运动规律，从而扩大卷装形式，达到一机多用的目的。

原桃形成形凸轮转速为匀速运动，钢领板的运动规律由凸轮的廓形决定，而新设计中采用的偏心凸轮钢领板的运动规律由凸轮的变速输入指令确定。图 7-37 为细纱机偏心凸轮成形机构传动原理图。电动机通过联轴器、一对伞齿轮和蜗轮蜗杆，把动力传给偏心凸轮。

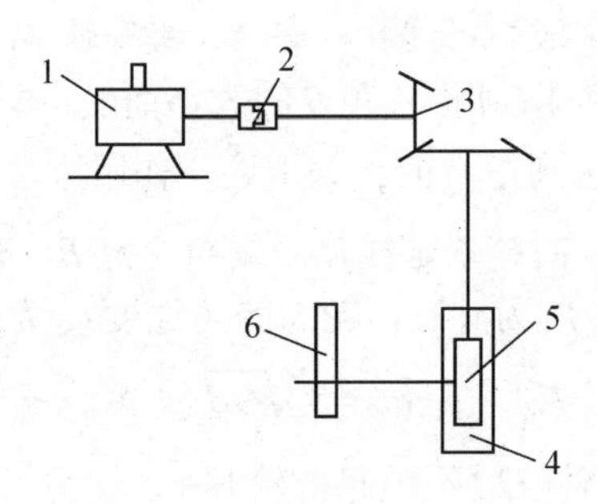

图 7-37　成形机构传动简图

1—异步电动机　2—联轴器　3—伞齿轮　4—蜗轮　5—蜗杆　6—偏心凸轮

（五）液压模板成形机构

以仿形模板的廓线及光电管控制液压系统的切换完成卷装成形。该形式目前用得较多，如国产 VC443A 型牵伸加捻机、日本株式会社产 16S 型牵伸加捻机、日本帝人制机 DT200 型牵伸加捻机、德国青泽 517/2 型牵伸加捻机等。液压光电模板控制钢领板的升降原理如图 7-38 所示。缸活塞的往复运动带动滑块作往复移动，滑块则连接垂直摆杆，经连杆带动一系列垂直摇杆与水平摇杆。由于支梁联在水平摆杆上，因而使所有钢领板支梁产生同步往复运动。在模板前后，分别装有投光器与受光器，当模板的侧边运动投光器及光电管处时，光电管接通，控制液压系统油，使液压缸换向，完成钢领板的升降。液压模板自身还通过电动机作上升或下降运动，从而改变液压缸的换向时间。因此，欲得到不同的卷装形式，可通过设计模板的形状而得到。

（六）液压缸式成形机构

细纱机液压传动系统的作用，是驱动并控制钢领板的升降运动以及停车时刹车制动。液压传动系统的原理如图 7-39 所示。由图看出，导轮 6 和凸轮 7 同轴，牵引钢领板 25 的钢带 9

在导轮 6 上的绕向和反馈钢领板位移信号的钢带 8 在凸轮 7 上的绕向是相反的。在纱管卷绕过程中，弹簧 11 始终保持随动杆端头转子 13 与成形凸轮 14 紧密接触，弹簧 12 则保持钢带 8 始终处于张紧状态。

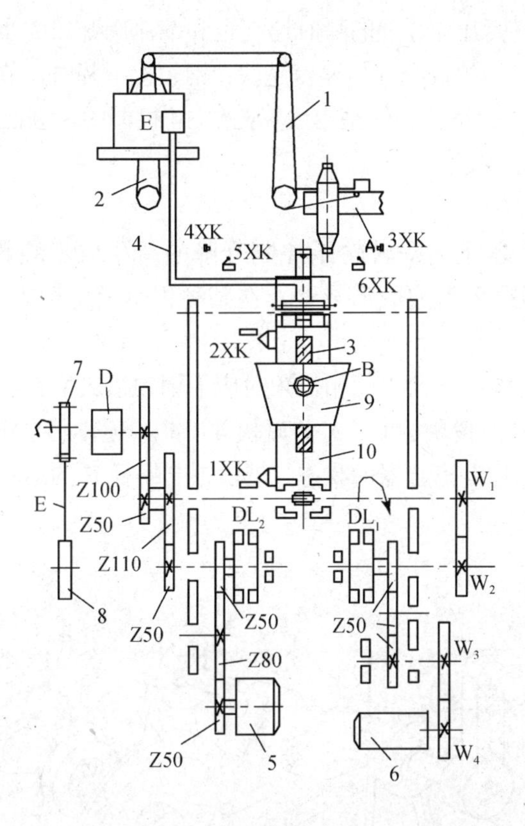

图 7–38　液压光电模板控制钢领板的升降原理图

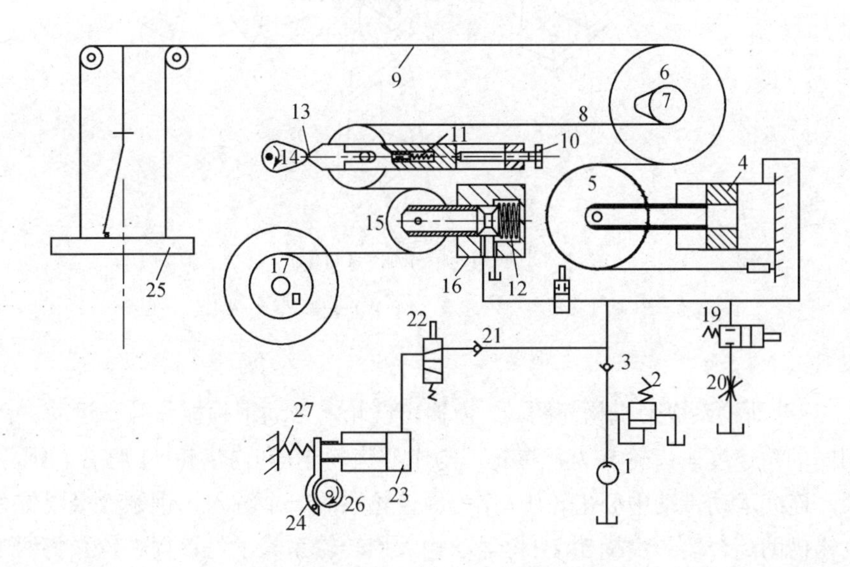

图 7–39　细纱机液压传动系统成型机构简图

钢领板上升还是下降决定于系统工作压力的高低，压力的高低又与节流阀 16 的开口大小有关。当节流阀口关小时，系统压力高，推动油缸 4 的活塞向左运动，通过导轮 5、6 和钢带 9 牵引钢领板上升。反之，当节流阀口开大时，系统压力下降，钢领板在自重作用下下降，并迫使活塞右移。当然，钢领板升降过程的瞬时速度也和节流阀开口大小的变化相对应。钢领板上升时，节流口开度越小，钢领板上升的速度越快；钢领板下降时，节流口开度越小，钢领板下降的速度越慢。而节流口大小的变化是由成形凸轮 14 控制的，因此纱管纱线卷绕的运动规律亦受控于成形凸轮的几何形状。

（七）差动轮系成形机构

近年来国外的同类机器采用周转轮系控制升降的新型成形装置。它取消了成形凸轮和升降杠杆等结构。采用这种新型成形装置，在某种程度上，标志着环锭机器技术水平的提高。

图 7-40 为信号输入机构。链轮 1 的相位角对应于钢领板的位置，拨块 2（2′）装在拨盘 3 上，拨盘 3 与链轮 1 同轴。拨块 2（2′）与碰块 4（4′）项作用，将信号通过摇杆 5、连杆 6 传递到离合器的拨叉上，控制离合器的状态，借以控制蜗杆 B 的运动，将钢领板的极限位置信号输入周转轮系。

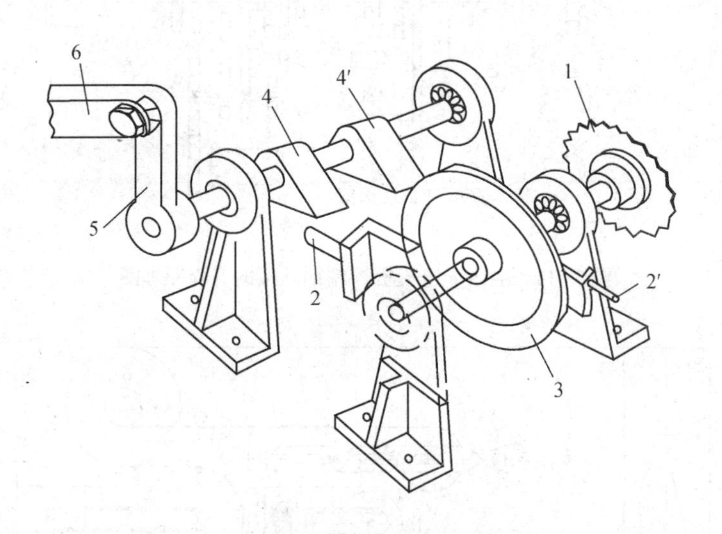

图 7-40　信号输入机构

1—链轮　2（2′）—拨块　3—拨盘　4（4′）—碰块　5—摇杆　6—连杆

图 7-41 为差动轮系成形机构简图。7 为输出链轮，带动钢领板作升降运动。链轮 7 与系杆 8 具有相同的角速度。齿轮 9 为行星轮，与中心齿轮 10 和内齿轮 11 啮合，蜗轮 A 的运动由机头传来，连续运动带动中心齿轮 10 作为周转轮系的一个输入，钢领板极限位置信号通过信号输入机构借助离合器，由蜗轮 B 将运动输入周转轮系。于是该周转轮系将两个输入运动合成一个输入运动，由链轮 1 输出。

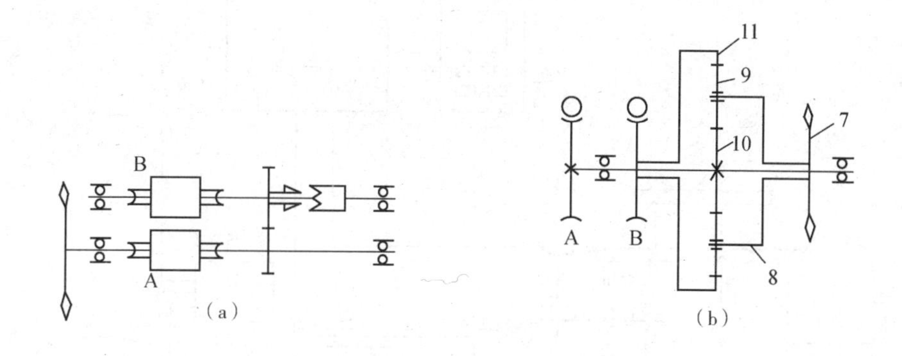

图 7-41 差动轮系成形机构简图

7—输出链轮 8—系杆 9—行星轮 10—中心轮 11—内齿轮 A、B—蜗轮

(八)伺服电动机成形运动机构

新型数控细纱机除了锭子传动用变频调速，罗拉传动、集体落纱用交流伺服外，还采用了电子凸轮替代原机械凸轮，如图 7-42 所示。传动路线为：伺服电动机（电子凸轮）+减速器→分配轴→钢领板、导纱板、气圈环升降。其原理为 PLC 或计算机控制交流伺服电动机驱动钢领板升降运动。采用了电子凸轮技术后，改变了传统的纺纱成形工艺，可根据用户纺纱品种的要求，通过参数设置，任意改变纺纱成形，以满足新产品发展的需要。

三、集体落纱装置

随着细纱机向着现代化和自动化方向发展，细纱机普遍采用了自动落纱装置。细纱机自动落纱装置按类型分有三种。单锭落纱：连续顺次地、一个一个地将满管从锭子上拔下并将空管放在锭子上；组锭落纱：顺次操作、间断前进，一组管纱同时从锭子上拔出并换上空管；集体落纱：在一次联合操作中，将机器一侧整列管纱全部同时拔下并换上空管。棉纺细纱机集体落纱装置能够进行自动落纱，有利于提高劳动生产率、降低劳动强度、保证成纱质量。

(一)集体落纱装置的类型

在 20 世纪六七十年代，大部分采用单锭落纱和组锭落纱装置，其效果虽然较过去手工落纱为优，但劳动生产率的提高有限。近年以来，集体落纱装置有了较大的发展。这种装置带来了不少优点，如减轻劳动强度，节约劳动力，改善设备利用，提高劳动生产率等。

集体自动落纱装置的形式很多，目前国外集体落纱装置（表 7-9）主要有以下几种。

1. **导杆式集体落纱** 这种装置利用抓管器装置在导杆上上下移动将满管拔下并换上空管。

（1）抓管装置：该装置和滑座连在一起，利用滑座在导杆上滑动升降。

（2）摆动装置：有油缸体和偏心轮两种，使导杆随轴作进出运动。

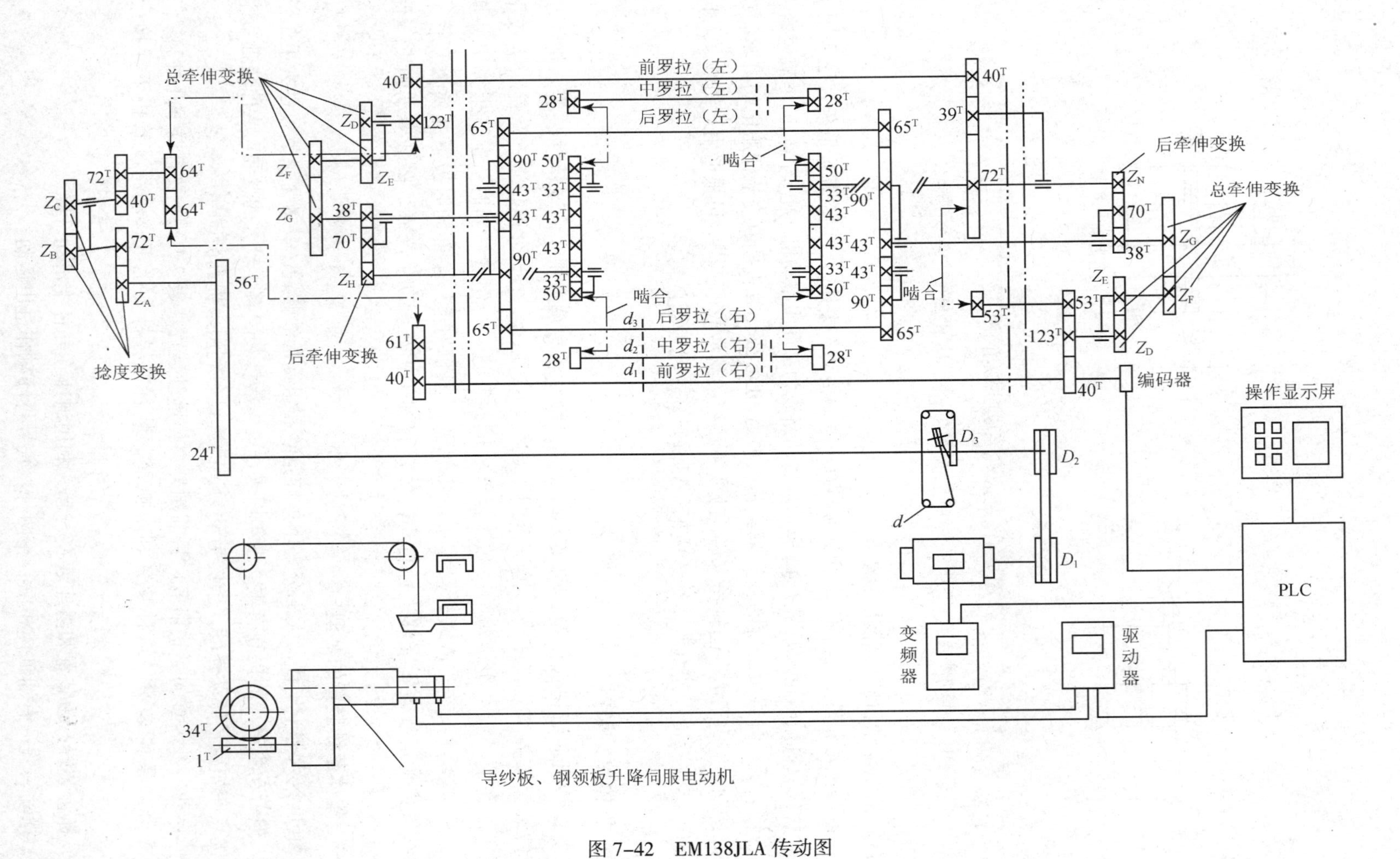

图 7-42 EM138JLA 传动图

表 7–9　国外几种集体落纱装置特征

项　目 \ 制造厂	德国青泽	瑞士立达	意大利圣乔其	日本丰田	美国曼利蒙
导纱装置形式	导杆式	悬吊式	连杆式	齿杆式	人字架
与细纱机关系	固装在机器上	固装在机器上	固装在机器上	固装在机器上	固装在机器上
落纱装置休息位置	在机器的下方	在机器的上方	在机器的下方	在机器的下方	在机器的下方
抓管装置形式	抓管器装在导杆上	抓管器装在支承轨上	用连杆架支承抓管器	筒管握住器装在杆上	用人字臂支承抓管器
升降运动机构	利用滑座在导杆上移动	滑轮回转带动支承轨	用链带滑动快移动	利用齿轮与齿条回转	缸体活塞推动人字架
平移运动机构	利用油缸或偏心轮推动	气缸推动摆臂回转	齿条小齿轮回转推动连杆架平移	利用齿轮齿条回转作进出运动	壳体轴回转推动人字架摆动
抓管器形式	气动塞头或电磁式	压力管	圆筒内装气囊	电磁铁	金属环装气囊
拔插管动力	压缩空气或电磁	压缩空气	压缩空气	电磁吸力	压缩空气
满管放置地点	插在接管装置上	放入 U 形堆纱槽	传送带运至盛纱箱	放在接受台上	由传送带运走
空管放置地点	插在传送带相间插销上	插在单独的预放空管装置上	由送管机构将空管插在传送带上	预插在接受台上	预插在传送带木钉（有装管机构）
筒管定向	—	手工	自动	手工	—
传送带型式	环行传送链或带上有插销	放在一输送带上再移至另一输送带	装有插头的传送带	—	环行传送带上有插销
其他装置（如检测装置，程序控制装置）	有程序控制	—	—	—	有光电检测装置

操作时，先将导杆摆出，将抓管器移上，位于满管上方，移下插入管内，将满管拔起。导杆再行摆动。将满管放下，然后抓起空管，举至锭子上方，移下套在锭子上。

2. **悬吊式集体落纱** 抓管器采用悬吊式装置进行升降和平移运动。

（1）抓管器：装在 T 形支承轨上，用摆臂和短轴与垂直杆连接。

（2）垂直杆：上游活塞用绳子连到滑轮上，滑轮回转使支承轨升降。

（3）支承轨：受气缸作用使摆臂回转，推动抓管器作进出的平移运动。

抓管器随支承轨上升，摆进对准满管，将满管拔下，放入堆纱槽内，由运输带运走。支承轨下降，将插销上空管抓起，上升摆进对准锭子，再下降插好空管。

3. **连杆式集体落纱装置** 这种装置利用横梁通过连杆架机构升降来拔取满管和换上空管。横梁上装有环形握管装置。利用气囊握取满管和空管，连杆架连杆的下端和滑块固连，滑块用链条连接带动，如滑块相对移开，横梁就随架上升，如滑块相对移近，横梁就随架下降。

每一握管装置上有两个圆筒，先以一圆筒握持空管，再随横梁升起，平移对准锭子，以另一圆筒拔起满管，此时即将空管放下，将横梁下降，满管放在传送带上。

4. **齿杆式集体落纱装置** 筒管握持器用电磁铁构成，筒装顶端装有金属头。由于电磁激励而握住筒，反之电磁消失而释放筒管。运动机构都是采用齿轮和齿杆的。齿轮回转，是握持器对准锭子作进出方向的平移。另一齿轮与齿条啮合。此齿轮回转，是握持器作上下方向的运动。

5. **人字臂集体落纱装置** 这种装置利用抓管杆在人字架带动下作侧向摆动和垂直运动。

（1）抓管杆：上面装有许多抓管器，随人字架的升降而抓取和放下筒管。

（2）人字架：是折叠式的升降机构，上端和抓管杆相连而下端装在油缸壳体上，由于活塞在油缸内活动，推动人字架升起或降落。抓管杆将满管落下，插在传送带的木钉上，于是传送带移动半个锭距，将预先插在带的相间木钉上的空管抓起，插在锭子上，如图 7-43 所示。

以上各种集体落纱装置各有优缺点，主要根据其形式、锭距、大小、车体宽窄以及生产条件等来选择。

（二）集体自动落纱全过程

1. **空管的整理与输送** 细纱机正常纺纱期间，理管机构将空管依次理顺，筒管大头向下落入筒管凸盘，受输送带连续推动，直至全机所有筒管对准锭子中心到位，准备落纱。

2. **落纱过程**（图 7-44）

（1）细纱机满管，并完成钢领板下降等关机动作，升降臂在初始位置。

（2）升降臂夹持空管后外摆，上升将空管卸放在寄放站。

（3）升降臂继续上升，摆进到拔纱位置，夹持满纱筒管上拔。

（4）升降臂外摆、下降，摆进到存纱位置，将满管卸放到输送带上的凸盘。

（5）升降臂外摆、上升，夹持空管后继续上升，摆进到插管位置，卸放空管到锭子套管。

（6）升降臂外摆、下降，摆进到初始位置，细纱机重新启动。

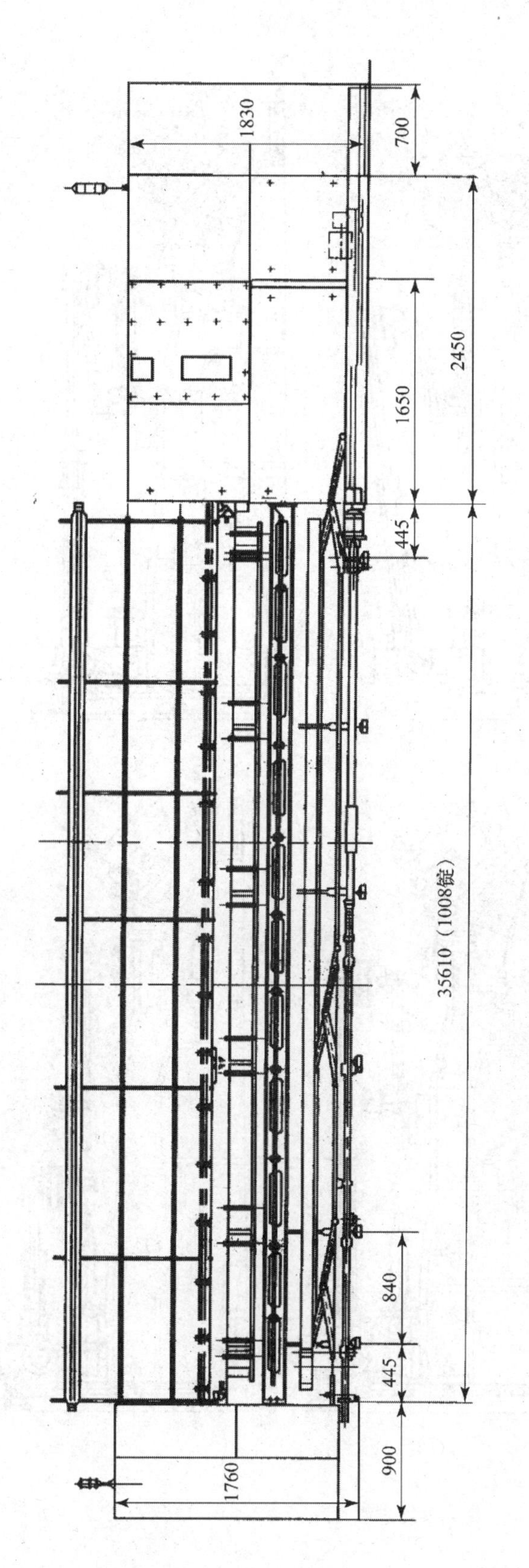

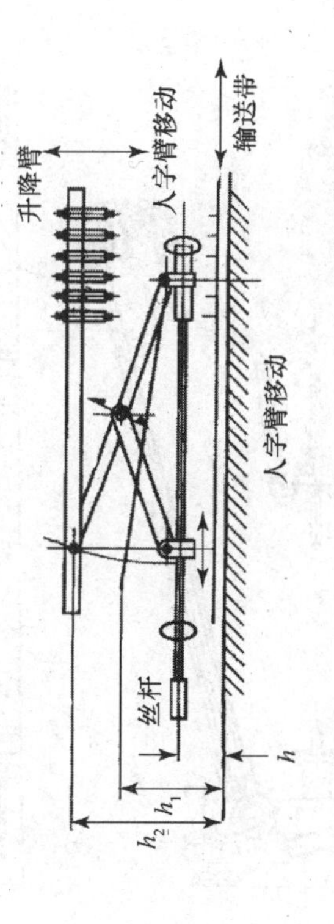

图 7-43　F1520 型细纱机集体落纱装置

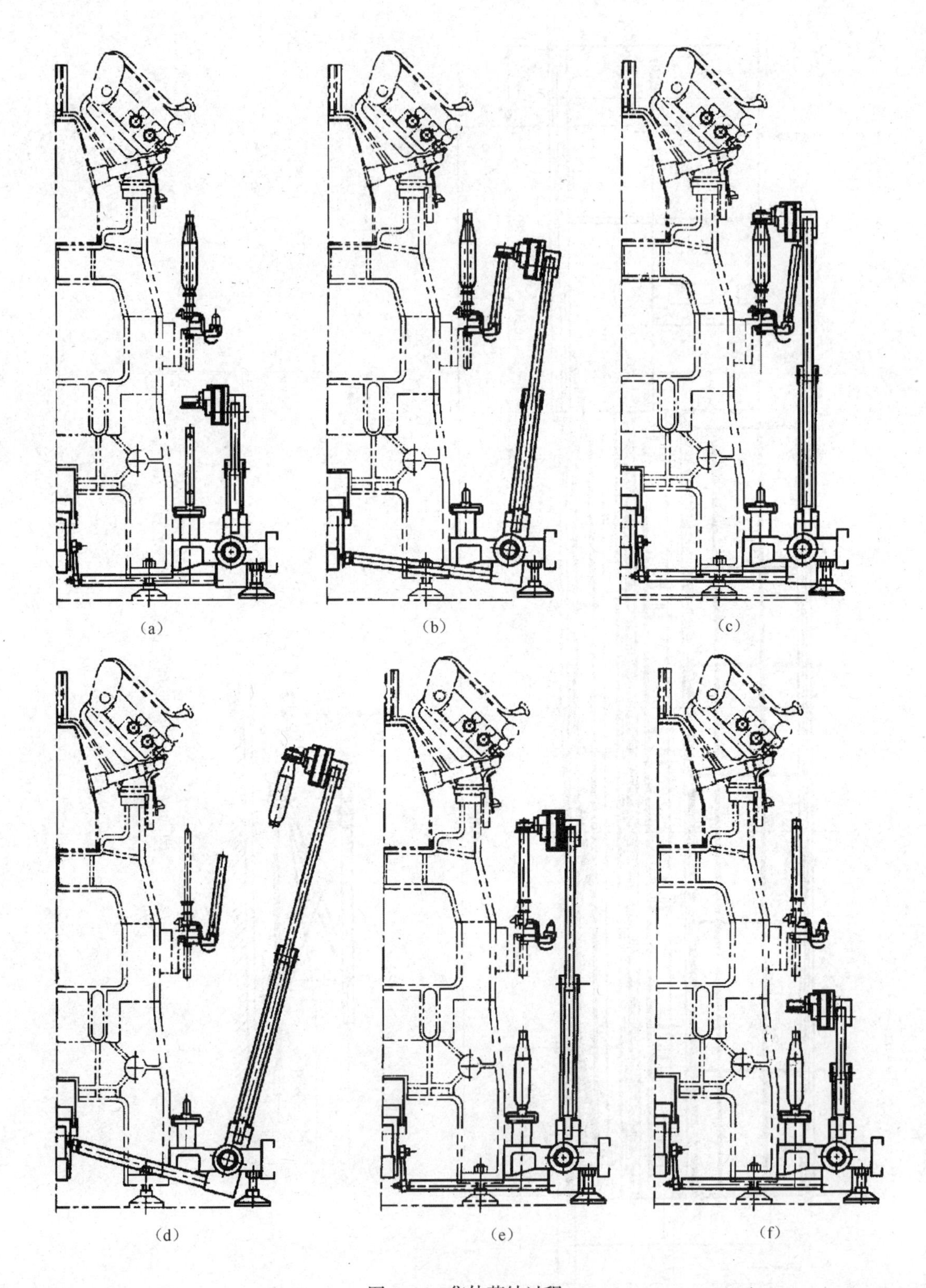

图 7–44　集体落纱过程

3.**管纱的输送** 管纱的输送控制系统接受到送纱信号后，启动输送带使筒管凸盘托着管纱沿轨道向车尾运行，依靠轨道的升高段使管纱提升，然后由取纱铲子将管纱铲落，或者通过细络联装置直接连接络筒机。管纱的送出和空管的补充都是在细纱机运行时进行，不另外占用纺纱时间。

（三）集体落纱机构的控制

自动落纱机构作为一个完整的装置固定安装在细纱机上，成为细纱机的配套装置。落纱机构由下列基本的几部分组成：电气系统、气动系统、空纱管喂给部分、落纱架部分、钢带输送部分、满纱收集部分、落纱机传动部分、纱管箱部分。在一次落纱过程中，集体落纱将要完成多个由电气或气动控制的机械动作。

集体落纱机构性能的优劣在细纱机控制平台的设计中占有重要地位。经纬纺织机械股份有限公司生产的新型 F1520 细纱机集体落纱机构控制框图如图 7-45 所示。

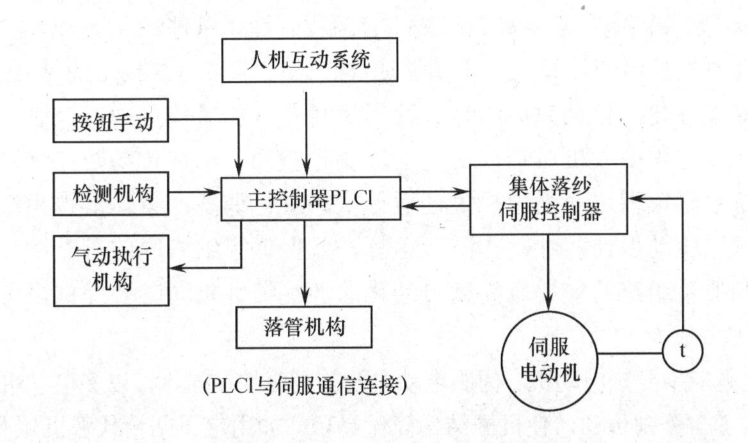

图 7-45 集体落纱机构控制框图

在过去设计集体落纱伺服驱动系统中，一直采用外部脉冲控制伺服运行的位置。脉冲由外部其他控制器给定，在系统的运行中，容易发生问题。由于脉冲在传送过程中，受其他器件的电磁干扰，易出现控制位置偏差、失步等故障。由于系统电磁兼容性差，伺服运行时，其他控制器（如变频器等）无法运转。因此，只有在全机停稳情况下进行落纱伺服运行，但全部集体落纱时间无法保证在 180s 内完成，而这个指标在集体落纱设计中是最重要的一个设计指标。在 F1520 型细纱机控制系统中，集体落纱伺服设计采用 EVS9325-EP 控制器的内部 PS 曲线编程可以克服上述问题。通过设计运行 PS 曲线，可实现精确控制位置传动的目的。同时系统抗干扰特性由伺服控制器保证，即使在全机运行中，集体落纱机构可以先行运行做好拔管前的准备工作，这样可以优化落纱程序，极大地缩短全机落纱时间满足设计要求。伺服系统的 PS 运行步由主控制器 PLC1 通过顺序控制程序进行给定。

集体落纱手动数字通信分为人字臂上升、下降、停止和伺服复位四个功能，通过主控制器

PLC1 中 PORT0 口与伺服控制器 EVS9325P 通信实现。

第五节　细纱机机电一体化控制

一、细纱机机电一体化状况

我国环锭细纱机近年来有了较大进步和提高，环锭细纱机的纺纱工艺速度已达到锭速 20000r/min 以上，成纱质量不断提高、细纱断头率降低、毛羽减少。随着科学技术的日新月异，在自动化技术、微电子技术、智能化技术、模块化技术等领域的技术创新成果已融入环锭细纱机，1008 锭甚至更多锭数的长车、集体落纱、紧密纺、细络联等技术的应用，使环锭细纱机的装备技术在高速、高效、节能、机电一体化及控制自动化方面达到空前的水平。国产新型环锭细纱机在新产品研发上十分注重技术创新，极大地提高了现代纺纱工艺技术水平，为纺纱厂提高纺纱质量和劳动生产率、建立高效纺纱工艺流程创造了条件。

现代环锭细纱机是电子计算机、变频调速和传感技术与纺纱技术的结合及创新的成果。电器和气动控制柔性化，自动完成纺纱、锭子运转曲线和集体落纱的控制；配备纺纱专家系统，能进行纺纱过程中人机对话，实现主轴变频驱动、牵伸传动数控化，升降采用电子控制系统，卷绕数学模型可根据用户最佳运行状态进行调整；集体落纱系统采用光、电、磁检测系统，伺服驱动保证落纱动作准确运行，既保证了细络联的可靠性，又是实现纺纱全过程的监控和质量跟踪的前提。高度自动化的环锭细纱机同时要提供报警和联机网络接口控制。

数控细纱机是应用变频电动机、伺服电动机及其伺服控制技术，以多电动机对锭子、罗拉、钢领板升降机构各自分别传动，使机械结构简化灵巧（如用电子凸轮代替机械凸轮）、工艺参数变换精确方便的新型细纱机。F1520SK 型、EJM138JLA 型细纱机等都采用了数控技术。数控细纱机系统传动及控制方式如图 7-46 所示，锭子由变频器调速的主电动机 M1 通过主轴、滚盘传动。前罗拉、中后罗拉及钢领板升降机构分别采用交流伺服电动机 M2、M3 和 M4 通过油浴齿轮减速箱传动，取消了棘轮机构、凸轮机构、卷绕密度变换齿轮、捻度变换齿轮和总牵伸变换齿轮。

触摸屏作为用户界面，输入并显示所需参数；PLC 为控制中心，对变频器及伺服驱动器进行参数设置，控制相应电动机特定时刻的转速及转向。整个控制系统的关键是多个电动机的同步和调速，伺服电动机自带旋转编码器与各自对应的伺服驱动器自成闭环控制，而且响应时间很短，按照一定的顺序启动，同步问题对成纱没有什么影响，而主电动机与其他电动机特性不同，而且需要按照一定曲线进行变速，通过旋转编码器反馈主轴转速，可使伺服电动机转速跟随主电动机转速保持同步控制。前罗拉、中后罗拉伺服电动机在启动和停车过程中变速，其他时候转速保持恒定，而钢领板升降伺服电动机则连续变速，控制精度受 PLC 发出脉冲的速率和伺服系统响应时间的影响。实际上变速曲线由几十段连续折线构成，与理论曲线非常接近，误差很小，能够很好地满足纺纱卷绕的要求。钢领板的落纱位置、始纺位置、满管位置的控制可以设置接近开关，也可以在程序中对钢领板升降伺服电动机编码器的脉冲数进行控制。由于钢领板的升降不完全是刚性传动，且传动链总有间隙，电动机换向后，钢领板有停顿现象，纱线会出现重叠卷绕，成形不良，尤其是锥底部位，退绕时将会造成严重的脱圈。因此，换向后需要进行一个很短时间的加速补偿，再按既定曲线进行控制，才能保证良好的成形。中途停车时，控制程序在钢领板升降伺服电动机向下的换向完成以后发出停车信号，保证再开车时，钢领板先向下运动，以减少开车断头，提高效率。

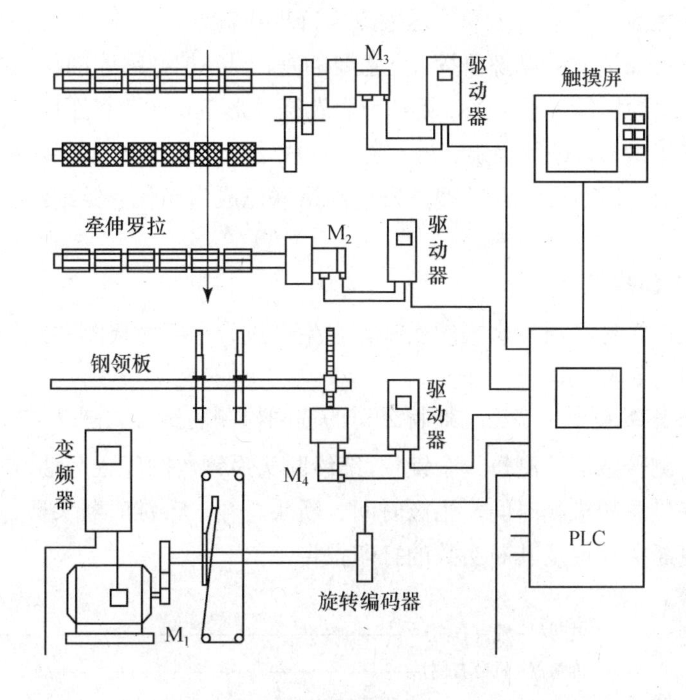

图 7–46　系统传动及控制示意图

新型细纱机控制平台由主控制系统、电子凸轮升降卷绕系统和网络管理系统构成。伺服系统是用来控制被控对象的某种状态，使其能自动、连续、精确地复现输入信号的变化规律。伺服系统大都采用复合控制，其最大优点是引入前馈能有效地提高系统的精度和快速响应，在控制器中加入积分环节能提高系统稳态精度。常见的伺服系统有速度控制系统和位置控制系统。在细纱机中应用的伺服系统由控制器、驱动器、执行电动机和传感器构成，运用在集体落纱机构和电子凸轮机构中。

数控细纱机采用程控器进行逻辑操作，并根据用户设定的纺纱生产参数和来样得到的数据，经 CPU 运算得到关于锭速、锭速与罗拉、锭速与钢领板升降传动比的相关数据，通过 Probfibus—DP 过程现场总线方式实时传送至变频器和伺服控制器，控制锭子、罗拉、钢领板等按照要求同步运行。与此同时，将运算得到的锭速、前罗拉转速、前罗拉输出速度、当前纺纱长度、班产量等数据通过 MPI 指令方式实时传送到显示仪面板。

数控细纱机参数设定分为纺纱生产参数（由纺织厂现场输入）和机器常数（由制造厂按合同输入）两部分。纺纱生产参数主要包括锭速、纺纱线密度、纺纱长度等；机器常数主要包括钢领直径、筒管直径、罗拉直径、锭盘直径等。这些参数再通过 MPI 方式与程控器 CPU 相连，作为计算机必需的控制参数。例如钢领板的升降速比、升降速度和级升值都由相关的数学模型，根据输入控制参数得出的钢领板升降电动机运动规律自动调控。

二、细络联技术

细络联有许多优点，其将人工操作运输改为钉耙式输送带运输，并按前后顺序进行络纱，减少了由于人工搬运而造成的摩擦碰撞。更重要的是，国外把细络联的作用扩大到逐锭质量跟踪功能，在络筒发现的坏纱（毛羽多、粗细节、卷绕成形不良等）可跟踪到细纱机锭子上，他们把细纱机每个锭子编号，进行逐锭运输络纱，形成络纱与细纱质量跟踪体系，快速发现有问题的细纱并加以解决，减少坏纱及浪费。发展细络联已成为当代环锭细纱机的重要方向。

三、细纱断头在线检测

细纱断头是生产管理和质量水平的反映。在生产过程中实时检测并系统地提供信息资料，进行科学管理，很有必要。

1. **巡回式断头检测装置** 瑞士乌斯特公司的巡回检测装置，如图 7-47 所示，用一架沿着细纱机往返巡回检测传感器检测每一个锭位，细纱断头后钢丝圈停止运动，检测获得断头信号。中央微处理器能提供总的检测时间、生产时间、断头总数、千锭时断头数、每锭平均断头数、不正常锭位或重复断头锭位及其断头数的打印报告。

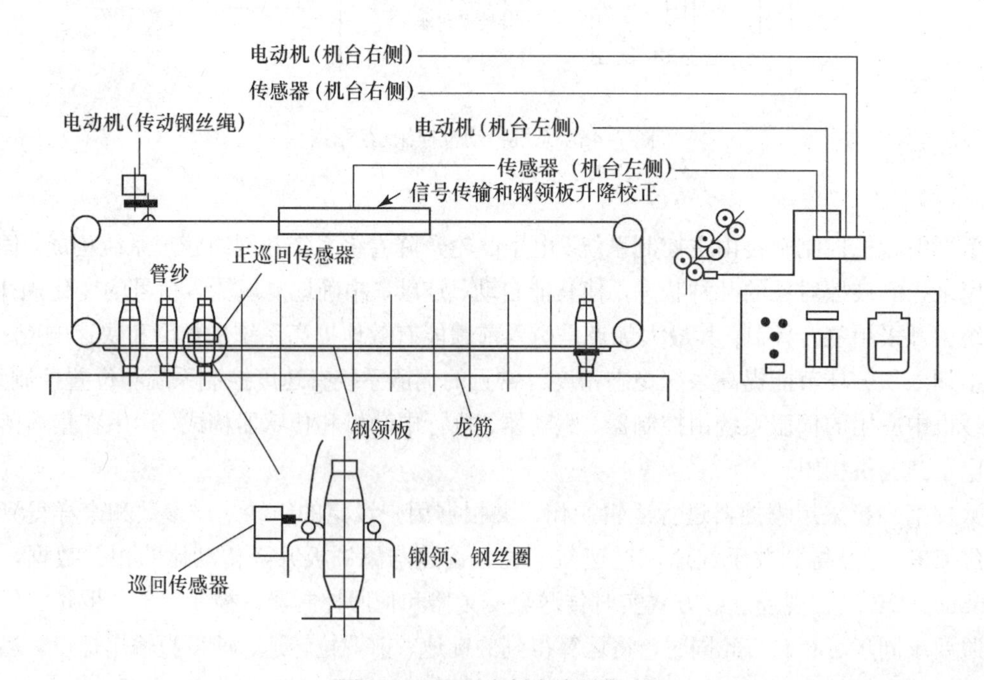

图 7-47 巡回式断头检测装置

断头检测装置可采取典型机台使用、分组机台使用、全车间机台使用三种方式。

2. **固定式检测装置** 德国青泽细纱机可配套 GUARD 系统，它把断头检测和粗纱自停功能结合在一起。在每一锭位的紧靠钢领处，设置固定的检测传感器，断头发生后发出信息，由中央微处理器提供系统的断头分析报告，与此同时，牵伸装置所附设的粗纱断头自停机构能自动使后罗拉停止喂入粗纱。

第六节 细纱机新功能

细纱机具有大家熟知的牵伸、加捻、卷绕成形三大传统功能。随着市场需求的多样化，以及竞争的日趋加剧，促使纺纱技术不断进步。环锭细纱机生产的纱线新产品可以分为原料型新产品和结构型新产品。原料型新产品就是一种或多种不同功能的新纤维进行纯纺或混纺生产的纱线新产品，这一直是纺织工作者研究的重点。结构型新产品是通过细纱机机构改造或增加装置，改变纱线成纱机理而形成的不同形态和结构的新产品。细纱机的创新改造，属于第二类结构型新产品的开发，就是对细纱机的某些机构应进行创新性改造或改装，以获得独特的纺纱效果。为了满足产品多样化的需求，环锭棉纺细纱机的功能也呈现多样化发展趋势，现在滑溜牵伸、包缠纱（包芯纱）、竹节纱、赛络纱、紧密纱等 5 项纺纱新技术已在生产中成功应用，并不断完善、成熟。

一、滑溜牵伸工艺

棉纺设备加工的纤维已不局限在单一的棉和棉型短纤维。在棉纺设备上加工毛、麻、绢、丝的比重正在逐步增加，由于纤维长度长，甚至含有部分超长纤维，细纱牵伸机构不能完全适纺这些长纤维，所以棉纺细纱工序就移植了毛麻细纱机采用的滑溜牵伸工艺。

中上罗拉用粗细相同且中间带有凹槽的胶辊代替。凹槽宽度在胶圈回转平稳情况下取 15mm，深度根据粗纱定量选择，一般取1.5mm 左右。滑溜牵伸时上下胶圈只对须条起约束集聚作用，不起积极控制作用。胶辊采用邵氏 75°～85° 的高硬度胶辊，各档压力要加重，前罗拉加压量在 150～160N/双锭。

二、包缠纱纺纱技术

在传统环锭细纱机上生产短纤包覆长丝的纱线，称为包缠纺纱。包缠纺纱是一根长丝从细纱机的前牵伸区喂入（前上罗拉后面），和经过牵伸的短纤须条在前罗拉钳口同时输出，由同一个锭子加捻，形成有双股结构特征的包芯纱。也有称这种纱为赛络菲尔纱，但从严格意义上讲，赛络菲尔纱不是真正的包芯纱，长丝和短纤呈股线结构，短纤没有把长丝完全包覆住。

赛络菲尔有两种情况，一是长丝是有弹性的（如氨纶丝），另一种是长丝几乎没有弹性的（如 POY、FDY）。在长丝有弹性的情况下，长丝的退绕要积极式，退绕张力要能控制，一般的做法是将氨纶丝放置在两根光滑的能积极回转的罗拉上，光罗拉由前罗拉通过一套传动结构带动，长丝在退绕后通过一个导丝轮喂入到细纱机的前牵伸区，导丝轮一般固定在摇架上。在普通长丝情况下，喂入机构几乎一样，退绕机构就比较简单，只要把原粗纱架作适当的改造，把经过重新倒筒后的长丝放在一个架子上，适当控制长丝的张力，即可进行生产。

赛络菲尔纱既有芯纱提供的高强力或高弹性等优良特性的特点，又具有外包纤维优良的表面性能，从而赋予纱线优良的综合品质，可应用于高档服饰面料的开发。

三、竹节纱纺纱技术

竹节纱本来是纱疵名称的一种，但如果竹节出现在布面而形成一种独特的风格，那竹节纱就是一种独特的纱线。在细纱机上纺制竹节纱，可以选用或加装专用的附属装置，通过电气控制使细纱机兼有纺常规纱和纺竹节纱的功能。竹节纱装置应用变化牵伸原理，对正常牵伸纺制的基纱，通过有控制的使前罗拉瞬时降速乃至停顿或使中后罗拉同时增速超喂，产生变异的粗节形成竹节纱。竹节纱装置实现变化牵伸的方法一般有两种：一种是局部改变传动机构，利用细纱机的动力，通过电磁离合器和超越离合器配合，在产生竹节的时间段，改变前罗拉与中后罗拉之间的传动比；另一种是将前罗拉或中后罗拉传动机构与主传动机构脱开，另外增加动力来源，用步进电动机或伺服电动机单独传动，以避免机械器件的磨损干扰。

竹节纱的产生，就目前市场上有三种原理。

（1）通过改变细纱机前罗拉转速实现竹节的产生。

（2）通过细纱机中后罗拉的转速产生竹节。这一种较为普遍，且适用范围广。控制方式有两种：电磁离合器式和伺服电机式，前者已逐步被后者取代。

（3）将细纱机前胶辊表面按 6～8 等分垂直雕刻 2～2.5mm，在牵伸过程中，当胶辊转至刻去部分时，由于引伸力减弱造成粗节；当胶辊转至未刻部分时造成细节，形成按周期性排列的节粗、节细纱线。现已很少有采用。

四、赛络纱纺纱技术

赛络纺是在传统环锭细纱机上纺出类似于股线结构的纱线的一种纺纱方法，赛络纺技术最早在毛纺上得到应用，后逐步应用到棉纺上。赛络纺纱是采用两根粗纱从喇叭头喂入，在前后牵伸区仍然保持两根须条的分离状态，在从前钳口输出一定长度后合并，并由同一个锭子加捻，形成有双股结构特征的赛络纱。

1. 赛络纺的技术特点

（1）与常规环锭纺工艺相比，可减少单纱络筒、并纱及捻线，可相应减少设备、占地、功耗等。赛络纺纱线采用的捻系数较高，纺纱断头率较低，纺纱速度可相对提高，因此有一定的经济效益。

（2）赛络纺纱产品是以纱代线，具有特殊的纱线结构，截面呈圆形，外观似纱但结构上成双股，比较紧密，毛羽少，外观较光洁，抗磨性较好，手感柔软；条干 *CV* 值与强力皆较相同纱密度的股纱稍低，但强力比相同纱密度的单纱好；透气性、悬垂性及染色性皆好。

（3）赛络纺纱易产生细节，要充分发挥粗纱断头自停喂入装置的作用。

（4）赛络纺纱一般需经热定捻和电子清纱。若经络筒工序，则络筒机的效率比一般环锭纱络筒要降低3%～5%。

2. **环锭细纱机改赛络纺的要点**　在传统环锭细纱机上改赛络纺，有两个改造点：一是纱架，由于是双粗纱喂入，粗纱架的容量就要增加一倍，比较合理的做法是吊锭加托锭；二是喇叭头，双粗纱喂入要有一种专门的可供双粗纱同时喂入的喇叭头取代原单孔喇叭头。

赛络纺在纺纱过程中要注意一根粗纱断掉了，另一根仍在纺纱的情况，这将会造成长片段的细节，因此要增加粗纱断头自停装置。废除原导纱横动装置，改为固定导纱。

五、紧密纺纱技术

（一）紧密纺纱的由来和进展

减少纱线毛羽是传统环锭纺纱长期谋求解决的课题，曾经有过多种尝试都因附带而来的各种负面影响而不切实用，在产品档次日益要求提高和十分看好轻薄型新产品的今天，更迫切要求解决毛羽的危害。

研究表明，毛羽主要在细纱机前罗拉出口处的三角区形成。此时经过牵伸的须条具有一定宽度，而经钢丝圈向上传递的捻度无法全部进入前罗拉钳口，须条宽度收缩成为三角形。处于三角形边缘的纤维与中部主干纤维内外层受力不同，就会发生纤维端部由内到外和由外到内的反复转移，纤维端部因暴露在外形成毛羽。同时，因纤维在纱中呈现螺旋状，与纱的轴向平行性较差，整根纱的强力远低于总的纤维强力之和，致使纤维强力利用系数较低。因三角区原因造成的毛羽，对纺织品的外观，手感和用途很有影响，对细纱车间和后续工序的环境，生产效率也产生不利影响。

紧密纺纱又称集聚纺纱，是20世纪90年代出现的属于环锭纺纱的创新技术，经不断实践已基本成熟。由于能有效地消除环锭纺纱毛羽的危害和随之而带来的对后续工序的好处以及对新的纺织品特有的开发潜力，使紧密纺纱技术受到普遍关注，已有多种紧密纺环锭细纱机出现。

紧密纺纱根据“牵伸不集束，集束不牵伸”的理论在传统环锭细纱机牵伸装置前面再设置一个集聚机构，在这一机构的集聚区中，用空气负压和机械传输相结合的方法，来控制在主牵伸完成之后、加捻作用之前过程中的纤维运动，使从前罗拉输出的须条得到集聚伸直，结构紧密，宽度与成纱直径相近的效果，并一直保持到从输出罗拉输出进行加捻。紧密纺纱完全改变了传统环锭纺纱三角区的原来状态，所有纤维都能在几乎同样的张力条件下加捻成纱。

（二）紧密纺机构

1. **卡摩紧密纺纱机构**　如图7-48所示，该机构以传统的三罗拉长短胶圈牵伸装置为基础，保留中罗拉的胶圈和后牵伸区结构，在相当于原来前罗拉的位置，装备了表面有小吸孔的中空集聚罗拉，在集聚罗拉内部有位置固定的吸风口构件。在直径为59mm的集聚罗拉圆柱面上，由最前方的输出胶辊和原来的前胶辊所控制的圆弧区域构成集聚区。须条由集聚罗拉输送到双胶辊控制的弧面时，空气由导向装置导引，透过小吸孔和纤维束，从紧贴的吸风口构件的槽形吸口排向中央吸风系统。在此过程中，纤维受到自上而下、由边缘到中心的集聚约束。由于槽形吸口的宽度自后向前收缩并且与主牵伸方向偏斜，空气吸力还产生使受控须条环绕自身轴线的切向力矩，起到使外层毛羽扭转包覆的效应。以上几方面的综合作用，使须条保持紧密顺直、比较光润的状态，通过输出罗拉钳口加捻成为紧密纱。

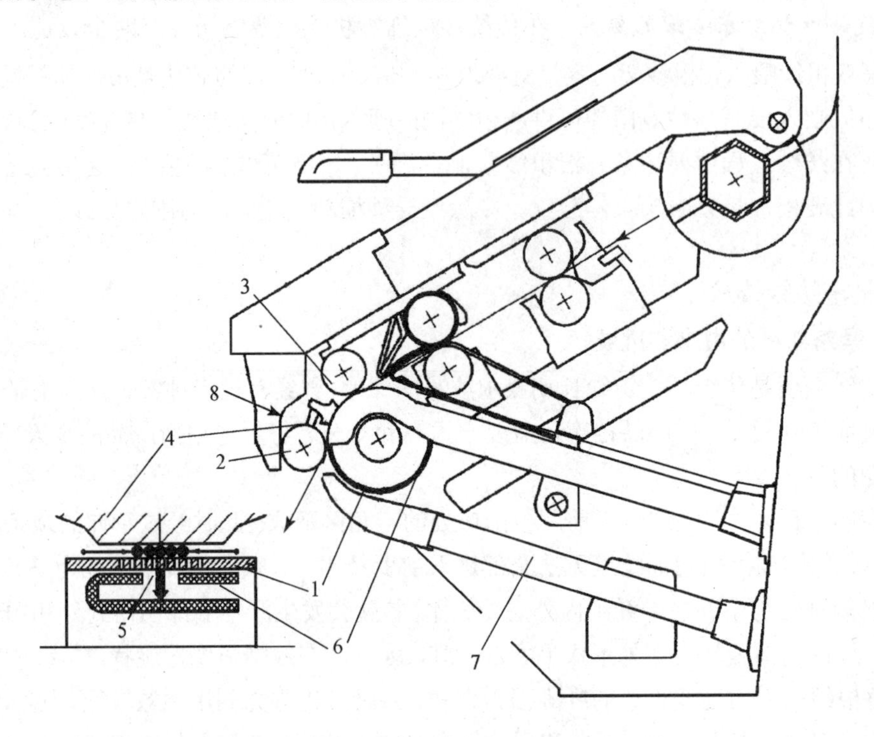

图 7-48　COMFORSPIN 卡摩紧密纺纱机构

1—中空集聚罗拉　2—输出胶辊　3—前胶辊　4—空气导向器　5—槽形吸口
6—吸风内胆构件　7—断头吸管　8—进气口

2. **滁丽紧密纺纱机构**　如图 7-49 所示，该机构以传统的三罗拉长短胶圈牵伸装置为基础，在前罗拉前方设置集聚机构，集聚机构由异形截面孔吸管、网格套圈、输出胶辊与原来的前胶辊构成双胶辊架组合而成。输出胶辊和前胶辊的铁壳内侧附有相同齿数的齿轮，通过双胶辊架两侧的过桥齿轮或同步齿形带传动输出胶辊。依靠输出胶辊摩擦带动网格套圈在异形吸管上回转。异形吸管表面对应每个锭位，在双胶辊控制钳口线之间开有斜槽吸口，当须条到达斜槽位置后，空气透过长丝网格套圈的网格孔和纤维束（网格孔密≥3000孔/cm^2），从紧贴其下的斜槽吸口经异形吸管排向中央吸风系统。随后须条按照斜槽横向吸引速度和网格套圈向前输送速度的合成速度，顺着斜槽输送到输出钳口线，立即输出加捻成为紧密纱。

3. **青泽紧密纺纱机构**　如图 7-50 所示，该机构是在传统的三罗拉长短胶圈牵伸装置前方增加集聚机构。集聚机构包括增加一列输出下罗拉，其上配有每两锭一套的特殊集聚上销架构件，左右上胶圈中央有一串连贯的椭圆孔和小圆孔间隔，胶圈内表面与上销架构件的紧贴处开有吸风口，分别通过装在摇架上的塑料管通向中央吸风系统。吸风产生的负压使空气透过小孔和纤维束由下而上、由边缘向中心排风，同时产生的托持力使须条紧贴胶圈向前输送，机械力和空气控制力结合完成了集聚作用，随后得到加捻成为紧密纱。

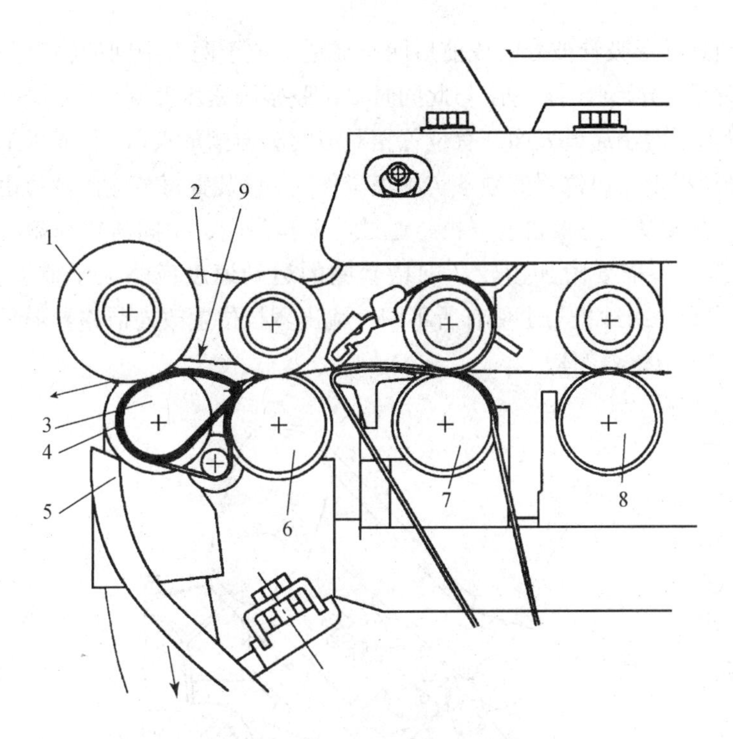

图 7-49 ELITE 漪丽紧密纺纱机构

1—箱出胶辊 2—双胶辊架 3—异形吸管 4—网格套圈 5—断头吸管
6—前罗拉 7—中罗拉 8—后罗拉 9—进气口

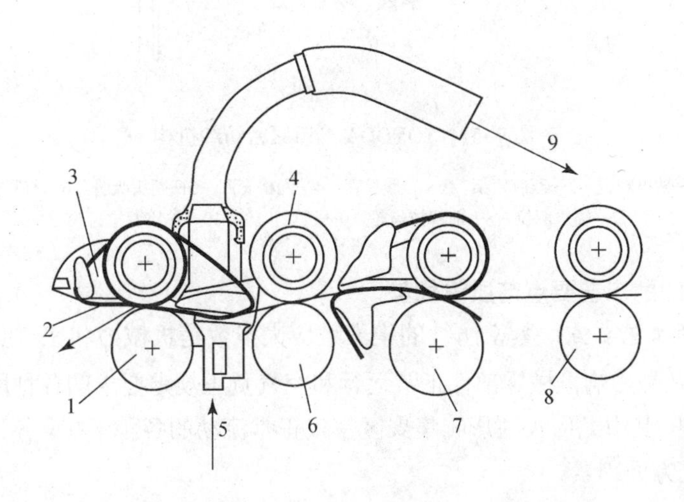

图 7-50 AIRCOMTEX 青泽紧密纺纱机构

1—输出罗拉 2—多孔胶圈 3—集聚上销架 4—前胶辊 5—进气口
6—前罗拉 7—中罗拉 8—后罗拉争 9—吸风系统

4. **丰田紧密纺纱机构** 如图 7-51 所示，该机构也是在传统的三罗拉双短胶圈牵伸装置前方增加集聚机构，由异形截面吸管、网格套圈和输出双胶辊架等组合而成。其结构与同类机构相似，主要区别是异形吸管被分隔成前后两小通道，位于两者中间的输出罗拉从套圈内壁积极驱动网格套圈环绕异形吸管转动，与此同时输出胶辊因紧压套圈，受套圈外壁的切向摩擦而带动。异形吸管前后两小通道表面开有位置相对应的纵向槽形吸口，依靠以上各部分和吸管负压的配合，对到达槽形吸口位置的须条实施集聚作用。该装置每节输出罗拉由两根包含四锭的单节连接而成，其传动动力来自前罗拉。通过前罗拉齿轮、中间齿轮与输出罗拉齿轮啮合，因此输出胶辊铁壳不需要附加齿轮。网格套圈的运动速度应略大于前罗拉线速度。新型RX24-N-EST 型紧密纺纱机与上例有所不同，输出罗拉位置改向前移异形吸管是单个管道，吸管表面的槽形吸口改成整体形。

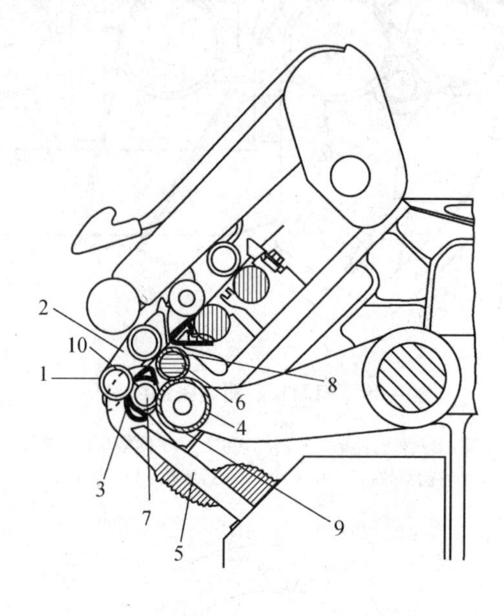

图 7-51　TOYODA 丰田紧密纺纱机构

1—轴出胶辊　2—双胶辊架　3—异形吸管　4—网格套圈　5—断头吸管　6—前罗拉
7—轴出罗拉　8—前罗拉齿轮　9—过桥齿轮　10—输出罗拉齿轮

（三）紧密纺纱的工艺要点与质量优势

1. 紧密纺纱的工艺要点　紧密纺纱的集聚效应大多数是机械力和空气负压控制力相互作用的结果，因此，凡是影响机械零部件正常运行和空气负压规定要求的各种因素都会对紧密纱质量产生不良影响，其中尤应关注影响集聚区空气正常流动的各种干扰。各种不同集聚纺纱机构都应注意以下几方面因素。

（1）吸风系统要有足够的负压和流量，使得全机各个锭位的集聚吸风槽处的气流状态保持均匀稳定。最好选用多只风机分段吸风，并采用变频电动机以便调节控制。

（2）不同机构的集聚器材如网格套圈、多孔胶圈乃至中空多孔集聚罗拉的规格都要考虑对纺纱纤维品种的适应性；注意运行状态稳定，防止吸口损伤或堵塞而影响其透气性。

（3）吸口斜槽形状、宽窄、斜角等参数与纤维的长度、刚性、纺纱线密度密切相关，要求注意区分和匹配。严格掌握牵伸装置的横动动程范围和与吸口斜槽的对中要求。

（4）保持机器部件的清洁，防止巡回清洁器的吹气气流干扰，注意吸口斜槽光净，防止飞花绷康在集聚区域附近。由于紧密纺纱机集聚区存在负压，为保证环境清洁，应该与其他容易产生空气污染的设备分隔开来。

（5）注意集聚区张力牵伸的恰当运用，不同机型有不同的调节方法，应该通过试验，匹配牵伸比在依靠改变胶辊直径调节牵伸比的场合应严格直径分档管理。

（6）加强车间空调管理，注意空气含尘量和温湿度。有关资料介绍以换气系数要求 33 次 / h、空气绝对含水量＜11g/kg 为好。

（7）紧密纺纱机的加捻卷绕部分与传统环锭纺纱机相同，考虑到紧密纱与环锭纱结构和外观不同，在钢丝圈选配、清洁器隔距选择，原则上以掌握偏轻、偏小为好。

2. 紧密纺纱的质量优势 根据资料报道和生产实践测试结果，在相同条件下，紧密纱与传统环锭纱比，紧密纱在成纱质量上一般有明显优势。

（1）强力提高15%，或者在强力与环锭纱相仿时，可相应减少紧密纱的捻度，产量同比提高。用普梳工艺可能有接近精梳工艺的效果。

（2）毛羽显著减少，特别是 3mm 以上的毛羽减少率在 90%以上，一般在络筒纱的毛羽都明显增加，但紧密筒子纱 3mm 以上的毛羽比环锭筒子纱相对减少率在 50%～70%以上。

（3）USTER 2001 年公报显示了紧密纱得到世界性肯定的质量优势。

（4）细纱断头减少、飞花减少、生产环境改善。

（5）可省去烧毛工序，可减少上浆率，降低机织、针织、络筒的断头率。

（6）织物耐磨性提高，布面清晰，穿着柔软舒适。

第七节 细纱机的传动与工艺计算

一、传动

各种环锭细纱机的传动路线基本上相同，FA507 型细纱机的传动系统如图 7-52 所示，其传动路线如下：

二、工艺计算

1. 锭速 n_s（r/min）

$$n_s = 1450 \times \frac{D_1 \times (200 + 0.8)}{D_2 \times (22 + 0.8)}$$

式中 D_1 和 D_2 为三角带轮节圆直径，可变换大小，有 136mm、143mm、145mm、152mm、155mm、161mm、164mm、180mm、188mm、192mm、200mm 等几种。锭带厚度为 0.8mm。

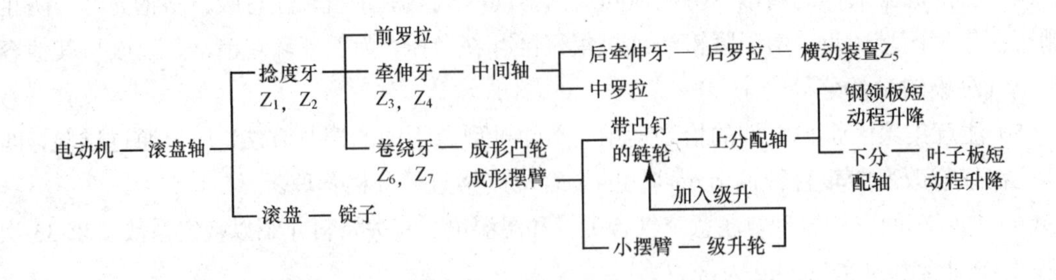

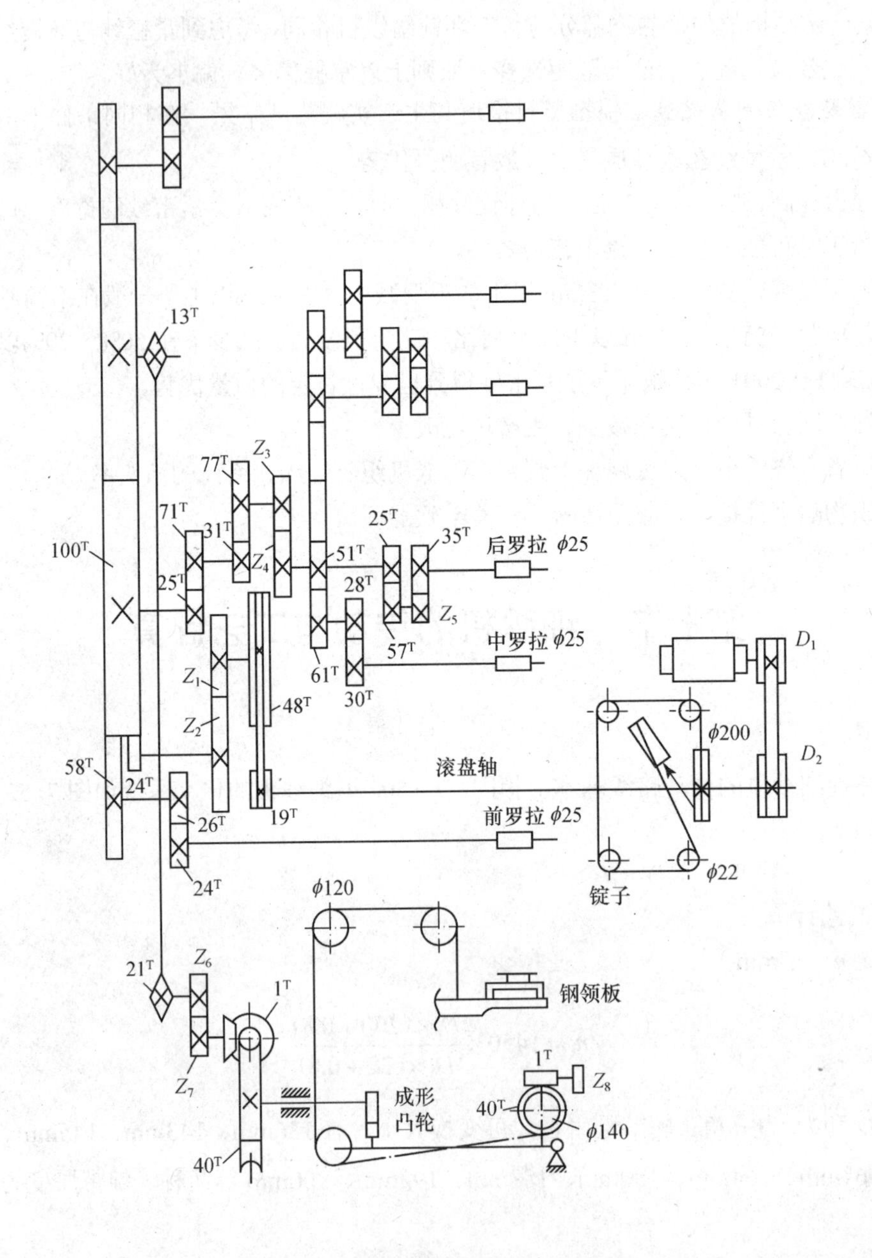

图 7-52　FA507 型细纱机传动系统图

2. **捻度 T（捻/10cm）**

$$T_w = \frac{n_s}{v} = \frac{(200+0.8)\times 48\times Z_2\times 58\times 24\times 100}{(22+0.8)\times 19\times Z_1\times 24\times 26\times \pi\times 25} = 63.23\frac{Z_2}{Z_1}$$

式中 v 是前罗拉线速度；Z_1 和 Z_2 为捻度变换齿轮（即捻度牙），同时调换，共有下列几种齿数规格：33、39、48、58、72、75、77、81 等。

3. **总牵伸倍数**

$$E = \frac{26\times 100\times 71\times 77\times Z_4\times 57\times 35}{24\times 58\times 25\times 31\times Z_3\times 25\times Z_5} = 1051.44\frac{Z_4}{Z_3\cdot Z_5}$$

式中 Z_3、Z_4 为总牵伸变换齿轮（即牵伸牙），共有下列几种齿数规格：31、34、37、41、46、51、57、64、65、66、67、68、69、70；Z_5 是后区牵伸变换齿轮，有下列几种齿数规格：41、43、44、46、48、50、52、54、56、59。

4. **卷绕传动比**　成形凸轮每转一周完成钢领板短动程升降一次，在锥台侧表面绕纱总长 L 为：

$$L = \frac{A}{h} + \frac{A}{ih} = \frac{A}{h}(1+\frac{1}{i}) = \frac{\pi (R^2 - r_0^2)}{h\sin\gamma}(1+\frac{1}{i}) = \frac{\pi (D^2 - d_0^2)}{3h\sin\gamma} \quad (i=3\text{时})$$

式中：A——锥台侧表面积，$A = \pi (R^2 - r^2)/\sin\gamma$；

R、D——管纱半径和直径；

r_0、d_0——筒管半径和直径；

γ——圆锥顶角之半；

h——绕纱层螺距；

ih——束缚层螺距。

按图 7-52 所示的传动系统图，可求得在成形凸轮旋转一周时间内前罗拉输出的纱长 L_f 为：

$$L_f = \frac{40\times Z_7\times 21\times 100\times 26\times \pi\times 25}{1\times Z_6\times 13\times 58\times 24}$$

使 $L=L_f$，可得到卷绕变换齿轮 Z_6/Z_7 的计算式如下：

$$\frac{Z_6}{Z_7} = \frac{3\times h\sin\gamma\times 40\times 21\times 100\times 26\times 25}{(D^2 - d_0^2)\times 1\times 13\times 58\times 24} = 9051.72\frac{h\sin\gamma}{D^2 - d_0^2}$$

Z_6/Z_7 有下列数种选择：31/63、33/61、36/58、38/56、39/55、40/54、42/52、44/50、47/47、49/45、51/43、55/39、62/32 等，均保持 $Z_6 + Z_7 = 94$。对于棉纺，$h = 4d_y = 0.16\sqrt{\text{Tt}}$，Tt 为纱的线密度。

5. **钢领板级升量 m**　在管纱上取高 H_x 卷装体，见图 7-53，其绕纱长度 L_x 如下：

$$L_x = \pi (R^2 - r_0^2) H_x \rho_V \frac{10^6}{\text{Tt}}$$

式中：ρ_V——绕纱体积密度，g/mm^3。

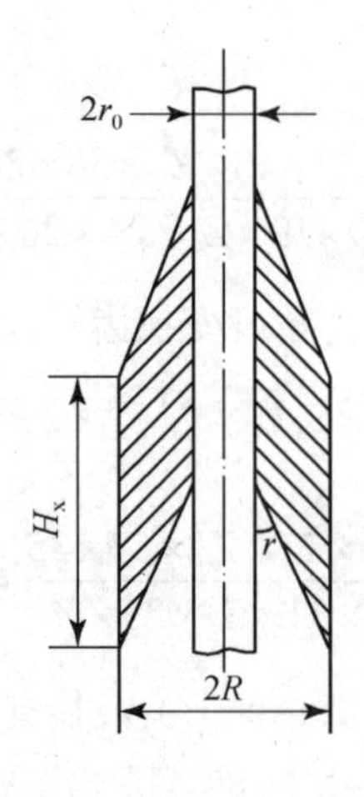

图 7-53 级升分析

该卷装是由 ω 个锥面纱层所组成，也就是钢领板作了 ω 次级升而完成。$\omega = L_x / L$，故得钢领板每次级升量（或级升高度）m 如下：

$$m = \frac{H_X}{w} = \frac{4}{3} \frac{\text{Tt}}{h \sin\gamma \times 10^6 \times \rho_V} = \frac{1.54 \times 10^{-2} \sqrt{\text{Tt}}}{\sin\gamma}$$

式中：$h = 0.16\sqrt{\text{Tt}}$，$\rho_V = 0.54 \times 10^{-3}\ \text{g/mm}^3$。

设级升棘轮齿数为 Z_8，每次撑过 Y 齿（可调节），按图 7-52 可得到：

$$m = \frac{Y}{Z_8} \cdot \frac{1}{40} \cdot \pi 140 \cdot \frac{120}{120} = 10.99 \frac{Y}{Z_8}$$

最后使上列两式相等可得：

$$\frac{Y}{Z_8} = \frac{1.40 \times 10^{-3} \sqrt{\text{Tt}}}{\sin\gamma}$$

此式表明 Y/Z_8 值须根据所纺纱的粗细和管纱锥角大小而定。棘轮齿数 Z_8 有下列几种：43、45、48、50、55、60、65、70、72、75、80、85；撑过的齿数 Y 也有下列几种可调节，Y=1、2、3 齿。

中英文名词对照

Balloon　气圈

Bobbin creel　粗纱架

Bobbin suspension pivot　吊锭

Compact spinning　紧密纺纱

Ring　钢领

Ring spinning machine　细纱机

Spindle　锭子

Traveler　钢丝圈

第八章　络筒机

第一节　概　述

一、络筒的作用

络筒是纺纱后加工和织前准备的重要工序。对于各种纱线来说，纺纱厂供应的主要卷装形式是管纱（或绞纱）。由细纱工序下来的管纱，其容纱量很小，若直接用来整经或用于无梭织机的供纬等，就会因换管次数过多而使这些机器频繁停车，不仅影响生产速度，更重要的是影响纱线张力的均匀程度。不管是管纱还是绞纱，纱线上都存在着一些疵点和杂质，若不加以清除，将影响后道工序的产量和质量，因此需要进行络筒。

1. 络筒工序的作用

（1）将原纱（或长丝）做成容量较大的筒子，提供给整经、卷纬、针织、无梭织机的供纬或漂染等工序。管纱容量上，大卷装的管纱也仅能容纳 29.2tex（20 英支）的中特棉纱为 2500m 左右。若将管纱直接用于整经或织机上供纬等工序，都将因频繁换管而使停车时间过长，这样既不符合工艺上的要求，也不利于提高生产效率。而筒子的卷装容量则大大增加，一般中特纱的筒子其卷绕长度可达 10 万米左右。

（2）清除纱线上的某些疵点、杂质、改善纱线品质。由纺纱厂运来的原纱一般有较多的外观疵点，在通过络筒机上的清纱装置时，可以清除其上的绒毛、尘屑及弱纱、粗结等杂质疵点，这样，既可改善织物的外观质量，又因剔除了纱线上的薄弱环节而提高了纱线的平均强度，从而减少了纱线在后道工序中的断头。

2. 络筒工序的要求　络筒是织造的头道工序，络筒质量直接影响到后工序。因此，对络筒工序提出如下的要求。

（1）络筒过程中要保持纱线的物理力学性能，不使强度和弹性受到损害。

（2）筒子卷装应坚固、稳定、成形良好，无脱边、凸环等疵点，纱圈排列均匀，无重叠，保证在下道工序能畅快退绕。

（3）络筒张力和卷绕密度的大小符合工艺要求，卷绕张力大小要适当，张力波动要小，卷绕密度在筒子轴向和径向分布均匀，尤其是染色用筒子。

（4）结头要小而牢，甚至无结头，保证在后道工序中不产生因接头不良而引起的脱结和断头。在采用捻接方法的情形下，成结强度要达到原纱强力的 80%以上，捻结的直径和长度尽可能小。

（5）筒子的卷绕密度应适当，在不妨碍运输和下道工序的前提下，筒子的容量应尽量大，以提高络筒自身和下道工序的生产效率。

（6）有些后道工序要求筒子的卷绕长度一致，长度误差必须在许可范围内，这就需要定长装置对所络的筒子进行定长，在不需要精确定长的情况，则络筒的长度尽可能长些，以增大筒子的容量。

（7）尽量避免因络筒加工造成的纱线毛羽。

（8）对于要进行染色等后处理的筒子，必须保证密度均匀。

二、络筒机类型及其工艺过程

（一）普通槽筒络筒机

槽筒式络筒机是国内普遍使用的络筒机械，它具有络筒速度快，结构简单，操作方便以及成筒质量好等特点。它的工艺过程如图 8-1 所示。

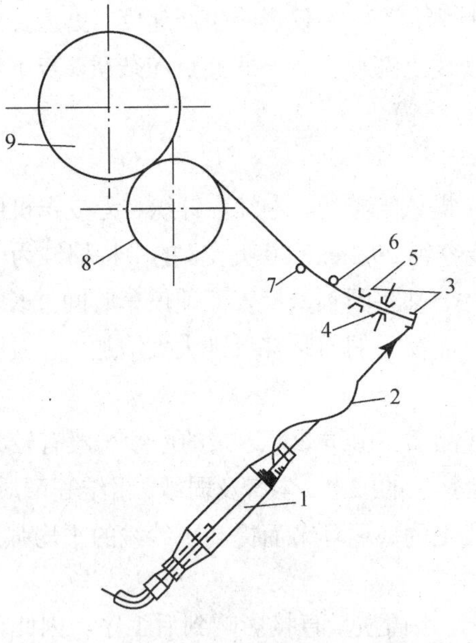

纱线 2 从管纱 1 上退绕后经过导纱钩 3 进入垫圈式张力装置 4 并通过清纱器 5 的缝隙，再从导纱杆 6 的下部引出，经断纱自停张力杆 7 而至槽筒 8 的螺旋沟槽中。当槽筒回转时，纱线一方面受到螺旋沟槽侧面的推动作横向往复运动；另一方面，紧贴在槽筒表面的筒子也受到槽筒的摩擦传动而回转，这样，纱线就以螺旋线形式被卷绕到筒子 9 上。槽筒安装在槽筒长轴上，由电动机带动而高速回转。筒子套在托架的弹簧锭子上，利用筒子、筒子托架以及压头的自重，使筒子紧贴于槽筒表面。

图 8-1　普通槽筒式络筒机工艺过程

1—管纱　2—纱线　3—导纱钩　4—张力装置　5—清纱器　6—导纱杆　7—断纱自停张力杆　8—槽筒　9—筒子

当纱线断头或管纱用完时，断纱自停张力杆因失去纱线张力而自动抬起，通过断纱自停装置的作用将筒子托架顶起，筒子脱离槽筒表面后因惯性而渐停，以便接头和避免多余的纱线摩擦损伤。断纱经接头处理后，按下开关手柄，筒子缓缓落下而重新回转，继续卷绕。

（二）绞纱络筒机

在某些色织厂由于纱线以绞纱形式进行染色以及丝织厂使用的天然丝和部分粘胶丝均是以绞丝形式供应，故络筒工序使用的是绞纱（丝）络筒机。其工艺过程与普通络筒机一样，只是绞纱架通常放置在机架的上方或替代管纱的位置。

（三）松式络筒机

松式络筒机是高温高压筒子染色机的配套设备，故松式筒子又称为染色用筒子。为了使染液能均匀、顺利地渗入纱层内部，松式筒子卷绕密度要小且均匀，与普通络筒机 0.4~0.6g/cm^3 的卷绕密度相比要小，仅为 0.3~0.4g/cm^3，平均卷绕角（即筒子表面纱线螺旋线与筒子端面间的夹角）较大，为 16° 左右。为了提高染色效果，筒子直径一般不超过 ϕ 150mm，并采用不锈钢的网眼筒管。松式络筒机的工艺过程与普通络筒机极为相似，只是槽筒的技术参数、导纱的运动规律，筒子的加压力和络筒张力等工艺参数各不相同。

（四）精密络筒机

精密络筒机是指在筒子成形过程中，导纱器在一个往复过程中的绕纱圈数始终保持恒定值，即为等螺距的卷绕。图 8-2 为常见的实现精密卷绕的络丝机卷绕传动示意图。其中，被动摩擦盘 2 由主动摩擦盘 1 传动后，通过齿轮系分别传动筒子 4 和导丝凸轮 3，导丝凸轮带动导丝器作往复导丝运动。

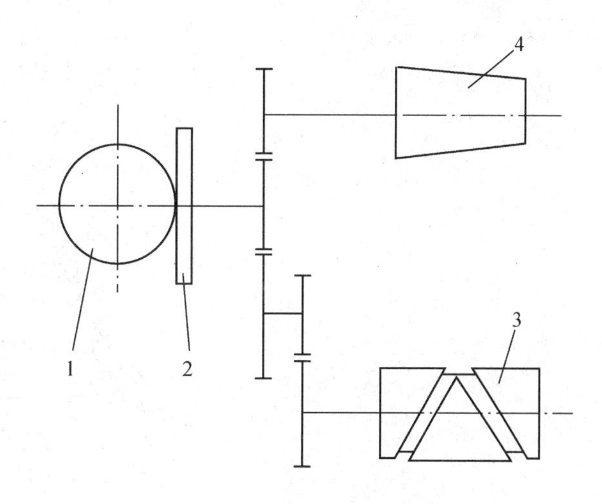

图 8-2　精密卷绕传动系统简图

1—主动摩擦盘　2—被动摩擦盘　3—导丝凸轮　4—筒子

精密络筒机能将纱（或丝）络成密度均匀、无重叠的高质量筒子，特别适合于低特纱和丝的络筒，所制得的筒子也适用于高温高压筒子染色。此外，由于筒子直径大及具有优良的退绕性能，也可直接作为无梭织机的供纬筒子和供高速整经机等使用。图 8-3 为精密络筒机的工艺过程。

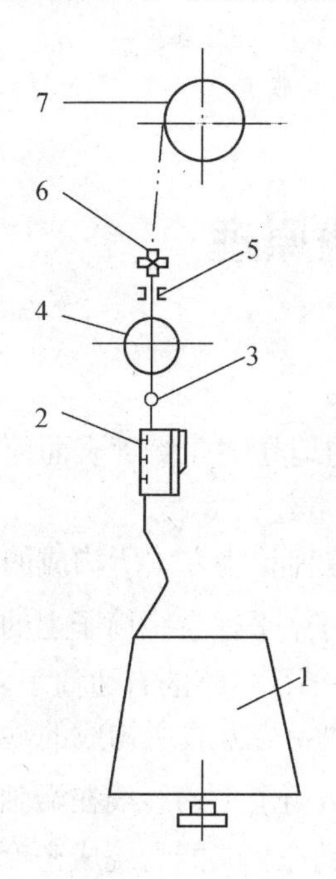

图 8-3　精密络筒机工艺过程

1—退绕筒子　2—气圈破裂器　3—导纱杆　4—张力盘　5—检测头　6—导纱器　7—筒子

（五）自动络筒机

自动络筒机是将普通络筒机的手工操作过程改为自动控制和操作，并体现了高水平机电一体化程度的络筒设备。它络纱速度高，卷装大，筒子质量好，效率高，操作工劳动强度低。图 8-4 是常见的自动络筒机工艺过程图。

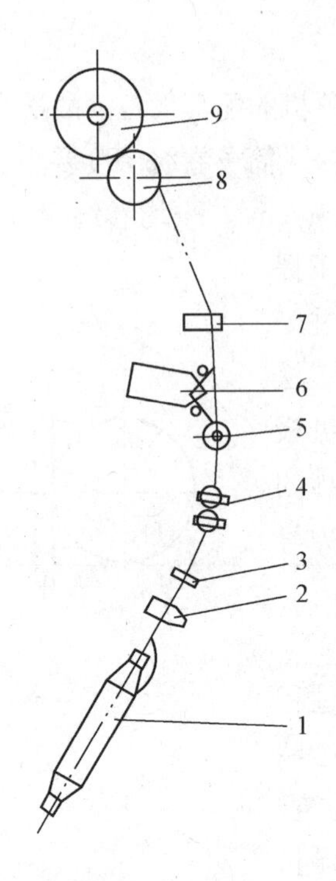

图 8-4　自动络筒机工艺过程

1—管纱　2—气圈破裂器　3—预清纱器　4—张力装置　5—上蜡装置
6—捻接器　7—电子清纱器　8—槽筒　9—筒子

第二节　络筒机卷绕原理

一、卷绕形式

络筒机卷绕机构的作用是使纱线以螺旋线的形式均匀地卷绕在筒管表面而逐渐形成筒子卷装。根据筒子上的纱圈卷绕形态可将络筒分成四种不同卷绕方式。

1. **平行卷绕**　筒子上纱圈螺旋线升角较小的卷绕。这种卷绕方式所构成的纱圈在筒子表面上的稳定性较差，故只能采用有边盘的筒管做成有边筒子。平行卷绕筒子上的纱线在轴向退绕时不顺畅，只能作低速切向退绕，容易引起张力波动。平行卷绕的有边筒子，多用于丝织。

2. **交叉卷绕**　筒子纱圈螺旋线升角较大的卷绕。这种卷绕方式所构成的纱圈在筒子表面上的稳定性较好，可采用无边盘的筒管做成无边筒子。无边筒子上的纱线在沿轴向退绕时较为顺畅，张力波动也较小。采用交叉卷绕并辅之以较小的络筒张力，能卷绕成密度较小的松式筒子，供直接染色用。在棉纺织、毛纺织生产中普遍采用交叉卷绕的筒子。

3. **精密卷绕**　在筒子成形过程中，导纱的一个往复内筒子卷绕纱圈数恒定的卷绕（即卷绕比是不变的）。精密卷绕的筒子是用锭轴传动的，所形成的卷装内纱圈排列整齐有序，卷绕密度比较均匀，多用于化纤长丝卷绕，用于染色的松式筒子也是一例。

4. **紧密卷绕**　在相邻两次往复导纱中，纱线紧挨纱线排列紧密，卷绕密度大，常用于缝纫线的卷绕。

经过络筒制成的筒子可分成有边筒子和无边筒子两大类，每类又可分为若干种，如图 8–5 所示。

1. **有边筒子**　当卷绕在筒子上的纱圈相互接近，即纱圈螺旋线节距很小时，称为平行卷绕。这种卷绕形成的筒子两个侧面易坍塌，不能稳定成形。因此，必须卷绕在两侧带有挡板的筒管上，故称为有边筒子，如图 8-5（a）所示。这种筒子在退绕时筒管必须转动，使纱线沿径向退出，在整经工序中，当整经机启动时，纱线会受到较大的冲击张力；而在制动停车时，筒子又因惯性回转送出过多的纱线。另外，在运转过程中筒子还会产生跳动，因此易使纱线张力产生很大波动，不能适应高速整经。

2. **无边筒子**　当纱线以较大节距卷绕在筒子上，相邻层纱圈交叉形成网眼状时，筒子两侧面成形稳定，不会产生塌边，因此就不需要采用有边筒管，而是绕成无边筒子。退绕时筒子固定不转，纱线可沿筒子轴心线方向退出，这种成形方式被广泛地应用于现代络筒工艺。根据外形的不同，无边筒子又可分为圆柱形[图 8–5（b）]、圆锥形[图 8–5（c）、（d）]和三圆锥形[图 8–5（e）]三种形式。圆柱形网眼筒子适于密度较小的松软卷绕，其网眼结构便于染液的均匀渗透，故一般用于筒子纱的染色和热定形。圆锥形筒子有利于纱线高速轴向退绕。三圆锥形筒子多用于化纤长丝的卷绕，它的特点是卷装容量大，卷装结构稳定，该形式的单只筒子质量可达 5~10kg。

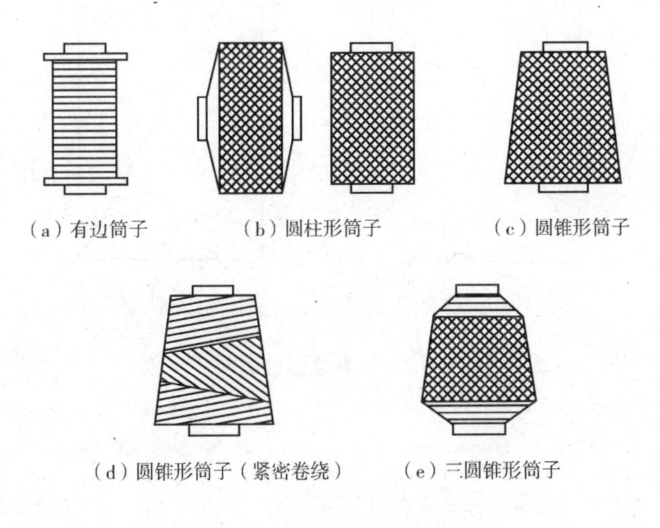
（a）有边筒子　（b）圆柱形筒子　（c）圆锥形筒子
（d）圆锥形筒子（紧密卷绕）　（e）三圆锥形筒子

图 8–5　筒子的卷绕形式

二、卷绕原理

筒子纱线的卷绕路线是往复的螺旋线。筒子卷绕由卷取运动和导纱运动两个基本运动叠加而成。卷取运动指的是因筒子回转使纱线所产生的运动，导纱运动指的是使纱线沿筒子母线方向所作的往复运动，卷取运动和导纱运动是相互垂直的。

在络筒机上这两种运动产生方式有两种形式。

筒子的卷取和导纱运动都由一个部件完成传动。在这种络筒机上，筒管插在可回转的锭杆上，络筒时筒子搁置在一主动回转的滚筒表面，接受滚筒表面的摩擦传动进行卷取。该滚筒较为特殊，表面设有曲线沟槽，它能引导纱线沿筒子轴向作往复运动，故这种特殊的滚筒被称为槽筒，槽筒表面的沟槽曲线决定了导纱的运动规律。槽筒沟槽曲线导纱的规律在络筒过程中是一定的，无法再改变。纺织厂普遍采用的络筒机均为这种形式的络筒机，也称之为槽筒络筒机。

筒子的卷取运动和导纱运动由两个部件传动。靠无沟槽曲线的光滑滚筒传动筒子进行卷取，而设置专门的导纱器引导纱线沿筒子轴向作往复运动，导纱器运动规律可按预定的程序控制，随着筒子直径增大而改变，能实现特定的卷绕要求。

纱线卷绕到筒子表面某点时，纱线的切线方向与筒子表面该点圆周速度方向所夹的锐角为螺旋线升角，通常称为卷绕角。来回两相纱线之间的夹角称为交叉角，数值上等于来回两个卷绕角之和。卷绕角是筒子卷绕的一个重要特征参数。

衡量络筒机产量的重要指标是卷绕线速度，它表示单位时间内卷绕在筒子上的纱线长度。纱线络卷到筒子表面某点时的络筒速度 V，可以看作这一瞬间筒子表面该点圆周速度 V_1 和纱线沿筒子母线方向移动速度即导纱速度 V_2 的矢量和，如图 8-6（a）所示。

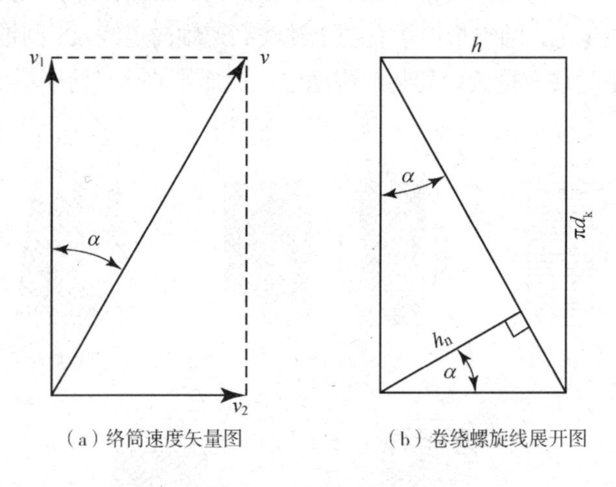

（a）络筒速度矢量图　（b）卷绕螺旋线展开图

图 8-6　卷绕螺旋线图

络纱速度为：

$$V = \sqrt{v_1^2 + v_2^2} \tag{8-1}$$

卷绕角为：

$$\tan\alpha = v_2/v_1 \tag{8-2}$$

筒子上每层纱线卷绕的圈数 m'，可用下式确定：

$$m' = n_k/m \tag{8-3}$$

式中：n_k——筒子卷绕转速，r/min；

m——导纱器单位时间内单向导纱次数，次/min。

卷绕机构的不同传动方式，对应着不同的纱线卷绕规律，它们所卷绕成的筒子形式不同。

（一）圆柱形筒子

圆柱形筒子卷绕时，通常采用等速导纱运动规律，除筒子两端折回区域外，导纱速度 V_2 为常数，在卷绕同一层纱线过程中 V_1 为常数，于是除折回区域外，同一纱层纱线卷绕角恒定不变，将圆柱形筒子的一层纱线展开如图 8-6（b）所示，展开线为直线。

由图 8-6 可知：

$$\sin\alpha = V_2/V = h_n/\pi d_k \tag{8-4}$$

$$\cos\alpha = V_1/V = h_n/h \tag{8-5}$$

$$\tan\alpha = V_2/V = h/\pi d_k \tag{8-6}$$

$$V_1 = \pi d_k n_k \tag{8-7}$$

$$h = V_2 \pi d_k/V \tag{8-8}$$

式中：d_k——筒子卷绕直径，mm；

n_k——筒子卷绕转速，r/min；

h ——轴向螺距，mm；

α ——螺旋线升角（°）；

h_n——法向螺距，mm。

采用筒子表面摩擦传动的卷绕机构，能保证整个筒子卷绕过程中 V_1 始终不变，于是 α 为常数，称为等升角卷绕，这时法向螺距 h_n 和螺距 h 分别与卷绕直径 d_k 成正比关系，但 h_n/h 之值恒定不变。随着筒子卷绕直径增加，筒子卷绕转速 n_k 不断减小，而导纱器单位时间内单向导纱次数 m 恒定不变，因此每层纱线卷绕圈数 m' 不断减少。

采用筒子轴心直径传动的锭轴传动卷绕机构，能保证 V_2 与 n_k 之间的比值恒定不变，从而 h 值不变，称为轴向等螺距卷绕。在这种卷绕方式中，随着卷绕直径增大，每层纱线卷绕圈数恒定不变，而纱线卷绕角逐渐减少。生产中对这种卷绕方式，规定筒子直径不大于筒管直径的 3 倍。

（二）圆锥形筒子

在络卷圆锥形筒子时，一般采用滚筒或槽筒对筒子摩擦传动。由于筒子两端的直径大小不同，因此筒子上只有一点的速度等于滚筒表面线速度，这点称为传动点。其余各点在卷绕过程中均与滚筒表面产生滑移，如图 8-7 所示，在传动点 B 的左边各点上槽筒的表面线速度均大于筒子表面的线速度，而 B 点右边情况刚好相反，只有 B 点保持纯滚动。B 点处的筒子半径 ρ 称为传动半径，根据理论分析与推导可知：

$$\rho = \sqrt{\frac{R_1^2 + R_2^2}{2}} \tag{8-9}$$

式中：R_1——筒子小端的半径，m；

R_2——筒子大端的半径，m。

在卷绕过程中，筒子两端半径不断地发生变化，因此筒子的传动半径也在不断地改变着传动半径的位置，即传动点 B 的位置，由图 8-7 所表示的几何关系确定。

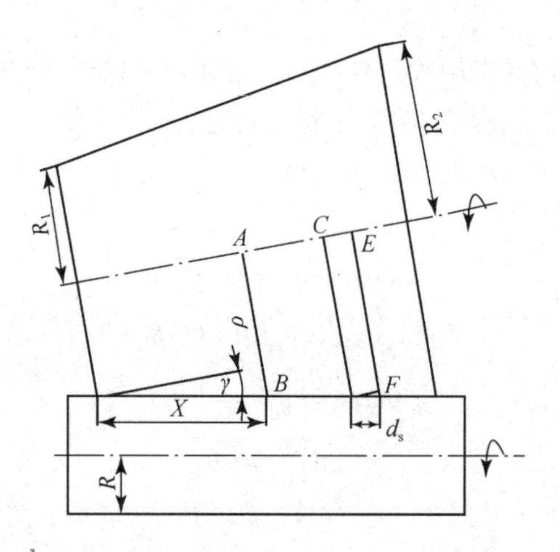

图 8-7　圆锥筒子的传动半径

$$X = \frac{\rho - R_1}{\sin\alpha} \qquad (8\text{-}10)$$

式中：X——筒子小端到传动点 B 的距离，m。

进一步分析可知：传动半径总是大于筒子的平均半径（R_1+R_2）/2，并随筒子直径的增大，传动点 B 逐渐向筒子的平均半径方向移动，筒子的大小端圆周速度趋向一致。

在摩擦传动条件下，随着筒子卷绕直径增加，筒子转速 n_k 逐渐减小，于是每层绕纱圈数 m' 逐渐减小，而螺旋线的平均螺距 h_p 逐渐增加，即：

$$h_p = \frac{h_0}{m'} \qquad (8\text{-}11)$$

式中：h_0——筒子母线长度，m。

由于传动点 B 靠近筒子大端一侧，于是筒子小端与槽筒之间存在较大的表面线速度差异，卷绕在筒子小端处的纱线与槽筒的摩擦比较严重，故有些厂家将槽筒设计成略具锥度的圆锥体，或减小圆锥形筒子的锥度，这样大大地减小筒子小端纱线磨损的程度。

以锭轴传动的卷绕机构络卷圆锥形筒子时，经常采用筒子转速 n_k 与导纱器单位时间内单向导纱次数 m 之比固定不变的方式，这时每层绕纱圈数 m' 和螺旋线平均螺距 h_p 也固定不变。

三、络筒主要工艺参数

（一）络筒张力

正常的络筒应使筒子具有一定的密度而又不损伤纱线的物理力学性能，这均取决于络筒时的纱线张力。若张力过大，纱线弹性损失增加，不利于以后的织造过程；若张力过小，则会造成筒子成形不良，断头时纱尾易嵌入筒子内层，不便寻找。适当的张力通常是纱线断裂强度的 10%～20%。

1. 管纱络筒时的张力　从细纱机上获得的管纱在络筒退绕过程中，纱线一方面沿纱管轴线上升作回转运动，这时纱线运动轨迹所形成的旋转曲面称为气圈。

络筒张力主要由以下几部分构成：张力装置给予纱线的附加张力、纱线与通道的摩擦力、气圈张力、纱线退绕时从静态到动态的惯性力以及纱线脱离管纱表面时的黏附力、摩擦力，其中张力装置所给予的张力是主要的。

2. **管纱退绕全过程的张力变化**　管纱退绕全过程中纱线张力不断发生变化，满管时纱线张力极小，此时可能会出现小稳定的多节气圈。随着退绕的继续，纱线与卷装表面及裸露空管的摩擦纱段逐渐增加，纱线张力亦渐趋增加而气圈数减少，这时气圈高度增加，张力也发生突变。当继续退绕到某一位置时，气圈高度将再增加，张力也有较大幅度的增加。当退绕到管底时，张力急剧增加。

（二）络筒线速度

络筒线速度是反映络筒机技术性能的重要指标。它的选择取决于机械总体设计所确定的精度、制造加工精度、材料的选用、轴承等级和安装保养水平等因素。目前国内络筒速度一般选用500~800m/min，质量较好的络筒机可达1000m/min，而先进的自动络筒机的最大络筒速度已超过2000m/min，而且不会发生过度的振动、噪声和磨损。对于细特纱或断头率较高的纱线，原则上选择较低的线速度，因为随着络筒速度的提高，将会引起纱线张力的增加而导致纱线断头率的增加。

（三）卷装容量

络筒机对卷装容量要求达到一定的卷绕直径及卷绕密度并力求均匀一致。

1. **自动络筒机**　自动络筒机上可按定长或定直径方式进行络筒，以达到所要求的卷装容量。其工作原理是：单锭控制系统连续接受来自槽筒轴转速传感器和筒子轴转速传感器的脉冲信号，以控制卷绕长度和卷绕直径。自动络筒机卷装定长误差应小于2%，卷装定直径误差应小于1%。

2. **普通络筒机**　普通络筒机是按定长方式进行络筒，目前均采用电子计长装置。其工作原理是：在槽筒轴上做一标记，在相对应位置处安装一接近开关，通过槽筒转动一周产生的脉冲数，计算纱的长度，进行计长。当达到设定长度时，自动停车。采用电子清纱器的络筒机，其计长功能也可在电子清纱器上完成。

（1）定长设定范围：一般小于600000m。

（2）定长计算。

① 槽筒转一圈纱线长度 L_0：

$$L_0\,(m)=\pi D\sqrt{\left(1+\frac{W}{N\pi D}\right)} \tag{8-12}$$

式中：D——槽筒直径，mm；

W——槽筒横向动程，mm；

N——槽筒圈数。

② 筒纱长度 L：

$$L\,(m)=L_0\times\frac{P}{P_0}\times\eta \tag{8-13}$$

式中：P——设定长度内产生的脉冲总数；

P_0——槽筒旋转一圈脉冲数；

η——滑移系数，一般取0.94~0.96。

第三节 络筒机卷绕机构

卷绕机构通常由作转动的卷取机构和往复运动的导纱机构构成。纱线受两个机构共同作用，在筒子中间做匀速运动，在两端换向处作变速运动，使纱线逐层卷绕，最终完成筒子的正确卷绕成形。

一、卷取机构

（一）锭子驱动式

直接传动的卷绕机构，如果卷绕转速保持不变，它的表面线速度将随着卷绕直径的增加而增大。为了保持纱线卷绕速度不变，必须采取措施让卷绕的转速渐渐减小。卷绕速度可以根据纱线张力的变化来控制，也可以根据卷装直径的变化来控制，如图 8-8 所示。目前张力控制式用得不很普遍。

（二）摩擦驱动式

卷取机构如图 8-9 所示，卷装由摩擦辊摩擦传动，导纱凸轮由一电动机带动，卷装直径虽然越来越大，但是与之接触的摩擦辊表面线速度保持不变，所以卷绕速度不变，卷绕的转速随半径的增大而减小。

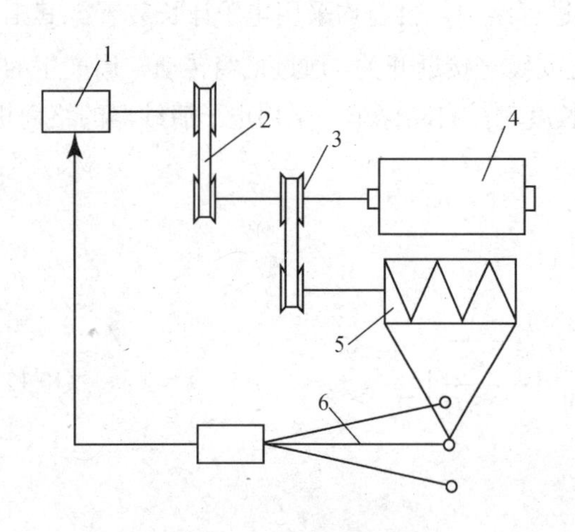

图 8-8 张力控制式卷取

1—电动机 2—齿形带 3—带轮 4—筒管夹头 5—导纱凸轮 6—张力检测杆

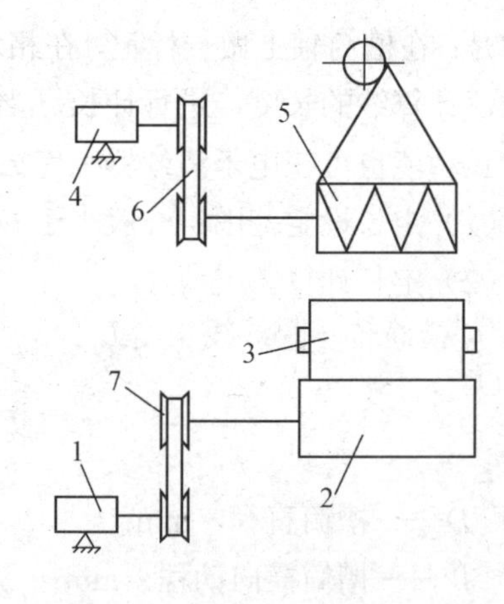

图 8-9 摩擦传动卷取机构

1、4—电动机 2—摩擦辊 3—筒子 5—导纱凸轮 6—齿形带 7—带轮

二、导纱机构

（一）槽筒式导纱机构

槽筒实际上是一个圆柱形沟槽凸轮。在槽筒的圆周面上刻制有两条首尾相互衔接的封闭螺

旋沟槽，一条左旋，另一条右旋。槽筒转动时，左螺旋沟槽控制纱线向左运动，而右螺旋沟槽则控制纱线向右运动，从而完成左右往复的导纱运动；同时又利用槽筒与筒子的表面摩擦来传动筒子回转，纱线便以螺旋线卷绕在筒子上。

1. **槽筒导纱运动规律**　槽筒沟槽中心曲线根据工艺要求可选择等速、等加速及变加速等导纱规律来进行设计。

等速导纱规律多用于卷绕圆柱形筒子，对于需要染色等后加工的筒子，可以获得染色均匀的效果。由于络筒线速度 v 是常数（在筒子两端纱线折返时除外），络筒张力也比较均匀；另一方面筒子上纱线的导纱角 θ 也是常数，筒子的卷绕密度也较均匀。这时，无论是槽筒的沟槽中心曲线或是筒子上的纱圈，都是等节距的螺旋线。图 8-10 是一种三圈等速导纱槽筒的展开图，其节距 $h_1=h_2=h_3$，槽筒每回转六圈，完成一次左右往复导纱运动。

圆柱形筒子虽有许多优点，但是其最大的缺点是不宜高速退绕。凡需高速退绕的场合，都采用圆锥筒子。

在络卷圆锥形网眼筒子时，为了保持络纱张力变化平稳，即要满足等线速度卷绕的条件，那么导纱速度就应按某种正弦曲线的规律变化；而要满足等密度卷绕的条件，则需采用等速导纱规律。但前者作等线速度卷绕时所获得的卷装密度很不均匀，成形也不良；而后者作等密度卷绕时则纱线张力波动较剧烈，卷装成形也不佳。以前络筒机槽筒沟槽中心线是介于等线速度和等密度两者之间的，导纱规律是一种两次抛物线，这种槽筒也称为等加速槽筒。目前多采用一种直径为 ϕ82.5mm，导纱动程 155mm 的两圈半（单向导纱一次槽筒转数为 2.5 圈）加速导纱槽筒，这种导纱规律卷绕的筒子成形好，且有利于整经工序的高速退绕。

为了提高槽筒的防叠功能，将上述曲线加以修正，使之成为左右往复不对称的沟槽曲线，即左旋沟槽曲线改为 $2\frac{5}{12}$ 圈，而右旋沟槽曲线则改为 $2\frac{7}{12}$ 圈。

目前槽筒络筒机上安装的槽筒，其沟槽一般为节距不等的螺旋线。节距自右向左逐渐增大，即 $h_1<h_2<h_3$，如图 8-11 所示。纱线从筒子大端向小端运动时导纱速度逐渐加快；而从小端向大端返回时，则逐渐减慢。由于大端对应的沟槽节距小，使筒子底部绕纱密度将有所增加，从而可获良好而坚实的成形。

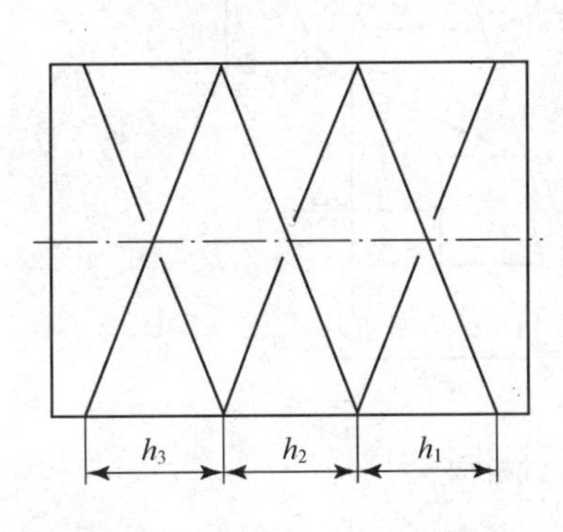

图 8-10　等速槽筒中心线展开图

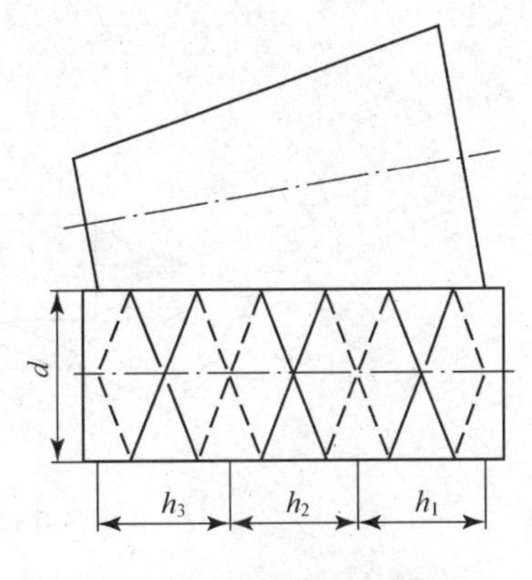

图 8-11　不等节距槽筒

2. **离槽和回槽** 槽筒的沟槽有离槽和回槽之分，图 8-12（a）是沟槽曲线展开图。假设从张力装置至槽筒中央引一垂直线作为张力装置至槽筒的最短距离。当沟槽的作用是推动纱线从该最短距离向两边移动的时候，对应的沟槽称为离槽；而当纱线如图 8-12（b）所示依靠其张力 T 沿沟槽从槽筒两侧向中间最短距离移动时，对应的沟槽则称为回槽。离槽作用于纱线使其伸长，张力增加，为防止纱线滑出，沟槽宜窄而深；纱线在回槽中则主要依靠其自身张力返回，故沟槽宜宽而浅，以利于纱线落入槽中。在离、回沟槽的交叉处，离槽必须深且槽壁连续；而回槽则浅、宽且槽壁间断。

（二）凸轮—滑梭式导纱机构

图 8-13 所示为凸轮—滑梭式导纱机构，由变频调速电动机驱动圆柱凸轮 1 转动，导纱拨叉 3 以滑梭的形式在 A 点凸轮的沟槽内滑动，这样导纱拨叉就可以横向移动。导纱拨叉的另一端 B 则在变幅导板 2 的滑道内滑动，拨叉不仅做横向往复移动，还会围绕 A 点转动。只要变幅推杆 4 向下移动产生位移量 W 就会改变变幅导板与水平线之间的夹角 ϕ，从而改变导纱点 P 的动程 H_p，达到变幅的目的。

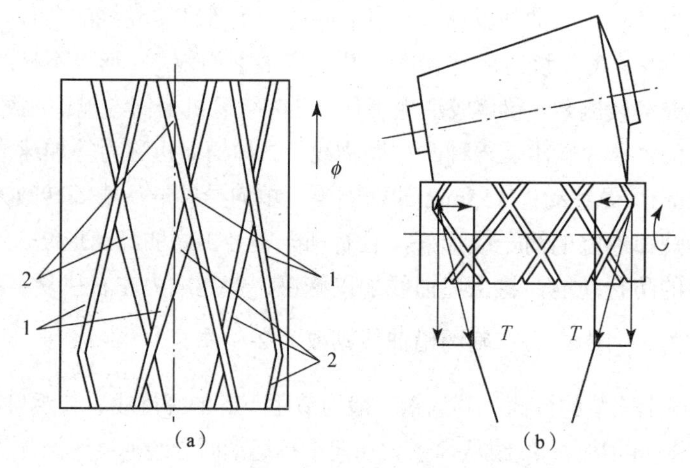

图 8-12 槽筒的离槽和回槽

1—离槽 2—回槽

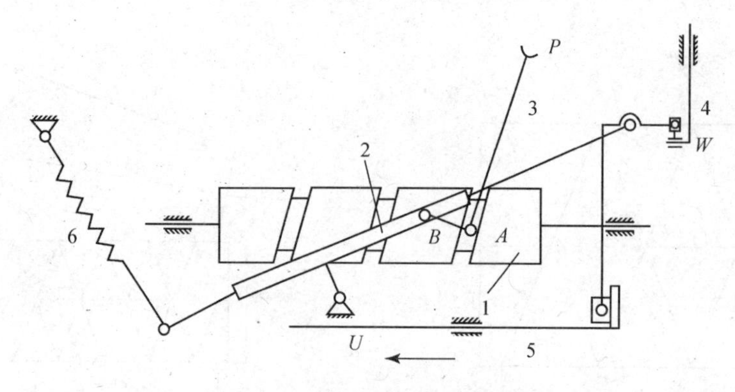

图 8-13 凸轮—滑梭式导纱机构

1—圆柱凸轮 2—变幅导板 3—导纱拨叉 4—变幅推杆 5—防凸拉杆 6—弹簧

防凸拉杆 5 向左移动 U 时，使变幅导板 2 的倾角产生微小的变化 $\Delta\phi$，从而使导纱点 P 的动程产生微量增加 ΔH_p，这样就会使卷装边缘两层相邻的纱层出现错位，以达到防凸的工艺要求。防凸拉杆 5 是由步进电动机通过丝杠驱动的。

在整个机构中控制变幅导板 2 夹角 ϕ 变化的是位移量 W，它是随卷装直径 d 的增长而变化，它是通过一组曲柄滑块机构驱动。

由于往复导纱运动的速度要求较高，这就要求在沟槽中运动的部件质量尽可能小，以减小惯性冲击，避免工作中噪声的产生。为此该设计中只有两个往复移动部件：滑梭和导纱拨叉。其中滑梭体积极小，拨叉为轻质工程塑料。这样的设计为提高单位时间导纱的速度，提高生产量提供了必要的条件。

（三）拨叉导纱机构

拨叉导纱是采用正、反两个方向转动的拨叉推动纱线往复运动，在往复动程末端实现拨叉对纱线控制的轮换。为了实现连续导纱每一叶轮有两片拨叉或三片拨叉，如图 8-14 所示。拨叉 1 拨动纱线沿导纱板 2 往复运动，每片拨叉只做单向匀速转动，多片拨叉接力完成连续导纱。拨叉导纱机构不存在往复移动构件，可实现高速往复导纱运动。

（四）电子导纱机构

电子导纱机构如图 8-15 所示，往复横动传动是由伺服电动机带动主动同步带轮 2，通过同步齿形带带动从动同步带轮 4，导纱器 3 固接在同步齿形带上。伺服电动机 1 正反换向转动使得同步齿形带带动导纱器 5 在导轨上往复运动，实现导纱运动。

电子导纱的卷绕的筒子成形好，具有柔性化特点，使所有的纱形可以软件控制实现。

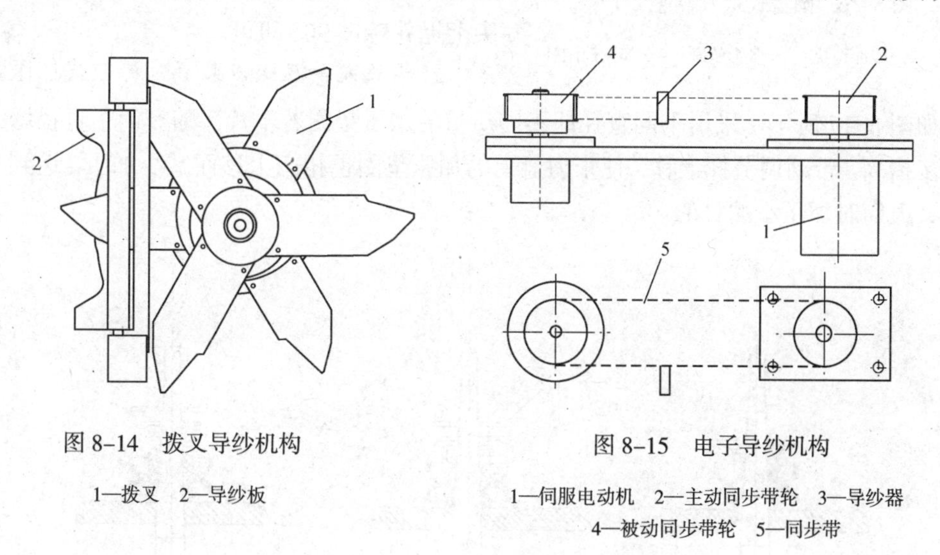

图 8-14　拨叉导纱机构

1—拨叉　2—导纱板

图 8-15　电子导纱机构

1—伺服电动机　2—主动同步带轮　3—导纱器
4—被动同步带轮　5—同步带

第四节　络筒机张力装置

一、张力装置形式

管纱在轴向退绕过程中，纱线的张力不大，若以这样的张力去络筒，得到的是极为松软和成形不良的筒子。使用张力装置的目的就是给予纱线以所需的附加张力，以满足筒子成形良好及卷绕密度适宜的要求。张力装置应满足下列要求：给予纱线的附加张力要均匀，不能增大纱线原有的张力波动幅度；与纱线的接触面要光滑，不应刮毛纱线和聚积飞花杂质；结构简单，调整方便，以适应不同品种。

络筒机最常用的是圆盘式张力装置，可分为消极式张力装置和积极式张力装置。

（一）消极式张力装置

1. 圆盘式张力装置 圆盘式张力装置结构如图 8-16 所示，它主要由活套在芯轴上的上、下金属张力盘 1 所组成。上盘起均匀加压和离心除尘作用，下盘转动缓慢，起清除飞花杂质的作用。张力盘所产生的摩擦制动效果主要是由两圆盘之间摩擦面积的大小来决定的。

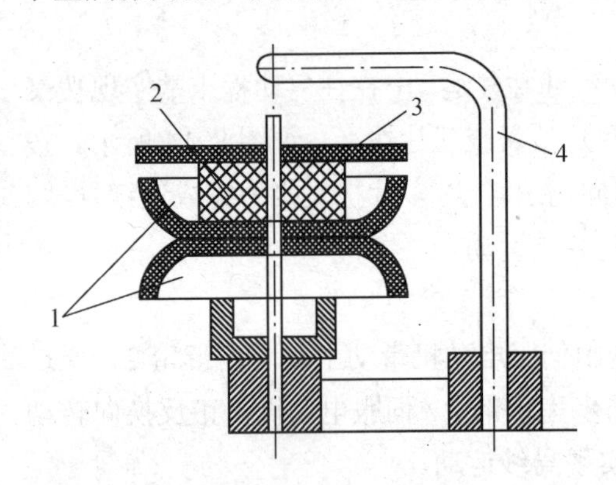

图 8-16　圆盘式张力装置

1—张力盘　2—缓冲毡块　3—张力垫圈　4—弹簧控制杆

在上张力盘内装有缓冲毡块 2，它的作用是在高速络筒时能吸收张力盘和张力垫圈的跳动能量，减小其振动幅度，保持纱线张力均匀。络筒时，纱线在上、下张力盘间通过，由于张力盘对纱线的摩擦，使纱线获得张力。改变张力垫圈 3 的质量就可以改变络筒张力大小。弹簧控制杆的作用是盖在芯轴上方，防止张力垫圈和张力盘的脱出。如需要更换张力垫圈质量时，只需将其弯头上提并转过 90° 即可。

2. 释放式加压张力装置 释放式加压张力装置结构如图 8-17 所示，采用不同直径即不同质量的加压垫圈若干片。随着筒子直径增大，筒子架逐步抬高，带动调节杆上移，使张力盘上的加压垫圈也相应上移而减少加压，达到小筒时加压大、大筒时加压小的目的。

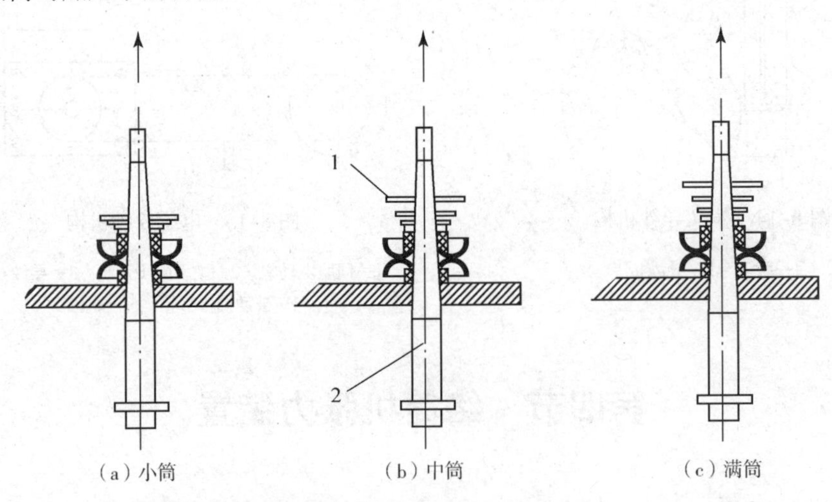

图 8-17　释放式加压张力装置

1—加压垫圈　2—调节杆

3. **圆盘式双张力盘**　圆盘式双张力盘结构如图 8-18 所示，有活塞杆 1 驱动活动张力盘 2，给固定的张力盘 3 施加压力。打结循环期间，主压缩空气管路给张力盘打开活塞杆 4 供气，使张力盘 2 向右打开。

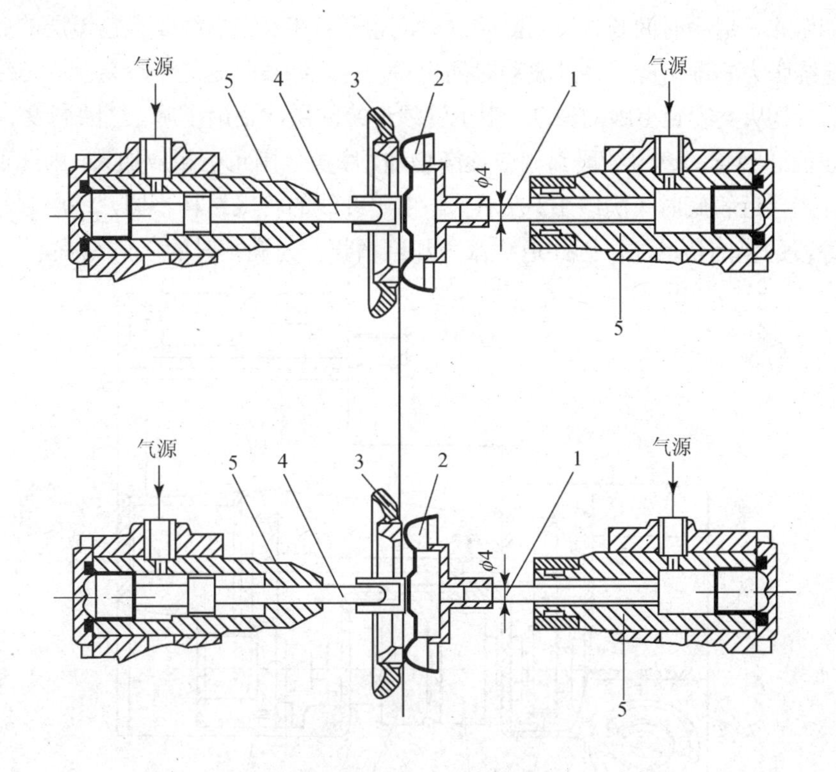

图 8-18　圆盘式双张力盘

1—张力加压活塞杆　2—活动张力盘　3—固定张力盘　4—张力盘打开活塞杆　5—气缸

（二）积极式张力装置

积极式张力装置采用专用电动机传动张力盘，张力盘的回转方向与纱线运行方向相反，结构如图 8-19 所示。右张力盘 3 通过步进电动机 1 和一对齿轮 8 和 2 得到传动，其回转方向与纱线运行方向相反。齿轮 8 同时通过齿轮 7 和 5 传动张力盘 4，使其回转方向与右张力盘 3 相同。张力调节器可以根据不同的纱线调节两个张力盘之间的压力获得所需要的纱线张力。断纱捻接期间，右张力盘通过专门机构右移打开。

二、退绕张力的构成和变化

简单地说，退绕张力是由气圈张力和摩擦张力组成。气圈张力也就是纱线在高速退绕时作用于气圈纱段上的纱线重力、空气阻力、惯性力以及纱线两端张力等的合成；摩擦张力应称分离点张力，即纱线静态平衡力、纱线表面之间的黏附力、纱线从静态向动态过渡的惯性力及摩擦力组成。实践证明，上述诸力中，有的数值很小，可以不计，而摩擦纱段和纱层及纱管间摩擦所生产的摩擦力是退绕张力的主要因素。

纱线退绕过程中产生的退绕张力是变化的。一是纱线从管纱上退绕一个层次（即细纱的卷绕层和包覆层）时张力就波动一次。由于纱层上部退绕半径小，退绕角和纱管的摩擦包围角大，所以上端张力最大，下端张力最小。因此当纱线自卷绕层顶端向底部退绕时，张力是渐减的。由于卷绕层圈数多，退绕时间长，波动影响的时间也长；相反，当纱线自包覆层的底部向顶端退绕时，则退绕张力是渐增的，并且波动时间也短。总之纱线每退绕一个层次，退绕张力就产生一次波动。二是从大纱到小纱的波动。由于管纱退绕的层次逐渐下降，气圈高度、气圈节数、纱线对管纱表面和纱管的摩擦纱段都相应逐渐增加，摩擦包围角也相应加大，因此退绕张力明显变大。尤其当接近管底时（满纱 1/3 左右），由于纱线的管底结构不同，纱层倾斜角迅速减少，使摩擦纱段的包围角增加，因此退绕张力加剧增长，为满纱时的 3 倍左右。

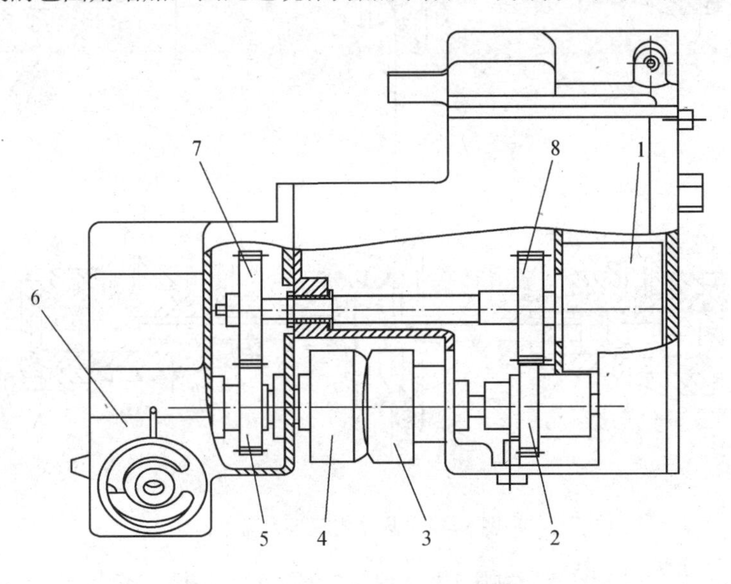

图 8-19　积极式张力装置

1—步进电动机　2—齿轮　3—右张力盘　4—左张力盘
5—齿轮　6—张力调节器　7、8—齿轮

其他如络纱速度和纱线特数等都和退绕张力成正比，但整个过程中不会引起张力过多的波动。总之，在整个退绕过程中，管纱自满纱退绕到空管是引起退绕张力不匀的最主要因素。

三、张力均匀控制装置

（一）自动络筒机

第三代自动络筒机（德国 Autoconer238 型、意大利 Espero 型、日本村田 No7-Ⅱ型）的络纱张力控制是随机的，即附加张力是事先设定的一个不变的张力补偿值，它不因纱线退绕张力的变化而变化，因此会造成卷绕不匀和在下游工序退绕时纱线张力的波动。

新型自动络筒机则采取了新的张力控制措施，即附加张力是变化的，它随退绕张力变化而反向变化，加以调节、补偿，使络纱张力保持恒定，这一系统由气圈破裂器、张力器、张力传感器及自控元件组成。

1. **气圈破裂器**　在络筒的过程中，由于纱线的退绕，形成气圈，而产生气圈张力。为减少因气圈而引起的对纱线张力的影响，在管纱上方加一气圈控制器，将单气圈变为多气圈，从而减小因气圈引起的纱线张力变化。气圈的位置可以调节，随管纱长度而变化。当采用固定气圈控制器时，气圈控制器下部位置和管纱顶部之间的最佳距离为 25mm，如图所示。新一代自动络筒机采用光电跟踪气圈控制装置，如图 8-20 所示。这种装置在络筒过程中，光电跟踪气圈破裂器 2 随着管纱退绕而同步自动下降，保持该装置与退绕点之间的距离不变，从而有效地控制整个管纱退绕过程中的气圈。

如图 8-21 所示，跟踪式气圈控制器采用光电检测技术，将光电传感器与气圈控制器固装为一体。光电传感器实时采集管纱的退绕位置信号，若有纱线，气圈控制器保持在原位置不动；若无纱线，表明管纱的退绕面已经下移，通过锭位计算机的控制电路和伺服电动机的驱动使气圈控制器跟踪下移，直至再次检测到纱线为止。采用伺服电动机跟踪随动控制，气圈控制器可以跟随管纱退绕面的下降而同步下降，使管纱退绕点与气圈控制器之间的气圈形状几乎保持不变，既可减小空管时的张力波动，还有利于管纱的高速退绕。

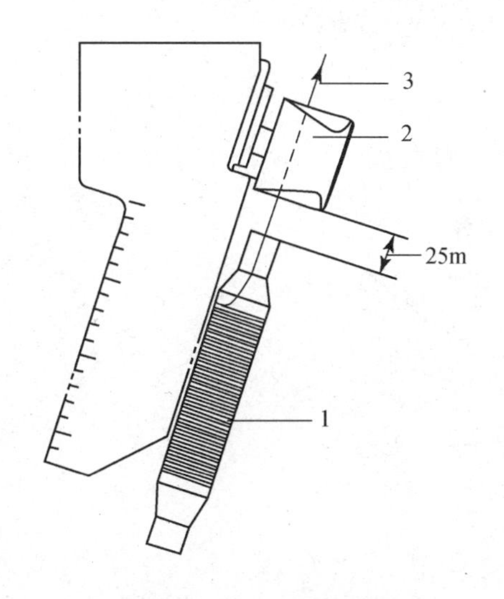

图 8-20　气圈控制器位置图

1—管纱　2—气圈控制器　3—纱线

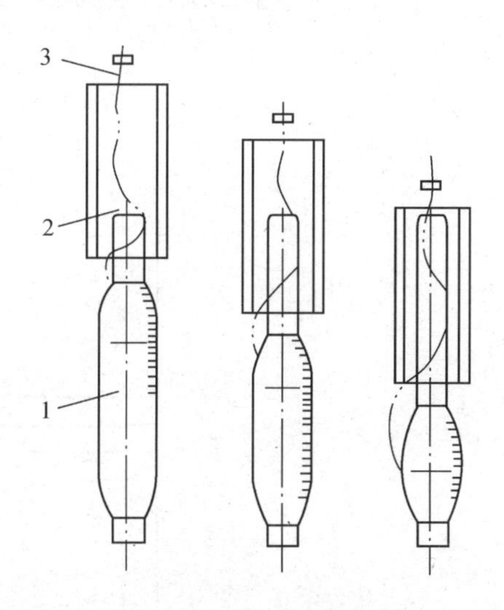

图 8-21　光电跟踪气圈控制装置

1—管纱　2—气圈控制器　3—纱线

采用跟踪式气圈控制器（Bo1-Con）后，纱线退绕张力的波动比采用固定式气圈控制器减小，但并不恒定。由于张力数学模型主要是根据退绕张力的变化规律反向确定，所以栅栏式张力器所产生的附加张力会按跟踪式气圈控制器的退绕张力曲线同步反向变化，结果由退绕张力和附加张力两部分叠加后实际运行的络纱张力可始终保持稳定。如图 8-22 所示。

图 8-23 中（1）为旧型（固定式）气圈破裂器时张力变化曲线；图 8-23 中（2）为村田 No.21C 型使用跟踪式气圈控制器时张力变化曲线；图 8-23 中（3）为村田 No.21C 型使用张力管理系统即跟踪式气圈控制器和栅栏式张力器后的实际运行的络纱张力；图 8-23 中（4）为村田 No.21C 型使用张力管理系统中栅栏式张力器的附加张力曲线变化。

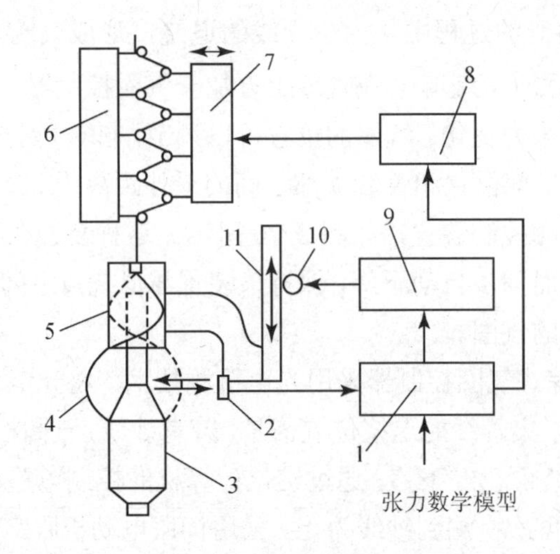

图 8-22　络纱张力自动控制装置

1—锭位计算机　2—光电传感器　3—管纱　4—气圈　5—气圈控制器
6—固定栅栏　7—活动栅栏　8—电磁铁　9—伺服电动机
10—齿轮　11—齿条

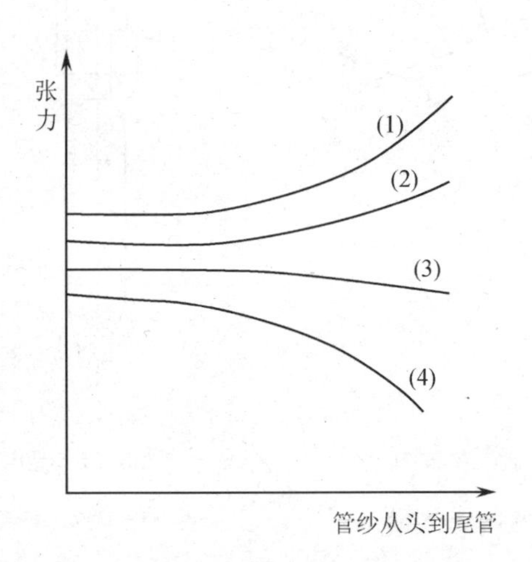

图 8-23　气圈破裂器张力控制

2. **变速系统**　在络筒过程中，管纱退绕从满管到空管，纱线张力显著增加。张力增加的其他因素还有：纱线和筒子的表面摩擦，纤维的种类、捻度、毛羽、纱线的速度等。为减少张力不均对纱线质量产生的影响，自动络筒机采用变速功能，纱线退绕到管纱底部时，退绕速度自动降低，从而使整个管纱退绕过程中的纱线张力保持不变，如图 8-24 所示。

Espero-M/L 型自动络筒机的变速系统称为 VSS，EJP438 型自动络筒机的变速系统称为 Autospeed。

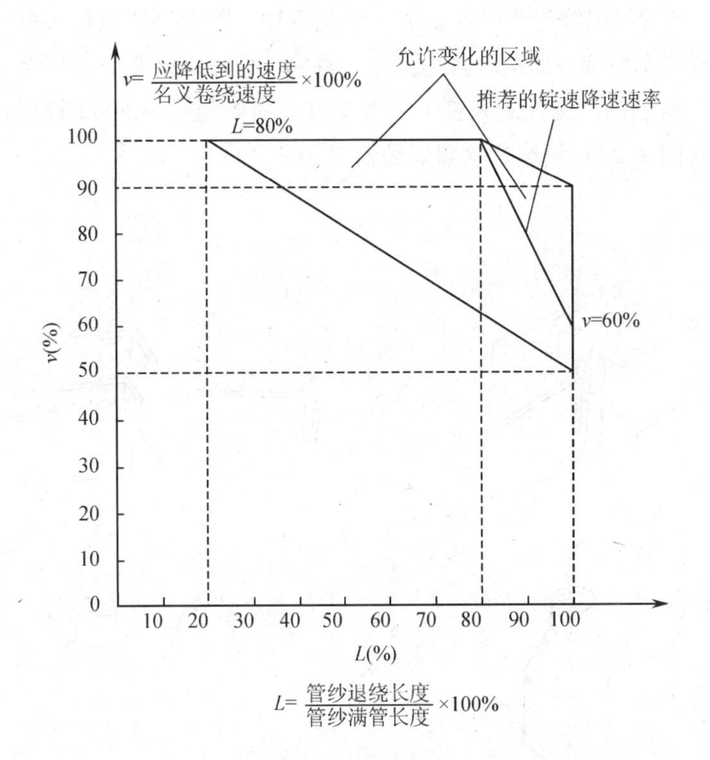

图 8-24　控制张力稳定的变速系统曲线图

3. **张力闭环控制**　德国 Autoconer338 型和意大利 Orion 型的自动纱线控制装置都采用闭环控制系统。图 8-25是自动络筒机纱线张力闭环控制系统，由张力传感器 1、电子式张力控制器 2 和锭位计算机 3 组成。该系统保证在卷绕的过程中获得恒定的纱线张力，从而得到均匀的卷绕密度及高质量的卷绕成形。

其工作原理是：张力传感器 1 对纱线的张力进行测量，将检测信号反馈给锭位计算机 3，锭位计算机与设定张力比较，经处理后，将需调整的信号再传输给张力控制器进行张力闭环调节。

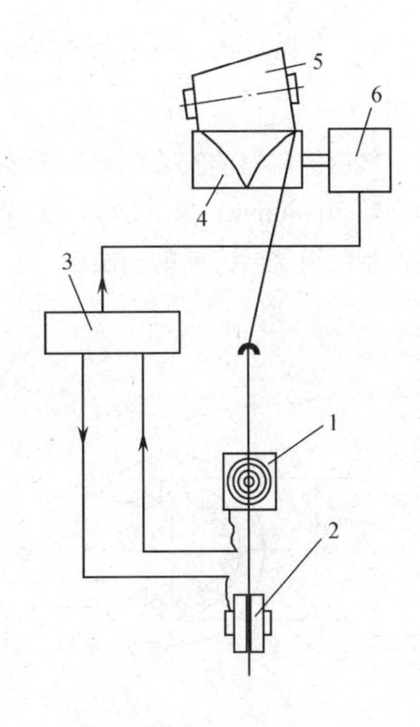

图 8-25　张力闭环控制系统

1—张力传感器　2—张力控制器　3—锭位计算机
4—槽筒　5—筒子　6—槽筒伺服电动机

（二）普通络筒机

（1）当采用短距离导纱时，为使管纱在退绕过程中，始终保持单气圈，导纱距离宜控制在 50~60mm。但导纱距离过小对挡车工操作不利。

（2）当采用中距离导纱时，为了改变气圈的形状，从而改善纱线的张力变化，有利于高速退绕，防止脱圈，在管纱顶端到导纱钩之间形成的气圈部位，加装气圈控制器。其功能是：当管纱退绕导纱管底部时，使气圈和气圈控制器摩擦相撞，将原来出现的过大单节气圈破裂成双节气圈，使退绕张力变小，避免了管底退绕张力急剧增加。常用的气圈控制装置有断面呈三角形的气圈控制装置（图 8-26），断面呈矩形的气圈控制装置（图 8-27），环状气圈破裂器（图 8-28）和球状气圈破裂器（图 8-29）。

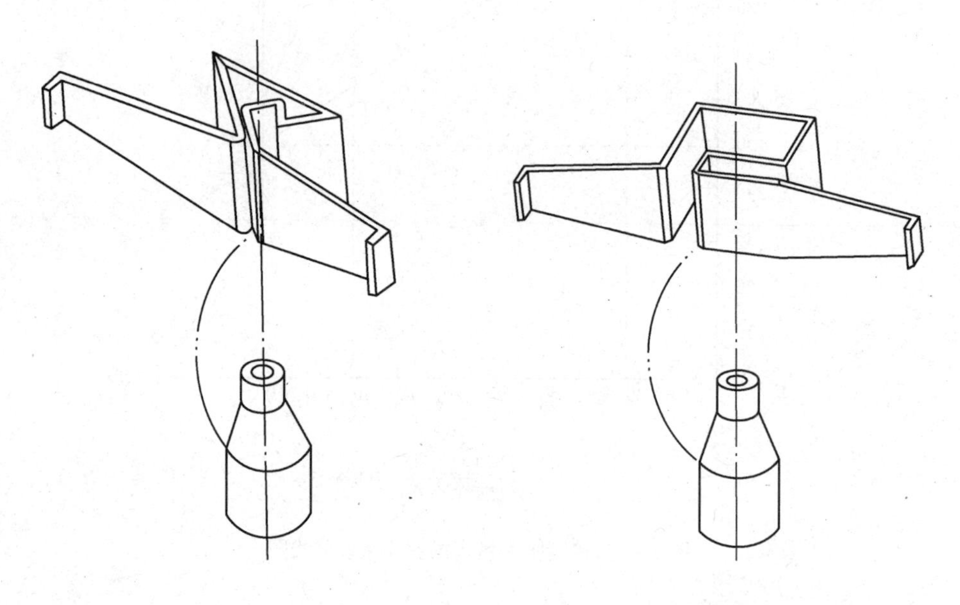

图 8-26　三角形的气圈控制装置　　　　图 8-27　矩形的气圈控制装置

气圈控制器的安装位置：环形、三角形、矩形的气圈控制装置中心应对准管纱轴心，离筒管顶端 30~40mm，离导纱器 60~70mm。球状破裂器应使纱管中心位于球杆外圆的切线上，并装在纱线退绕转方向的一面。

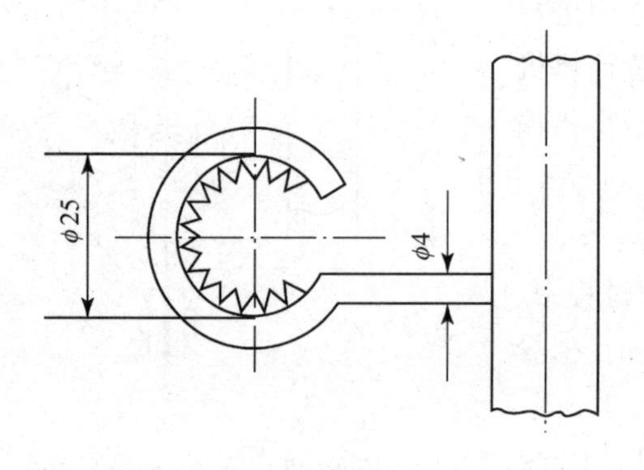

图 8-28　环状气圈破裂器

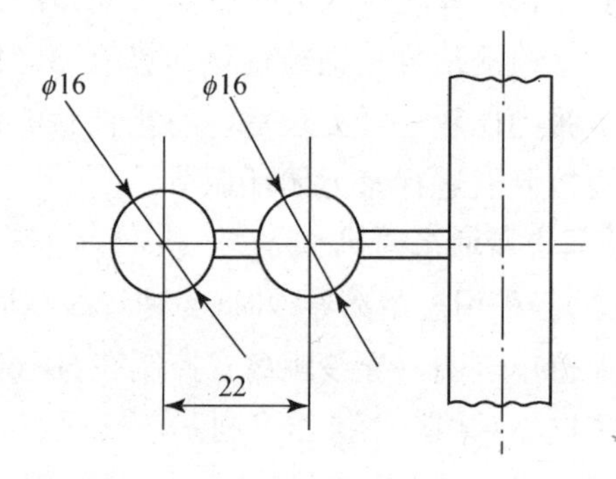

图 8-29　球状气圈破裂器

第五节　络筒机清纱装置

一、机械式清纱器

机械式清纱器由金属刀片或梳针组成，它是解除测量纱线的粗细变化，易损伤纤维，刮毛纱线，影响纱线的弹性，尤其当提高灵敏度时，易积聚浮游纤维、尘杂，导致断头。对扁平状和弹性好的纱疵容易漏掉，也无法感知纱疵长度和细节纱疵。清除效率一般小于 50%，但结构简单，成本低，维修方便，湿度影响小。

（一）隙缝式清纱器

图 8-30 为国内普通络筒机普遍采用的一种隙缝式清纱器。图中前盖板 4 和后盖板 1 固装在张力架上，固定清纱板 2 固装在后盖板的下方，活动清纱板 3 装在与固定清纱板正对的前盖板上缘，2 与 3 之间形成的横向隙缝为纱线通道，其大小即为清纱板隔距。调节清纱板隔距时，在缝隙中插入选定的塞尺，使清纱板同塞尺上下密接，紧固螺钉 6 后抽出塞尺。隙缝隔距一般为纱线直径的 1.5~2.5 倍。

图 8-31 也是一种隙缝式清纱器，薄板 1 上有几条不同宽度的径向隙缝，工作时根据需要调整到合适的隙缝位置。

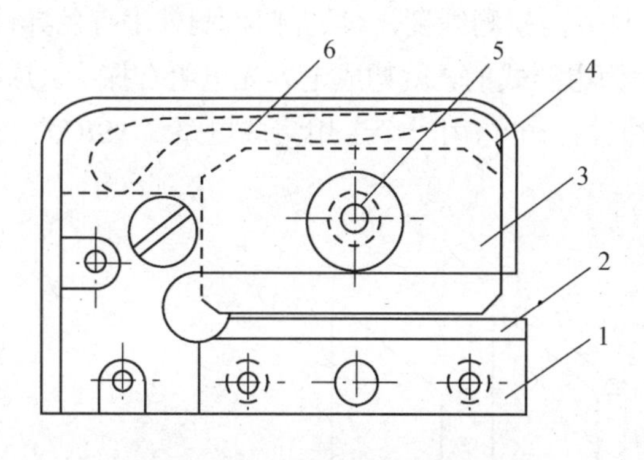

图 8-30　隙缝式清纱器

1—后盖板　2—固定清纱板　3—活动清纱板
4—前盖板　5—调节螺钉　6—弹簧

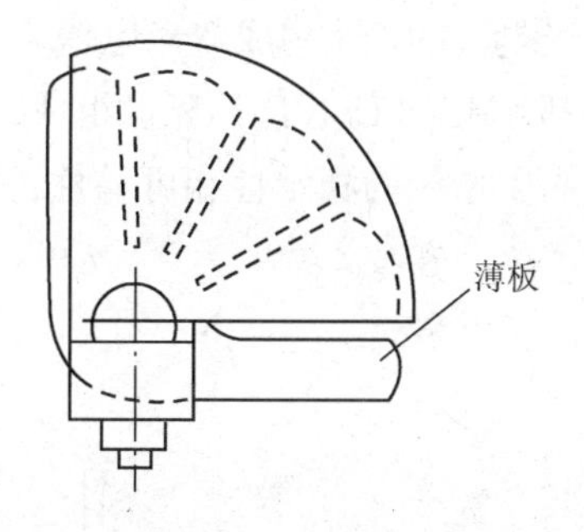

图 8-31　径向隙缝式清纱器

（二）梳针式清纱器

梳针式清纱器的结构与隙缝式类似，如图 8-32 所示。所不同的是，它采用一排后倾 45°的梳针板 1 代替上清纱板，梳针板与固定刀片 2 的隔距由螺钉 3 来调节，隔距通常为纱线直径的 4~6 倍，调整方法与上述相同。

（三）板式清纱器

板式清纱器如图 8-33 所示，其作用原理与隙缝式清纱器相同，图中采用宽度为 14~16mm 的钢板组成隙缝。隙缝由垫片 3 来调整。隔距通常为纱线直径的 1.5~1.75 倍。

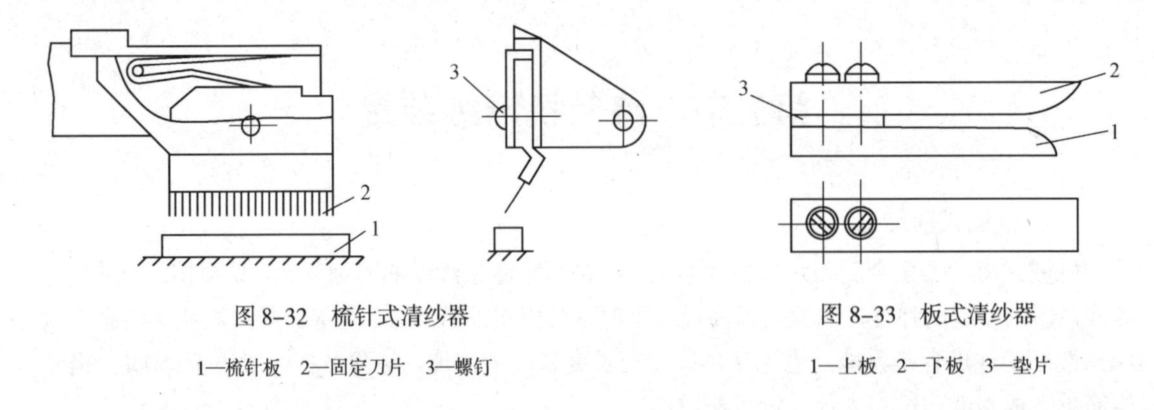

图 8-32　梳针式清纱器

1—梳针板　2—固定刀片　3—螺钉

图 8-33　板式清纱器

1—上板　2—下板　3—垫片

二、电子清纱器

电子清纱器采用无接触检测，不会损伤和刮毛纱线，它的清纱原理是通过对纱疵的直径和长度两个参数进行检测而获得纱疵信息，再与设定值比较，当纱线某处的检测值超出标准时则切断纱线，剔出纱疵。电子清纱器以清除纱疵为主，同时具有其他扩展功能，主要有定长功能、统计功能、自检功能等。

电子清纱器是把纱线粗细变化这一物理量线性的转化成相对应的电量。按检测原理可分为光电式、电容式、光电加光电、电容加光电组合式。

国外于 20 世纪 90 年代初推出具有检测纱线上夹入外来有色异性纤维的电子清纱器，是在原电子清纱器上加一个光电异纤探测器。一只专门检测纱疵，一只专门检测外来有色异性纤维。原来为光电式的，就构成双光电探头；原来为电容式的，就构成电容光电组合探头。这类电子清纱器都是由 CPU 芯片计算机组成。有的把整个电路用一个专用集成电路（ASIC）来完成，大大提高了系统的稳定性和可靠性。

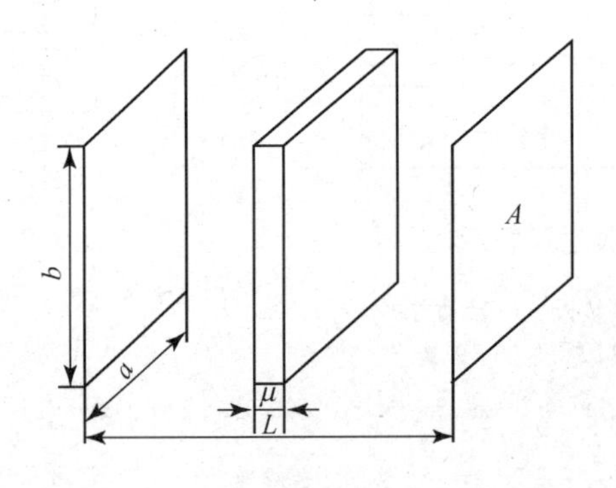

图 8-34　电容传感器工作原理

（一）电容式电子清纱器

1. 电容传感器工作原理　电容式清纱器是根据电容两电极间的介质介电常数不同电容也不同的原理来工作的。一般棉毛纱的相对介电常数是 3~8，而空气的相对介电常数为 1，这样纱线通过电极间的多少变化就产生电容量的变化。测试的对象是纱线的质量。

电容式电子清纱器采用电容传感器作为检测头。电容传感器工作原理如图 8-34 所示。设检测电容的极板长度为 a，高度为 b，极板面积 $A=a\cdot b$，试样厚度为 μ（可理解成把试样纱条压扁并排除空气后所形成的一条纱带），两极板间距为 L，整个装置可视为由两个电容器串联而成，其总电容量 C 由两电容器的电容 C_1 和 C_2 所确定，由此得：

$$\frac{1}{C}=\frac{1}{C_1}+\frac{1}{C_2} \tag{8-14}$$

代入具体参数得：

$$\frac{1}{C}=\frac{\mu}{\varepsilon_0\varepsilon_1 A}+\frac{L-\mu}{\varepsilon_0\varepsilon_2 A} \tag{8-15}$$

式中：C——总电容量，F；

C_1、C_2——分别为介质为纱线、空气所产生的电容量，F；

ε_0——真空介电常数；

ε_1——纱线相对介电常数；

ε_2——空气相对介电常数，一般取为 1；

A——电容极板面积，m^2；

μ——试样厚度，m；

L——为两极板间距，m。

因此：

$$C=\frac{\varepsilon_0\varepsilon_1\varepsilon_2 A}{(\varepsilon_2-\varepsilon_1)\mu+L\varepsilon_1} \tag{8-16}$$

为简单起见，设空气相对介电常数为 1，即 $\varepsilon_2=1$，上述公式为：

$$C=\frac{\varepsilon_0\varepsilon_1\varepsilon_2 A}{(\varepsilon_2-\varepsilon_1)\mu+L\varepsilon_1}=\frac{\varepsilon_0 A}{L-\mu+\dfrac{\mu}{\varepsilon_1}} \tag{8-17}$$

可见，总电容 C 取决于试样厚度 μ 和相对介电常数 ε_1，这两参数与试样质量有关，知道其中之一就可测量另一个。

2. **电容式清纱器工作原理** 电容式电子清纱器的一般工作原理如图 8-35 所示。

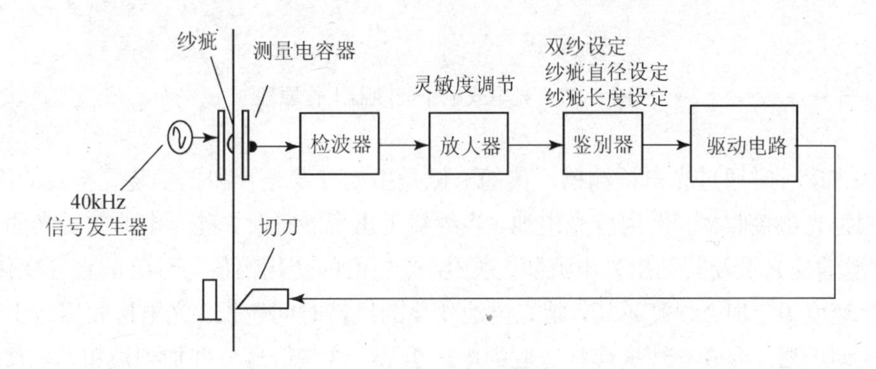

图 8-35 电容式电子清纱器工作原理

当清纱器工作时，纱线以恒速通过测量电容器的两块极板之间。无纱时，极板间介质全部是空气，电容量最小。进纱后，因纤维介电常数比空气大，电容量增加，而增加的大小如前所述与极板间纱线的质量成正比。测量电路就是要测量电容的变化，一般测量电容就是采取简单 *RC* 串联电路。通过加上一频率为 40kHz 的高频电压于等效的 *RC* 分压电路上，电容量即可在等效 *R* 上取出。再通过检波电路，信号调理电路，参数设定电路，比较电路等相应处理就可输出各类纱疵信号。再通过驱动电路来控制切刀动作，完成纱疵检测功能。

（二）光电式电子清纱器

1. **光电式传感器工作原理** 光电式基于投影原理，直观地度量了纱线的直径和长度这两个几何量，也即测的是纱线的体积，这与人的视觉比较接近。

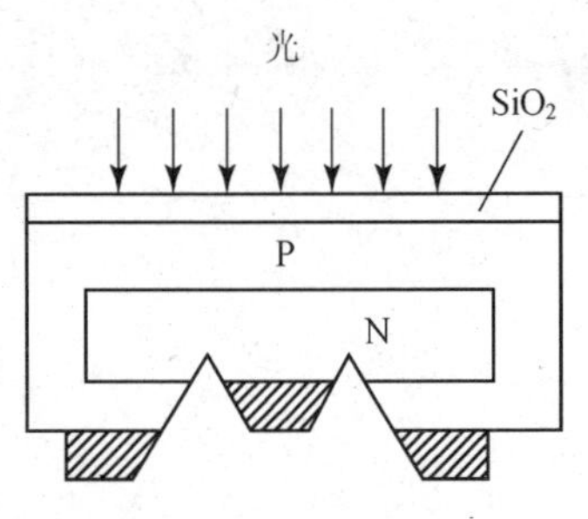

图 8-36 硅光电池的结构

光电式清纱器一般采用硅光电池传感器。硅光电池的作用原理如图 8-36 所示。当光照射至光电池的 PN 结的 P 型面时，如果光子能量大于半导体材料的禁带宽度，则在 P 型去没吸收一个光子便激发一个电子孔空穴对。在 PN 结电场作用下，N 区的光生空穴将被拉向 P 区，P 区的光生电子将被拉向 N 区。结果，在 N 区便会积聚负电荷，在 P 区便会积聚正电荷。这样 P 区与 N 区间便形成电势区。若将 PN 结两端用导线连接起来，电路中便会有电流流过。照射到光电池的电子越多，电势就越高，电流就越大。

2. **光电式电子清纱器工作原理** 光电式电子清纱器的一般工作原理如图 8-37 所示。

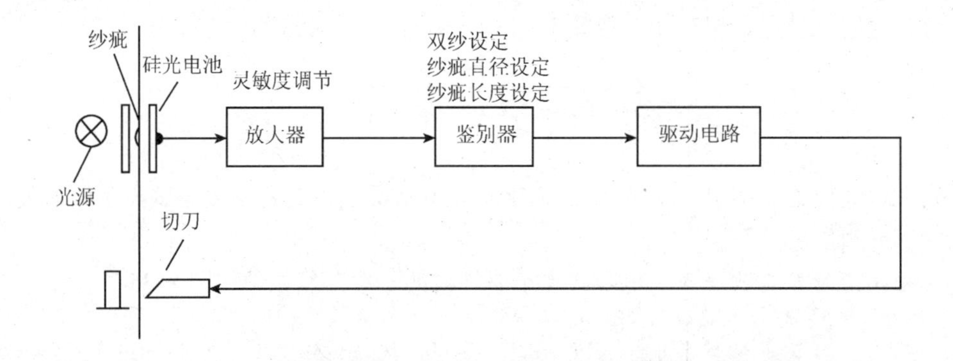

图 8-37 光电式电子清纱器工作原理

纱线高速运行时通过光电检测槽，槽的一侧是由红外发光管和光学装置构成的检测光源，槽的另一侧为光电接收器，采用硅光电池。当纱线上出现纱疵时，硅光电池的受光面积发生变化，硅光电池的受光量及其输出光电流随之变化，光电池的变化幅值与纱疵的直径变化成正比。当纱线运行速度恒定时，纱疵越长，则光电池变化的维持时间越长。光电接收器输出的电流信号经放大及调理后，形成与纱疵形状对应的电压信号。这些信号分别加到短粗节、长粗节和长细节通道，与设定的参数相比较得到相应信号，来驱动切刀动作，完成清纱功能。

（三）电子清纱器主要技术特征比较

目前国内使用较多电子清纱器的有国产的DQSS、QS、H800三大系列和国外瑞士Uster、Loepfe及日本Keisokki三大公司生产的。其中有80%的是电容式电子清纱器，如DQSS-1型、DQSS-4型、QS-2型、QS-6型、Uster-D型、精锐21型等型都是电容式，少数如PI-150型、YH-5型、DOS-301型是光电式。目前也有发展比较新型的电子清纱器如Uster生产的Quantum型结合使用电容和光电两种传感器，日本Keisokki公司生产的Trichord 电子清纱器可同时使用：电容式、光电式、Microeye三种传感器，可以检测异纤。表8-1是国内外几种电子清纱器的主要技术特征。

表8-1 国内外几种电子清纱器主要技术特征

型号			Yarn Master TK930F/S/H	Trichord Clearer	Uster Polymatic UPM1	Uster Quantum Clearer	QS-20	精锐21
检测方式			双光电探头	双光电探头或电容加光电组合探头	电容式	电容加光电组合探头	电容式	电容式
适用线密度范围（tex）			4～66	4～100（棉型）	4～100	4～100	5～100	5～58/20～100
清纱范围	棉结N（%）		（3～7）d	+50～890	+50～+300	+100～+500	—	—
	短粗节S	%	（1.5～4）d	+5～+99	+10～+200	+50～+300	+70~+300	+50~+300
		cm	05~10	1～200	1~10	1～10	1.1～16	1～10
	长粗结L	%	（1.1~2）d	+5～+99	+10~+200	+10～+200	+20～+100	+10～+200
		cm	05~200	5～200	10～200	10～200	8～200	8～200
	细节T	%	（-0.1~-0.6）d	-5～-90/-5～-99	-10～-80	-10～-80	-20～-80	-10～-85
		cm	5～200	1～200/5～200	10～200	10～200	8～200	8～200
纱速范围（m/min）			100~2000	300~2000	300~2000	300～2000	300～1000	200～2200
电源箱控制锭数			72	84	72	60	50/60	100
信号处理方式			智能化	智能化	信号归一	智能化	信号归一	智能化
配自动络筒机			适用	适用	适用	适用	适用	适用
可清除有色异纤			是	是	否	是	否	否
电源	电压（V）		$110/120^{+20}_{-15\%}$	85～264	110/120±25%	110/120 ±25%	$220^{+10}_{-20\%}$	180～260
	频率（Hz）		50/60	50/64	50/60	50/60	50±2.5%	47/63
制造单位			瑞士LOEPFE	日本KEISOKKI	瑞士USTER	瑞士USTER	无锡海鹰	长岭纺电

注 1. d为纱线直径。

2. Uster Quantum2型清纱器可从面纱中清除白色透明的丙纶。

第六节　络筒机捻接装置

在织造准备及织造过程中，纱线断头是经常遇到的问题，断头一次所造成的经济损失以络筒工序为最低。据分析，如络筒工序为基数1，则在整经、浆纱及织造工序因断头所造成的损失分别为700、2100及490。由此可见，凡可能会在后道工序造成断头的纱线弱节或疵点，一般成尽可能让其在络筒工序暴露出采，并予以清除。

目前，新型织机的高速引纬及整经机的高速化对筒子的卷装要求不断提高，促使络筒机采用电子清纱器技术以减少纱疵及后道工序的断头率。但随着疵点切除数量的猛增，结头数量也大增，而纱线结头只是把一种类型的疵点转换成另一种类型的疵点，质量再好的结头形式对后道工序也是有弊有利的，因此，结头的问题引起了人们广泛的关注。为提高后道工序的生产效率，改善织物表面质量，结头形式的改进及各种类型的捻接器得到了较快的发展。

纱线的捻接方式很多，有包缠法、粘合法、熔结法、机械捻接法、静电捻接法和空气捻接法等。在络筒机上比较成熟的捻接装置是空气捻接器和机械捻接器。

一、空气捻接器

（一）普通空气捻接器

在无结纱生产过程中，广泛使用气动捻接器。气动捻接器又称空气捻接器，其原理是运用空气动力学理论，利用压缩空气的气流使上、下两根纱头相互缠合成一体。空气捻接器的捻接过程可作如下描述：两根纱头用高压空气吹松、退捻、搭接，随后再以反向高压空气吹动，使纱线捻合。

1. **空气捻接器结构**　图8-38是空气捻接器的结构。捻接器上零件的调整。

（1）喂纱臂4的初始位置可调节（根据指针5对刻度的指向），以调整捻接的长度。

（2）上、下剪刀6中的定刀位置可调整剪刀剪短纱线的快慢。

（3）退捻管3可调整退捻的效果，可根据纱线的捻向进行调换。

（4）可根据纤维的品种和长度调换捻接块5和盖板1。

2. **空气捻接器捻接过程**　空气捻接器捻接过程如图8-39所示。

（1）纱线引入：见图8-39（a）。络筒过程中纱线发生断头以后，由抓取纱尾的吸风管分别从筒子和管纱上将两根断纱的纱头吸出，然后送到捻接器附近。两段纱线由右导纱杆2引导进入捻接区。其中上右导纱杆将来自筒子上的纱线引入上夹紧板1的钳口内，把来自管纱上的纱线带入上剪刀口；与上右导纱杆连动的下右导纱杆则把来自筒子上的纱带入下剪口。把来自管纱上的纱引入下夹紧板7的钳口内。左导纱杆3转动，其下两部分分别使上、下夹紧板夹住引入各自钳口中的纱线。

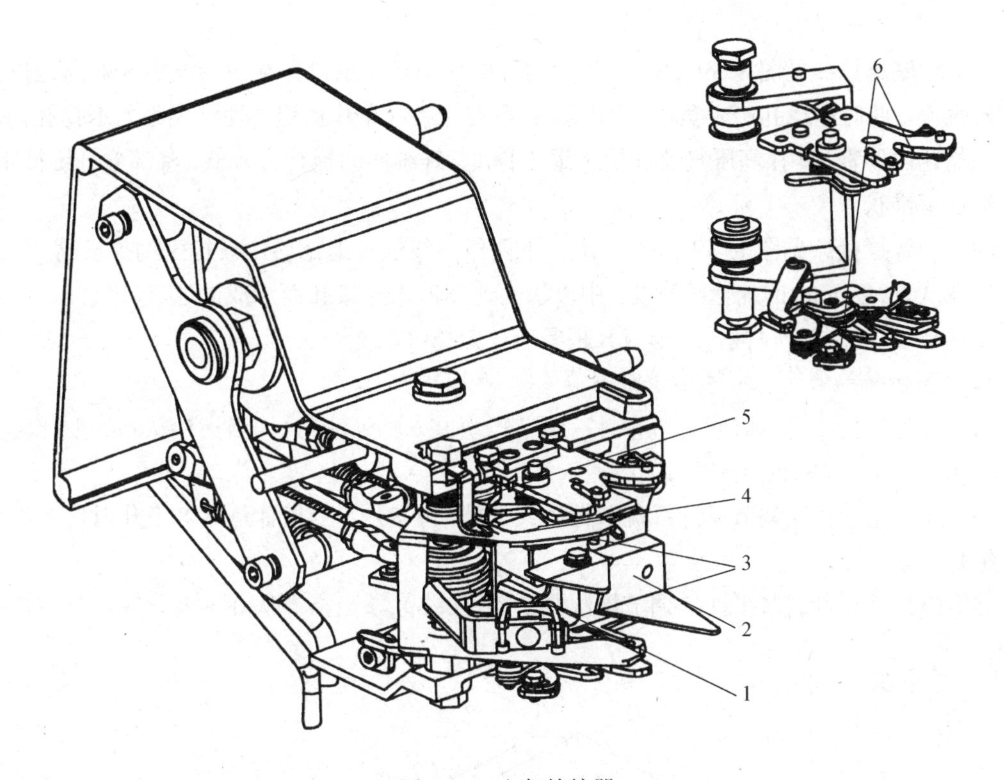

图 8-38　空气捻接器

1—盖板　2—捻接块　3—退捻管　4—喂纱臂　5—指针　6—上、下剪刀

（2）剪断纱线尾端：见图 8-39（a）。两段纱线的尾端分别送入上、下两个剪刀口后，剪刀 4 和 6 同时作用，将纱线多余的尾端剪断，剪切下的纱头立即被吸走。

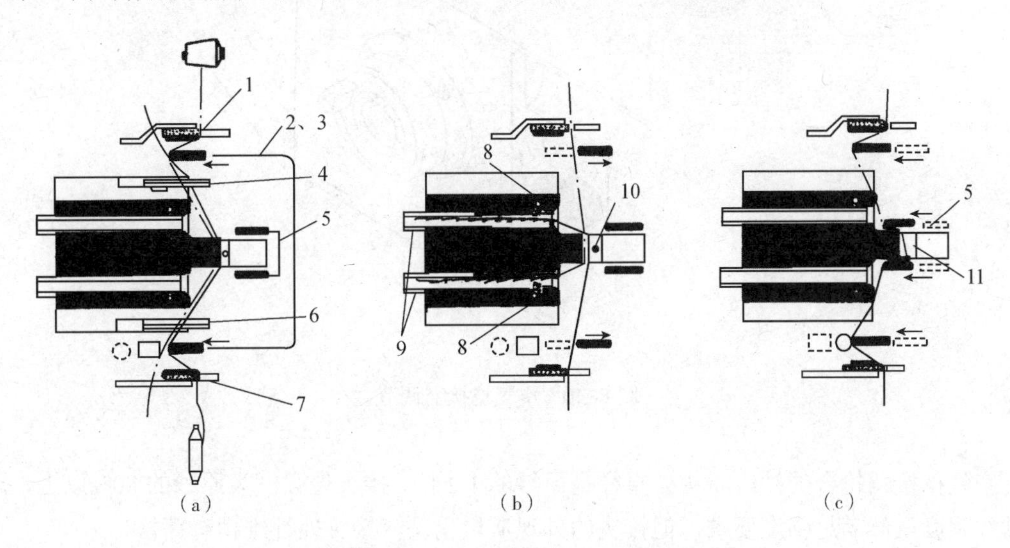

图 8-39　空气捻接器捻接过程

1—上夹紧板　2—右导纱杆　3—左导纱杆　4—上剪刀　5—纱线握持杆　6—下剪刀
7—下夹紧板　8—退捻空喷嘴　9—退捻孔　10—加捻喷嘴　11—捻接嘴

（3）纱尾退捻：见图 8-39（b）。当剪刀开始作用后，退捻孔 9 中的喷嘴 8 即向退捻孔喷入高压气流，此时退捻孔产生负压，同时上、下右导纱杆稍作后退，使纱尾吸入退捻孔内。纱线在退捻孔内伸直，并在高压气流作用下退去捻度，纤维间的抱合力降低，有部分纤维被带走，纱尾端部呈锥状。

（4）纱线捻接：见图 8-39（c）。上、下两段纱线经过退捻后，被拉引到捻接嘴 11 内，高压气流从直径 1mm 的加捻喷嘴 10 中以极高速度冲击捻接孔而形成高速旋转气流，两段纱线的尾端也以高速回转—抱合，形成一根具有一定捻度的无结头纱。

3. 空气捻接器调节 空气捻接器调节如图 8-40 所示。

（1）A 为加捻、退捻时间调节指针：调节档次共 6 档（0~5）。当指针从 0~5 变化时，加捻时间依次增加，退捻时间依次减少。

（2）B 为尾纱长度调节指针：调节档次共 9 档（0~8）。当指针从 0~8 变化时，尾纱长度依次缩短。

（3）C 为气流量调节指针：调节档次共 7 档（0~6）。当指针从 0~6 变化时，气流量依次增加。

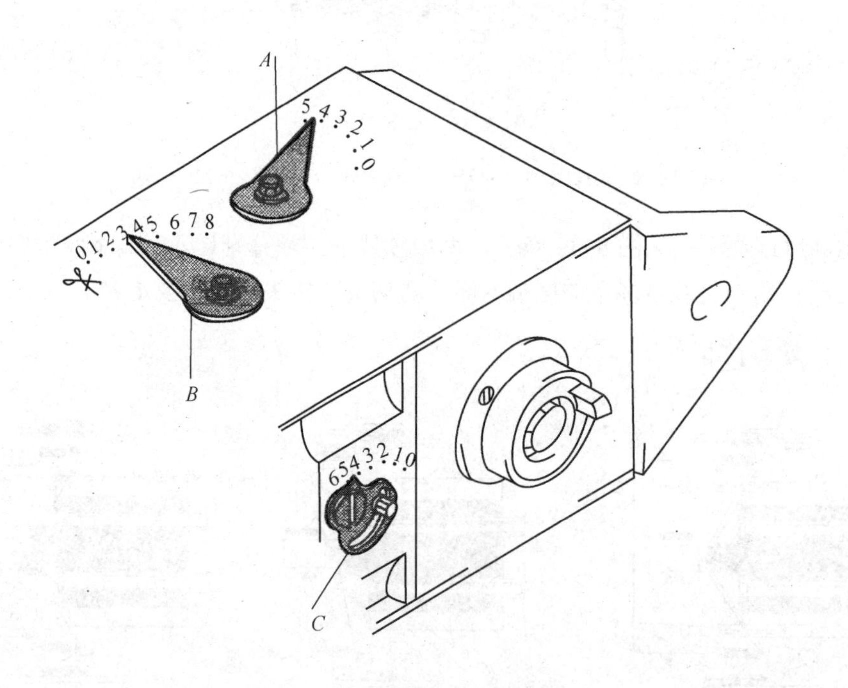

图 8-40 空气捻接器调节

空气捻接器捻合的纱线断头处直径是原纱的 1.2 倍，接头处强度为原纱的 80%以上，捻接后纱线强度虽然满足强度要求，但接头的外观质量稍差，接头处纤维稍有蓬松。

普通空气捻接器（如 ESPERO 络筒机用的 498Q 型和 ORION 络筒机用的 690 型）几乎可捻接所有的纯棉、化纤、羊毛及各混纺单纱（例如：只需调校设定便可从捻接 8 支棉纱改为捻接 110 支棉纱了）；若更换气捻室，同一捻接器更可捻接大多数的氨纶包芯纱。

（二）新型空气捻接器

1. **水雾捻接器** 水雾捻接器与空气捻接器的原理相同，只是在捻接空气中加入少量的蒸馏水。由于捻接空气中含一定的水分，纤维间的抱合力大大增加，从而提高了纱线的捻接强度。据报道，水雾捻接器的捻接强度非常接近于纱线本身的强度，在纯棉纱络筒时，其效果更加明显。另一种水雾捻接器带有电磁式计量阀，能正确计量加入捻接空气中的少量水雾，大大增强空气流的旋转惯量，从而提高捻接处强力，改善外观效果。电磁式计量阀是唯一可根据纱线来调整用水量的捻接装置，其用水量可在车头的电脑上集中输入。

水雾捻接器可捻接所有的纯棉及混纺股线、转杯纺，甚而是紧密纺的纱线，也是捻接牛仔布粗特纱线和棉/氨纶包芯纱的最佳选择，及捻接亚麻纱和丝光棉纱的唯一方案。

2. **热风捻接器** 热风捻接器是通过将捻接空气的温度进行调节，充分利用纤维的热塑性，达到空气捻接过程的优化，以稳定在捻接区的纱线结构；因此，捻接处强力增加。热风捻接器可改善单根及双根粗纺毛纱、赛络纺及高捻精纺毛纱的捻接效果。

3. **弹力纱空气捻接器** 弹力纱空气捻接器的工作方式是以气动原理为基础的。为了捻接包芯纱，赐来福（Schlafhorst）公司对标准捻接器及其捻接原理进行了进一步改进，对捻接器的特殊要求及纱线的特性进行了详细分析，开发出这种弹力纱空气捻接器，并将其应用于实际生产中。

为了确保弹力纱的捻接质量，对捻接器在捻接过程中有几点要求。

（1）在纤维开松的过程中，应将弹力芯纱和纱头始终牢固地夹持住，不能松开。

（2）纤维开松、包缠要均匀。

（3）开松的纱头应均匀地、安全地移到捻接器筒管中。

（4）芯纱应牢固地与包缠纤维结合在一起。

为了满足上述要求，弹力纱空气捻接器装有一个特殊设计的制动元件、改进的夹持和切割装置以及控制软件，对捻接周期作相应调整，进一步提高了工艺稳定性。在机织工艺中，接头具有很高的抗交变应力能力，在针织工艺中接头有弹力，能够满足纱线外观的要求和后道各种工序的要求。

二、机械式捻接器

机械式捻接器克服了空气捻接的不足之处，它的接头质量好，光滑、无纱尾，捻接处直径为原纱的1.1～1.2倍，接头处强力为原纱的90%以上，是一种比较理想的捻接工具，但其结构比较复杂，制造精度高，造价贵，与其他捻接器不能互换。目前，国外在这方面技术较为成熟的有意大利Savio公司和瑞士Zellwegen公司。

机械捻接器与空气捻接器的捻接过程很相似，先将纱尾退捻松解，再牵伸纱尾端，然后并合纱尾，只不过前者采用两只捻接盘以机械搓捻的方法完成捻接。捻接盘如图8-41所示，来自筒子和管纱的纱线进入一对捻接盘1后，两个捻接盘先按箭头*a*所示的方向相

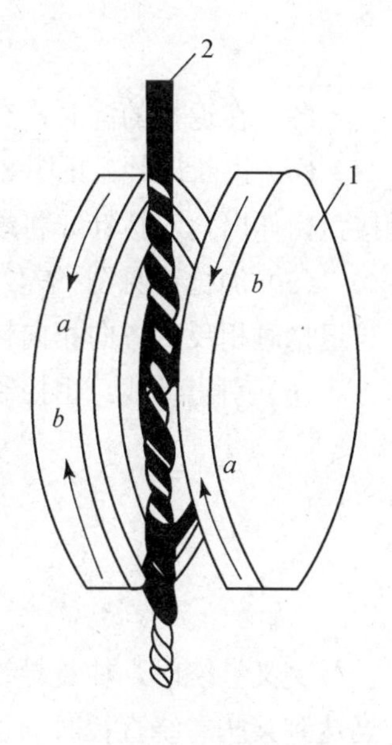

图8-41 捻接盘的搓捻

1—捻接盘 2—纱线

对转动，进行退捻，然后按箭头 *b* 所示的方向反向回转加捻。由于搓捻过程中纱线 2 受到积极的夹持作用，因此捻接质量好。

以 Z 捻单纱为例，图 8-42 所示为该捻接过程。

（1）引入纱线：见图 8-42（a）。筒子纱 4 和管纱 5 分别由络筒机上的固定吸嘴和活动导纱钩平行引入捻接器的两只搓捻盘中。图 8-42 中 1 和 1′表示捻接盘上的一对凸钉，2 和 2′表示另一捻接盘（图中未画）上的凸钉。

（2）退捻和牵伸：见图 8-42（b）、（c）。当纱线引入捻接盘后，两只橡胶捻接盘在扇形齿轮的传动下闭合，并以相反方向转动，捻接盘中的两根互相平行的纱线受到退捻。在退捻过程中捻接盘内的两对凸钉逐渐向中间靠拢，从而推动两根纱线相互靠近。当退捻结束时，两根纱线的中间部分完全并拢。

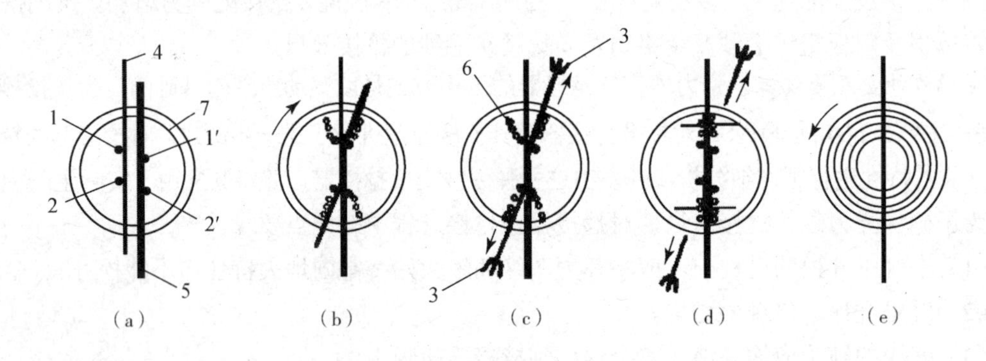

图 8-42 机械捻接过程

1、1′、2、2′—凸钉 3、3′—夹纱钳 4—筒子纱 5—管纱 6—拨针 7—搓捻盘

（3）在退捻的同时，有一对夹纱钳 3 和 3′对两纱尾进行牵伸，使纱尾端呈锥状须条。

（4）拉断尾纱：见图 8-42（c）、（d）退捻后，多余的尾纱被摘除，且被吸管吸走。接着捻接盘内伸出六对拨针 6 将纱尾和纱体互相并拢。

（5）加捻：见图 8-42（e）。捻接盘中纱体和尾纱完全并拢后，拨针退回，两只捻接盘以与退捻时相反的方向相向转动，使并合的纱线重新加捻，成为一根无结头的捻接纱。

（6）引出纱线：由控制装置分离捻接盘，导纱装置从两圆盘中引出纱线。

第七节 络筒机防叠装置

交叉卷绕时，往复导纱一个周期内筒子的回转数随着卷绕直径的增加而逐渐减少。这样，当达到某些卷绕直径时筒子的回转数恰好为整数，则绕在筒子上的线圈将同前一层中的纱圈重叠起来。由于槽筒和沟槽的影响，可使这种现象继续下去，从而形成条带状卷绕的疵点筒子，称为重叠筒子。所以，在络筒机上必须采取各种防叠措施。

一、无触点式间歇开关防叠装置

该装置利用晶体管开关电路构成循环定时器，取代接触式开关的凸轮组，并采用双向可控硅取代了铂银触点。循环定时器相当于一个无稳态电路，依靠电容的充电、放电而不停地翻转，产生每分钟 32 次的低频矩形脉冲。触发器由单向可控硅、触发变压器和桥式整流器组成，主电动机回路 B 相和 C 相电源中装有两只双向可控硅，如图 8-43 所示。当触发器输出脉冲加到可控硅控制极 KB、KC 时，主电动机增速；反之主回路截止，电动机依靠惯性回转而减速。

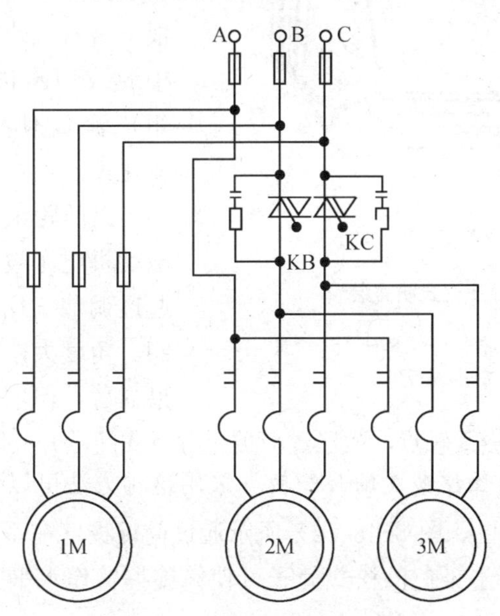

图 8-43　络筒机电动机电路

1M—辅助电动机　2M、3M—主动电动机

二、机械式防叠装置

1. **摩擦轮式防叠装置**　该装置属于机械式防叠装置，它通过控制单个槽筒的速度变化来达到防叠的目的。如图 8-44 所示，主传动轮 1 由传动轴 4 带动，经摩擦轮 2 传动槽筒 3。摩擦轮安装在摆动杆上，后者以每分钟 40 次的频率使摩擦轮间歇传动槽筒，造成其速度周期性地变化，从而使筒子在槽筒表面产生滑移而起到防叠作用。

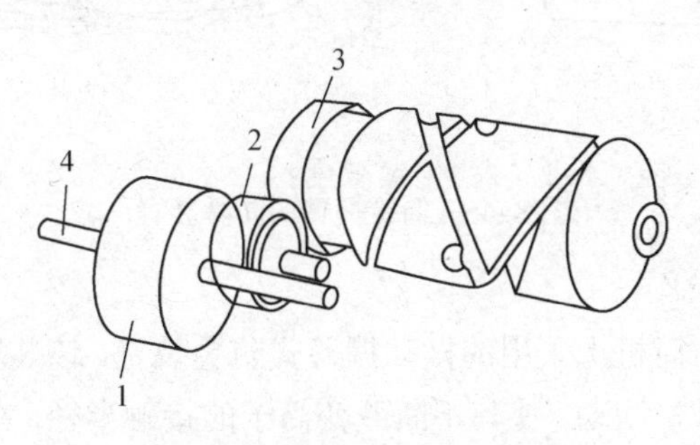

图 8-44　间歇摩擦式防叠装置

1—主传动轮　2—摩擦轮　3—槽筒　4—传动轴

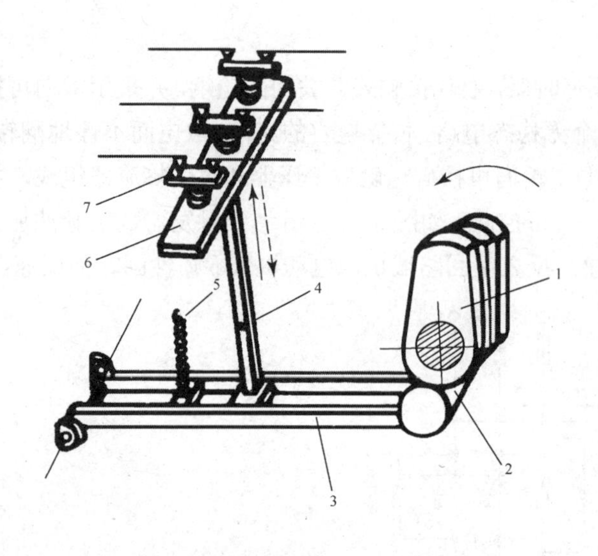

图 8-45　间歇接触开关式防叠装置

1—凸轮组　2—转子　3—杠杆　4—升降杆　5—弹簧　6—升降板　7—接触板

2. 间歇接触开关式防叠装置　图8-45是国内络筒机上普遍采用的电气式防叠装置。由三片凸轮构成的凸轮组1以32~36r/min的速度通过转子2、杠杆3和升降杆4，使升降板6作上下运动。弹簧5使转子紧贴凸轮表面。升降板上装有三块铂银合金接触板7，用于接通或切断传动槽筒轴的主电动机三相电源，使槽筒轴转速发生周期性变化。

当凸轮组大半径作用于转子时，主电动机电源被切断，切断时间的长短可通过调节三片凸轮弧面张开的角度来控制。角度大，筒子滑移量也大，防叠效果显著，但电力消耗大，并且由于接触开关工作时产生的电弧易烧毁触点，故已逐渐被无触点式间歇开关取代。

3. 使筒子托架作周期性摆动或轴向移动　采用这种方法可以使相邻纱圈产生一定的位移角，从而避免重叠的发生。图8-46（a）所示通过筒锭握臂在垂直方向上的摆动而有效地防止纱线的重叠现象；用于染色的松式筒子可使筒锭握臂作水平方向的摆动来防叠，如图8-46（b）所示。

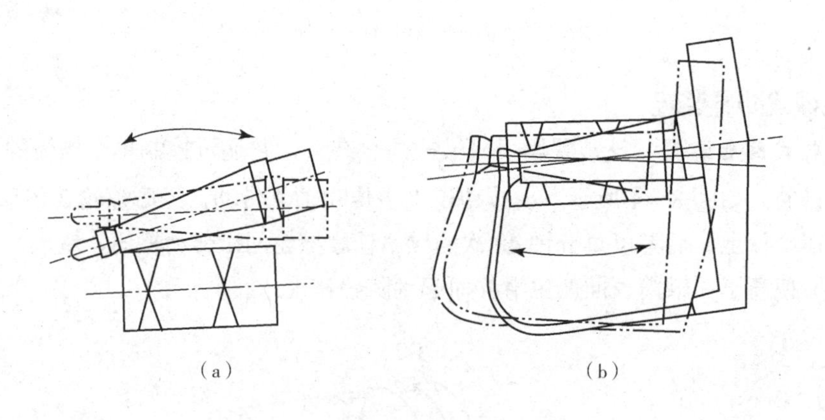

图 8-46　筒锭握臂的防叠装置

图8-47所示为自动络筒机上采用的摆动握臂式防叠装置。该装置的作用是使筒锭握臂12和筒锭13的轴心线产生微量摆动，使其不断改变筒子的接触半径，在槽筒转速恒定的条件下，间歇地改变筒子转速，以达到防叠目的。

图8-47中尼龙偏心轮1以22r/min的速度回转，通过拨叉6、滑块5及一组连杆，使水平

连杆 10 作水平往复运动，再带动筒锭握臂往复摆动，最后达到筒锭轴心线摆动的目的。一般摆幅为 1~5mm，调节滑块的高低可调节摆幅的大小。

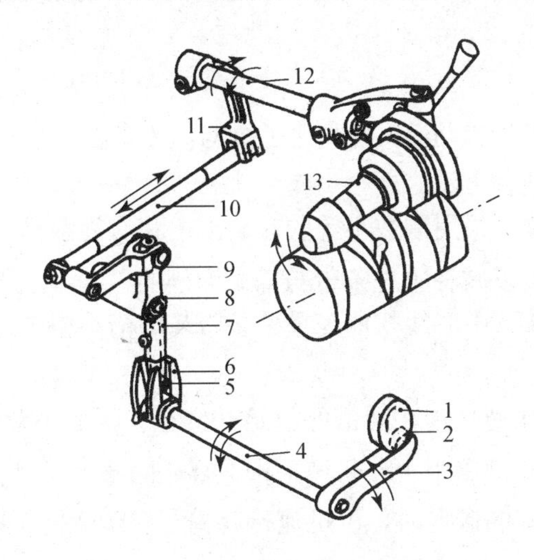

图 8-47 摆动握臂的防叠装置

1—尼龙偏心轮 2—转子 3—转子臂 4—摆动轴 5—滑块 6—拨叉 7—双臂摆杆 8—固定芯轴 9—连杆 10—水平连杆 11—摇杆 12—筒锭握臂 13—筒锭

三、单电动机变频传动防叠装置

单锭控制的自动络筒机，一般通过每锭一台变频器进行控制，把卷绕速度作为周期性变化曲线，输入变频器，从而使槽筒转速周期性变化，达到防叠目的。

图 8-48 是单电动机变频传动防叠系统示意图。由传感器 4 和 5（光电编码器）检测槽筒和筒子的转速，并将检测结果送给锭位计算机 1。锭位计算机 1 根据两个传感器检测的转速随时计算出当时的筒子直径和速比，当槽筒与筒子纱之间的速度达到临界重叠卷绕值时，锭位计算机驱动伺服电动机变速，产生滑移，实现防叠，等越过重叠值后伺服电动机再恢复匀速运转，使筒子纱卷绕始终保持正确的交叉卷绕状态，这是普通防叠机构做不到的。

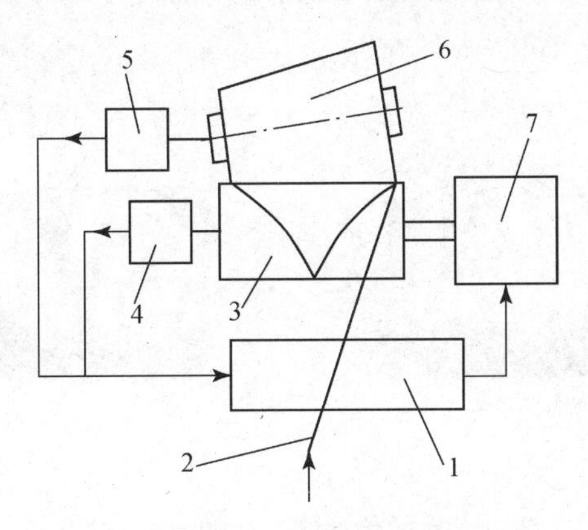

图 8-48 单电动机变频传动防叠系统

1—锭位计算机 2—纱线 3—槽筒 4、5—传感器 6—筒子 7—伺服电动机

四、无刷直流电动机变速防叠装置

使卷绕速度的变化成为周期性变速曲线，从而使槽筒周期性变速达到防叠的目的。

五、槽筒防叠装置

利用槽筒结构的特殊设计来防叠，既简化了机构，又节省了电力，因此被槽筒式络筒机广泛采用。槽筒防叠有以下几种方法。

1. **采用圈数不等的沟槽** 采用圈数不等的左旋沟槽和右旋沟槽，使两条沟槽交叉点连线与槽筒轴心线不平行，这样可以减轻重叠条带与槽筒沟槽的“啮合”程度。

2. **槽筒沟槽中心线扭曲** 中心线扭曲使重叠条带与沟槽不相吻合，防止重叠条带过度地嵌入槽筒沟槽中。

3. **设置虚槽和断槽** 虚槽是指在回槽的起始部位有一区段不设沟槽，如图 8-49 所示，此时纱线依靠自身张力滑回槽筒中央。断槽是指在离、回槽交叉处的回槽被隔断的现象。虚槽和断槽在有产生重叠卷绕的倾向时，可迅速拾起筒子，改变筒子的接触半径，而尽快结束重叠过程。

4. **复合沟槽槽筒** 复合沟槽槽筒具有智能防叠功能，其结构有 A 型和 B 型两种，如图 8-50 所示。A 型槽筒同时具有 2 圈和 2.5 圈沟槽，B 型槽筒同时具有 1.5 圈和 2 圈沟槽。采用复合沟槽槽筒，在导纱过程中，当卷绕到纱线重叠发生的危险区域，通过卷绕控制系统改变导纱的槽沟。

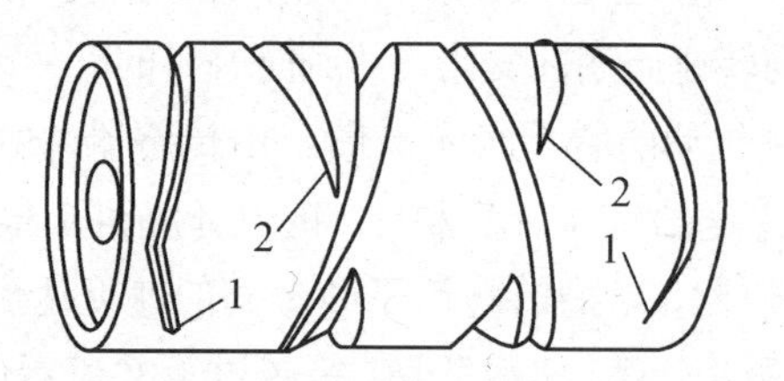

图 8-49　槽筒的虚槽和断槽

1—虚槽　2—断槽

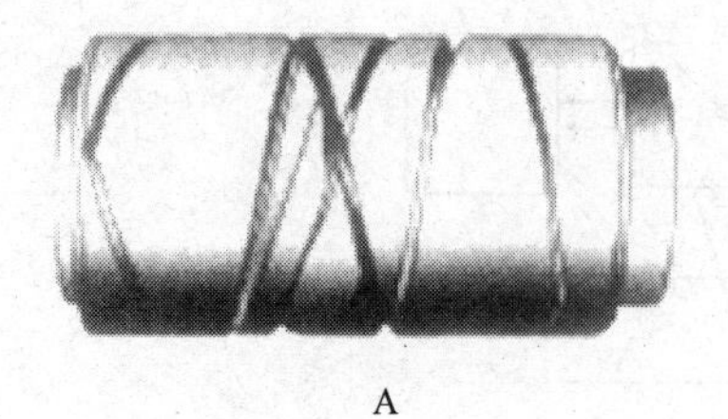

A

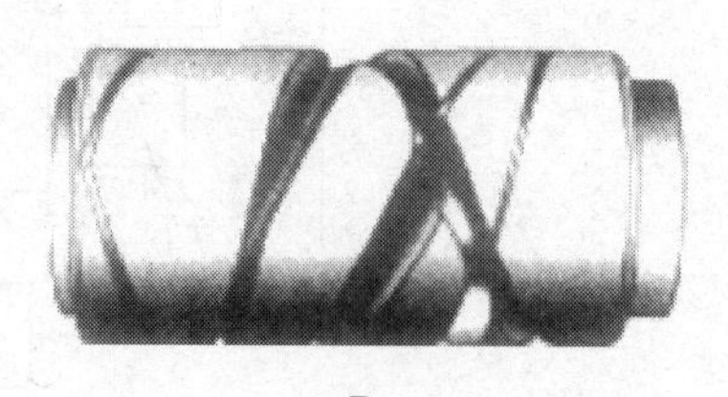

B

图 8-50　复合沟槽槽筒

卷绕控制系统转换槽筒导纱沟槽的具体控制如下：

（1）当以 2.5 圈沟槽导纱为基础卷绕时，在筒子直径卷绕到纱线产生重叠卷绕的危险区域时转换为 2 圈槽沟导纱的卷绕，从而改变了纱线卷绕规律，达到防叠目的。

（2）当以 2 圈沟槽导纱为基础卷绕时，在筒子直径卷绕到纱线产生重叠卷绕的危险区域直径时转换为 2.5 圈槽沟导纱的卷绕。由于导纱沟槽圈数改变，使筒子的卷绕规律发生变化，从而达到防叠的效果。

槽筒防叠仅是一种消极措施，只能在纱圈重叠出现时制止重叠过程的进一步延续，减轻重叠的恶化程度。而对于某些低特纱或对筒子成形要求严格的场合，在使用防叠槽筒的同时，仍需要采用其他的防叠措施。

第八节　全自动络筒机

目前在国内外采用较多的新型自动络筒机有三种，即日本村田（Mursts）公司 No.21C 型自动络筒机、德国赐来福（Schlafhorst）公司 Autoconer338 型自动络筒机和意大利萨维奥（Savio）公司的 Orion 型自动络筒机。自动络筒机的特点是实现了以机器操作代替人工操作，即实现了换管操作和断头捻接自动化。

一、络筒机工艺过程和主要技术特征

（一）自动络筒机工艺过程

1. **Orion 型络筒机的纱线路径**　管纱→气圈控制器→预清纱器→纱线探测器→张力装置及上蜡装置→捻接器→电子清纱器→槽筒→筒子。

2. **Autoconer338 型的纱线路径**　管纱→防脱圈装置→气圈破裂器→张力装置和预清纱器→纱线探测器→捻接器→电子清纱器→纱线张力传感器→上蜡装置→捕纱器→大吸嘴和上纱头传感器→槽筒→筒子。

3. **No.21C 型的纱线路径**　管纱→跟踪式气圈控制器→预清纱器→栅栏式张力装置→捻接器→电子清纱器→上蜡装置→槽筒→筒子。

从纱路情况来看，都是捻接后的结头要通过电子清纱器的检测，可以确保结头质量，上蜡装置放在最后，不会减弱纱线小纤维间的抱合力，不降低捻接处纱的强力，并且不影响电子清纱器的灵敏度。Orion 型的上蜡装置在电子清纱器的前面，即先上蜡后捻接，而 Autoconer338 型、No.21C 型上蜡装置在电子清纱器的后面，即先捻接后上蜡，避免了蜡屑对电子清纱器的影响。

（二）自动络筒机主要技术特征

国外自动络筒机的主要型号及技术特征见表 8-2。

表 8-2　国外自动络筒机主要型号及技术特征

技术特征		日本村田	意大利萨维奥	德国赐来福
喂入形式		纱库式，托盘式，细络联	纱库式，单锭式	纱库式，单锭式
机型		No.21C Process Coner	Orion M/L	Autoconer338PM/K/E
锭数		一般为 60 锭	6 锭或 8 锭一节，最小 6 锭，最多 64 锭，一般为 60 锭	10 锭一节，最多 60 锭
加工纱线类型		天然和合成纤维的单纱和股纱		
卷取速度（m/min）		最高 2000	400~2200	300~2200
卷绕系统	防叠装置	电子防叠与复合沟槽槽筒防叠	（1）启动—停止类型 （2）电脑控制槽筒和管纱之间传动比	电子防叠，自动调节槽筒的加速和减速
	传动装置	伺服电动机通过平皮带传动	无刷直流变频电动机直接驱动	伺服电动机直接驱动
	定长装置	电子定长		电子定长和卷绕直径计算装置
	刹车装置	筒子、槽筒双刹车		
	筒子架	双握臂、断头抬起		双握臂、断头抬起，有补偿压力调节
电子清纱器		乌斯特、洛菲等任选，清纱、电脑一体化	乌斯特、洛菲等任选	乌斯特、洛菲等任选，清纱、电脑一体化
捻接系统	捻接器	盒式捻接器，更换方便（三段喷嘴空捻器，强捻纱空捻器为选用件）	空气捻接器（加湿捻接、打结器，机械捻接为任选。机械捻接器可加"紧密纺纱"的捻接）	空气捻接器，陶件组装（热捻接、喷湿捻接、打结器为任选）
	捻接装置	三重捻接方式 （1）接头前双股纱捻接 （2）接头后空捻监控器捻接接头 （3）接头后双纱捻接	由电子清纱器捻接	
	剪刀材质	陶瓷剪刀，寿命长锐度不减	钢剪刀	
	喷嘴装置	陶瓷喷嘴，耐磨	金属喷嘴	
	传动方式	机械传动	上下吸臂及接头有三个马达驱动	上下吸臂及接头有一个马达驱动
	回丝控制及长度	机械方式，上纱控制槽筒倒转圈数，下纱由磁控制杆控制；下纱 1.5m，上纱 0.3m	退绕加速器选用件控制下纱，可节纱 1m 左右	用传感器控制，长度稳定。上下吸臂均有传感器，上纱 0.6~0.7m，下纱 0.3m
张力系统	管纱张力控制	跟踪式气圈破裂器	固定式气圈破裂器	
	张力均匀控制	开环控制张力微调，栅栏式张力器	闭环控制张力微调，盘式张力器	

续表

技术特征		日本村田	意大利萨维奥	德国赐来福
锭子结构	电动机个数	槽筒电动机、张力电动机共 2 个，栅栏式张力器不用电动机	槽筒电动机、张力（上蜡）电动机、管纱吸嘴电动机、筒纱吸嘴电动机、接头装置电动机、换管系统电动机，共 6 个	槽筒电动机、张力电动机、上蜡电动机、上下吸嘴电动机及换管系统电动机，共 5 个
	内部结构	内部主要为机械结构，电子装置均在外部	机械传动少，由伺服电动机代替	主要为机械结构及电子部件，易受电动机发热、振动等影响
	管纱喂入装置	纱库型或托盘型	纱库型	
监测装置		Bol-Con 跟踪式气圈控制器，张力自动调整，PERLA 毛羽减少装置，VOS 可视化查询系统	传感器纱线监测，张力自动调控，络纱工艺参数监控及统计检测	传感器纱线监测，张力自动调控，负压控制吸风系统，结合清纱器操作的一体化触摸式电脑

二、多电机分部传动技术

目前，自动络筒机普遍采用单锭化、电脑控制、多电动机分部传动，电动机的使用数量越来越多，而且多使用数字化控制的步进电动机和伺服电动机。如意大利 Orion 型自动络筒机可有 60 锭位，每锭位用 7 台电动机，包括 1 台直流无刷伺服电动机和 6 台步进电动机；德国 Autoconer338 型每锭位用 6 台电动机，包括 2 台直流无刷伺服电动机和 4 台步进电动机；日本 No. 21C 型每锭位用 7 台电动机，包括 3 台直流无刷伺服电动机和 4 台步进电动机。各电动机在整机电脑和锭位计算机的协调控制下，能按程序各司其职，分部传动。

在单锭上采用多电动机分部传动，使换管、大小吸嘴、自动捻接、上蜡、张力控制、槽筒驱动等各项动作均由单独电动机直接驱动，既方便又快捷，不但取消了齿轮、凸轮、连杆等传统的机械传动系统，简化了复杂的机械结构，减少了不必要的动力消耗，从根本上降低了噪声；而且使传动系统的可靠性、控制精度和传动效率大大提高，操作和维修起来更加方便，并使络纱速度有较大提高。如 Autoconer338 型比 Autoconer238 型机械零部件数量就减少了 30%左右。上述 3 种机型的槽筒传动均采用直流无刷伺服电动机直接驱动，结构如图 8-51 所示。直接驱动比皮带间接传动的效率提高 20%左右，电动机能耗可降低 30%左右，而实际络纱速度可提高 10%以上 。再如 Orion 型自动络筒机循环打结系统就有 3 台步进电动机分别控制上吸嘴、下吸嘴和捻接器，2 个吸嘴中都有探纱传感器，如果其中 1 个没有捕捉到纱线，只需其吸嘴重复 1 次（原来 2 个吸嘴都须重复 1 次），可减少接头时间，减少噪声，节约能耗。另外，整机的吸风系统、清洁装置、自动落纱、自动喂管、卷装和空管的输送等也采用多电动机分部传动控制，且多为交流变频电动机，使传动简化，能耗降低。3 家公司的吸风系统均采用由交流变频电动机、压力传感器和控制器构成的吸风压力闭环控制系统，电动机速度可随空气消耗量的变化而无级调节，在保证吸风压力的情况下可减少能耗。当接头频率较低时，吸风电动机可调节至较低的速度，以节约能量。Autoconer338 型根据纱头传感器的感应来调整空压机速度可节能 30%左右，No. 21C 型由计算机设定控制可节能 20%左右。此外，多电动机分部传动更有利于模块化设计，使机器集灵活、实用的优点于一身，便于用户自由选择配置。

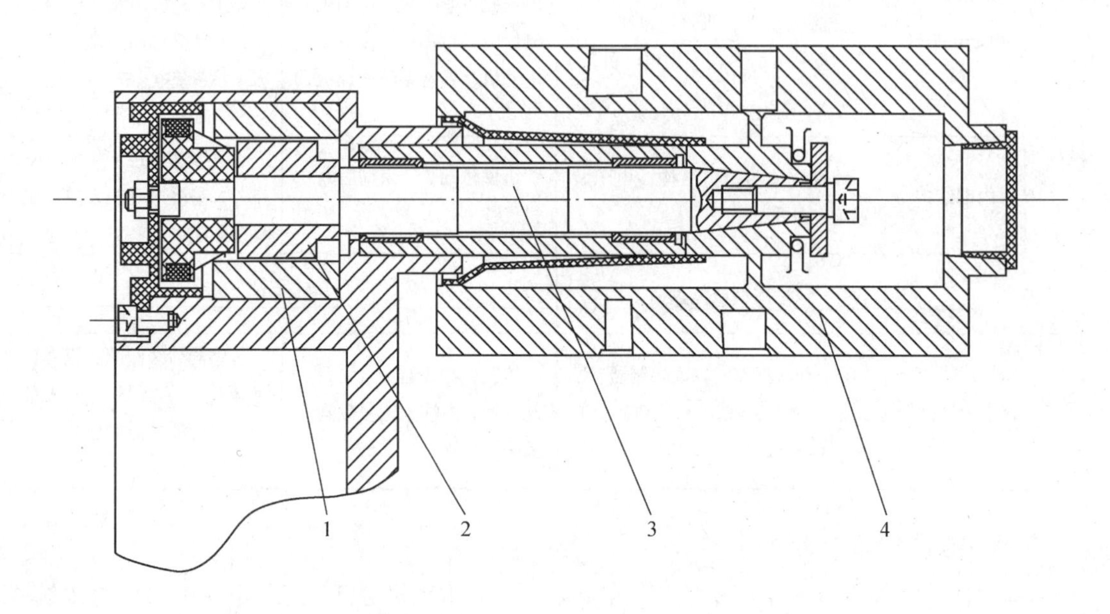

图 8-51　伺服电动机直接驱动

1—电动机定子　2—电动机转子　3—槽筒轴　4—槽筒

三、自动换管装置

（一）托盘换管装置

托盘换管装置采用托盘支承纱管，每个托盘上有三个纱管芯轴。换管的过程有三个工位：接纱、退绕和拨管。换管时通过凸轮连杆传动机构使托盘 1 每次转动 120°，从而使三个纱管芯轴 2 转到相应的工位完成相应的动作，如图 8-52 所示。

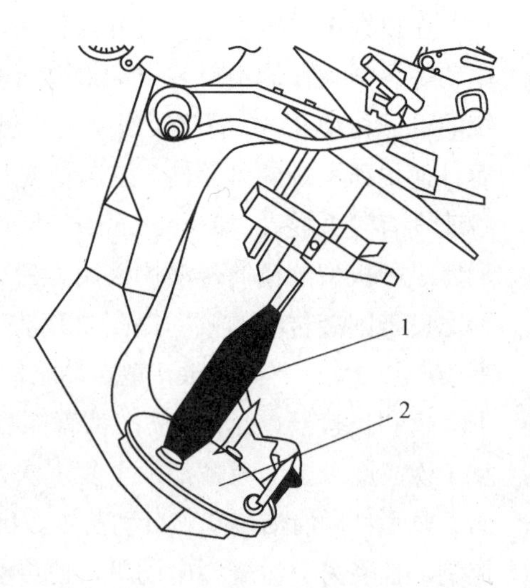

图 8-52　托盘换管装置

1—纱管　2—托盘

托盘换管装置纱路卷绕角过大，使得纱路传送不是直线的，有一定的角度，而增加了纱线附加张力，不利于高速卷绕，而且纱线张力的不均匀会使纱线卷绕的质量下降，不利用以后的工作。

由于托盘的质量远远大于纱管芯轴的质量，所以需要较大的动力装置和传动机构，不利于节能。托盘的三工位工作需要更多的传动机构，这样就不利于高速运动了。由于托盘和底座之间的摩擦作用产生了很大的噪声，而且对机器的保养也很多大的害处。

（二）锭脚换管装置

锭脚换管装置的纱管托脚由原来的一个托盘上的三个锭脚改为一个可以摆动的锭脚，传动方式由转动改为摆动，这样可以减轻执行构件的质量和体积，相应的就可以减少动力装置和传动装置的质量和体积，节能方面得到了优化。

图 8-53（a）是纱库式络筒机的自动换管装置示意图，图 8-53（b）是自动换管装置的结构图，其中纱管卡轴是一个重要的执行构件主要由轴芯、卡舌、摆臂等零件组成，主要有两个工作位置：退绕和换管位置。纱管卡轴在工作位置时用来支撑纱管，并且固定纱管，以利于纱线顺利退绕。当纱线用完需要换管时，接到换管信号后，锭脚 8 绕 *B* 点转动驱动 7 绕 *A* 点转动，使得卡舌 7 驱动芯轴 5 摆动到接纱位置，接受由纱库经导纱管滑落下来的纱管，实现自动换管。

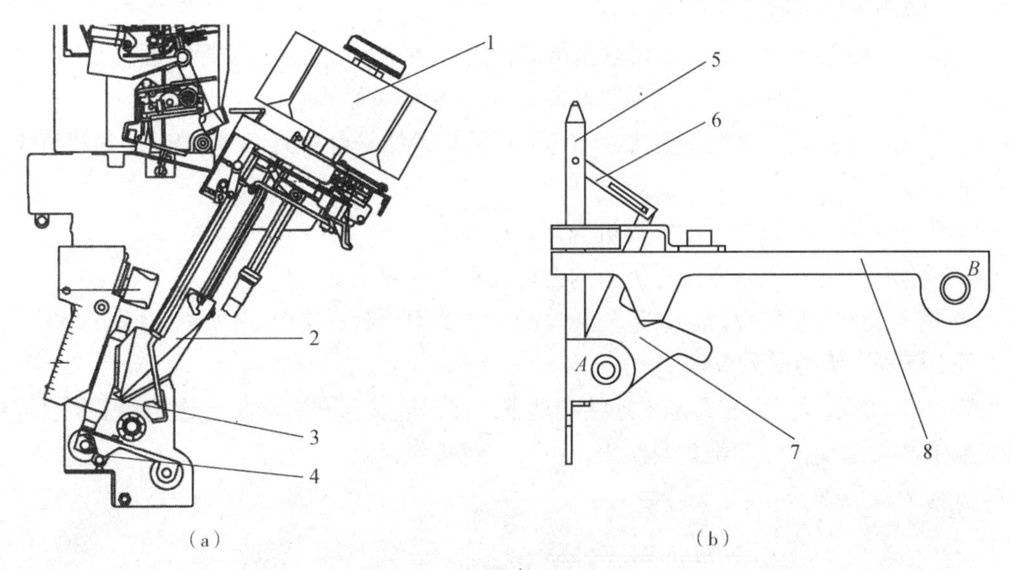

图 8-53　锭脚自动换管装置

1—纱库　2—导纱管　3—纱管　4—挡块　5—芯轴　6—卡舌　7—摆臂　8—锭脚

四、在线检测技术

萨维奥 Orion 型、赐来福 Autoconer338 型和村田 No.21C 型三种型号的自动络筒机对纱线的在线检测功能主要通过第三代电脑型电子清纱器来完成。其主要特征是采用微处理器芯片完成纱疵电信号的模拟转换、信号数字处理以及各种逻辑判断功能。电脑型电子清纱器的功能齐全，一致性和可靠性好，有的不但能清除短粗节、长粗节、长细节和双纱疵点，还具备统计、定长、分级、自检、错支检测、异纤检测、打印、联网、自动认纱、切疵分类统计及材料系数自动修正等功能。电子清纱器除了完成纱疵清除，还有很重要的一点就是控制自动络筒机的运转。因此，要求电子清纱器与主机必须高度结合，并与单锭控制器进行大量的数据交换，以满足单锭动作时序的要求。由于电脑型电子清纱器的处理系统融合在锭位计算机内，并和机上电脑连接，所以能做到电清工艺统一设置和控制，操作简单，故障率低，误切、漏切少，而且控制箱上能够显示清纱特性线和纱疵分级图，直观明了。

目前，自动络筒机上大都采用瑞士洛菲 Loepfer、乌斯特 Uster 和日本 Keisokki 公司生产的电子清纱器。同时，新型的电子清纱器使用光电式和电容式检测的组合探头，同时把微处理器也装在检测头中，如瑞士 Uster 公司的 Quantum2 型、日本 Keisokki 公司的 Trichord 型、印度 Premier 公司的 IQON 型等，采用组合探头的电子清纱器综合了两者的优点，使检测精度和性能大幅提高，还具有异纤检测功能，已成为电子清纱器的发展方向。

五、细络联技术

细络联在西方国家发展很快。它在细纱机和络筒机之间增加一个联接系统，它的主要功能是把经细纱自动落纱机落下的管纱自动运输到自动络筒机上络纱，并把空管运回。

（一）使用细络联后的优点

（1）由于细纱落下的管纱自动运输到络筒机进行络纱，一是省略了管纱运输工作，节省了人力和加工成本；二是保证了纱线质量和降低油脏污等纱疵。

（2）能满足多品种、小批量要求，缩短生产周期，如一台 No.21C 型自动络筒机可生产三个品种。

（3）生产效率不比原来自动络筒机低并有提高。

（4）整体设计（多机台联接）能节约占地面积 30%左右。

（5）减少了半成品储存，加快了周转，减少了备用纱管、降低了成本。

（二）联接方法和形式

如图 8-54 所示联接方法有地上连接和地下连接；连接形式有单机台连接和多机台连接；管纱运输有皮带运输，如萨维奥及赐来福；管座运输如村田。

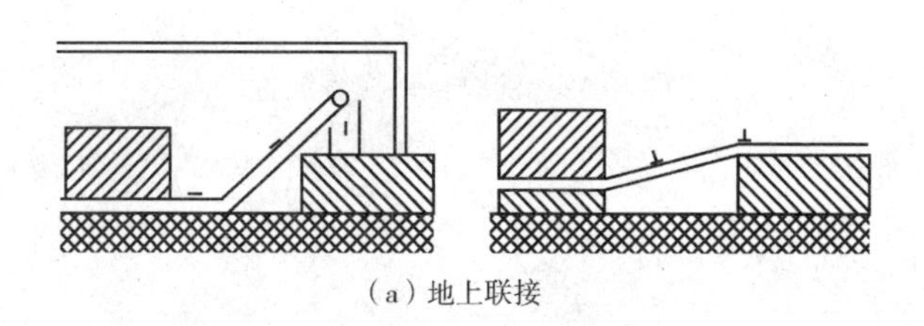

（a）地上联接

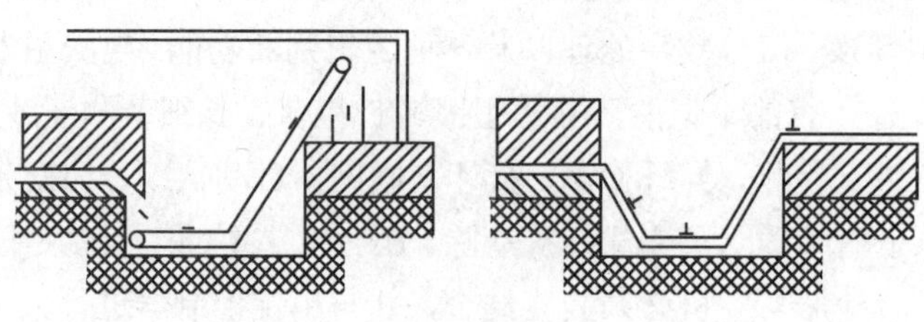

（b）地下联接

图 8-54　细络联联接方法和形式

（三）联接装置的组成

联接装置主要有三部分。

1. **联接部分** 是将细纱机落下来的管纱送到管纱生头装置，将络筒机排出空管送回细纱机。

2. **管纱喂入部分** 皮带运输方式，由纱库、生头装置（找头、生头）、排管等机构组成。纱库管纱来自细纱机，管纱经找头、生头、排管机构后送到管纱运输带上。

管座运输方式的管纱喂入装置也包括纱库、生头装置及排管装置三部分。日本村田的管纱喂入装置（Cop-Robo）有两种联接形式，一是全自动的生头装置（CBF），用于细络联上。细纱机落下的管纱都插在管座上，以托盘方式直接自动运往络筒机，经生头装置找头、生头后，就沿络筒机长度方向不断地运送到络筒机各个单锭；另一种 FF 型托盘式络筒机的半自动生头装置，是在机台尾端处装有一个 FF 大纱库进行人工喂纱，并由托盘系统将细纱管输送到生头装置进行找头、生头后自动喂入各个单锭。

这种 FF 型托盘式络筒机和全自动的 CBF 型相比，投资成本更加经济，和纱库式相比，操作简单、劳动强度低，一般只需一人（根据品种、速度而异）在机台尾端喂纱，不需巡回走动，由于去除了每锭上的纱库，单锭的机械结构简单，容易维修保养，将来可以组合升级改造为全自动的细络联型。

村田 No.21C 型生头装置的生头能力为 50 个/min，并附有空管自动回收的排管装置。

3. **管纱输送部分** 由输送带和管纱漏斗或托座组成。输送带沿络筒和长度方向运动，当络筒机单锭执行换管循环时，皮带运输通过漏斗及时向单锭补给管纱；管座式，每个卷绕单锭的供应纱座上随时都备有两个待用的管纱，当有一个管纱用完后，输送带自动补给一个满管纱，并且空管仍由原托盘经输送带运回，经排管装置进行回收。

六、智能化及电控监测系统

新一代自动络筒机改进提高最显著的为智能化电控监测系统，主要特点有以下几个。

1. **机电一体化有新的突破** 意大利 Orion 型络筒机的机电一体化较有代表性，它在每只单锭上配有六只电动机代替以往机械传动中必须的机械零部件，如防叠装置由机械改为电子，张力加压由气动改为电磁、打结循环系统由机械传动改为电动机驱动、变频直流电动机直接驱动槽筒等。这几方面的机械零部件多，结构复杂，制造水平和加工精度要求高，易损件多，调节点多，维修量大，实现电气化后，电气类部件扩大，而机械类零部件大幅度减少，如 Autoconer 338 型比 Autoconer 238 型就减少了 30%左右，因而加工制造，维修保养简化，调整方便容易，润滑工作量也大幅减少。

2. **监控内容不断扩大** 过去自动络筒机的监控主要集中在整机运行上，如清洁装置、自动落纱、自动喂管等；在锭节上只对槽筒变频电动机进行控制。而现在电子防叠、纱线张力、打结循环、电子清纱、接头回丝控制等都由计算机集中处理，单锭调控。

3. **监测质量向纵深发展** 自动络筒机的智能化管理，已从数据统计、程序控制为主转向以质量控制为主，如电子清纱已从分体式改为一体化，即电子清纱器的控制系统和计算机融为一体；由正常卷绕控制到全程控制，从断头、换管到启动及控制，保持良好筒子成形；纱线附加张力根据退绕张力的变化而由计算机进行自动调节，保持均匀的纱线张力等，使筒纱质量进一步提高。

七、节能节纱系统

新型自动络筒机在节能降耗方面都有很大改进。

（一）节约能耗方面

（1）槽筒直接驱动，不再使用皮带传动，消除了因皮带摩擦和滑动造成的功率损失，因而能降低能耗。据 Autoconer 338 型测定，直接传动比间接传动的传动效率可提高 20%。尤其意大利 Orion 型络筒机的槽筒由一个无刷直流变频电动机直接驱动，比通常交流电动机节电 30%左右。

（2）吸风系统三家都采用交流变频电动机，电动机速度可随负压大小而改变，在保证吸风压力的情况下减少能耗。Autoconer 338 型根据找头感应器的动作来调整空压机速度，据说可节能 30%；村田则由计算机设定控制可节能 20%左右。

（3）循环打结系统的改进也节约了空气耗量。如 Autoconer 338 型使用上纱头传感器，减少了搜寻找纱头时间，因而吸风系统电动机能尽早地减速而节能；再如 Orion 打结循环的三个动作由三个电动机单独传动，如果二个吸嘴中有一个没有捕捉到纱线，不像原来那样二个吸嘴都要重复一次，现在只是没有捕捉到的吸嘴重复一次，而另一个吸嘴等它完成后再动作。因此可减少接头时间，节约能耗、减少噪声。

（二）减少回丝方面

各厂都有不同做法，但都起到节纱的作用。

（1）赐来福 338 型自动络筒机在上、下吸臂中都有传感器，当纱头被吸到传感器位置，就停止搜寻纱头，锭位立即进行一个动作。通过传感器的检测和控制，使上、下纱头的回丝保持在 0.3m 和 0.6~0.7m。

（2）村田 No.21C 型自动络筒机的回丝减少装置则用机械式，上回丝长度用控制槽筒倒转圈数来控制，下回丝由电磁式回丝减少装置控制，即在捻接时，钢丝针压住细纱管上端的表面，同时塞住捕纱器的吸气口，既防止纱线扭结，又防止吸咀被吸入过多的纱，因此起到尽量减少回丝的作用，通过上、下二个节纱装置，使每次接头回丝比原来节约 6.2m（表 8-3）。

表 8-3　节纱比较

项　目	无回丝减少装置	有回丝减少装置	节　约
下纱头（m）	6	0.3	5.7
上纱头（m）	2	1.5	0.5
共计（m）	8	1.8	6.2

八、电子定长装置

自动络筒机上普遍都装有电子定长仪。使用了定长仪后生产的筒子，整经筒脚纱线长度可以调节到经纱长度的 1.5%~2%，而在普通络筒机上筒脚长度要占经纱长度的 12%~15%，可见采用电子定长对减少经纱损耗的作用是相当可观的。此外，采用电子定长装置后可对整经实行一次性换筒，均匀了经纱张力，为提高织物质量提供厂良好条件。

为了要实现对络筒纱线长度的定量控制，首先要解决对络筒纱线长度的测量问题。目前国内外定长装置普遍采用的是利用对槽筒回转圈数进行计数的方法来间接测量络筒纱线长度的。

第九节 络筒机发展趋势

一、单锭化

经历了数十年的发展，按打结器来分类的大批锭和小批锭自动络筒机已被淘汰或正逐步被淘汰，单锭络筒机也已由槽筒的集体传动趋向于单锭传动和控制。采用变频调速电动机传动槽筒已形成共识，国内外自动络筒机制造商几乎都选择了这种传动方式。

二、高速化、高质量、大卷装

自动络筒机在设计上采用了近似直线的纱路，使纱线运行过程中与各部件之间保持最少的摩擦接触，加上纱线的单锭自动打结、筒子和槽筒的同步制动、可控的刹车时间等特点以及材料、加工技术的不断发展，使络筒机速度得以不断提高，络筒速度最高可达2200m/min，生产的筒子最大直径可达ϕ320mm。为进一步提高筒子质量，也采取了一系列措施。

（1）自动络筒机普遍采用单锭化、电脑控制、多电动机分部传动技术，在单锭上采用电动机直接驱动，使系统更可靠、精度更高、传动效率提高。多电动机分部传动更有利于模块化设计，使机器集灵活、实用的优点于一身，便于用户自由选择配置。

（2）智能化电子清纱器具有多功能、集成化、自动化的特点，灵敏可靠，对络筒实现全程清纱及质量监测，还有统计功能，可记忆、储存并报告生产运行状况及疵点分级，完成纱疵分级任务。电子清纱器的检测功能还能依据实际运转速度自动修正，即使在槽筒加速或减速时也能监测纱线质量，精确消除纱疵；采用组合传感器探头，提高监测的精度和效率，同时具有异纤检测功能。

（3）自动络筒机广泛使用空气捻接器，采用不同的捻接腔可适应不同线密度和不同纤维品种的纱线。为了适应紧密纺纱和弹力纱等新型纱线的捻接，采用喷雾捻接器、热风捻接器和弹力纱空气捻接器。

（4）采用张力在线检测装置，张力传感器随时检测络纱过程中动态张力变化值，将该值传到张力控制系统实现对纱线张力的控制，使瞬间纱线张力稳定一致，是卷绕过程中纱线的张力恒定，保证卷绕的质量和效率。

（5）采用电脑信息管理系统，对卷绕速度、定长、电子清纱器工艺、张力、捻接参数等进行集中设置和改变，对纱线质量监测控制。

三、智能化

自动络筒机运用了光、机、电、气动、计算机和感器技术等多种新技术成果，使之具备了智能化的控制和监测功能。自动络筒机具备了精密卷绕、电子清纱、空气捻接和毛羽控制、空管及满筒自动运输、满筒自动换筒生头、筒子纱自动包装入库等一系列自动化生产处理装置，还具有数据自动显示与记忆、事故跟踪、人机对话、异纤自动检测清除等先进装置，向前可以与细纱机自动对接，向后通过自动化运输系统与自动化仓贮连接。此外，还可将络筒各项工艺参数输入控制中心以进行工艺管理和打印各类信息的生产报表等工作。

四、全自动化和连续化

自动络筒机接头、换筒、换管、管纱补给、筒子运输等都已实现自动化、使工人看台能力大大提高，劳动强度大大减轻，生产效率大大提高。由于络筒各项工作由机械自动完成，于是基本消除了影响络筒质量的人为因素，使筒子质量得到保证。

为了保持生产的连续化，细络联合机将细纱和络筒两个工序联合在一起形成“细络联”，通过与计算机监控技术的结合，实现了生产过程的高度自动化。细络联能缩短工序，提高效率，减小半成品流动环节的人工，有利于生产管理和产品质量的提高。

五、通用化

近年来纺织设备的品种适应性和灵活性更加受到重视，通用化设备逐渐成为技术开发热点。自动络筒机对棉、毛、化纤、混纺纱，对不同的纱线特数都能适用，通用性强。

总之，自动络筒机今后的发展仍将以高质和高速为首要目标，同时进一步提高智能化、数字化、自动化、连续化程度，并加强信息的自动控制、处理和管理功能。

中英文名词对照

Autowinder　自动络筒机

Bobbin　筒子

Splicer　捻接器

Tension　张力

Winder　络筒机

Yarn clearer　清纱器

Winding　卷绕

第九章　并纱机与捻线机

第一节　概　述

一、后加工设备的任务

棉纺原料经各道工序纺成细纱后，还需要经过后加工工序，以满足对成纱各品种不同的要求。后加工工序在整个生产流程中占有重要地位，包括络筒、并纱、捻线、烧毛、摇纱、成包等加工过程，根据需要可选用部分或全部加工工序。在本章中，着重对并纱和捻线设备进行介绍。

后加工设备的任务主要有以下几项。

1. **改善产品的外观质量**　细纱机纺成的管纱中，仍含有一定的疵点、杂质、粗细节等，后加工工序中常有清纱、空气捻接等装置，可清除较大的疵点、杂质、粗细节等。为使股线光滑、圆润，有的捻线机上装有水槽进行湿捻加工。

2. **改善产品的内在性能**　经过股线加工，能改变纱线结构，从而改变其内在性能。将单纱经一次或两次合股加捻，配以不同工艺过程和工艺参数，可改善纱线物理性能，如强力、耐磨性、条干等，也可以改善纱线的光泽、手感。花式捻线能使纱线结构、形式多样化，形成环、圈、结、点、节以及不同颜色、不同粗细等具有各种效果的异形纱线。

3. **稳定产品结构状态**　经过后加工，可以稳定纱线的捻回和均匀股线中单纱张力。如纱线捻回不稳定，易引起“扭结”、“小辫子”、“纬缩”等疵点。对捻回稳定性要求高或高捻的纱线，有时要经过湿热定形。如股线中各根单纱张力不匀，会引起股线的“色芯”结构，导致股线强力、弹性和伸长率下降。

4. **制成适当的卷装形式**　为了满足后道工序的需要，还要将纱线制成不同的卷装形式。卷装形式必须满足后道加工中对卷装容量大，易于高速退绕，且适合后续加工的要求，并且便于储存和运输。

二、后加工的工艺流程

1. **股线后加工的工艺流程**

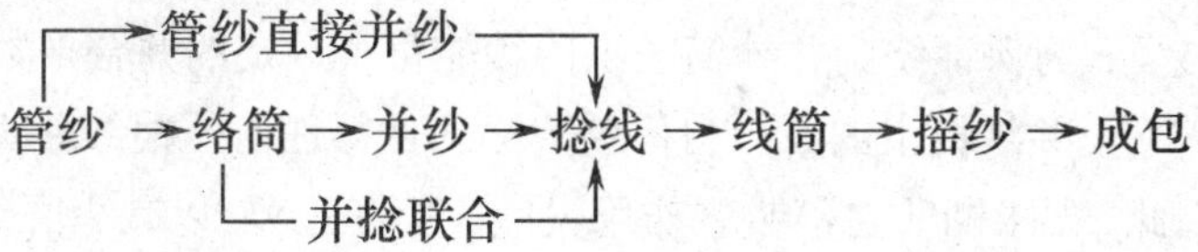

管纱直接并纱
管纱 → 络筒 → 并纱 → 捻线 → 线筒 → 摇纱 → 成包
并捻联合

2. **较高档股线的工艺流程**

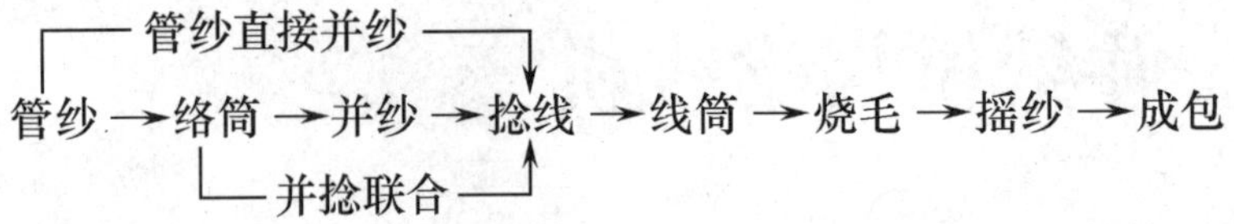

管纱直接并纱

管纱 → 络筒 → 并纱 → 捻线 → 线筒 → 烧毛 → 摇纱 → 成包

并捻联合

3. 缆线的工艺流程

所谓“缆线”是经过超过一次并捻的多股线。第一次捻线工序称为初捻，而后的捻线工序称为复捻，如多股缝纫线、绳索工业用线、帘子线等。

第二节　并纱机

一、并纱机的任务

并纱是捻线的准备工序。并纱机的任务一般是将 2 根或 3 根，最多不超过 5 根单纱并合后卷绕成筒子。经过并纱工序，可保证单纱股数，均衡各单纱张力，提高捻线机的效率，减少股线捻不匀，提高股线强力，改善外观。

并纱工序应满足如下要求。

（1）筒子卷绕应满足捻线工序对筒子尺寸以及退绕的要求，并尽量少损伤原纱的物理 性能。

（2）筒子表面纱线分布均匀，在适当卷绕张力下，具有一定的密度，并尽可能增加筒子容量。

（3）筒子应大小一致，成形良好。

（4）确保并纱股数与单纱张力均匀。

二、国产并纱机

1. **工艺过程**　国产 FA702 型并纱机的工艺过程如图 9-1 所示。单纱筒子 2 插在纱筒插杆 1 上，纱自单纱筒子上退绕出来，经过导纱钩 3、张力装置 4、落针 5、导纱罗拉 6、导纱辊 7 后，由槽筒 8 的沟槽引导卷绕到筒子 9 的表面上。

并纱机的卷装喂入有管纱与宝塔筒子两种，宝塔筒子又有立式和卧式之分。并纱筒子可根据需要做成圆锥形、圆柱形及有边筒子。并纱机的防叠方法有周期性改变滚筒转速、周期性改变导纱往复速度、周期性移动筒子托架以及采用防叠槽筒等。为了维持单纱一定的张力，采用多种形式的张力装置，如重力圆盘式或弹簧圆盘式等。

2. **主要机构**

（1）传动系统：FA702 型并纱机的传动系统如图 9-2 所示。其有两台电动机，用三角皮带分别传动两边的槽筒轴，所以两边的车速可以不等，以适应同一机台可并络两种不同品种的细纱，并且在运转时可以开一面、停一面，节约用电。

（2）断头自停装置：为保证绕到并纱筒子上的纱能符合规定的并合根数，不致有漏头而产生并合根数不足的筒子，并纱机上的断头自停装置必须使得任何一根纱断头后，筒子都能离开槽筒而停止转动。因此，要求断头自停装置作用灵敏、停动迅速，以减少回丝和接头操作时间。断头自停装置的转子轴由槽筒轴通过皮带轮 D_1、D_2 及齿轮 Z_1、Z_2 传动。

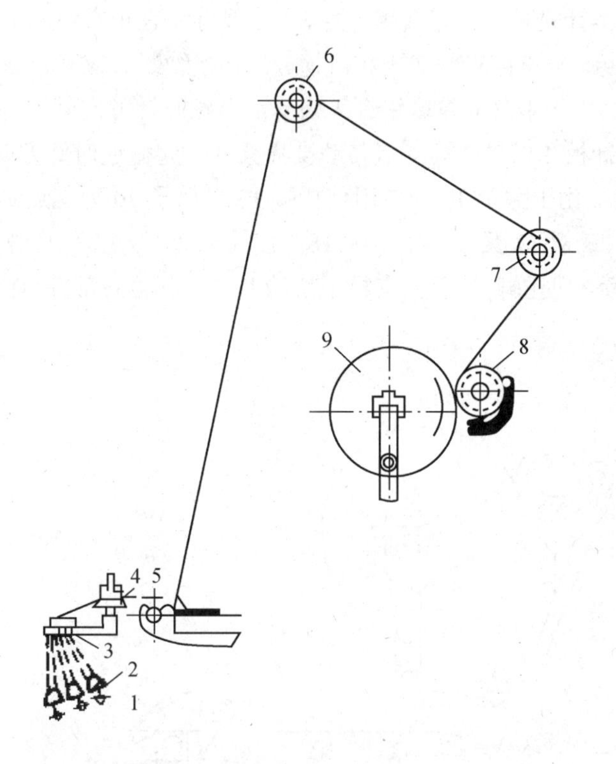

图 9-1　FA702 型并纱机工艺过程

1—纱筒插杆　2—单纱筒子　3—导纱购　4—张力装置　5—落针
6—导纱罗拉　7—导纱辊　8—槽筒　9—筒子

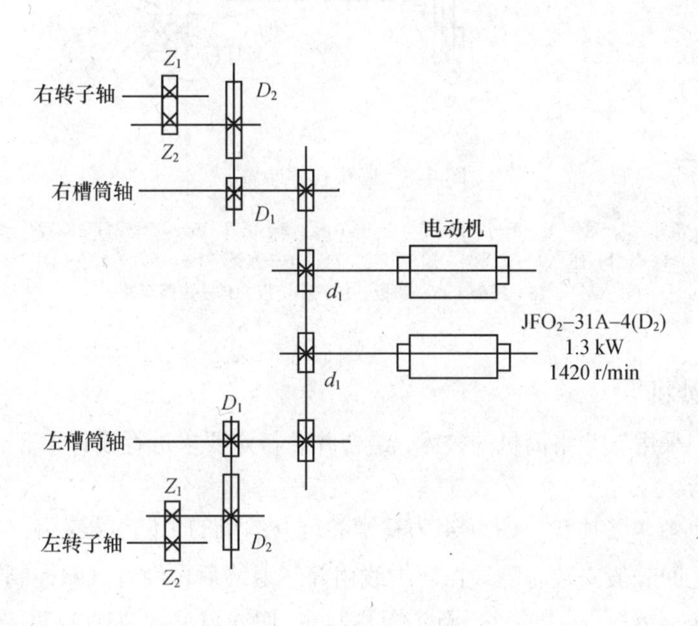

图 9-2　FA702 型并纱机传动图

并线机上使用的落针式断头自停装置，如图 9-3 所示。在正常情况下，由于纱线张力的关系，落针 1 始终被拉起，与自停转子 3 不相碰撞。当某根纱断头或某管纱用完时，落针 1 失去支撑而下落，落针座 2 由于本身质量以销钉 5 为支点做顺时针方向回转，此时其下端受到自停转子 3 的推动，使落针板 4 以轴 7 为支点带动支撑架 9 一起做逆时针方向转动，而托脚 15 则从滑轮 10 上滑脱下来。由于弹簧 16 的作用使托脚 15 以筒子 20 为支点做顺时针方向转动，带动铲板 17 一起回转，铲板 17 又推动小铲板 18，使筒子 20 与滚筒 19 脱开，从而达到断头自停的目的。接好头之后，使托脚 15 重新支撑于滑轮 10 上，其他各部件再回复到原来的位置上，即可正常运转。

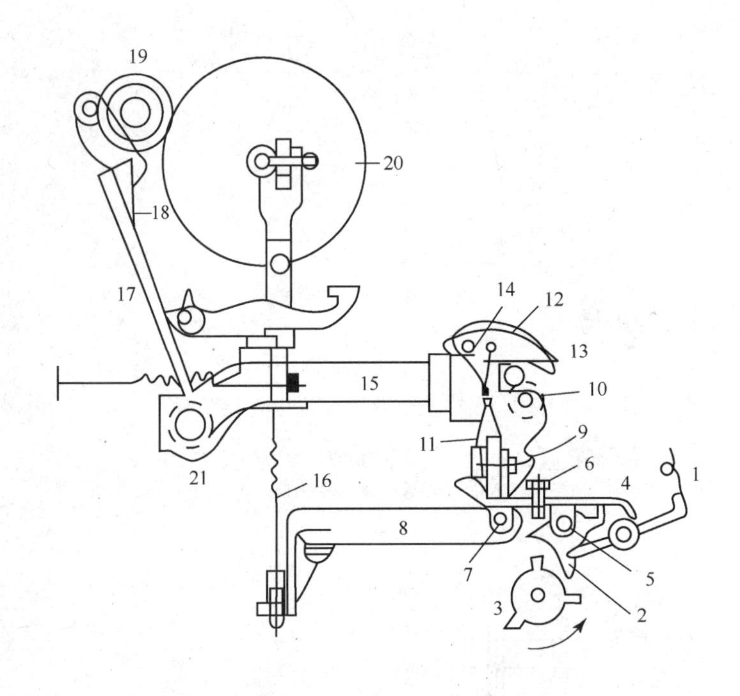

图 9-3　断头自停装置

1—落针　2—落针座　3—自停转子　4—落针板　5—销钉　6—调节螺钉　7、21—轴
8—落针板座　9—支撑架　10—滑轮　11、16—弹簧　12—压片　13—压片
14—销钉　15—托脚　17—铲板　18—小铲板　19—滚筒　20—筒子

三、新型并纱机

新型并纱机多采用一些络筒机的技术，结合并纱特殊要求进行设计，能较好地满足并纱工序的要求。

1. 新型并纱机的工艺过程　图 9-4 为精密卷绕并纱机的工艺过程，喂入单纱筒子 1 放在搁架上，在纱筒之间一般安装有隔纱器。纱线由筒子退绕后，经过气圈控制器 2、导纱器 3、机械式预清纱器 4、纱线张力装置 6、断头探测器 5、切纱与夹纱装置 7，由支撑罗拉 10 支撑，并由导纱装置 8 导向卷绕成精密筒子 9。

机器安装使用时，必须使纱线通道呈一条直线，即张力装置、切纱与夹纱装置、导纱装置与卷绕筒锭的中心必须重合一致。络纱装置上的纱管应平行接触在支撑罗拉上，导纱装置也必须与支撑罗拉平行。

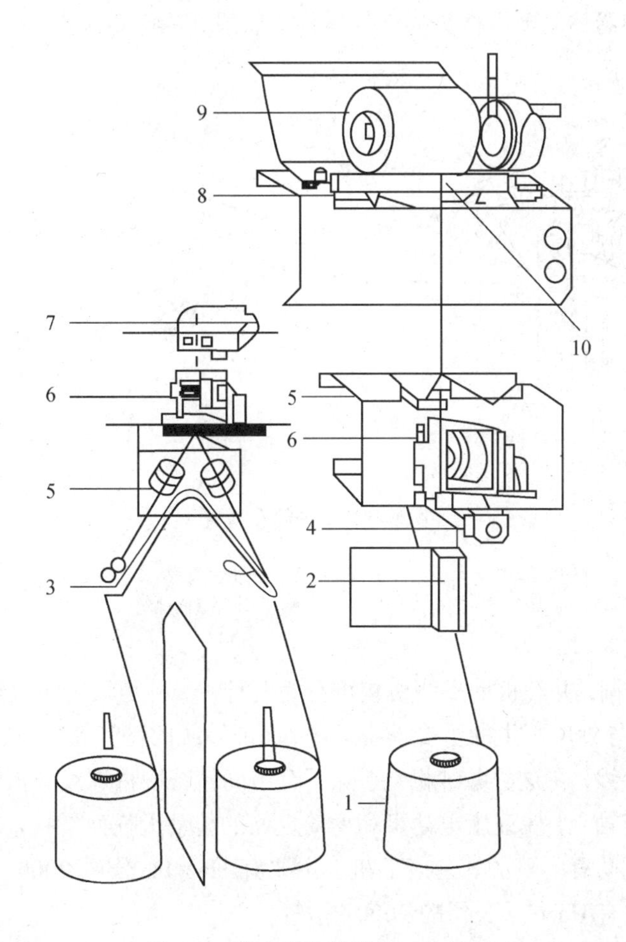

图 9–4 精密卷绕并纱机工艺过程

2. 精密卷绕并纱机的主要机构 国外的精密卷绕并纱机，大多采用定长（定径）自停、空气打结、变频电动机直接传动、变频防叠、精密卷绕等技术，使并纱质量达到较好的水平。

（1）定长（定径）自停装置：新型并纱机每个锭子均有定长（定径）装置，当卷绕至一定长度（直径）时，传感器发出信号，纱被切断并被夹纱装置夹持保留。卷绕筒管被刹停并抬起，信号灯发出信号，通知挡车工落筒。

图 9–5 为定径停车装置。在络制并纱筒子的过程中，并纱筒子与支撑罗拉密切接触。随卷绕直径增加，筒锭与支撑罗拉的距离 A 也逐渐增大，同时，摆臂与接近开关的距离逐渐缩小。当卷绕筒子的直径达到一定尺寸，摆臂触及接近开关使电动机停转，指示灯亮。定长停车装置有许多不同的类型，有根据纱来回往复次数计算长度，也有按照卷绕筒子直径和转速计算长度，也有按槽筒速度计算长度，长度误差一般在±1%左右。

（2）空气捻接器：由于并纱机一般以络纱筒子喂入，且卷绕张力较小，故在并纱机上出现的断头较络筒机少，需要打结的机会也较少，因此在并纱机上一般只配备可移动的空气捻接器。该捻接器安装在轨道上，沿机器长度方向可以移动，压缩空气通过管道供给捻接器，需要接头时，由挡车工将捻接器移动至需接头的锭位操作。一般 20~40 锭配备一只空气捻接器。

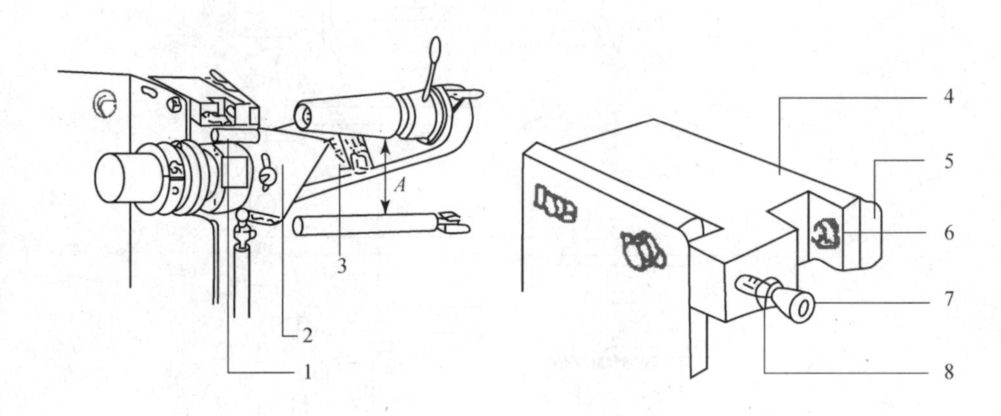

图 9-5　定径停车装置

1—开关　2—设定板　3—设置刻度　4—开关支撑　5—接近开关
6—固定螺母　7—调节螺丝　8—紧固螺丝

（3）精密卷绕机构：并纱机的卷绕机构可分为两种，一种是采用两只转向相反的桨叶完成横向导纱，克服槽筒导纱所产生的重叠卷绕问题，保证纱线的精密卷绕，提高并纱筒子的质量；另一种是槽筒横向导纱，在这类并纱机上，除了有用高精密度特殊设计槽筒外，还采用变频电动机直接安装在槽筒轴上，保证了电动机和槽筒之间的传动无任何滑移，并通过变频器随时进行变速传动，来达到防叠的目的。前者的机型主要有 Hacoba 公司 2000P 型、SSM 的公司的 PSF 型，后者的机型有 Hacoba 公司的 2000Z 型等。

下面着重介绍 SSM 公司的 PSF 型叶片导纱精密卷绕系统。该精密卷绕系统包括导叶齿轮、导叶箱、带校正板的桨叶纱线张力器、导纱板、支撑罗拉等。

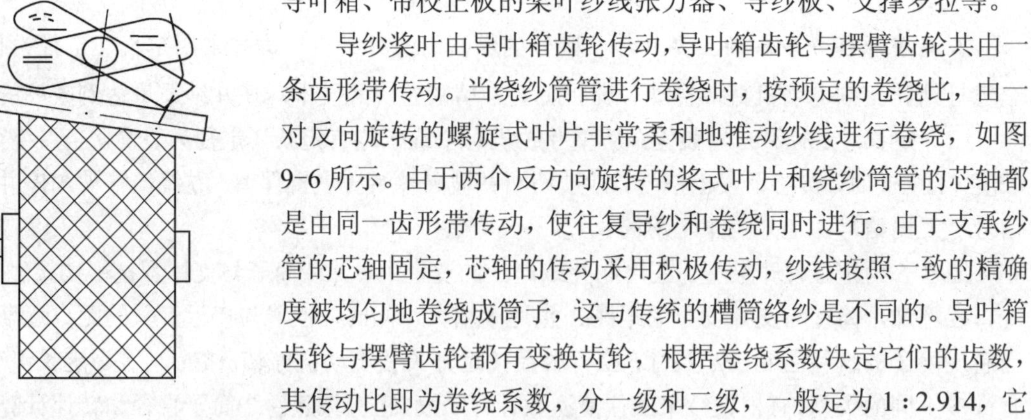

图 9-6　精密卷绕导纱示意图

导纱桨叶由导叶箱齿轮传动，导叶箱齿轮与摆臂齿轮共由一条齿形带传动。当绕纱筒管进行卷绕时，按预定的卷绕比，由一对反向旋转的螺旋式叶片非常柔和地推动纱线进行卷绕，如图 9-6 所示。由于两个反方向旋转的桨式叶片和绕纱筒管的芯轴都是由同一齿形带传动，使往复导纱和卷绕同时进行。由于支承纱管的芯轴固定，芯轴的传动采用积极传动，纱线按照一致的精确度被均匀地卷绕成筒子，这与传统的槽筒络纱是不同的。导叶箱齿轮与摆臂齿轮都有变换齿轮，根据卷绕系数决定它们的齿数，其传动比即为卷绕系数，分一级和二级，一般定为 1∶2.914，它是精密卷绕的重要工艺参数。

精密卷绕从卷绕筒管的裸管直径到满管时，每层的卷绕圈数保持恒定，如图 9-7（a）所示。而在传统的往复槽筒式卷绕中，每层圈数是不恒定的，开始卷绕圈数较多，以后一层接一层逐渐减少，如图 9-7（b）所示。由图 9-7 可知，在精密卷绕成形过程中，每一圈的斜率和节距保持恒定，交叉角则逐渐减少；而在槽筒式卷绕的筒子卷装中，斜率是一层接一层增加，而卷绕圈数则减少，交叉角度保持恒定。为了保持卷装中每一层卷绕圈数相同，绕线长度应一层接一层地增加；往复槽筒式卷绕总是输出相同的纱线长度，使得卷绕圈数一层接一层减少，两种卷绕方式各具特点。

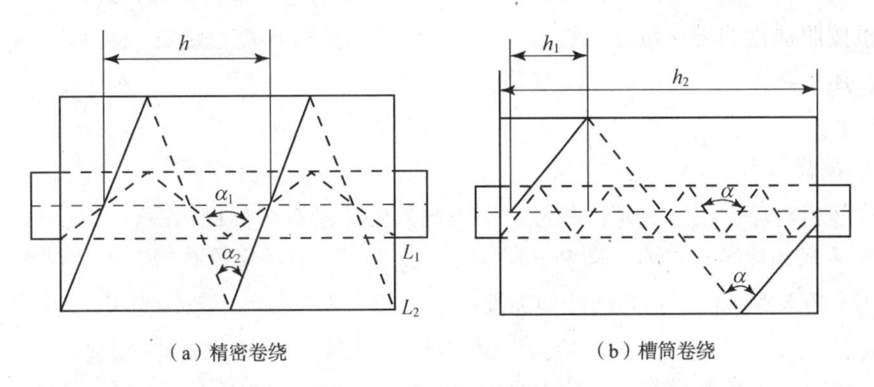

（a）精密卷绕　　（b）槽筒卷绕

图 9-7　卷绕的每层圈数

精密卷绕装置上纱线的返回点不是位于前一动程返回点的前面，即超前卷绕，如图 9-8（a）所示，就是位于前一动程返回点的后面，即滞后卷绕，如图 9-8（b）所示，在返回点处有一个整数值的位移，从而完全消除了叠圈的形成。

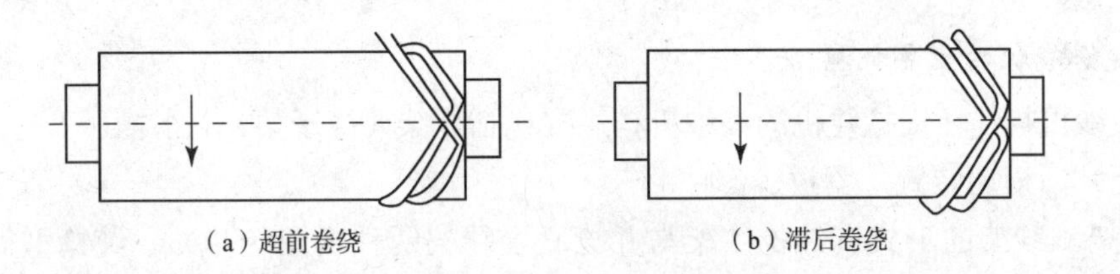

（a）超前卷绕　　（b）滞后卷绕

图 9-8　超前卷绕与滞后卷绕

带校正板的桨叶在卷绕过程中起横向往复作用，每一动程都与桨叶的设置和校正有关。上下片桨叶是相同的，可以互换使用。在精密卷绕系统中纱线由导纱罗拉支撑，在转向相反的两只桨叶的拨动下沿导纱板曲线作横向往返运动。纱线张力器可限制纱线的横向动程，稳定纱线的卷绕张力。

两片桨叶的导叶箱适用于动程为 130~250mm 的筒子，三片桨叶的导叶箱适用于薄型筒子，动程为 75mm 和 90mm 的平行筒子。在每一横动卷绕周期中，两只桨叶轮流交替完成往复导纱。两只两片桨叶每转一周完成两次横动往复导纱，两只三片桨叶每转一周完成三次横向往复导纱。

第三节　捻线机

一、捻线机的任务

捻线机的任务是将并纱或几根单纱并合，加入一定捻度，形成条干均匀，具有一定强力、弹性、光泽的股线，并卷绕成一定形状的卷装。

捻线的实质，就是改善纱线中纤维所受应力的分布状态，从而提高纱线品质。

捻线机按照加捻的方法可分为许多种，棉纺中常用的有环锭捻线机、倍捻机以及三捻捻线机。另外，还有加工花式纱的花式捻线机。

二、环锭捻线机

环锭捻线机与环锭细纱机基本相似，所不同的就是没有牵伸机构。

1. 环锭捻线机的工艺过程　图 9-9 所示为 FA721-75 型环锭捻线机的工艺过程。左边纱架为捻线专用，喂入并纱筒子；右边纱架为并捻联合用，喂入圆锥形单纱筒子。现以右边纱架为例说明其工艺过程。从圆锥形筒子轴向引出的纱，通过导纱杆 1，绕过导纱器 2 进入下罗拉 5 的下方，再经过上罗拉 3 与下罗拉的钳口，绕过上罗拉 3 后引出，并通过断头自停装置 4 穿入导纱钩 6，再绕过在钢领 7 上回转的钢丝圈，加捻成股线后卷绕在筒管 8 上。

FA721-75 型环锭捻线机的自动化程度较高，满管绿灯预示自动停机，钢领板自动下降；落纱后开车，钢领板自动适位；始纺启动，慢速运行到调定时间升速；单锭断头自停送纱；中途落纱时仍具有自动程序；调整机器时，可使钢领板自动升降；车门未关牢不能开车；冒纱自动停机。

2. 环锭捻线机的主要机构

（1）喂纱机构：环锭捻线机的喂纱机构主要包括纱架（筒子架）、水槽（干捻无）、玻璃棒（干捻无）、横动装置、罗拉等部件。

① 纱架。纱架的形式有纯捻纱架与并捻联合纱架两种（图 9-9）。纯捻型筒子横插于纱架上，并好的纱由筒子径向引出退绕时，筒子在张力的拖动下慢速回转退解，喂入的纱可保持相当的张力而穿绕于罗拉上，纱的退绕张力排除了气圈干扰的因素，所以退绕张力的变化不显著。只是在筒子退绕到最后时，因筒子质量减轻，转速加快。筒子会产生跳动，甚至引起断头。因此筒管的直径不可过小，再考虑到合股纱强力不大，络纱筒子的最大直径又不宜过大，综合这两个因素，并纱筒子的容量就受到限制。并捻联合用的筒子横插于纱架上，从筒子轴向前引或退绕引出的单纱，经过导纱杆和张力球装置，并合后再喂入罗拉。由于纱从筒子轴向引出退绕时，随着气圈高度与锥形筒子直径的变化，纱的张力不断变化，因而需要适当调节纱架的位置、单纱在导纱杆上的穿绕方法、张力球的质量，以使单纱的张力趋于均匀，符合要求。

对纱架的要求：在适当的高度下，能放置容量较大的筒子，以减少挡车工的换筒次数、提高看台能力；其次要求退绕顺利、张力均匀。为此，在安装纯捻纱架时，插纱筒的锭子与水平方向的上倾最好不超过10°，但也不宜低于水平，以免筒子在退解时从锭子上滑出；安装并捻联合纱架时，应以退解方便为原则。

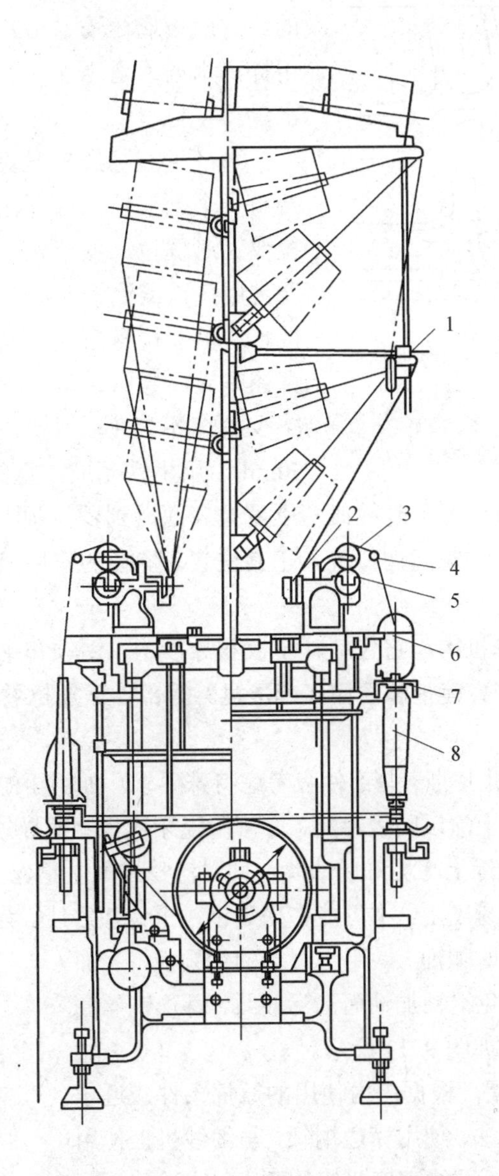

图9-9　FA721-75型捻线机的工艺过程

1—导纱杆　2—导纱器　3—上罗拉　4—断头自停装置
5—下罗拉　6—导纱钩　7—钢领　8—筒管

② 水槽。水槽装置为湿捻捻线机上的必要部件，如图9-10所示。加捻前合股纱要通过水槽，使纱浸湿着水，其强力比干捻大，可减少断头，捻成的股线外观圆润光洁、毛羽少。目前，湿捻法主要应用于细特纱针织汗衫用线、缝纫用线、编网用线及帘子线产品。但因纱

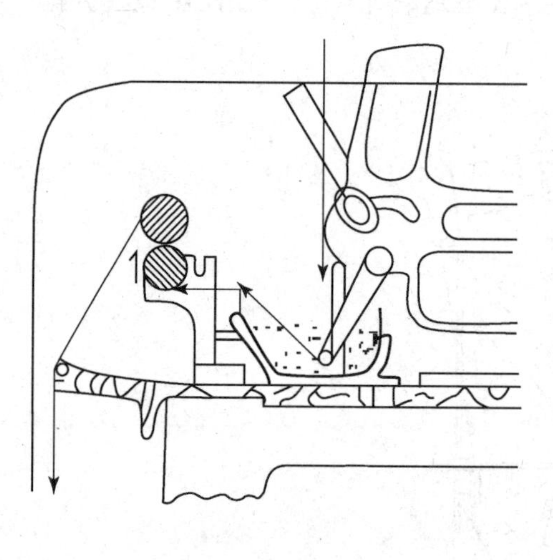

图 9-10 湿捻水槽

吸收了水分，质量增加，回转时纱的张力较大，动力消耗比干捻多，锭子速度也比干捻时低。纱条的吸水量是通过调节玻璃棒在水槽中的高度来实现的。一般玻璃棒浸水 1/2～2/3 较合适。生产中还采用提高水温或适当加入一些渗透剂等方法来增加吸水量。

③ 罗拉。捻线机一般只用一对罗拉或两列下罗拉与一个上罗拉，只有在捻花式线时，才用两对罗拉或三对罗拉。罗拉表面镀铬，圆整光滑。下罗拉通常用铸铁或钢管制成，直径一般为 45mm，分段接长并由罗拉座托持，每 10 锭一只罗拉座。下罗拉直径差异、弯曲、偏心应控制在一定公差之内，以减少捻度不匀率。上罗拉（小压辊）直径一般为 50mm，用生铁制成，重约 500g，每只上罗拉之间的质量差异要小。为了防止停车时纱线从上罗拉表面滑到罗拉颈上，在上罗拉表面近两侧处车一切口，开车时纱线自动脱离切口进入正常位置。罗拉的作用只是送出并纱，供加捻成捻线，并无牵伸作用。

（2）加捻卷绕和升降机构：它包括叶子板和导纱钩、钢领和钢丝圈、锭子和筒管、锭子掣动器（膝掣子或煞脚）、锭带和滚筒（或滚盘）等部件。加捻卷绕和升降过程与环锭细抄机相同。

① 湿捻部件。湿捻机上的一些部件应考虑特殊要求。如用于湿捻的叶子板和导纱钩，为了防止生锈，必须在表面上涂以防锈涂料，亦可用瓷牙代替钢质导纱钩。用于湿捻的钢领为竖边钢领，因为横边钢领边缘上污垢难以清除；同时湿捻用的是铜丝圈，它的弹性比钢丝圈差，受到纱线张力的作用，容易飞走，不可能在横边钢领上钩住纱线。为了防锈和减少摩擦，竖边钢领一般都加油（在落纱时加油）。用于湿捻的钢领板，表面需涂以防水油漆。为了避免钢领加油而沾污股线，耳形铜丝圈与竖边钢领的下端接触，如图 9-11 所示。

② 干捻钢领与钢丝圈。根据国内使用的原棉条件，近年来捻合股线大多采用干捻法，使用横边钢领，与细纱机上使用的一样。根据不同原料、不同线密度股线的要求，应选配不同型号钢丝圈。钢丝圈的选型要求同细纱机。

③ 锭子和筒管。捻线机使用的锭子主要有两类：分离式细纱高速锭子和分离式捻线高速锭子。捻线机上使用的筒管须与锭子的型号配套。

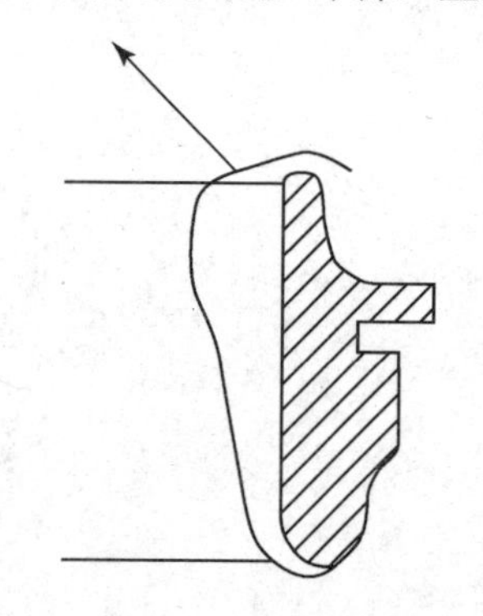

图 9-11 竖边钢领及耳形铜丝圈

3. 环锭捻线机的传动和工艺计算

（1）传动系统：FA721-75 型环锭捻线机的传动图如图 9-12 所示。

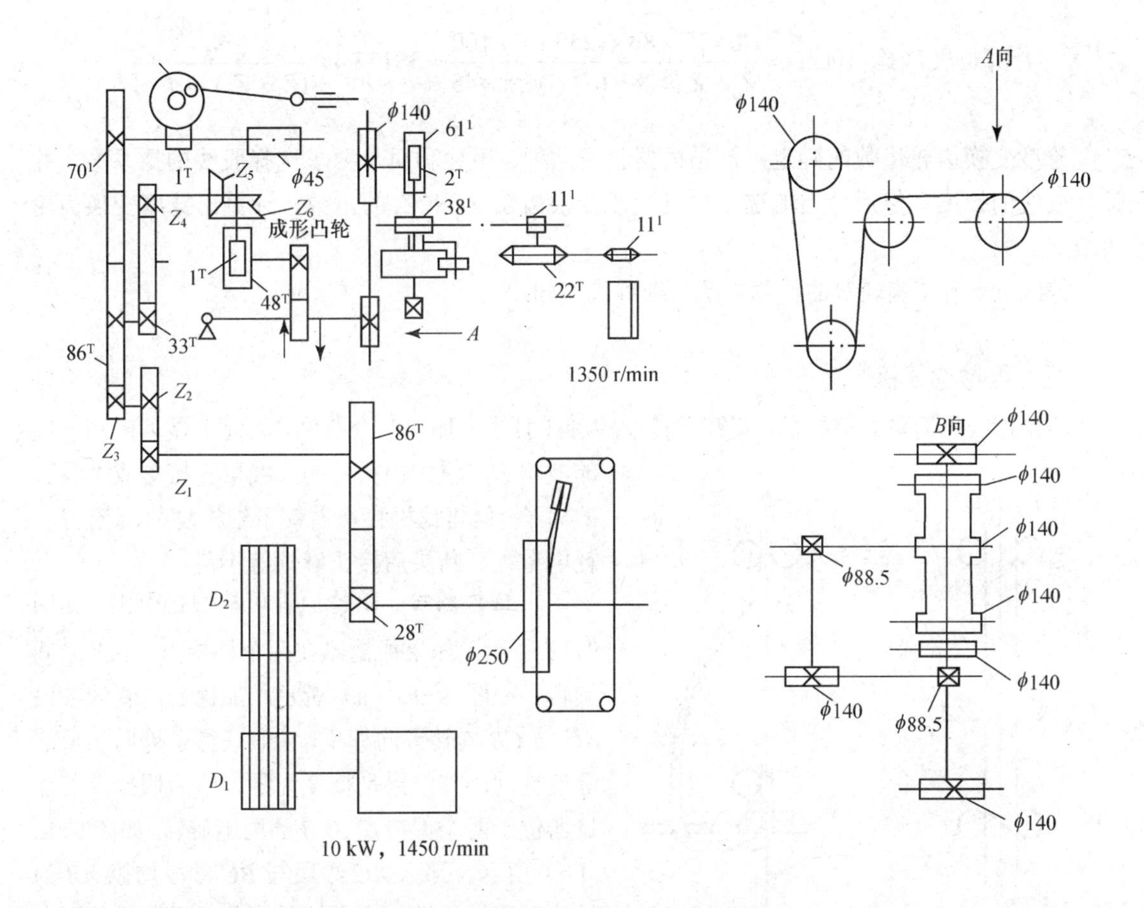

图 9-12　FA721-75 型环锭捻线机传动图

（2）工艺计算。

$$罗拉转速n_r(\mathrm{r/min})=\frac{1450\times D_1\times 28\times Z_1\times Z_3}{D_2\times 86\times Z_2\times 70}=6.744\times\frac{D_1\times Z_1\times Z_3}{D_2\times Z_2}$$

式中：D_1——电动机皮带轮直径，mm；

D_2——滚筒皮带轮直径，mm；

Z_1——捻度阶段变换齿轮齿数，备有 20^T、26^T、33^T、40^T、48^T、56^T 数种；

Z_2——捻度阶段变换齿轮齿数，备有 80^T、74^T、67^T、60^T、52^T、44^T 数种；

Z_3——捻度阶段变换齿轮齿数，范围 33^T~45^T。

Z_1 和 Z_2 两齿轮配对使用，两齿轮齿数之和为 100。

$$锭速n_s(\mathrm{r/min})=1450\times\frac{D_1\times(d_1+\delta)}{D_2\times(d+\delta)}$$

式中：d_1——滚筒直径（250mm）；

d——锭盘直径（24mm 或 27mm）；

δ——锭带厚度（1mm）。

$$计算捻度T(捻/10cm)=\frac{70\times Z_2\times 86\times(250+1)\times 100}{Z_3\times Z_1\times 28\times(d+1)\times\pi\times 45}=38172.4\times\frac{Z_2}{(Z_1\times Z_3)\times(d+1)}$$

捻度变换齿轮齿数的确定：首先根据股线品种、用途和质量要求选择股线的捻系数，并计算股线的捻度。然后恰当地选用捻度阶段变换齿轮 Z_2 和 Z_1 的齿数，计算出捻度变换齿轮齿数 Z_3。

捻线机上升降齿轮等的计算方法与细纱机相同。

三、倍捻捻线机

倍捻捻线机简称为倍捻机，其锭子转一转可在股线上加上两个捻回，因此可显著提高捻线的效率和产量。加捻后的股线可直接落成大卷装的筒子。但倍捻机存在着锭子结构复杂、造价高、耗电量大、断头后接头麻烦等不足。

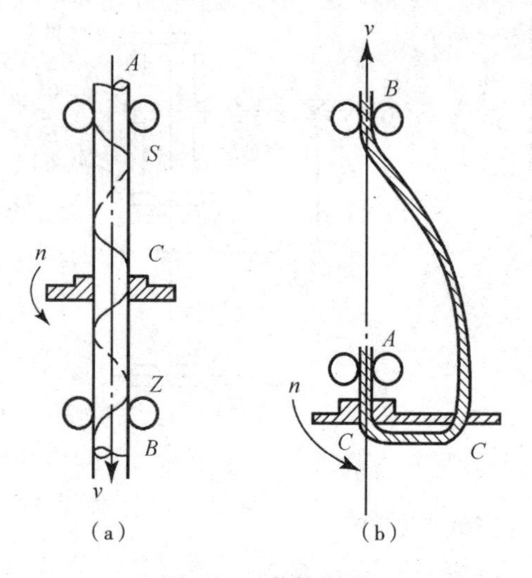

图 9-13　倍捻原理

1. **倍捻原理**　倍捻原理可从假捻引出。如图 9-13 所示，如果加捻器在两个握持点 *A*、*B* 之间旋转，如图 9-13（a）所示，加捻器两侧的纱段 *AC* 与 *CB* 旋转方向相反，它们获得了捻向相反的等量捻回，其结果是捻度为零，即为假捻。若加捻器位于两个握持点 *A*、*B* 的同侧旋转，如图 9-13（b）所示，那么 *AC* 纱段与 *BC* 纱段均以 *AB* 为轴线做同向旋转，两个纱段均获得了等量的同向捻回，即加捻器每旋转一周，给 *AB* 纱段施加了两次捻回，因此，*AB* 纱段获得了倍捻。

2. **倍捻机的工艺过程**　倍捻机的工艺过程如图 9-14 所示，并纱筒子置于空心锭子中，无捻纱线 1 借助于退绕器 3（又叫锭翼导纱钩）从喂入筒子 2 退绕输出，从锭子上端进入纱闸 4 和空心锭子轴 5，再进入旋转着的锭子转子 6 的上半部，然后从留头圆盘纱槽末端的出纱小孔 7 中出来，这时无捻纱在空心轴内纱闸和锭子转子内的小孔之间进行了第一次加捻，即施加了第一个捻回，已经加了一次捻的纱线，绕着留头圆盘 8 形成气圈 10，受气圈罩 9 的支撑和限制，气圈在顶点处受到导纱钩 11 的限制。纱线在锭子转子及导纱钩之间的外气圈进行第二次加捻，即施加了第二个捻回。经过加捻的股线通过超喂罗拉 12、横动导纱器 13 交叉卷绕到卷绕筒子 14 上。卷绕筒子 14 夹在无锭纱架 15 上两个中心对准夹纱圆盘 16 之间。

3. **倍捻机的主要机构**

（1）倍捻机构：倍捻锭子是倍捻机的核心部件，其结构如图 9-15 所示。锭子采用弹性支承，锭盘、储纱盘、锭杆及加捻盘结合一体。锭子与切向皮带接触，因而被驱动（龙带传动）。储纱盘储存的纱线用于补偿退绕不稳定所引起的纱线余缺，其储纱量由纱线张力器调节。张力器为弹簧式，对纱线的制动力可通过刻度盘调节或更换张力弹簧实现。

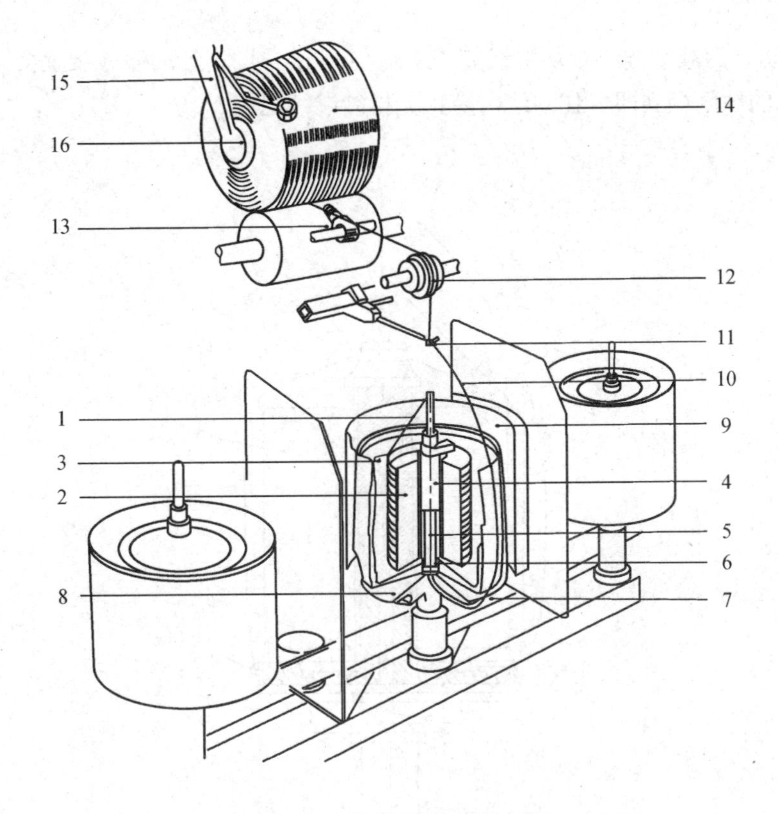

图 9-14　倍捻机的工艺过程

纱线在进入锭子空心轴前要先经过锭翼导纱钩（即退绕器），调节锭翼滞重可调换重锤片。运动着的纱线带动锭翼导纱钩做旋转运动，使无捻纱从供应筒子上顺利退绕输出。从锭翼导纱钩至锭子顶端退绕的无捻纱形成了一个气圈，位于锭子防护罐内，叫做内气圈。内气圈的张力由锭子顶端的张力牵伸装置调整。纱线通道如瓷眼等，应选用光滑、耐磨的陶瓷零件。储纱盘及加捻盘的过纱表面一般要经过特殊处理，以使与纤维有良好的相容性和耐磨性。

锭子防护罐由电磁铁联轴器通过滚珠轴承连接在锭杆上，不接受动力，其作用是支撑、保护喂入筒子，使之与外气圈隔离开，并与机架上的磁铁相互作用保持纱罐和喂入纱筒静止不动。锭子防护罐采用铝板深冲成形，表面经抛光和低温硬质阳极氧化处理。

气圈罩位于锭子防护罐之外，作用是限制外气圈的大小，有减小气圈张力、降低能耗的作用。

隔离板可把每个单独锭子分外，防止废纱进入相邻锭子而产生飘头、多股等疵病。

气圈导纱钩的形状如猪尾，位于锭子顶端的正上方。它的作用是调节外气圈高度和纱线张力，并在此完成第二次加捻。

锭子制动器由一个两段式制动活塞组成，并由一个踏板系统来操作。脚踏开关有两个功能，第一是制动锭子，使锭子停转；第二是进行气流穿纱，以便于接头。锭子制动和气流穿纱的压缩空气由车头空气压缩机通过管道输送给每个锭子。

纱线端头挡块和锭子内设有气动停纱装置，用来捕捉断头、防止无捻纱继续退绕。正常生产时，机械纱线挡块上的感纱器和运动着的纱线接触。断头时，感纱器挡块迭落向前并抓住梳针内的纱线，防止后续纱线继续从喂线筒子上退绕，与此同时，气动停纱装置会马上作出反应，纱锭空心轴内的纱闸会立即卡住纱线，防止无捻纱继续退绕。

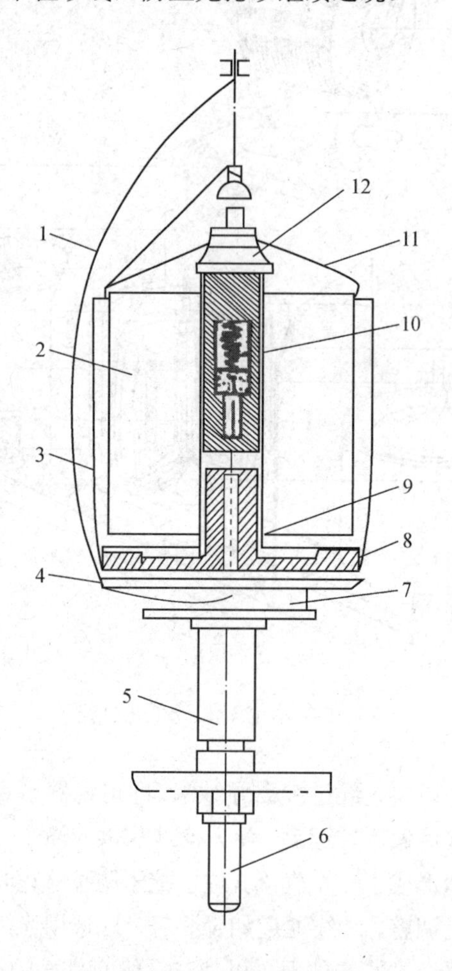

图 9-15　倍捻锭子

1—纱线　2—喂入纱筒　3—盛纱筒　4—加捻盘　5—锭盘　6—锭脚　7—储纱盘
8—内磁铁　9—锭杆　10—弹簧张力器　11—锭翼　12—锭帽

（2）卷绕机构：倍捻机的卷绕机构由超喂罗拉、横动导纱器、摩擦罗拉、卷绕筒子及其支架、换筒尾纱装置等组成。

① 超喂罗拉：超喂罗拉的作用是支撑纱线并减少气圈张力，其表面速度比摩擦罗拉的表面速度高。

② 换筒尾纱装置：卷绕筒子的连续络筒，需要卷绕筒留有尾纱。

③ 横动导纱器：位于齿轮箱中部的提升偏心装置传动导纱器做横向运动，使纱线不断进入卷绕筒子的同时实现横向导纱。

④ 卷绕罗拉：又称摩擦罗拉或卷绕驱动轮，靠摩擦力带动卷绕筒子，其速度决定了卷绕速度，而卷绕速度和锭子速度共同决定捻度的大小。

⑤ 卷绕筒子支架：卷绕筒子支架是一个四铰点支架机构，它支撑着柱形或锥形筒子。四铰点支架机构适用于卷绕不同直径的筒子。

这种卷绕机构的主要优点是：第一，不论卷绕筒子直径大小如何，横动导纱器与卷绕筒子的距离极近且近乎恒定，导纱工作十分准确，使筒子成形棱角完整；第二，卷绕筒子直径不断增大，但它与摩擦罗拉间的摩擦点保持不变，二者间的压力也随筒子的膨化而调整，可保证卷绕密度均匀，并保持筒子的洁净度；第三，横动导纱器内的角张力维持在最低限度。

四、花式捻线机

纱线是组成织物的基本原料，除了常见的普通纱线外，还包括各种截面分布不规则、结构不同或色泽各异的特殊纱线，这类纱线统称为花式纱线。花式纱线一般由三根纱线捻合而成，即芯线、饰线和固线，如图 9-16 所示。芯线起骨架作用，花式纱线的强力主要是

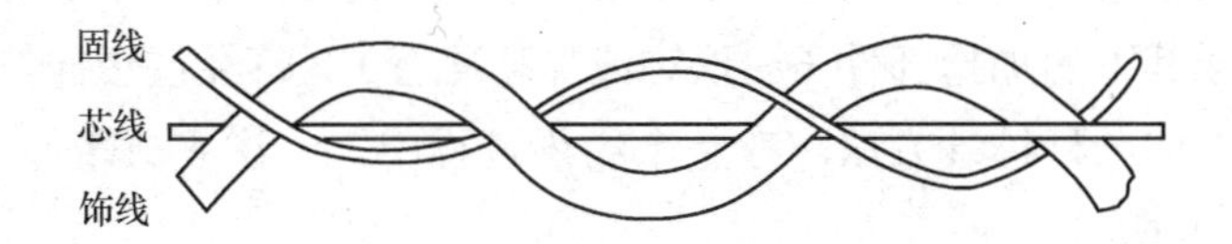

图 9-16　花式捻线结构图

由芯线提供的，一般选用强力较高的长丝或纱线作为芯线。饰线多采用棉条或粗纱纺制，花式纱的花式效应、外观及手感风格等，如粗细节、圈圈、小辫子等，均是通过饰线表现出来。固线起加固作用，用来固定花形，多采用细且强力高的长丝。当用单纱作芯纱时，头道捻向必须与芯纱的捻向相同，否则在并制花式纱线时，由于芯纱退捻而造成芯纱断头。但与芯纱同向加捻时，由于芯纱捻度增高而使成品手感粗硬，因此也可用两根单纱或长丝与单纱组合作芯纱。

花式纱线的加工方法很多，在普通细纱机、转杯纺纱机、喷气纺纱机、空气变形纱机等机器上，经过适当改造，均可以生产某些种类的花式纱线。花式捻线机主要有环锭花式捻线机、空心锭花式捻线机、空心锭环锭结合花式捻线机等。

1. **环锭花式捻线机**　环锭花式捻线机是发展最早的传统花式捻线机，由普通捻线机的基础上发展而来，其工艺过程如图 9-17 所示。该捻线机主要由两对罗拉和凸轮起花机构所组成，属于纯机械式花式捻线机。图中 1 为芯纱筒子，2 为芯纱筒管插锭。芯纱 3 从筒子上引出后，经过一对前罗拉 4、导纱杆 5，进入梳栉 6 的对应导槽内。 7、8 为饰纱，从筒子上引出后经一对后罗拉 9、导纱杆 10 与 11 被引入梳栉 6 的导槽。芯纱与饰纱并合后经过导纱钩 12、钢丝圈 13，最后绕到纱管 14 上。

该机型必须经过二至三道工序完成。第一道工序是如上所描述的将芯纱和饰纱分别通过后罗拉和前罗拉喂入，由一对预捻变化齿轮 Z_1 和 Z_2 来控制前后罗拉的速比，即超喂比。由于超喂比的不同可生产圈圈线、波形线、辫子线等不同类型的花式线。第二道工序是将第一道工序退捻且与固纱一起并合加捻。除双罗拉的形式外，还有三罗拉环锭花式捻线机。

使用环锭花式捻线机制作结子线时，由起花凸轮通过连杆机构控制梳栉 6 及导纱杆 11 的升降。当梳栉慢速下降时，饰纱的导纱杆随之下降，放出适量长度的装饰纱，使之紧密地绕在原来由芯纱和装饰纱捻合而成的线上形成结子。后罗拉 9 的回转速度大于前罗拉速度。制作圈圈线时通过使前罗拉送纱速度大于后罗拉，形成超喂，然后退捻而成。制作断丝线则是通过加捻、牵伸、退捻来实现。罗拉可以反转，以适应断丝牵伸时增加握持力。

除机械式花式捻线机外，还有机电结合式花式捻线机，采用电磁离合器控制使罗拉停或转而形成结子。当一对罗拉停转时，停止送出的纱线就在原位加捻，另一根正常送出的纱线在梳栉板下面汇合点处形成结子，包缠到停止喂入的纱上。机电结合式花式捻线机与纯机械式花式捻线机的区别是：梳栉板不作升降运动，简化了机构；省去了纯机械式中的起花凸轮及一系列连杆，特别是可以扩大结子循环长度以及形成任意间距的双色结子。

2. **空心锭花式捻线机** 由于环锭花式捻线机纺制花式纱线必须经过二至三道工序才能完成，生产效率低，因此花式纱线多采用空心锭花式捻线机进行纺制。空心锭花式捻线机利用回转的空心锭及附装于其下的加捻部件（加捻钩或加捻磁管），将经过牵伸的纤维型饰线以特定的花式包绕在芯纱上的一种纺纱方法。在整个纺纱过程中，一次完成牵伸、加捻和络筒工序，其工艺过程如图 9-18 所示。

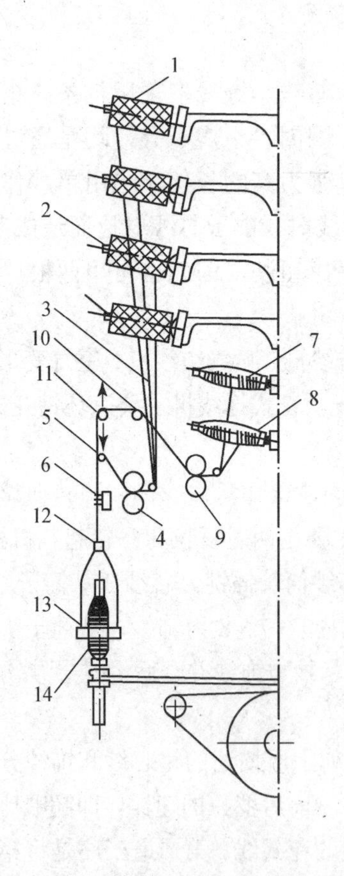

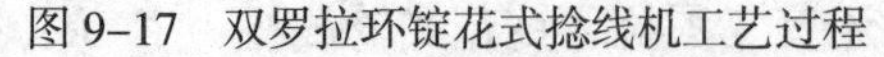

图 9-17 双罗拉环锭花式捻线机工艺过程

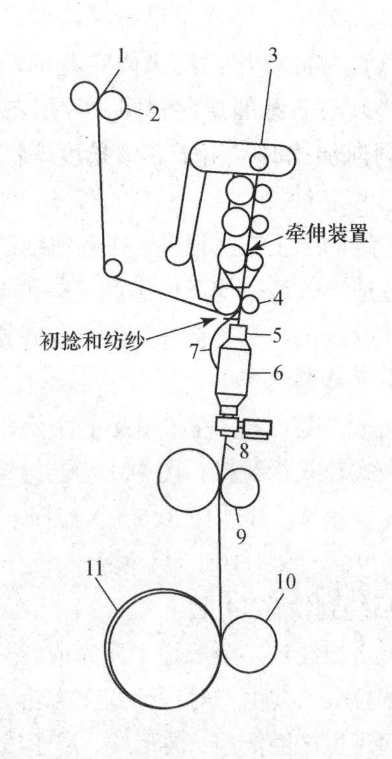

图 9-18 空心锭花式捻线机工艺过程

饰纱3经牵伸装置从前罗拉4输出，与芯纱罗拉2送出的芯纱1以一定的超喂比在前罗拉出口处相遇而并合，一起穿过空心锭5。空心锭回转所产生的捻度将饰纱缠于芯纱之外，初步形成花型，称为一次加捻。固纱7来自套于空心锭外的固纱管6。固纱与初步形成的花型纱平行穿过空心锭，并且均在加捻钩8上绕过一圈。这样，在加捻钩以前，固纱与初步形成的花型线是平行运动的，仅在加捻钩以后，经过加捻钩的加捻作用，即所谓的二次加捻，固纱才与退捻后的芯纱饰纱捻合在一起由输出罗拉9输出，最后被槽筒10带动卷绕成花式线筒11。由于一次加捻与二次加捻的捻向相反，所以芯纱和超喂饰纱在加捻钩前获得的捻度在通过加捻钩后完全退掉（即假捻），形成另一种花型，再由在加捻钩获得真捻的固纱所包缠，从而形成最终花型。在最终的花式纱线中，芯纱和饰纱之间的捻度很少，花式线的捻度主要指固纱的捻度。花式线的最后花式效应是饰纱的超喂量、固纱的包缠数以及芯纱的张力大小等因素的综合效应。

空心锭花式捻线机与传统捻线机的根本区别在于运转中的罗拉部件需随机变速，通过各罗拉线速度的独立变化形成丰富多彩的花式纱线，因此对各运转罗拉变速的控制技术是花式线的品种开发的关键。

花式纱线的形成靠三根纱线的配合，通过下列参数的控制就可以获得不同的花型。

（1）超喂比：

超喂比=饰线速度/芯线速度=前罗拉速度/输出罗拉速度

超喂比可以是恒定的，饰线速度以花式规律恒定于芯线速度，也可以是变超喂，从而使花式不断变化。

（2）牵伸倍数：

牵伸倍数=前罗拉速度/后罗拉速度=饰线喂入单产×超喂比/输出纱线中饰线所占质量

牵伸倍数可以是恒定的，也可以是不断变化的，从而生产不同的花型。

（3）芯线张力：芯线的张力由张力器或罗拉进行调整，张力的大小直接影响成纱质量及花型的稳定。如张力太小，芯线不能稳定地处于中心位置，从而影响质量。

（4）花式纱线的捻度：对空心锭花式捻线机来说，花式纱线的捻度一般指固线对芯线单位长度内的包缠数，即空心锭转速/输出罗拉速度。包缠数的大小对花式纱的手感、外观和花式效果有直接关系。

3. 空心锭环锭卷绕花式捻线机　在空心锭花式捻线机中，固纱单向对芯纱和饰纱进行包缠，使花式纱由于捻度不平衡而易产生扭结，为此研制出了空心锭和环锭相结合的花式捻线机，如图9-19所示。空心锭下端的加捻钩随空心锭回转，使芯纱与饰纱产生假捻，同时使固纱获得真捻，固纱的捻向为S捻。由空心锭所形成的花式线通过导纱钩后，穿

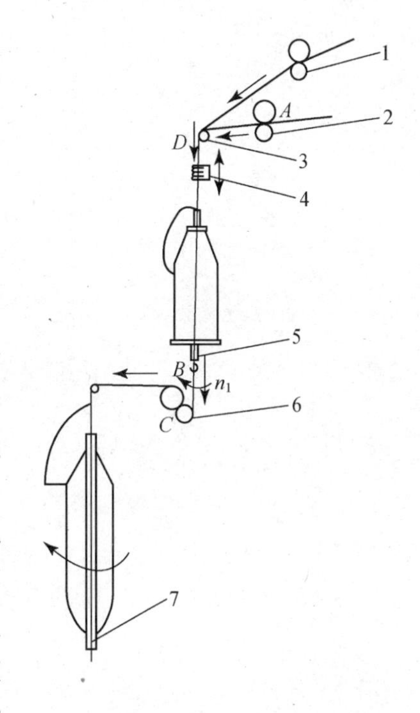

图9-19　三罗拉空心锭空心锭环锭卷绕花式捻线机

过钢丝圈卷绕到紧套于锭子的通过上，锭子及筒管回转时，由于纱条张力的牵动，使钢丝圈沿着钢领回转，纱条因此获得捻回。钢丝圈绕钢领每转一转，纱条即被加上一个捻回。由于环锭锭子回转方向与空心锭回转方向相同，故芯纱与饰纱的捻向应为 Z 捻。根据机器的性能，空心锭上加捻钩的转速大于钢丝圈转速，由捻度代数相加原理，固纱最终的捻向仍为 S 捻。

由于采用了将空心锭纱线直接输入环锭的方式以达到退解空心锭固纱捻度，所纺制的花式线较普通空心锭花式捻线机所纺制同品种、同工艺的花式线捻度明显减少，使生产的花式线手感柔软，风格和结构更趋理想，克服了普通空心锭花式纱线手感粗硬，纱线易产生扭结的缺陷。

此类机型纺制的花式线中芯纱与饰纱也可以获得一定数值的真捻，从而使由芯纱和饰纱所形成的花型更为稳定，花式线的结构更为紧密。

中英文名词对照

Bind yarn 固纱

Core yarn 芯纱

Doubling machine 并线机

Effect yarn 饰纱

Fancy yarn 花式纱线

Hollow spindle 空心锭

Plying machine 捻线机

Two-for-one twisting 倍捻

第十章　转杯纺纱机

第一节　概　述

转杯纺纱方法以前也称为气流纺纱方法，由丹麦人伯塞尔森发明，并于1937年取得专利。1965年在布尔诺国际博览会上，捷克VUB棉纺织研究所展出他们研制的KS-200型转杯纺纱机引起轰动，人们认为这是纺纱方法的一次革命。后几经改进，开发出较为完善的BD-200型转杯纺纱机，并在1967年的ITMA上展出。从此，转杯纺纱机进入市场。当时的转杯速度为30000r / min，采用传统的滚珠轴承。与传统的环锭纺纱相比，转杯纺纱无论在纺纱速度上，还是在卷装容量上都有大幅度的提高。由于转杯纺纱方法具有产量高（环锭纺纱方法的3~4倍）、卷装大（每只纱筒重3~5kg）、工序短（省去粗纱、络纱工艺）、纺纱范围广（棉、毛、麻、化纤、细丝等）的特点，自问世以来得到人们的重视和青睐，发展速度飞快。

全自动转杯纺纱机和半自动转杯纺纱机的常见机型和技术参数见表10-1和表10-2。

表10-1　全自动转杯纺纱机的常见机型和技术参数

生产商	机　型	转杯支撑形式	排风形式	接头形式	转杯最高转速（r/min）	纺纱线密度（tex）	引纱速度（m/min）	卷装质量（kg）
瑞士立达	BT905	间接轴承	自排风式	全自动	100000	15～240	27～170	4.15
	R40	间接轴承	抽气式	全自动	150000	10～170	235	5
德国赐来福	Autocoro312	间接轴承	抽气式	全自动	150000	14.8～240	30～250	4.15
	Autocoro360	间接轴承	抽气式	全自动	150000	10～145	≤300	5

表10-2　半自动转杯纺纱机的常见机型和技术参数

生产商	机　型	适纺纤维长度（mm）	棉条支数（ktex）	纱线线密度（tex）	转杯速度（10^4r/min）	转杯直径（mm）	排风形式	卷装尺寸（mm）	卷装质量（kg）	接头方式	转杯支撑方式
瑞士立达（Rieter）	BT923	10～60	2.2～6.3	14.5～196	4～11	31,33,36,38,41,44,48,50,54,55,64,66	抽气式	320×150	5	ASMIspin半自动	直接轴承

续表

生产商	机　型	适纺纤维长度（mm）	棉条支数（ktex）	纱线线密度（tex）	转杯速度（10^4r/min）	转杯直径（mm）	排风形式	卷装尺寸（mm）	卷装质量（kg）	接头方式	转杯支撑方式
苏拉（Saurer）	DB280	～40	2.2～5	14.5～147.5	～7.5		自排风	260×250	3.20	手工	直接轴承
	D320（苏州）	10～60	2.2～8.5	10～24.5	～10	73,66,54,43,34 Texpart,	抽气式	300×150	4	半自动（Burmaster 1）	直接轴承
	D330	10～60	2.2～8.5	10～245	～10	73,66,54,43,34 Texpart,	抽气式	300×150；270×150	4,3,3,5	半自动（Burmaster 2）	直接轴承
	DB350 Fancynation	15～40	2.7～7	10～250	3.1～9.0		抽气式	300×150；270×150	4,3,3,5	半自动（Burmaster 2）	直接轴承
经纬	FA1604	～60	2.2～6.25	14.5～240	3.6～9.5	33～66	自排风	300×150		半自动	直接轴承
	FA1605	～60	2.2～7	14.5～97	～10	56,54,43,36,74	抽气式	300×150	4	半自动	直接轴承
日发	RFRS10	<40	3～5	6～120	4.5～9.0	50,42,38	抽气式	300×150；270×150			直接轴承
	RFRS30	<40	3～5	6～120	3.0～10.	50,42,38	抽气式	300×150；270×150	4,5		直接轴承
泰坦	TQF-268	15～60（66 rotor）；15～40（54～34 rotor）	2.5～5	1～250	～10	66,54,43,36,34	抽气式	300×150	4	半自动	直接轴承
福晋	FA608	25～40	2.2～5	22.4～100	65	43,54,66	自排风	300×150	4		直接轴承
精工	JFA231	<40	2.5～5	16～120	5.0～12.0	40,36	抽气式	300×150	4,5	半自动	间接轴承
新亚	XY628	<40		16～120	9.0	48,44,40,36	抽气式	300×150；270×150	5	半自动	直接轴承
贝斯特	BS620	25～40	2.2～5	14.5～100	3.0～9.0	66,54,43,36	自排风	300×150；250×150	4（柱形卷装）；3.2（锥形卷装）	半自动	直接轴承

第二节　纺纱原理

转杯纺纱方法属于自由端纺纱方法，一般由绘棉、开松、凝聚、加捻和卷绕等机构组成。如图 10-1 所示，棉条 7 经给棉喇叭 1 喂入，在给棉罗拉 2 和给棉板 9 的握持下输送给分梳辊 3，分梳辊将棉条分解成单纤维。高速旋转的转杯 6 内有一定的真空度，迫使外界气流补入。被分梳辊分解的单纤维因为质量较轻，随着气流经过输棉通道 4 进入高速旋转的纺杯 6 内，并在离心力的作用下滑移到转杯的凝棉槽内，形成凝棉须条（纤维环）。而杂质因为质量较大，在离心力的作用下，经过除尘刀 20 时被阻挡并甩到拍杂腔内。始纺时，引纱从转杯的引纱管 13 进入转杯，纱尾在离心力的作用下与凝棉槽底部的纤维环接触并一起回转加捻成纱。在胶辊 15 和引纱罗拉 14 的牵引下，纱从转杯内引出经加捻盘 11 和引纱管 13 及导纱器 17，并在卷绕罗拉 18 的作用下卷绕成筒子 19。

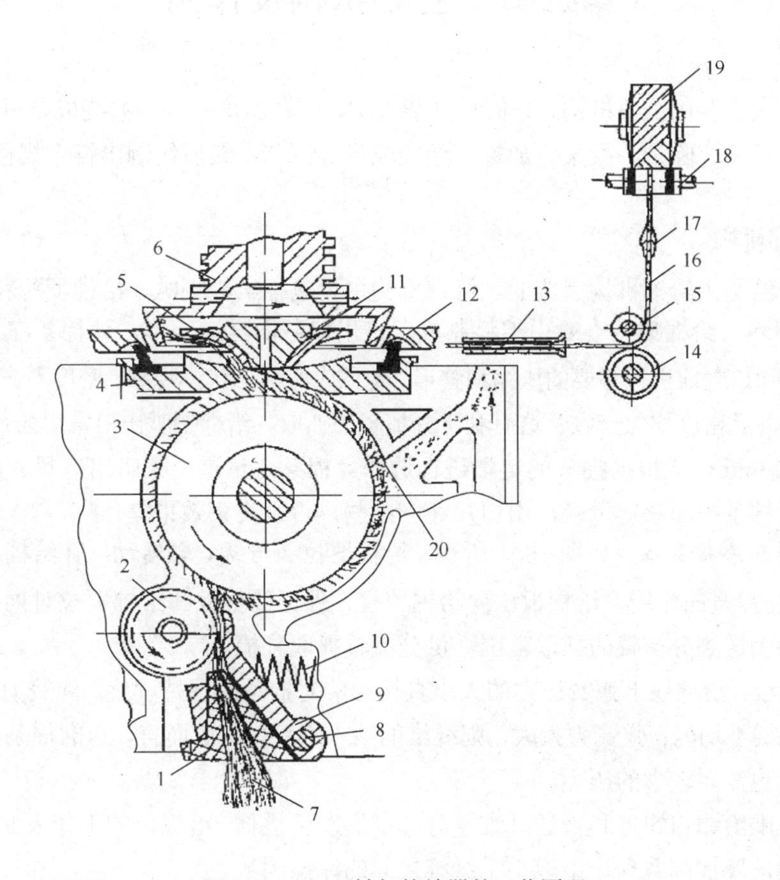

图 10-1　CEII 转杯纺纱器的工艺原理

1—给棉喇叭　2—给棉罗拉　3—分梳辊　4—梳棉通道　5—隔离盘　6—纺杯　7—棉条
8—偏心销　9—给棉板　10—压簧　11—加捻盘　12—密封盖　13—引纱管　14—引纱罗拉
15—皮辊　16—纱条　17—导纱器　18—卷绕罗拉　19—纱筒　20—除尘刀

从转杯纺成纱原理与流程可知：

（1）转杯纺可以从纤维条作为喂入品直接纺成筒子纱，工艺流程短，有利于提高生产效率。

（2）棉条首先要被开松成单纤维状态，所以自由端纺纱又可称为断裂纺纱，在开松过程中，可以将纤维条中的棉结、杂质等与纤维分离，并通过排杂腔被排出。

（3）纤维进入转杯内凝聚槽时是沿圆周方向排列，一层层叠合成须条. 这个凝聚过程又是纤维并合的过程，所以转杯纺纱具有并合效应。

（4）转杯内须条在被加捻引出的同时被不断添加纤维，因此在槽内纱条剥离点处有搭桥纤维或称骑跨纤维，在纱条引出过程中此种纤维就在纱身外缠绕被输出。

（5）转杯内剥离点附近纱段捻度少，强力低，要承受剥离引出的纺纱张力，所以须条截面内要有一定数量的纤维，最低限制在80～100根之间（视不同纤维而异）。

第三节　主要机构及作用

转杯纺纱机主要由给棉机构、分梳与排杂机构、凝聚加捻机构和卷绕成型机构等组成，从而完成喂给、开松、除杂、凝聚、加捻、卷绕成形等工艺，最后纺制出符合规格的筒子纱。

一、给棉机构

棉条的喂给是由给棉机构完成的。给棉机构主要包括给棉喇叭、给棉罗拉和给棉板。

1. **给棉喇叭**　给棉喇叭一般由塑料制成，进出口截面呈渐缩形，使棉条在进入给棉罗拉与给棉板握持钳口之前进行必要的压缩和整形，使原先截面形状不规则、密度不一致的棉条横截面成为扁平状并且密度均匀一致，这有利于分梳辊的抓取。给棉喇叭出口常用的尺寸有 9mm×2mm、7mm×3mm，应根据棉条的定量进行选择。棉条定量重，喇叭出口尺寸应选择大的，可以避免阻塞棉条；面条定量轻，出口尺寸应小些，否则集束效果差。

2. **给棉板和给棉罗拉**　如图10-1所示，给棉罗拉2可绕其轴转动，在给棉板9下方设计有弹簧 10，在弹簧的作用下给棉板压向给棉罗拉，保证给棉板和给棉罗拉对棉条施加一定的压力，把棉条输送到分梳辊的抓取范围，供分梳辊抓取分梳。

（1）给棉板：给棉板下弹簧压力的大小直接影响对棉条的握持程度，弹簧力不足，对纤维握持不牢，喂棉不均匀；弹簧力太大，则纤维的喂入不顺。一般而言，粗的棉条需要较大的压力，化学纤维也需要较大的压力。

为了防止喂给钳口钳持和输送纤维条时纤维层发生搓移，给棉板的工作表面必须光滑。给棉板与棉条间的摩擦因数理论上应小于纤维之间的摩擦因数。

给棉板分梳面的长度直接影响纤维的分梳质量，分梳面长度越短，分梳作用越强，但对纤维的损伤也大。由于分梳辊与壳体的最小隔距已经固定，因此只有变动喂给钳口的位置，才能达到调节分梳工艺长度的目的，故给面板铰接销轴8设计成偏心轴且可转动调节。

（2）给棉罗拉：给棉罗拉 2 的主要作用是输送、喂给棉条。为了防止棉条在输送过程中产生滑移引起牵伸倍数变化，在其表面加工有菱形花纹。同时，菱形花纹还具有改善棉条压力均匀性和提高对棉条握持力的作用。

给棉罗拉的下部与电磁离合器连接，并通过蜗轮与机器上的蜗杆长轴啮合传动。当纺纱断头时，自停杆就倾斜某一角度，使电磁离合器得电而切断传动，给棉罗拉停止转动。

二、分梳、除杂机构

分梳、除杂机构主要完成对纤维的开松分梳、除杂以及输送作用，主要由给棉板分梳面、分梳辊、除尘刀和排杂通道构成。

1. **分梳辊**　分梳辊表面带有锯条或梳针，当给棉罗拉在给棉板的配合下将棉条均匀向前输送时，分梳辊以 6000～8000r/min 的转速抓取棉条，棉条被分梳辊分解成单纤维，并依靠气流将纤维输送到转杯内。分梳辊在对棉条进行开松、分解的同时，也起到分离、排除夹裹在棉条中杂质的作用。

分梳辊分离纤维的过程如图 10-2 所示，可分成 5 个区域。

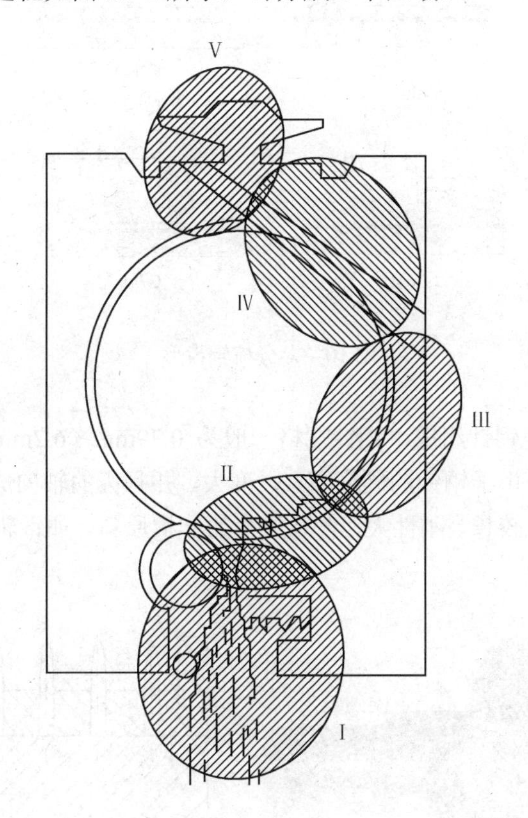

图 10-2　分数辊分离纤维的过程

（1）喂入区 I：在这里棉条截面由于喂入口的形状而变成矩形，其宽度略小于分梳辊上针布分布的宽度。

（2）开棉区Ⅱ：纤维在这里被针布钩出，当纤维到达输送区Ⅲ的后端时，纤维即完全从棉条中分离。

（3）移出区Ⅳ：借着空气动力将纤维从针布移出，并使纤维更进一步的分离。纤维分离以及纤维从针布移入气流输送通道中的程度因针布形式及分梳辊的转速而定，此值一般由经验判断。

（4）出口区Ⅴ：纤维由出口区被输送到转杯的收集面，输送通道出口的气流流速必须小于转杯收集面的速度，这样才能保证纤维在离开出口时保持平直，并且纤维前端触及转杯收集面时有一加速作用。

分梳辊有锯齿辊、针辊、和锯片式三种。锯齿辊由铁胎及表面包覆的金属锯条组成，常用直径为 ϕ60mm、 ϕ65mm。这种形式的分梳辊 结构简单、价格便宜、适用范围广，锯条用钝后可以重新反包新齿条，因此，铁胎可以重复使用。锯齿式分梳辊一般用于加工纯棉。图 10-3 为瑞士立达公司提供的几种锯齿形分数辊齿形。

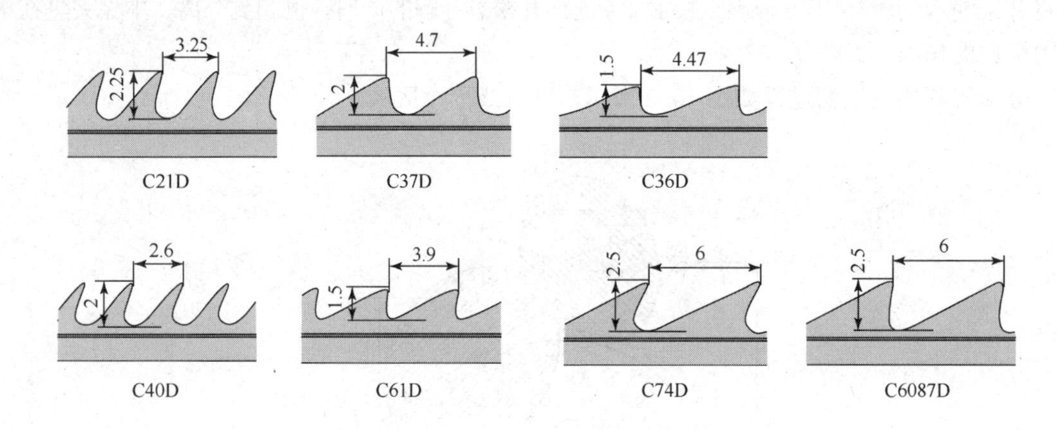

图 10-3 分梳辊齿形

针辊由铁胎及表面植钢针组成，钢针规格一般为 0.79mm×6.2mm（直径×总长），针辊直径随机型不同而不同。由于钢针的硬度高、强度大，并且齿的轴向成圆锥形，因此对纤维的释放性好，适合纺制纤维较长、刚性大、含杂质少的非棉原料，如针辊适用于加工化纤及其混纺原料（图 10-4）。

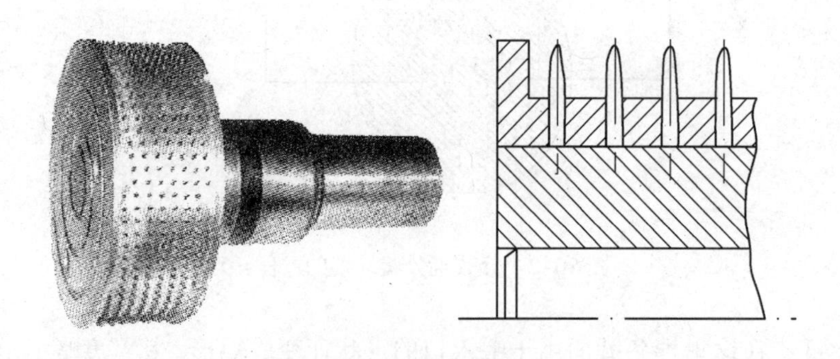

图 10-4 针形分梳辊与针布

锯片式分梳辊则是在分梳辊轴上紧套三角形锯片，交叉叠合组套而成，其作用缓和，适合方中长纤维及毛型纤维。

2. **除尘刀**　除尘刀是指位于排杂通道入口处的三角形结构，其主要作用是对经过分梳辊开松、分离出来的杂质进行分离，棉纤维在吸风气流的作用下吸入梳棉通道。而杂质因为质量较大，则被除尘刀分离并进入分梳腔排杂区，借助排杂负压气流的吸引作用，通过纺纱器的排杂通道和排杂玻璃管被排到机身中部的排杂管道内。

为了调节排杂量，德国续森公司生产的 SC-R 型纺纱器在除尘刀后面设计有旁路（BYpass）通过调节进风口大小控制此处的补风量，从而达到控制排杂腔的排杂强度（图 10-5）。另外，在转杯内部还设计有加速腔（SPEEDpass），可以提高纺纱质量、纺纱稳定性、生产效率。

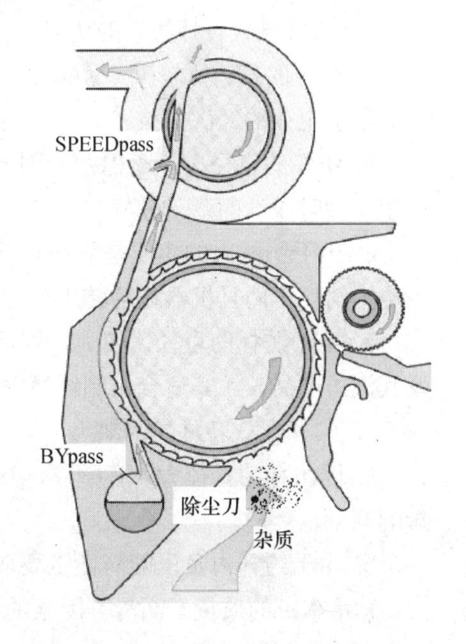

图 10-5　SC-R 型纺纱器

三、凝聚加捻机构

1. **转杯**　转杯是转杯纺纱机的核心部件，转杯及其装置的作用是：转杯内腔的负压使输送通道产生气流，完成单纤维送进转杯并沉积在凝棉槽内；利用转杯的高速旋转将从凝棉槽引出的纤维环加捻成纱。

转杯的基本形状是由两个中空锥台互相以底面结合而成，如图 10-6 所示。上锥台的内表面供单纤维凝聚和滑移用，成为滑移面；上锥台的根部形成一圈凝聚槽，可使滑入的单纤维凝

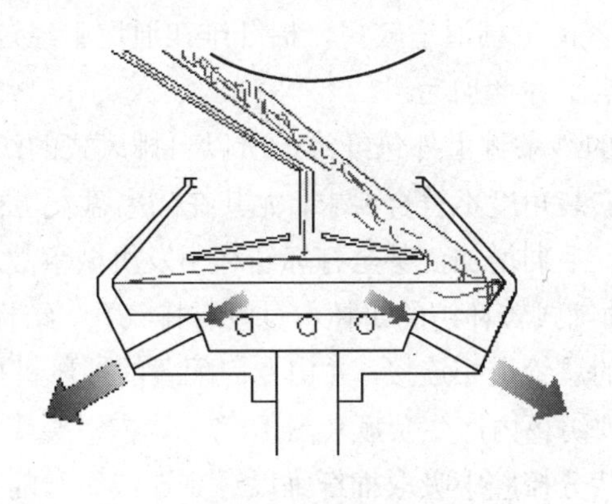

图 10-6　自排风式

聚及并合形成环状纤维束。凝棉槽的直径即是通称的转杯直径，它决定了转杯可纺纤维的长度。

（1）转杯内排风类型：下锥台有 8 个气孔者称为自排风型转杯（图 10-6）。由于纺杯的高速旋转把原先存在于纺杯中的空气通过 8 个排气孔向外排出后，纺杯内即产生了负压。负压气流即把被分梳辊齿端握持的棉纤维带入纺杯。

① 自排风式转杯纺纱的优点。

a. 转杯的直径比较大（ ϕ66mm 或 ϕ54mm），适合利用低级棉及再用棉束来纺制粗特纱，从而增加企业的经济效益。

b. 纺杯的直径大，凝棉槽的圆周长度较长，棉纤维在凝棉槽中可得到充分的伸展，所以纺粗特纱时成纱的条干较好。

c. 由于纺杯内的负压是靠纺杯自身旋转而产生的，不需配备专门的抽风机，因而，可减少电力消耗，而且机器在运转生产时所产生的噪声小。

d. 由于纺杯的直径比较大，因而转速一般开得较慢，适合纺制非棉产品（如毛、麻等）及其混纺产品，尤其适合纺制经摩擦后易产生静电的原料。

② 自排风式转杯纺的缺点。

a. 因纺杯的直径大、杯壁厚、质量大，因此不宜开高速，一般都低于 60000r/min，从而影响产量。

b. 由于纺杯内负压的高低主要取决于纺杯的转速，因而负压的高低受龙带张力、压轮压力、轴承本身的质量及润滑等因素的影响。若纺杯内负压偏低，一方面将影响成纱质量，另一方面还会增加断头率。

c. 由于纺杯的凝棉槽的直径大于杯口直径，在负压和离心力的作用下，杂质和灰尘容易在凝棉槽内沉淀积聚。这将引起纱条断头率的增加，一方面影响棉纱的产量和质量，另一方面还要降低制成率。

d. 纺杯由于排气孔的存在，在车间湿度比较高或棉条回潮率比较大的情况下，短绒和灰尘容易在排气孔周围聚集。一方面影响了气流排泄的畅通降低了纺杯内的负压，另一方面还会破坏了纺杯的动平衡引发振动，缩短了纺杯轴承的使用寿命。

e. 由于自排风式纺纱器的输棉通道较短，棉纤维在通道中经过时得不到充分的伸直与舒展，因而影响了成纱条干水平并增加毛羽。

f. 为了避免在加捻中的纱条缠上外包纤维，所以自排风式的纺纱器需加隔离盘。若隔离盘的平整度不好或导流槽安装角度不符合要求，尤其在隔离盘发生松动、导流槽移位时，即会影响成纱质量，强力降低、毛羽增加，甚至打坏纺杯引发机械事故。

（2）抽气式转杯纺：抽气式转杯纺的纺杯本身没有排气孔，纺杯内负压气流的形成是靠纺纱器上的支气管与机身上的总管道相连接，并由专门配备的抽风机把纺纱器（箱）蜗壳腔中的空气从管道中抽走，从而使纺杯内产生负压（图 10-7）。在引头或接头时从引纱中吸引纱头，通过负压气流经输棉通道从分梳腔中吸取棉纤维以达到连续纺纱的目的。因而，抽气式转杯纺气流的流动方向是由后向前流的，也就是由杯底流向杯口，如图 10-8 所示。

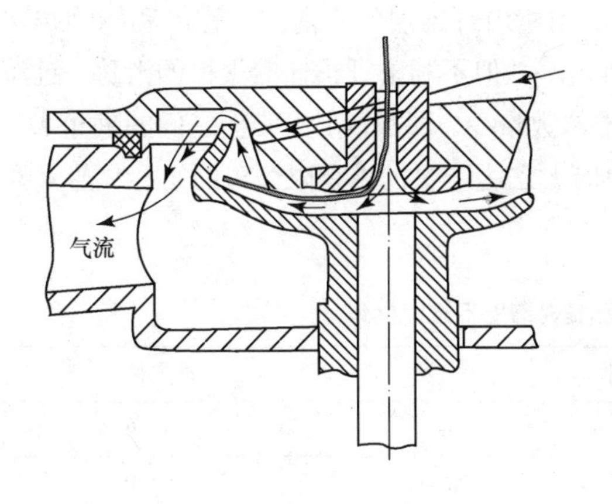

图 10–7　抽气式纺杯

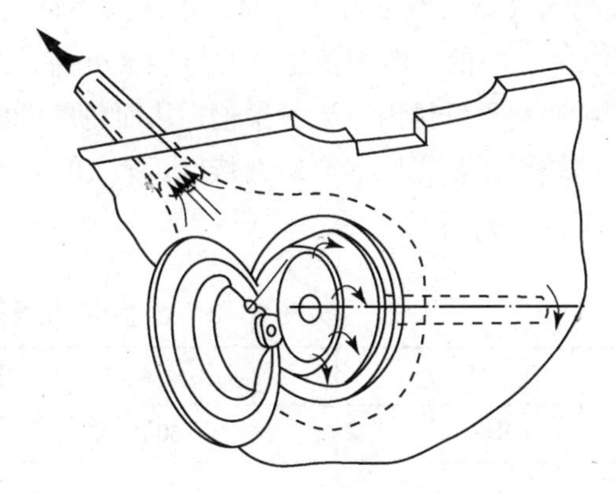

图 10–8　抽气式转杯纺气流的流动方向

① 抽气式转杯纺纱的优点。

a. 由于纺杯上不需排气孔，因而纺杯的直径比较小，杯壁薄，质量轻，这有利于提高纺杯转速，一般可达 80000～120000r/min，从而提高生产效率。

b. 由于纺杯内负压的高低是由抽气机决定的，因而负压可以保持在比较高的水平,一般在 600～700mm 水柱，所以棉纤维的包合力强,纱条的条干好，并且光洁毛羽少，因而可纺制高档的针织用纱。

c. 由于纺杯凝棉槽内积灰和积杂较少，因而纱条的质量较稳定，不会产生周期性的波动。另一方面不会破坏纺杯的动平衡而引起振动，因此可延长纺杯轴承的使用寿命（针对直接轴承而言）。

d. 纺纱器（箱）的体积较大，这样可增大分梳腔及分梳辊的直径，一方面可纺较长的纤维，另一方面又可提高排杂效果。

e. 由于抽气式负压较高，纺纱器的分梳腔可以不密封，因而，分梳辊的上端面裸露，分梳腔壁亦可部分敞开。这样一方面可提高排杂效果，另一方面也可避免分梳辊的上端面积聚短绒被吸入纺杯后而影响成纱质量。

② 抽气转杯纺纱机的缺点。

a. 由于纺杯直径较小凝棉槽的周长短，这就不利于棉纤维伸直舒展与分布，所以不适宜纺粗特纱。

b. 它需要配备一台抽气机，功耗大。

c. 由于抽气机的运转，因而增加了噪声。

d. 抽气式转杯纺纱机价格一般比较昂贵。

现在第三代转杯纺纱机（纺杯转速为 60000~130000r/min）都已采用抽气式纺杯。

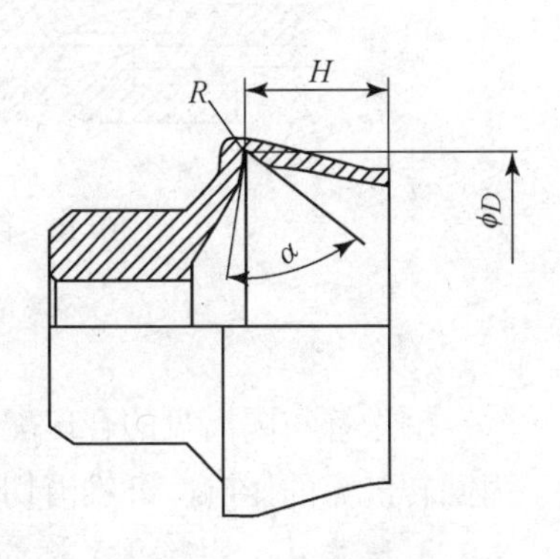

图 10–9　转杯截面形状

（3）转杯凝聚槽尺寸对纱线质量的影响：凝聚槽的截面形状（图 10–9）很重要，凝棉槽底部上锥台面与下锥台面之间过渡圆角的大小及两锥台面之间夹角的大小将关系到槽内纤维层的横向压实程度和捻回传递长度的大小。小的过渡圆角生产的纱线强度高、纱特高，但不利于纤维向凝聚槽的滑移。过渡圆角大则有利于纤维滑移至凝聚槽，从而包缠纤维的数量少。同样，上下锥面之间的夹角大，可纺纱线较粗，反之则适合纺细特纱。表 10-3 为瑞士立达纺织机械有限公司的纺杯代号及凝聚槽上下锥面夹角。

表 10-3　立达纺杯代号及凝聚槽上下锥面夹角 α

代　号	锥面夹角α（°）	代　号	锥面夹角α（°）
R	30	T	40
S	35	U	45

（4）转杯直径对纱线特性的影响。

① 当纤维长度一定时，转杯直径越大，包缠纤维就越少。

② 随着转杯直径的减小，包缠纤维的数量也随之增加。

③ 大的转杯直径可纺制纤维的长度范围也广。

④ 直径大的转杯可纺制捻度小的纱线。

⑤ 大直径转杯纺出的纱线更柔软和蓬松。

2. **隔离盘**　隔离盘 1（图 10-10）位于输棉通道出口的前方，其主要作用是引导从输送管出口出来的纤维到达转杯的凝棉槽，并将纤维和成纱隔开，从而避免纤维与纱条直接接触而形成缠绕纤维，用于自排风式纺纱器。抽气式纺杯采用切向输送管或长通道输送管时，纤维从输送管输出后，按水平切向到达转杯杯壁，避免了纤维和成纱在空间的相交，因此不需要隔离盘。图 10-11 是隔离盘形状。

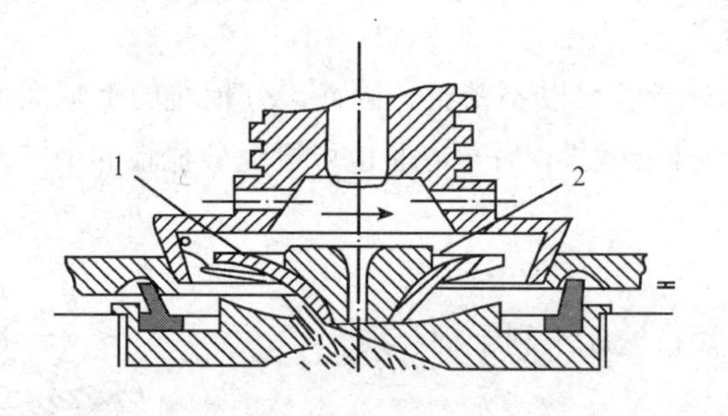

图 10-10　阻捻头与隔离盘

1—隔离盘　2—阻捻头

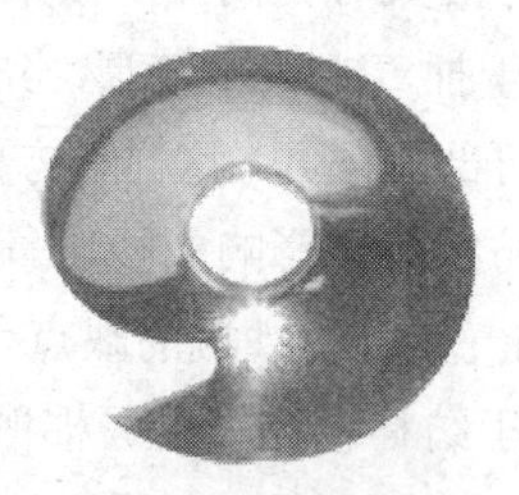

图 10-11　隔离盘

输送管与隔离盘的合理配置，可使纤维从输送管输出后，有一个合理的空间，并受到转杯内回转气流的影响，纤维沿切向凝聚在凝聚槽内，提高纤维的伸直度及成纱强力。

3. **阻捻头**　阻捻头又称假捻盘或阻捻盘，它与隔离盘装在一起，阻捻头的中心是引纱管的入口（图 10-10）。

在纺纱过程中，阻捻头起到假捻和阻捻作用，使捻度不易向外传递，而比较集中地分布在纺纱段上，因此增加了纺纱段上捻回的数量，提高了剥离点处及纺纱段纱条的强力，增加了纱条与凝棉槽中须条的联系力，从而达到降低成纱捻度、提高产量、减少断头的目的。同时，由于捻度向凝聚须条的渗透，增加了凝聚槽内纤维之间的抱合力，加强了剥取的作用。

阻捻头的材料有三种：钢制的、陶瓷的以及纳米涂层的。钢制阻捻头因为导热性好，所以适合纺织化纤材料，陶瓷材料则适合纺织各种纤维。随着材料科学的进步，目前出现纳米涂层的阻捻头，它允许转杯有更高的转速，从而纺纱进一步提高。

阻捻头的结构形式对纺纱稳定性和纱线质量都会产生影响，他决定了纱线的加捻程度和凝聚槽内纺纱状态。图 10-12 是瑞士 Rieter 公司提供的各种阻捻头照片，不同的阻捻头对纱线质量的影响如下：

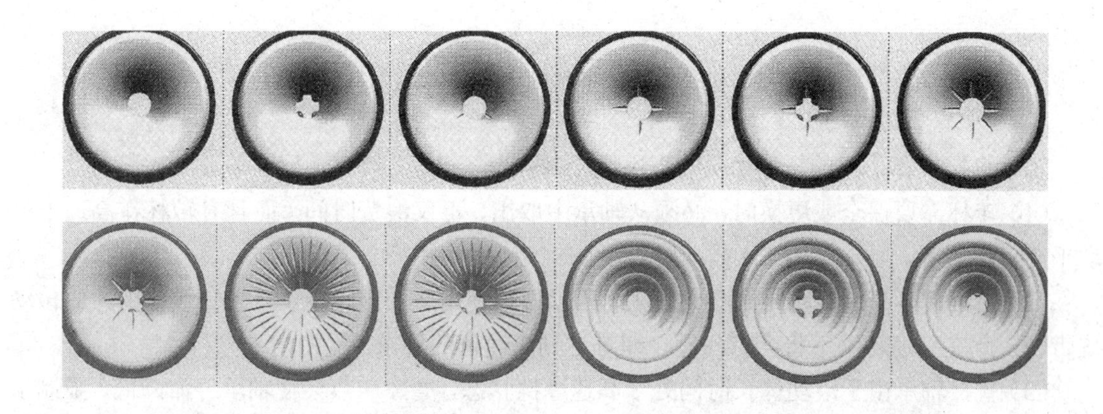

图 10-12 瑞士 Rieter 公司为 R40 型气流纺纱机提供的阻捻头

（1）光面阻捻头。

① 纱线质量好，毛羽少。

② 纱线有较高的耐磨性。

（2）沟槽形式阻捻头。

① 比光面阻捻头具有更好的纺纱稳定性，加捻效果更好。

② 沟槽增加，毛羽也随之增加。

③ 适合纺各种纤维。

（3）螺旋线加沟槽形式阻捻头。

① 纺纱质量高，特别是纱线均匀度高，毛羽少。

② 与沟槽式阻捻头相比，纺纱稳定性低。

③ 适合用于纺机织纱。

④ 纱线强度大。

4. 转杯支撑装置 转杯的支撑方式随着转杯转速的提高而变化。对于转速低于100000r/min 的转杯，一般采用直接轴承传动。转杯和轴、轴承等共同装入座体，杯口被盖住，并有密封措施防止漏气输送管道和出纱管与转杯内腔相连通，如图 10-13 所示。

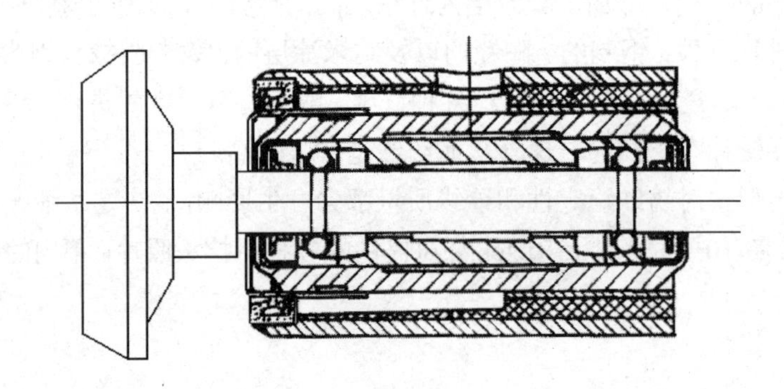

图 10-13　直接轴承纺杯装置

轴承直接支撑形式的转杯纺具有以下几个缺点。

（1）转杯需要保全或更换时，必须从轴承中取出，不仅浪费时间，而且对转杯在高速下的动平衡有所影响。

（2）由于转杯高速旋转时离心力较大，所以必须使用坚固的轴承，而且必须使用大的传动皮带轮，此在高速转动下将会有问题，即难达到高速化的要求。

（3）直接轴承由于滚动体长时间处于高速摩擦状态，摩擦产热会使轴承寿命降低，限制了转速的进一步提高。

目前用直接轴承的转杯纺纱机，转杯的最高转速为 80000r/min。

对于高速转杯一般用支撑轮式支撑方式——间接轴承（图 10-14），转杯杆被放置于两对轴线相互平行的支撑轮形成的楔形空间内，并与它们相切，传动带压在转杯杆上。当传动带运动时，靠摩擦力带动转杯杆转动，支撑轮则被动旋转。支撑轮的直径一般是转杯杆直径的 8 倍，它们的转速也只是转杯转速的 1/8，因此当转杯转速达到 200000r/min 时，支撑轮的转速也只有 2.50000r/min，大大降低了转杯轴承的转速，避免了高速时轴承选择的问题，而且保证了轴承温升低、工作寿命长，提高了设备的运转效率和工作可靠性，支撑轮的更换也十分方便。

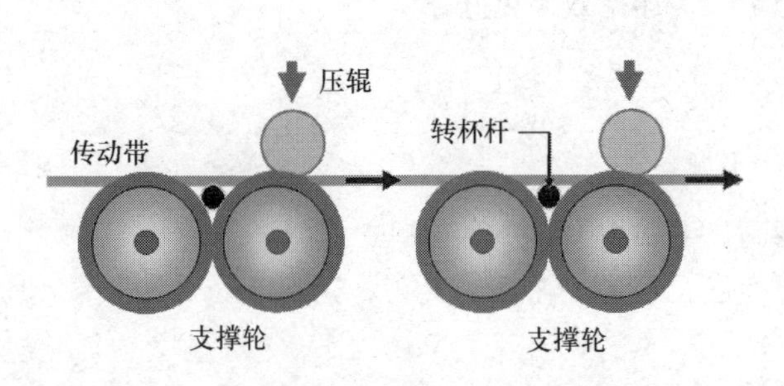

图 10-14　间接轴承转杯装置

支撑轮的转动使转杯有尾部运动的趋势，为了防止这种轴向窜动，在转杯杆的尾部必须施加轴向推力。目前，该推力的提供可以参用非接触式的空气轴承[图 10-15（a）]或接触式的含油球轴承[图 10-15（b）]。

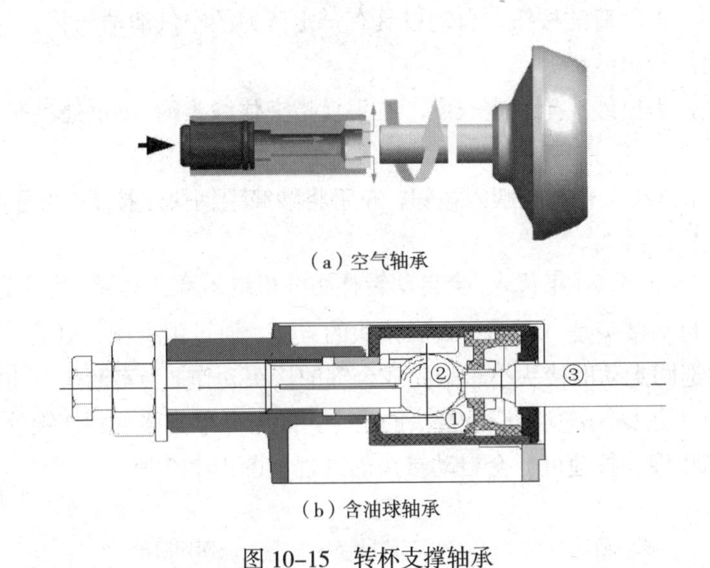

（a）空气轴承

（b）含油球轴承

图 10-15　转杯支撑轴承

四、卷绕成型机构

从导纱管出来的纱线经过断头自停装置以及上腊装置（需要时），由卷绕罗拉引导最后卷绕到纱筒上。

卷绕罗拉以其转动的表面传动筒子纱，筒子的转速因大小的改变而改变。如筒子越大，转动速度越低，即筒子的转速与单位时间内导纱头往返次数之比一直在变化，保证纱线卷绕均匀。

五、接头及接头机构

转杯纺纱机接头形式有人工接头、半自动接头和自动接头三种。

1. **人工接头**　当断头自停装置检测到断头发生后，断纱指示灯接通以引导工人接头。人工接头的步骤如图 10-16 所示。

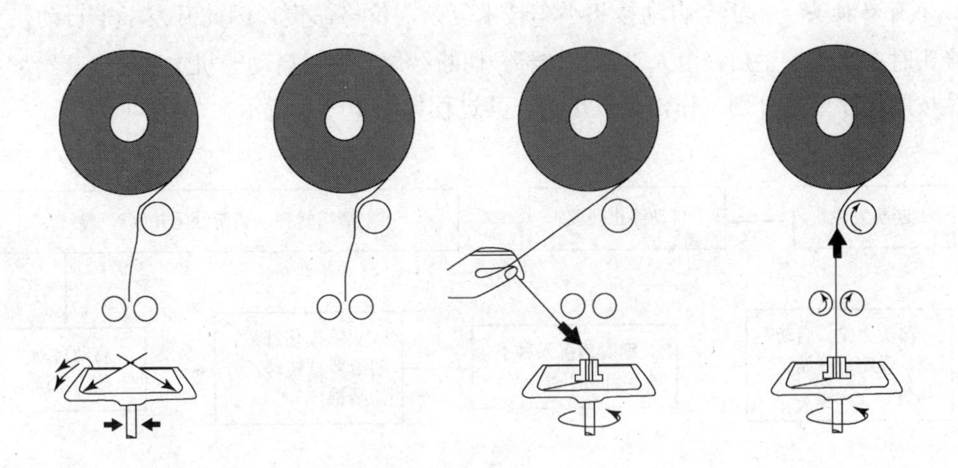

图 10-16　人工接头步骤

（1）清洁纺杯，扳动清洁按钮，自动以具有一定压力的空气清洁纺杯。

（2）抬升纱筒，找出纱头。

（3）喂入纱头，引出纱头至规定长度，右手食指夹住纱头约 4cm 处，左手食指帮忙，将纱头喂入转杯内。

（4）接头，右手食指按住棉条喂入按钮，左手将纱筒手柄快速按下，筒子触及卷取罗拉并转动，带出纱头，完成接头。

2. **自动接头** 20 世纪 70 年代末，全自动转杯纺纱机进入商业运转，其接头摆脱人工参与，实现全自动接头，自动接头是一种模仿人工接头的方法，通过由机械、电子、光学、高压气体等组合构成的、并巡回走动的接头小车来完成全部的接头动作。当有断头发生时，断头自停装置发生作用，同时向接头小车发出请求接头的指令，接头小车会移动到该锭处，然后由小车控制转杯、分梳辊和喂棉罗拉速度。全自动接头的过程如图 10-17 所示。

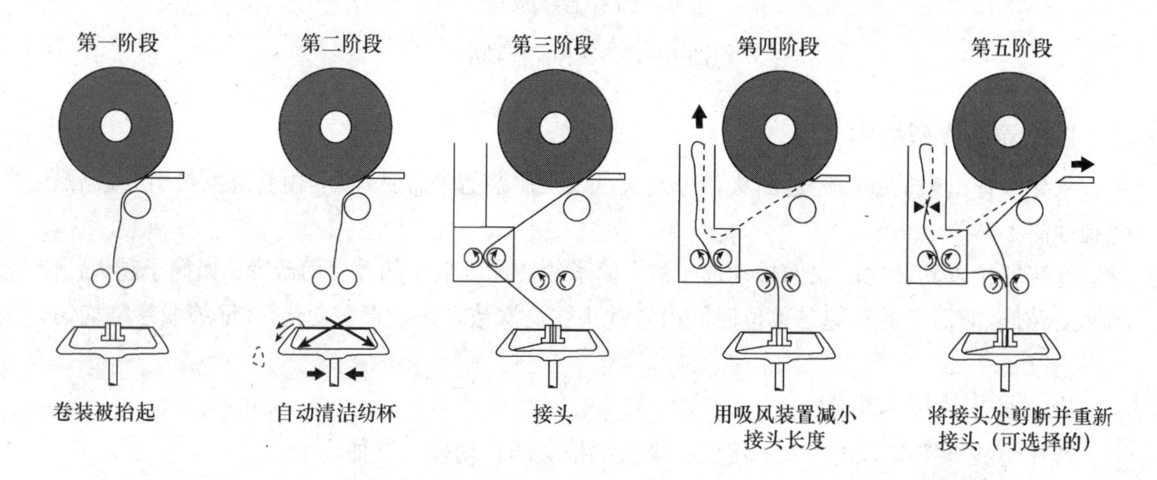

图 10-17 全自动接头过程

3. **半自动接头** 由于全自动接头小车技术复杂，价格昂贵，因此开发了半自动接头。半自动接头时在断头发生后，由人工打扫转杯，切断纱尾，然后启动一机电装置，喂给罗拉、引纱罗拉按照程序要求分别工作，完成接头。其过程如图 10-18 所示。

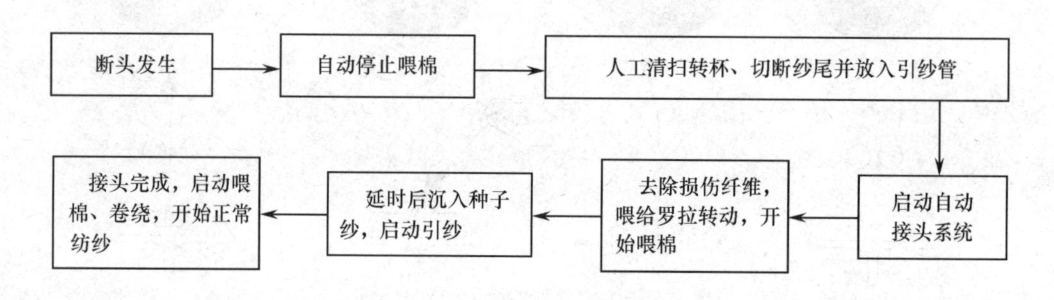

图 10-18 半自动接头过程

目前国内许多转杯纺纱机，如日发、泰坦、经纬和精工等企业的设备已经配备半自动接头装置。

中英文名词对照

Auto-fanning rotor spinning machine　自排风式转杯纺纱机
Automatic piecing　自动接头
Bearing　轴承
Exhaust rotor spinning machine　自排风式转杯纺纱机
Feed roller　给棉罗拉
Fiber guide channel　梳棉通道
Navel　阻捻盘
Opening roller　分梳辊
Rotor　转杯
Rotor groove　凝聚槽
Rotor spinning　转杯纺纱
Semi-automatic piecing　半自动接头
Yarn draw-off tube　引纱管

参考文献

[1] 周炳荣. 纺纱机械[M]. 北京: 中国纺织出版社, 1999.

[2] 郁崇文. 纺纱系统与设备[M]. 北京: 中国纺织出版社, 2005.

[3] 上海纺织控股（集团）公司《棉纺手册》（第 3 版）编委会. 棉纺手册[M]. 3 版. 北京: 中国纺织出版社, 2004.

[4] 陈革. 纺织机械概论[M]. 北京: 中国纺织出版社, 2011.

[5] 郁崇文. 纺纱学[M]. 北京: 中国纺织出版社, 2009.

[6] 秦贞俊. 现代棉纺纺纱新技术[M]. 上海: 东华大学出版社, 2008.

[7] 陈人哲. 纺织机械设计原理（上册）（第 2 版）[M]. 北京：中国纺织出版社，1996.

[8] 杨建成. 纺织机械设计原理与现代设计方法[M]. 北京：海洋出版社，2006.

[9] 任家智. 纺织工艺与设备（上）[M]. 北京: 中国纺织出版社, 2004.

[10] 秦贞俊. 环锭细纱机的技术进步[J]. 纺织器材，2005，35（5）：48-52.

[11] 蔡志勇,陈名均,万觅芳. 新型细纱集合器的应用分析与探讨[J]. 纺织器材，2003，30（4）：42–44.

[12] 杨建成，王宇，李庆贺. 新型细纱机成型机构的研制[J].天津工业大学学报，2002，21（4）：37–40.

[13] 宋立平，冀森彪. 细纱机多电机传动系统设计探析[J]. 棉纺织技术，2003，31（1）:27–30.

[14] 唐文辉. 棉纺细纱大牵伸工艺的演变与发展（下） [J]. 棉纺织技术，2007，35（6）:24–27.

[15] 阮运松. 介绍几种细纱机专件[J]. 纺织器材，2007，34（3）：60-61.

[16] 张旭卿,苏旭华,杨高平. 环锭细纱机集体落纱装置[J]. 纺织器材，2004（4）：6-7.

[17] 徐彪,罗亚梅. 环锭细纱机锭子发展的新动向[J]. 纺织器材，2007，34（3）：46-49.

[18] 翟展利,高梯学,姚冬生. 纺织智能变频器在细纱机上的应用[J]. 棉纺织技术，2007，35（2）:106–107.

[19] 沈建华. 粗纱循环系统的设计及应用[J]. 棉纺织技术，2006，34（10）:618-619.

[20] 缪定蜀. 变频调速技术在细纱机上的应用[J]. 棉纺织技术，2003，31（5）:261-264.

[21] 夏金国, 李金海.织造机械[M].北京:中国纺织出版社,1999.

[22] 王绍斌. 机织工艺原理[M].西安:西北工业大学出版社,2002.

[23] 蔡永东. 新型机织设备与工艺[M].上海:东华大学出版社,2003.

[24] 李妙福. 自动络筒机的发展趋势及对策[C].“青岛宏大杯”用好自动络筒机扩大无结纱技术交流研讨会.

[25] 李丽君.络筒新技术应用探讨[J].纺织器材,2007,34（4）:64-67.

[26] 穆征,张冶.自动络筒机的机电一体化技术简析[J].南通纺织职业技术学院学报（综合版）,2006,6（3）:20–23.

[27] 张春芳.新型自动络筒机的性能比较[J].纺织学报,2004,25（6）:98-100.

[28] 穆征,张冶.络纱张力控制系统分析[J].纺织导报,2006（5）:47-51.

[29] 舒冰.新型电子清纱器及其性能比较[J].纺织器材,2006,33（4）:56-59.

[30] 吴冬凤,杨建成.电子清纱器在全自动络筒机上的应用分析[J].毛纺科技,2006（10）:60–63.

[31] DR.R.ZANCA.传统纱线及新式纱线的最佳捻接方法[C].“青岛宏大杯”2006 年全国用好自动络筒机扩大无结纱技术交流研讨会论文集,2006:12–34.

[32] 史志陶.从国外新型络筒机看络纱技术发展[C].“青岛宏大杯”2006 年全国用好自动络筒机扩大无结纱技术交流研讨会论文集,2006：51–54.

[33] 秦贞俊.第三代自动络纱机的技术进步[C].“青岛宏大杯”2006 年全国用好自动络筒机扩大无结纱技术交流研讨会论文集,2006：5–11.

[34] 刘国涛. 现代棉纺技术基础[M]. 北京: 中国纺织出版社, 2006.

[35] 黄故.棉织设备[M].北京:中国纺织出版社,1995.

[36] 顾菊英. 棉纺工艺学[M]. 2 版. 北京: 中国纺织出版社, 2003.

[37] 肖丰, 尚亚力. 新型纺纱与花式纱线[M]. 北京: 中国纺织出版社, 2008.

[38] Carl A. Lawrence. Fundamentals of spun yarn technology[M]. CRC press LLC, USA and UK, 2003.

[39] 德国特吕茨勒公司. TC07 型梳棉机产品样本[R].

[40] 马克永．转杯纺实用技术[M]．北京：中国纺织出版社，2006.

[41] 莊景文．Rieter 棉纺工程的品质管理[M]．台湾：蘭溪出版社有限公司，1988.

[42] 周念慈.转杯纺纱的成纱结构与特点及今后的发展方向[J]. 现代纺织技术,2000,8（2）：36–38.

[43] 吴文英. 转杯纺纱机的新进展[J]. 上海纺织科技，2000, 28（3）：16–17.

[44] 柳玉书、张庆喜．我国自排风式转杯纺纱机的发展与现状[J]．棉纺织技术，2000, 28（12）：10–13.